简　介

　　本书包括分析科学导论、分析误差基础、滴定分析通论、分析方法通论和分析仪器概论共5章，从分析信息学和计量学高度概括统一分析科学理论，力图深入浅出、循序渐进地讲解分析科学的一般原理，体现分析科学是一门发展并运用各种方法、策略、器件及软件以获取物质化学组成分布信息的测量科学，提高教学效率和教学质量，促进分析科学发展进步。

　　本书可作为理、工、农、医等各专业本科分析化学课程教材，也可供相关科技人员更新分析科学知识观念。

扫码获取本书数字资源

普通高等学校一流专业建设
化学 系列规划教材

Analytical Science

分析科学

主　编：张明晓

副主编：许　晶　彭庆蓉

参　编：张明晓　许　晶　彭庆蓉

　　　　隋春霞　王宇昕　冯　时

　　　　王冬梅　陈时洪　叶　霞

西南师范大学 出版社

国家一级出版社 全国百佳图书出版单位

图书在版编目（CIP）数据

分析科学 / 张明晓主编. — 重庆：西南师范大学
出版社，2021.3

ISBN 978-7-5697-0131-9

Ⅰ.①分… Ⅱ.①张… Ⅲ.①分析化学 Ⅳ.①O65

中国版本图书馆CIP数据核字（2021）第029129号

分析科学
FENXI KEXUE

主　编　张明晓

副主编　许　晶　彭庆蓉

责任编辑：杨光明

责任校对：胡君梅

装帧设计：汤　立

排　　版：张　祥

出版发行：西南师范大学出版社

　　　　　网址：http://www.xscbs.com

　　　　　地址：重庆市北碚区天生路2号

　　　　　市场营销部：023-68868624

　　　　　邮编：400715

印　　刷：重庆共创印务有限公司

幅面尺寸：195mm×255mm

印　　张：17.5

字　　数：460千字

版　　次：2021年3月　第1版

印　　次：2021年3月　第1次印刷

书　　号：ISBN 978-7-5697-0131-9

定　　价：55.00元

前 言

　　科技进步使我们生活的世界发生了巨变。我们有电脑,有手机,还有汽车了,万物互联的大数据时代到来了,我们的生活更方便了,我们的工作更轻松了,同时分析仪器也更加普及了,研发分析仪器也更容易了。各种仪器分析新技术、新方法层出不穷,化学分析也以流动注射在线检测等方法实现了仪器化。分析化学(在2018年国家自然科学基金申报指南中改称"化学测量学")的教学内容越来越多,分析化学教材也越来越厚,但分析化学教学课时实际上是越来越少,教学内容和教学课时与实际应用差距越来越大,分析化学教学滞后与学科发展的矛盾日益突出,分析化学教学效率和教学质量每况愈下,有个别学校甚至削减教学内容到仅介绍酸碱滴定法,对中国科技发展和产品质量监控的不利影响实在令人忧虑难安。

　　尽管仪器分析法已成为分析化学的主要方法,分析化学已经发展到分析信息学与分析计量学,大量热点复杂样本的分析依赖于现代智能分析仪器和分析信息计量学方法,但是;正如清华大学张新荣老师所指出,目前分析化学仍然如同堆大白菜一样是由多种仪器分析方法堆积而成,还没有形成统一的分析科学理论体系。同时,在现代科学中运用数学的程度已成为衡量一门科学的发展水平及其理论成熟度的重要标志。康德认为,在任何特定的理论中,只有其中包含数学的部分才是真正的科学。一种科学只有能成功地运用数学时,才算达到了真正完善的地步。计量学是现代应用数学的重要组成部分,是现代科学发展完善的科学化基础。因此,分析化学要发展为理论统一的分析科学,就必须依赖于分析计量学的应用。实际上,分析化学的发展趋势之一,就是分析化学逐步与计算机科学、分析信息学和分析计量学融合,最后成为不可分割的有机整体。

　　笔者认为分析化学历经了这样三次变革。第一次变革是化学变革,由于20世纪初溶液化学平衡理论的发展,构建了系统的化学分析理论,形成了分析化学。第二次变革是物理变革,自20世纪30年代由于物理学和电子技术的应用,发展了多种物理方法或仪器方法体系,形成了分析物理学或分析仪器学。第三次变革是数学变革,自20世纪70年代以来生命科学、材料科学及计算机科学的发展应用,促进了分析信息学和分析计量学的发展,已逐步形成了分析数学或分析科学。

基于分析化学是通过物质的相互作用(或激发)产生化学信息,通过某种传感器(或检测器)将物质组成或性质信息转化为简单的或复杂的分析信号进行检测,然后再解析所检测的分析信号从而获得待测物质的组成、结构和性质的计量信息科学,笔者于2010年提出了统一的分析科学理论,即分析科学是由试样采制方法、信号激发方法、信号检测方法、信号解析方法和结果处理方法构成的分析方法学和实践论。编著基于信息学和计量学的分析化学科学化统一理论教材,既可以圆满解决分析化学学科进步与教学落后的矛盾,又对分析化学学科发展和教学进步具有促进作用。

本书的指导思想是,站在信息学和计量学高度,对分析化学(化学测量学)的实际检测过程进行统一提炼和升华,构建既高度统一又便于分解应用的分析科学理论体系和教材,紧密结合农业与生物科学实际,循序渐进、深入浅出并简明扼要地系统介绍分析科学基本原理和典型分析仪器及其典型应用;同时,兼顾分析化学教学现状,保留滴定分析法通论,以渐进方式逐步过渡教学内容。参照相关国际标准和国家标准使用名词术语和代表符号,采用国家标准方法和基准物质或标准试样,加强分析科学理论与实际应用的结合,培养既有理论水平又有应用能力的高水平科技人才。

本书包括分析科学导论、分析误差基础、滴定分析通论、分析方法通论和分析仪器概论共5章。

第一章简要介绍分析科学的定义和作用,分析方法的构成、分类和评价,学科发展历史变革、研究现状和发展趋势,注重把握分析科学的整体状况,激发学生的学习兴趣。

第二章介绍分析误差概念、总体均值的估计、误差传递和分配、分析误差处理和提高准确度的方法。注重让学生建立准确的量的概念。概念讲解层层深入、环环相扣,理论剖析逻辑严密,简明透彻。分析结果的处理以其不确定度为依据,定量讨论有效数字的处理方法,指出有效数字的近似运算规则的局限性,并根据误差传递规律讲解系统误差检验方法,有利于提高教学质量和误差处理水平。

第三章整合四大滴定(酸碱滴定、配位滴定、氧化还原滴定和沉淀滴定)和三大技术(容量滴定、称量滴定和电量滴定)的内容。讲解滴定分析统一量化理论,更全面和更深刻地揭示滴定分析的一般原理和条件,并对各种滴定分析方法的特点和应用进行深入的剖析。

第四章从分析信息计量学高度,概括统一分析科学方法理论,分别介绍试样采制方法、信号激发方法、信号响应关系、信号检测方法、信号解析方法和结果处理方法,体现分析科学是一门发展并运用各种方法、策略、器件及软件以获取物质化学组成分布信息的测量科学,提高教学效率和教学质量,促进分析科学发展进步。

　　第五章简要介绍分析仪器的基本组成、典型分析仪器及其分析方法应用和分析仪器的发展趋势。

　　本教材追求严谨的科学性和普遍的适用性,揭示分析化学学科的本质,阐明分析科学理论的架构,极大地减少了相关内容,但保持控制分析化学教材的厚度,使学生能够更全面系统地掌握分析化学统一科学理论,适应万物互联大数据时代科学发展对分析化学人才培养的要求,显著地提高分析化学的教学效益和教学质量。

　　本书由张明晓(西南大学/cnzmx@swu.edu.cn)担任主编,由许晶(东北农业大学)和彭庆蓉(中国农业大学)担任副主编,隋春霞、王宇昕、冯时、王冬梅、陈时洪和叶霞参与编写。

　　编者力求高度概括并统一分析科学理论,深入浅出、循序渐进地讲解分析科学的一般原理,促进分析科学教学改革和发展,但由于水平所限,书中缺点与不足在所难免,恳请指正!

张明晓

2020 年 10 月

目录
CONTENTS

1 分析科学导论

首先了解分析科学概况,包括学科意义、分析方法和学科进展。

1.1 学科意义

1.1.1 分析科学的定义

分析科学(Analytical Science)是获取物质化学组成分布信息的测量科学,包括定性分析和定量分析。定性分析就是定质分析,检测待测物质的有效成分及其存在形式与结构分布,揭示物质的本质属性;定量分析就是测定有效成分的活度或含量分布,揭示物质的度量状态。

分析科学通过分析试样采制、分析信号激发、分析信号检测、分析信号解析和分析结果处理获得待测物质的化学组成分布信息。试样采制方法、信号激发方法、信号检测方法、信号解析方法和结果处理方法的特定组合就构成相应的分析方法(Analytical Method),具有多样性和操作性。分析科学就是获取物质化学组成分布信息的方法学和实践论。

分析科学是一门发展并运用各种方法、策略、器件及软件以获取物质化学组成分布信息的交叉学科,化学、物理学、生物学、数学、统计学、信息学、计量学、计算机科学、材料学、电子学以及传感技术、纳米技术、光电技术、仪器技术等,都是分析科学的基础。其发展过程是一个吸取众多学科特别是新学科的原理、方法和技术形成新分析方法或新分析仪器的过程。分析原理和分析方法的多样性,决定了分析科学应用的广泛性。

1.1.2 分析科学的作用

物质化学组成分布信息是科学研究和生产实践的重要信息,是科学决策的依据,在科学研究和生产实践中通常起着关键作用。例如,宝贵的石油资源是国民经济的命脉,石油资源短缺已成为科技界、工商界、政治界乃至军事界和老百姓共同关心的问题,高效充分利用石油资源就必须掌握石油的组成成分、相对含量、分子结构及关联信息。又如,在商品贸易中,检测商品品质、安全性能和卫生指标至关重要,它是确定商品的准入、准出、没收、禁运或获得法律保护的依据。再如,糖尿病患者的血液和尿中糖含量升高,痛风病患者尿中出现大量尿酸,肾炎患者尿中出现胆色素,癌症患者血液中某些癌症标志物的含量会明显升高,分析检测这些物质即可诊断相应疾病。

分析科学是科学数据的源泉,是科学发展的支柱,被称为科学研究的科学,对科技进步具有十分重要的作用。例如,诺贝尔奖是自然科学的最高成就奖之一,有1/3的诺贝尔化学奖是关于分析科学的。又如,在人类基因组计划、蛋白质组学和代谢组学等组学研究中,分析科学的发展进步都为瓶颈问题的解决奠定了基础(人类基因组计划是一项与人类登月一样伟大的工程,在该计划进行得最艰难的时候,是分析科学工作者对毛细管电泳分析方法进行了重大革新,使该计划顺利完成并提前5年进入后基因组时代)。

分析科学是科学生产的基础,在广泛的领域具有重要影响,正在变革人类的生产方式和生活方式。资源勘探、产品开发、原料选择、工艺控制、产品检验、废物利用、环境保护、作物育种、作物栽培、生长控制、品质鉴定、禽畜饲养、食品安全、疾病诊断、新药研制、传染病源确定、生命奥秘探索、亲子鉴定、刑事侦查以及交通肇事侦查、生物战剂侦查和生物恐怖侦查等,都必须依赖分析科学获取物质化学组成分布信息。矿物分析、石油分析、土壤分析、水质分析、肥料分析、作物营养分析、农药分析、饲料分析、食品分析、农药残留分析、环境监测、动植物免疫分析及禽畜的临床检验等都属于分析科学的范畴。

分析科学是衡量科学技术水平和社会环境质量的标志,在食品安全保障、环境监测保护、医疗卫生保健、工农业生产监控与科学研究、能源开发、国际贸易及国家安全等广泛领域发挥着重要作用。分析科学对改善人类生存环境、提高生活质量和延长人类寿命等都具有重大的现实意义。

1.2 分析方法

1.2.1 分析方法的构成

分析科学是研究分析方法的科学,分析方法是根据物质在某种变化或某种条件下所表现的性质建立的。例如,根据物质组分对入射光的选择性吸收特性建立了吸光分析法。

分析方法一般由试样采制方法、信号激发方法、信号检测方法、信号解析方法和结果处理方法构成。分析检测一般包括如下5个过程:

(1)分析试样采制:就是从大量的分析对象中采取具有代表性的小部分作为分析样本,进行适当的物理排布、封装或密闭、控制、保持、富集或转化为容易检测的形态,消除试样基体与共存组分的干扰,从而制备待测试样。

(2)分析信号激发:就是控制适当条件,让待测试样中待测物质与其他物质或与光、电、磁、热、声、力及其组合相互作用,产生光信号、电信号、粒子信号或成像信号等分析信号,用于试样组分的定性定量分析。

(3)分析信号检测:就是通过物理、化学或生物传感器检测光、电、粒子或成像信号,获取待测物质的简单特征信号(标量)、分离串流谱图(向量或矩阵)和复杂重叠谱图(向量或矩阵)及多维图谱信号(矩阵或阵列)。

(4)分析信号解析:就是研究分析信号的类型、变换和相关关系以分辨信号的物理化学意义(与试样化学组成分布的关系),通过信号校正进行定量分析,通过模式识别进行定性分析,通过波谱解析进行结构分析。

(5)分析结果处理:就是分析质量评价、分析质量控制、分析检测报告和分析信息共享。

例如,蔬菜中百草枯(1-1-二甲基-4-4-联吡啶阳离子盐)残留含量的测定方法是:首先随机取样、切碎、混合、缩分、匀浆,用稀硫酸回流、提取液经阳离子交换树脂柱净化,以饱和氯化铵溶液洗脱百草枯;然后加入连二亚硫酸钠将其还原为蓝色化合物,用396 nm光波作激发光(入射光),以光电倍增管检测其吸光度,再以同时检测的标准系列的吸光度对其含量绘制校正曲线,建立校正模型,根据校正曲线确立的吸光度与百草枯含量的关系获得蔬菜中百草枯含量,最后做出分析结果评价、质量控制、检测报告和信息共享。

分析对象和分析需求的多样性和复杂性,决定了试样采制方法、信号激发方法、信号检测方法、信号解析方法和分析结果处理方法的多样性和复杂性,从而决定了分析方法的多样性和复杂性,以及对分析方法进行分类和评价的必要性。

1.2.2 分析方法的分类

分析方法可根据分析对象、样品用量、组分含量、采样方法、激发方法、检测方法、解析方法或结果处理方法等属性进行分类。

根据分析对象,分析方法可粗分为无机分析、有机分析、生化分析,或细分为土壤分析、食品分析、药物分析、血液分析等,或更具体地分为钾离子分析、DNA分析、蛋白质分析、维生素分析等。

根据样品用量,分析方法可分为常量分析(试样质量>0.1 g)、半微量分析(试样质量=0.1~0.01 g)、微量分析(试样质量=0.01~0.001 g)和超微量分析(试样质量<0.001 g)。

根据组分含量,分析方法可分为常量组分分析(组分含量>1%)、微量组分分析(组分含量为1%~0.01%)和痕量组分分析(组分含量<0.01%)。

根据采样方法,分析方法可分为采样分析、原位分析、在线分析、活体分析及无损分析等。

根据激发方法(原理),分析方法可分为光(吸收、发射、散射)分析,电(电泳、电解、电导)分析,磁(核磁共振、电子自旋共振)分析,热(电热、光热、反应热)分析,分子物理(色谱、电位)分析,化学(特征反应、滴定反应、显色反应、流控反应)分析,生化(免疫反应、酶催化反应、抗原抗体识别)分析及多元(色谱、质谱)分析等。

根据检测方法,分析方法可分为称量分析,容量分析(滴定分析),光(强度、光谱)分析,电(电压、电流、伏安)分析,粒子(能谱、质谱)分析和成像分析等。采用现代仪器进行分析检测的方法称为仪器分析法。

根据信号解析方法,分析方法可分为信号分辨法、信号校正法、模式识别法和波谱解析法。

根据结果处理方法,分析方法可分为分析质量评价方法、分析质量控制方法或标准分析方法和现场分析方法。

1.2.3 分析方法的评价

分析方法很多,新方法还层出不穷,但是,一个完美无缺、适宜于任何试样、适用于任何组分的分析方法是不存在的,各种方法都有其属性特点和适用范围。

分析方法的评价指标有精密度、准确度、灵敏度、检出限、线性度、分辨率和信息量,以及选择性、简便性、自动性、快速性和适应性等。

由于分析对象、分析要求和分析条件等实际情况十分复杂,要对各种分析方法的优劣和适用范围做出一般的比较和评价是困难的,因此我们应该全面学习和研究各种分析方法。

分析科学的追求目标有2A和4S等,即追求获取物质化学组成分布信息的准确性(Accuracy)、自动化(Automation)、简便性(Simpleness)、快速性(Speediness)、灵敏性(Sensitivity)和选择性(Selectivity)等。对这些目标永无止境的追求,推动着分析科学发展进步。

分析工作中必须首先选择合适的分析方法,既要考虑2A和4S,还要考虑分析要求、分析成本和实际条件等,取长补短或互相配合,充分发挥各种方法的特长,保证高效优质完成分析检测任务。

1.3　学科进展

1.3.1　三次变革

分析化学萌芽于炼丹术和炼金术对产品质量的判断[①],天平是人们最早发明的分析仪器[②]。大约1654年,玻意耳将实验方法引入化学研究并开创了分析化学学科[③];1862年,弗伦纽斯创办了德文《分析化学》杂志,他编著了《定性分析》和《定量分析》并有中文译本。

分析化学诞生至今,经历了三次变革。

第一次变革:发生在20世纪初,物理化学溶液化学平衡理论的发展为分析技术提供了酸碱平衡、沉淀平衡、配位平衡和氧化还原平衡理论,形成了包括四大滴定方法体系的经典化学分析,分析化学从一门技术发展成一门科学,可以说这是分析技术与物理化学结合的化学分析时代,这一时期分析科学是化学的一个分支,这次变革可称为分析化学变革。

第二次变革:发生在20世纪30—70年代,物理学和电子技术的发展促进了物理方法和仪器分析的发展,相继出现了极谱分析法、分光光度法、红外光谱法、核磁共振波谱法、气相色谱法、高效液相色谱法等微量分析或结构分析方法,这是分析技术与物理学和电子技术结合的物理分析时代或仪器分析时代,这次变革可称为分析物理变革或分析仪器变革。

第三次变革:从20世纪70年代末至今,计算机科学、生命科学、材料科学、能源科学、环境科学的发展,促进了分析信息学、分析计量学和智能分析仪器的发展,出现了在线监测、过程控制、无损遥测、分布分析、生化分析、活体监测、智能鉴定及联用技术,可全自动、全方位获取和处理海量物质时空组成信息数据,百花齐放的分析技术迎来了分析数学变革,进入分析科学时代。

1.3.2　学科现状

当前分析科学的研究和应用范围非常广泛,既包括无机分析、有机分析、生化分析、环境分析、过程分析、药物分析、细胞分析、免疫分析、食品分析、临床分析、中草药分析、指纹图谱分析、材料表征及分析、表面与界面分析、波谱学分析,还包括化学信息学、生物信息学、质量控制及纳米分析和芯片分析等。

---

① 公元前3世纪,阿基米德利用金、银密度差异建立了鉴别金冕纯度的无损分析法,14世纪欧洲已立法规定必须用烤钵试金法检验黄金并规定必须使用统一一构造的天平和统一的称量方法。

② 埃及人于公元前3000年就掌握了称量技术,公元前1300年就有关于等臂天平的记载。

③ 玻意耳是化学之父。他把化学确定为科学,他编著了首部《分析化学》;他发明了很多检验方法,如酸碱试纸,利用铜盐溶液颜色检验铜盐,利用形成氯化银沉淀并逐渐变黑的现象来鉴定银等。

现在国家行政主管部门颁布了大量标准分析方法以及标准物质或标准试样,广泛应用于全国范围或行业范围的分析检测和质量控制,国家标准分析方法具有法律效力。例如,《中华人民共和国药典》是记载中国药品的标准、规格的法典,是中国药品生产、供应、使用和管理部门检验药品的共同依据。

但是,目前分析科学还面临很多难题。中药质量控制,食品安全分析,伪劣产品鉴定,环境安全分析,公共安全分析,国家安全分析,突发事件分析,重大疾病标志物检测,手性药物和环境毒物检测,基因组学、蛋白组学、代谢组学分析,酶和免疫学分析,单细胞、单分子水平和立体构象分析,表面、微区、形态分析和原位成像分析,计量学解析和处理,仪器微型化智能化,样品前处理技术,以及高端分析仪器普及,分析机构分布设置,分析方法理论统一和分析人才培养等,都面临挑战。分析科学还远远不能满足社会需要。

1.3.3 发展趋势

社会需求是分析科学发展的根本动力,分析科学家的工作就在于改进已有技术的分析性能,发展新的分析原理、分析方法和分析仪器,扩大其应用范围,以满足社会对更高化学测量的需要。

目前分析科学正朝着微型化、芯片化、仿生化、在线化、实时化、原位化、在体化、自动化、网络化、信息化、计量化、智能化、高灵敏、高选择、单细胞和单分子方向发展,成为最富活力的综合性科学。

分析科学将不断吸收科学技术发展的最新成就,利用一切可以利用的性质,建立分析科学新方法和构造分析科学新仪器,与各学科相互渗透、相互融合,必将继续为科技发展和人类进步做出卓越贡献。

2 分析误差基础

分析误差(Error)是指分析结果与分析对象的真实组分或含量的差异。分析结果是由分析者对所取样品(供试品或试样)利用某种分析方法、分析仪器、分析试剂等分析条件分析测试得到的,必然受到这些分析条件的限制,所以分析结果不可能与分析对象的真实组分或含量完全一致。即使采用最可靠的分析方法、最精密的分析仪器和最纯净的分析试剂,由技术最熟练的专家进行重复测定,也不可能得到完全相同的分析结果。这表明,分析误差是客观存在、不可避免的,分析结果是近似的,只能达到一定的准确度。例如,常用分析天平称量只能准确到±0.1 mg,常用滴定管容量只能准确到±0.01 mL,常用pH计测量只能准确到±0.01 pH,等等。但是分析误差的来源、性质或分布是有一定规律的,我们可以根据误差的来源、性质和分布规律,设法减小分析误差,提高分析结果的准确度。随着科学技术的进步和人类认识客观世界能力的提高,分析误差可以被控制得越来越小,但它不可能被完全消除。所以,在分析工作中,必须掌握分析误差的来源、性质和减免方法,并根据对分析结果准确度的要求,合理安排实验,保证分析结果的准确度能够满足分析要求,避免追求过高的准确度;同时,也应当掌握分析结果的评价方法,以判断分析结果的可靠程度,对分析结果做出合理的评价、正确的取舍和准确的表述。

2.1 分析误差的性质

首先介绍总体与样本、真值与均值的概念,然后讨论误差的衡量、来源、性质和减免方法。

2.1.1 总体与样本

总体(Population)是根据研究目的确定的研究对象的全体,样本(Sample)是从总体中随机抽出的一组检样混合均匀后分出的样品(平均样品)。从分析对象总体中抽取样本的过程称为抽样或采样(Sampling)。从样本中称取或量取的一部分用于分析检测的平均样品称为试样(Test Sample),样本中所含试样的数目称为样本容量(Sample Size,用n表示)。例如,作水质检验时从井水或河水中采取的水样,临床化验中从病人身上采取的血液或其他活体组织标本,是样本;而整个一口井或一条河的某一段所有的水,某类病人全身所有的血液或某类组织器官,则是总体。又如,对某批铁矿石中铁含量进行分析,经取样、细碎、缩分后,得到一定数量(500 g)的均匀样品供分析用,这就是一个随机样本,如果我们从这个随机样本中称取6份试样进行分析得到6个分析结果,则这一随机样本的样本容量为6。

总体包含的个体通常是大量的甚至是无限的,在实际工作中,我们一般不可能或不必要对每个个体逐一进行研究。我们只能从中抽取一部分个体加以实际检测研究,根据对这一部分个体的检测研究结果,再去推论和估计总体情况。因此,抽样就显得尤为重要,必须确保样本在总体中具有代表性(每个样本都具有总体的特征)和独立性(各样本相互独立、互不影响),并且样本容量必须足够大,同时避免样本遗漏某一群体。一般采用概率采样(又称随机采样,用随机的方法从总体中抽取样本,使总体中每个研究个体都有相等的机会被抽到),以保证被抽取的这部分个体能够代表总体的特征,使样本具有较好的代表性。

2.1.2 真值与均值

〔1〕真值

某一物理量本身具有的客观存在的真实数值称为该物理量的真值(True),用 T 来表示。真值是客观存在的,但又是未知的。实际工作中,为了评价分析结果的准确度,将理论值、约定值和标准值等参考量值(Reference Quantity Value)当作真值,用 x_R 来表示。

①理论参考量值:简称理论值,是指由公认理论证明的某物理量的数值。如化合物的元素组成分数和化学反应的计量分数都是理论值;或如水分子中氢的组成分数(摩尔分数)为2/1,H^+ 与 OH^- 反应的化学计量分数为1/1。

②约定参考量值:简称约定值,是指由计量组织、学会或管理部门等规定的计量单位的数值。如国际计量大会以基本常数定义的物理量的基本单位:光在真空中传播速度299792458(m/s)分之一秒的行程为1 m,包含阿伏加德罗常数($6.02214076×10^{23}$)个原子、分子或离子等基本单元的物质的量为1 mol,与普朗克常数($6.62607015×10^{-34}$ J·s)对应电磁力相平衡的物质的质量为1 kg。

③标准参考量值:简称标准值,是指公认的相对准确的测量值,如国际相对原子质量、标准试样的标称值、标准方法的测定值、权威专家的测定值。

〔2〕均值

均值包括样本均值和总体均值。

样本均值(Sample Mean)是指对某一分析样本取 n 份试样进行重复测定或平行测定所得 n 个测定值的算术平均值(Mean Value),用 $\bar{x}$ 来表示,即

$$\bar{x} = \frac{x_1 + x_2 + \cdots + x_n}{n} = \frac{1}{n}\sum_{i=1}^{n}x_i \tag{2-1}$$

式中,$x_1, x_2, \cdots, x_n$ 为某一试样的一组重复测定值或平行测定值。

测定次数无限增多时,所得样本均值即为总体均值(Population Mean),用 μ 来表示,即

$$\mu = \lim_{n \to \infty}\frac{1}{n}\sum_{i=1}^{n}x_i \tag{2-2}$$

样本均值虽然不是真值,但它反映了重复测定结果的集中特征,比单次测量结果更接近真值。在分析工作中,总是重复测定数次,然后求其均值。样本均值为最佳测量值,这将在后面得以证明。

2.1.3 准确度与误差

准确度(Accuracy)是指测定值接近真值的程度。分析结果与真值越接近或其差别越小,分析结果的准确度越高。准确度的高低用误差来衡量。

误差(Error)是指测定值与真值的差异,用 E 表示。

$$E=x-T \tag{2-3}$$

实际上,通常是用多次测定值的样本均值来表示测定结果,用参考量值来替代真值。因此,应当用样本均值与参考量值的差异来估计误差的大小,误差的估计值用 e 表示:

$$e=\bar{x}-x_R \tag{2-4}$$

误差在参考量值中所占的分数称为相对误差(Relative Error),用 e_r 表示:

$$e_r=\frac{e}{x_R}\times100\% \tag{2-5}$$

误差越小,说明测量值越接近真实值,其准确度越高;反之,误差越大,结果的准确度就越低。误差有正负之分, x_i 或 $\bar{x}>x_R$ 时为正误差,说明分析结果偏高, x_i 或 $\bar{x}<x_R$ 时为负误差,分析结果偏低。绝对误差是以测量值的单位为单位,相对误差反映了误差在真值中所占的比例,两者都表示了分析结果偏离真值的程度,但相对误差可以用来比较不同情况下测定结果的准确度,更具有实际意义。

[例2-1] 砝码标称质量的误差往往将直接影响分析结果的准确度,砝码标称质量的误差可用准确度高一等级的砝码和分析天平称取其质量的标准值来检定。若称得某标称质量为 0.5000 g 的砝码质量的标准值为 0.4998 g,标称质量为 0.2000 g 的砝码质量的标准值为 0.1998 g,请计算这两只砝码标称质量的绝对误差和相对误差,它表明了什么问题?

解:绝对误差为

$$e_1=x_1-x_{R1}=0.5000-0.4998=0.0002\ (\text{g})$$

$$e_2=x_2-x_{R2}=0.2000-0.1998=0.0002\ (\text{g})$$

相对误差为

$$e_{r1}=\frac{e_1}{x_{R1}}\times100\%=\frac{0.0002}{0.4998}\times100\%=0.04\%$$

$$e_{r2}=\frac{e_2}{x_{R2}}\times100\%=\frac{0.0002}{0.1998}\times100\%=0.1\%$$

这表明虽然两砝码的标称质量均偏高 0.0002 g,但标称质量较大的砝码的相对误差较小。

[例2-2] 测定 $BaCl_2\cdot2H_2O$ 试剂中结晶水的含量时,三次测定结果分别为 14.73%、14.68% 和 14.75%,求测定结果的绝对误差和相对误差。

解: $BaCl_2\cdot2H_2O$ 中结晶水含量的理论值为

$$x_R=\frac{2M_{H_2O}}{M_{BaCl_2\cdot H_2O}}\times100\%=\frac{2\times18.02}{244.3}\times100\%=14.75\%$$

应该指出,必须用摩尔质量标准值(国际原子量标准值或分子量标准值)来计算理论值,用摩尔质量近似值进行计算所得结果并非理论值(分析化学中一般要求摩尔质量至少应有四位有效数字以保证其相对误差不超过 0.1%)。

三次测定结果的平均值为

$$\bar{x}=\frac{1}{n}\sum_{i=1}^{n}x_i=\frac{14.73\%+14.68\%+14.75\%}{3}=14.72\%$$

绝对误差为

$$e=\bar{x}-x_R=14.72\%-14.75\%=-0.03\%$$

相对误差为

$$e_r = \frac{e}{x_R} \times 100\% = \frac{-0.03\%}{14.75\%} \times 100\% = -0.2\%$$

2.1.4 精密度与偏差

精密度(Precision)是重复测定结果之间相互接近的程度。重复测定结果越接近或偏离越小,分析结果的精密度越高。由于样本均值反映了重复测定结果的集中特征,因此分析结果的精密度用重复测定结果与样本均值的标准偏差(Standard Deviation)或方差(Variance)来表示。

[1]样本标准偏差和相对标准偏差

样本标准偏差(Sample Standard Deviation)是表征重复测量结果的分散性的量,定义为一组重复测定结果与样本均值的差方和均根,用 s 表示。

$$s = \sqrt{\frac{\sum\left(x_i - \bar{x}\right)^2}{n-1}} \tag{2-6}$$

式中,$x_i - \bar{x}$ 为某次测定值与样本均值的绝对偏差,简称偏差,用 d_i 表示[1];$n-1$ 为能够独立取值的偏差数,称为自由度,用 v 或 f 表示。

$$d_i = x_i - \bar{x} \tag{2-7}$$

$$\nu = f = n - 1 \tag{2-8}$$

可见,样本标准偏差既避免了各个偏差相互抵消,又突出了大偏差,较好地反映了重复测定值的平均分散程度和精密度。样本标准偏差越小,表示重复测定值的分散度越小和精密度越高。

无穷多次测定值的标准偏差称为总体标准偏差(Population Standard Deviation),用 σ 表示,即

$$\sigma = \sqrt{\frac{\sum\left(x_i - \bar{x}\right)^2}{n}} \tag{2-9}$$

样本标准偏差的平方 s^2 称为样本方差,为总体方差 σ^2 的估计值。

样本标准偏差在样本均值中所占的分数称为相对标准偏差(Relative Standard Deviation)或变异系数(Coefficient of Variation),用 s_r 表示。

$$s_r = \frac{s}{\bar{x}} \times 100\% \tag{2-10}$$

显然,相对标准偏差可用来比较不同情况下测定结果的精密度。

[2]均值标准偏差

均值标准偏差(Mean Standard Deviation)是指 n 个样本测定结果的样本均值 $\bar{x}_1, \bar{x}_2, \cdots, \bar{x}_n$ 的标准偏差,反映了样本均值的精密度,用 $s_{\bar{x}}$ 表示。

可以证明,若一个样本平行测定 n 次,则 n 个样本测定结果的均值标准偏差($s_{\bar{x}}$)与其中一个样本测定结果的标准偏差 s 符合下列关系。

$$s_{\bar{x}} = \frac{s}{\sqrt{n}} \tag{2-11}$$

---

[1]由式2-1可得 $\sum d_i = 0$,因此重复测定值的偏差会互相抵消,并且能够独立取值的偏差数为 $n-1$。

这表明,均值标准偏差可由一个样本的样本标准偏差求得,不必测定 n 个样本均值;而且 $s_{\bar{x}}$ 与 n 是开方倒数关系。如图 2-1 所示,开始时 $s_{\bar{x}}$ 随 n 增大很快减小,但当 $n>5$ 时变化就较慢了,$n>10$ 时变化已很小,因此平行测定次数无须过多,3~6 次已足够,再多则事倍功半。

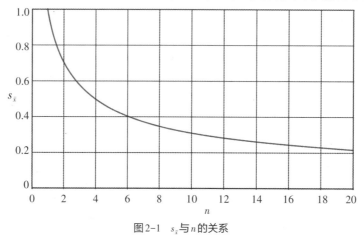

图 2-1　$s_{\bar{x}}$ 与 n 的关系

[例 2-3] 某土壤样品中钙的含量,5 次测定结果为 10.48%、10.37%、10.47%、10.43%、10.40%,计算其样本均值、样本标准偏差、相对标准偏差和均值标准偏差。

解:用计算器进行计算较简便和迅速。

$$\bar{x} = \frac{1}{n}\sum_{i=1}^{n}x_i = \frac{10.48\% + 10.37\% + 10.47\% + 10.43\% + 10.40\%}{5} = 10.43\%$$

$$s = \sqrt{\frac{\sum_{i=1}^{n}(x_i - \bar{x})^2}{n-1}} = \sqrt{\frac{(10.48\% - 10.43\%)^2 + (10.37\% - 10.43\%)^2 + \cdots + (10.40\% - 10.43\%)^2}{5-1}}$$
$$= 0.05\%$$

$$s_r = \frac{s}{\bar{x}} \times 100\% = \frac{0.05\%}{10.43\%} \times 100\% = 0.5\%$$

$$s_{\bar{x}} = \frac{s}{\sqrt{n}} = \frac{0.05\%}{\sqrt{5}} = 0.02\%$$

2.1.5 随机误差与系统误差

误差产生的原因很多,根据误差的性质可分为两类,即随机误差和系统误差,它们都会影响分析结果的准确度。

〔1〕随机误差

随机误差(Random Error)是由某些难以控制的、无法避免的、不确定的随机因素或在目前技术水平下尚未掌握的原因造成的误差,如测量时环境温度、湿度及气压的微小变动等原因引起测量数据波动的误差。

随机误差的大小决定了分析结果的精密度。一组平行测定结果之所以相互偏离,就是因为分析过程中不可避免地产生了随机误差。随机误差越大,分析结果的精密度越差。随机误差对分析结果的影响称为随机效应。

随机误差具有必然性、随机性和正态性。随机误差的必然性是指随机误差是必然产生的、无法避免的。随机误差的随机性是指从单次测定来说,随机误差的大小是随机可变的,有大有小、有正有负,似乎没有什么规律性。随机误差的正态性是指从多次重复测定结果来看,随着测定次数的增多,随机误差的出现趋于服从正态分布(Normal Distribution)。

简单地说,随机误差的正态分布是:重复测定时,小的随机误差出现的概率大,大的随机误差出现的概率小,特大的随机误差出现的概率极小,并且随着测定次数的增多,绝对值相等的正随机误差和负随机误差出现的概率趋于相等(正、负随机误差具有抵偿性)。

根据随机误差的分布规律,求样本均值时来自个别测定值的正、负随机误差大多被抵消,随着测定次数的增多,个别测定值的随机误差之和趋近于零,样本均值的随机误差也趋近于零。总体均值不存在随机误差,样本均值是总体均值的最佳估计值,随机误差为测定值与总体均值之差。个别测定值的随机误差为 $x-\mu$,样本均值的随机误差为 $\bar{x}-\mu$,其相对标准随机误差分别用 u 和 t 表示

$$u = \frac{x - \mu}{\sigma} \tag{2-12}$$

$$t = \frac{\bar{x} - \mu}{s_{\bar{x}}} \tag{2-13}$$

可见,尽管随机误差不可避免或无法消除,但它的出现服从正态分布规律,因此可以通过增加测定次数求取样本均值予以减小。

〔2〕系 统 误 差

系统误差(Systematic Error)是由分析方法、分析试剂、分析仪器或分析操作等确定的原因所造成的误差。例如,沉淀反应不完全会导致沉淀质量偏低,沉淀洗涤不净会导致沉淀质量偏高,沉淀洗涤次数过多会导致沉淀质量偏低。

系统误差具有单向性、恒定性、可测性和可免性。单向性是指重复测定时系统误差总是偏高或者总是偏低。恒定性是指在一定条件下系统误差是恒定不变的,重复测定时系统误差的大小、正负会重复出现,增加测定次数采用统计方法并不能减小系统误差。可测性是指可以测定系统误差的正负大小,可以校正系统误差。可免性是指可以找到产生系统误差的原因,可设法减免系统误差。

系统误差的大小为总体均值与真值之差,用 E_μ 表示,即

$$E_\mu = \mu - T \tag{2-14}$$

系统误差影响分析结果的准确度而不影响分析结果的精密度。系统误差越大,分析结果的准确度越差。系统误差对分析结果的影响称为系统效应。

分析工作中应能预见到各种系统误差的来源和大小,并尽量设法减免或校正,否则将会严重影响分析结果的准确度。

系统误差来源于方法误差、仪器误差、试剂误差和操作误差。

方法误差是由分析方法本身的缺陷或不够完善引起的。例如,处理样品中组分挥发遗失或分解转化,沉淀分析中沉淀溶解损失和杂质共沉淀污染,滴定分析中滴定终点与计量点不一致和副反应使计量关系发生偏离等,都将造成分析结果偏低或偏高,其减免方法是选择方法误差符合要求的分析方法,或设法测定方法误差进行校正。

仪器误差是由于测量仪器不准确所造成的误差。例如天平砝码长期使用后质量有所改变，容量仪器如移液管刻度不准确、杂散光使吸光度降低等。其减免方法是选择误差符合要求的分析仪器，或设法测定仪器误差以校正仪器。

试剂误差是由试剂不纯净引起的，如所用试剂、纯水含有被测物质或干扰物质，分析实验室环境污染等，其减免方法是做空白试验进行校正，或纯化试剂、提高水质及净化环境。

操作误差是由操作人员的操作不准确造成的误差。如溶液酸度控制偏高或偏低，辨别终点颜色偏深或偏浅，分度估计读数偏高或偏低等，其减免方法是加强训练、提高操作水平。

应该指出，系统误差和随机误差的划分并不是绝对的，系统误差在理论上虽可避免，但实际上往往与随机误差同时存在，有时也难以分清，而且还可以相互转化。如判断滴定终点的迟早、观察颜色的深浅总有随机性，使用同一仪器或试剂所引起的误差也未必是相同的，认识到误差的来源后随机误差就转化为系统误差。

还应指出，分析工作中的"过失误差"不同于这两类误差，或者说它不是误差，它是由于分析操作者粗心大意或违反操作规程造成的错误，如错用样品、误用标样、选错仪器、加错试剂、器皿不清洁、试样损失或玷污、操作不规范、忽视仪器故障、读数错误、计算错误及有效数字错误等，都是过失错误，我们必须设法避免。

〔3〕准确度和精密度的关系

准确度既决定于随机误差的大小，又决定于系统误差的大小，而精密度只决定于随机误差的大小，因此，准确度和精密度的关系如同平均值的误差和随机误差的关系，可用下式表示。

$$E = \bar{x} - T \qquad = (\bar{x} - \mu) + (\mu - T) \qquad (2\text{-}15)$$

平均值的误差　　　随机误差　　系统误差

准确度　　　　　　　精密度

可见，分析结果不但存在随机误差，而且还可能存在显著的系统误差，精密度高只是随机误差小，只有消除系统误差后才能得到高的准确度。但是高精密度是保证高准确度的前提，如果精密度较差，随机误差就较大，分析结果的可靠性较差，失去了衡量准确度的前提，即使不存在系统误差也不能保证得到高的准确度。这表明，要获得准确的分析结果，既要减小随机误差，还要设法减免或校正系统误差。

评价分析结果时，首先应考察它的精密度，然后再考察准确度。分析结果的精密度高，说明分析中的随机误差小，测定结果的可靠性高。对准确度要求不太高的测定工作，在使用合格仪器或试剂的条件下，可直接用精密度来评价分析结果的可靠性。对于准确度要求较高的测定工作，在保证精密度高的前提下，必须消除（减免）或校正系统误差，提高测定结果的准确度。

2.2　总体均值的估计

样本均值是总体均值的最佳估计值，消除系统误差后，它就是真值的最佳估计值，但它未能反映估计的准确度和可靠程度，需要根据随机误差的分布规律，采用统计学区间估计法，以一定包含概率估计总体均值存在的可靠范围。

2.2.1 随机误差分布规律

首先通过实例介绍频率分布,然后在此基础上讲解正态分布,最后讨论t分布。

〔1〕频率分布

以一组测定试剂纯度的实验结果为例。共测得173个数据,将其逐个列出,可见数据有大有小,似乎杂乱无章。但将其按大小顺序排列起来,由最大值和最小值可知数据处于98.9%~100.2%范围内;进一步按组距为0.1%进行分组,可将173个数据分为14组。为使每个数据都能归入组内,避免"骑墙"现象发生,可使组间边界值比测量值多取一位,即取四位数。每个组中数据出现的个数称为频数(n_i),频数除以数据总数(n)称为频率。频率除以组距(Δs)(即组中最大值与最小值之差)就是频率密度。表2-1列出这些数据。以频率密度和相应组值范围作图,就得到频率密度直方图(见图2-2)。

表2-1 频数分布表

组号	分组 (%)	频数 (n_i)	频率 (n_i/n)	频率密度 ($n_i/n\Delta s$)
1	98.85 ~ 98.95	1	0.006	0.06
2	98.95 ~ 99.05	2	0.012	0.12
3	99.05 ~ 99.15	2	0.012	0.12
4	99.15 ~ 99.25	5	0.029	0.29
5	99.25 ~ 99.35	9	0.052	0.52
6	99.35 ~ 99.45	21	0.121	1.21
7	99.45 ~ 99.55	30	0.173	1.73
8	99.55 ~ 99.65	50	0.289	2.89
9	99.65 ~ 99.75	26	0.15	1.5
10	99.75 ~ 99.85	15	0.087	0.87
11	99.85 ~ 99.95	8	0.046	0.46
12	99.95 ~ 100.05	2	0.012	0.12
13	100.05 ~ 100.15	1	0.006	0.06
14	100.15 ~ 100.25	1	0.006	0.06
合计		173	1.001	

由表2-1和图2-2可知,众多数据有明显的集中趋势,频率密度最大值处于平均值(99.6%)附近;87%的数据处于平均值±0.3%之间,离平均值远的数据出现很少。直接连接组中值所对应的频率密度点,即得频率密度多边形。可以设想,实验数据越多,分组越细,频率密度多边形将逐渐趋近于一条平滑的曲线。该曲线称为概率密度分布曲线。测定值或其与总体均值之差(随机

误差)出现的概率(Probability,某一事件重复出现的可能性)为该曲线下相应范围的积分。

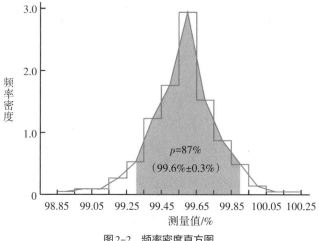

图2-2　频率密度直方图

〔2〕正态分布

分析测量中测定值大多数服从或近似服从正态分布。测定值x或其随机误差$(x-\mu)$的正态分布曲线如图2-3所示,测定值的相对标准随机误差$u=(x-\mu)/\sigma$的正态分布曲线如图2-4所示。

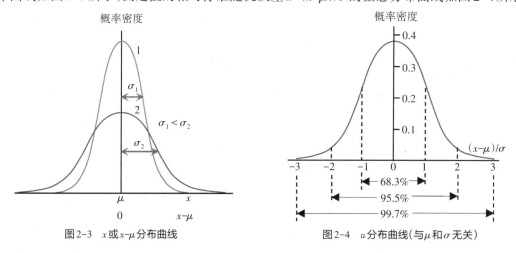

图2-3　x或$x-\mu$分布曲线　　　　图2-4　u分布曲线(与μ和σ无关)

测定值x或其随机误差$(x-\mu)$的概率密度分布函数为

$$f(x) = \frac{1}{\sigma\sqrt{2\pi}} e^{-\frac{(x-\mu)^2}{2\sigma^2}} \tag{2-16}$$

式中,x为测定值;μ为总体均值(表征测定值的集中趋势,无随机误差);σ为总体标准偏差(表征测定值或其随机误差的分散程度,为曲线两转折点之间距离的一半,其值越大分布曲线越矮胖);$x-\mu$为x的随机误差。

测定值或其随机误差的正态分布曲线随μ和σ的变化而变化,μ决定曲线平移位置,而σ决定曲线"高矮""胖瘦"。

测定值或其随机误差出现的概率为其概率密度函数在相应范围的积分:

$$p = \int \frac{1}{\sigma\sqrt{2\pi}} e^{-\frac{(x-\mu)^2}{2\sigma^2}} \mathrm{d}x = \int \frac{1}{\sqrt{2\pi}} e^{-\frac{u^2}{2}} \mathrm{d}u \tag{2-17}$$

式中,$u=(x-\mu)/\sigma$,$\mathrm{d}u=\mathrm{d}x/\sigma$。可见,相对标准随机误差的概率密度函数为

$$f(u) = \frac{1}{\sqrt{2\pi}} e^{-\frac{u^2}{2}} \tag{2-18}$$

这表明,相对标准随机误差分布曲线与μ和σ无关,归为同一曲线,称为标准正态分布曲线。

相对标准随机误差$(x-\mu)/\sigma$包含在$\pm u$区间(或测定值x包含在$\mu\pm u\sigma$区间及总体均值μ包含在$x\pm u\sigma$区间)的概率为

$$p = \int_{-u}^{+u} f(u)\,\mathrm{d}u = \frac{1}{\sqrt{2\pi}} \int_{-u}^{+u} e^{-\frac{u^2}{2}} \mathrm{d}u \tag{2-19}$$

显然,来自同一总体的全部测定值的随机误差(或测定值及总体均值)包含在$-\infty$至$+\infty$区间的概率应为100%,即

$$p = \frac{1}{\sqrt{2\pi}} \int_{-\infty}^{+\infty} e^{-\frac{u^2}{2}} \mathrm{d}u = 100\% \tag{2-20}$$

相对标准随机误差或测定值及总体均值包含在其他区间内的概率,如图2-4及表2-2所示。

表2-2 测定值包含在某些区间的概率

相对标准随机误差u包含的区间	测定值包含的区间	总体均值包含的区间	概率p
± 1	$\mu\pm 1\sigma$	$x\pm 1\sigma$	68.3%
± 1.96	$\mu\pm 1.96\sigma$	$x\pm 1.96\sigma$	95.0%
± 2	$\mu\pm 2\sigma$	$x\pm 2\sigma$	95.5%
± 2.58	$\mu\pm 2.58\sigma$	$x\pm 2.58\sigma$	99.0%
± 3	$\mu\pm 3\sigma$	$x\pm 3\sigma$	99.7%

相对标准随机误差出现在$\pm u$区间之外(或测定值出现在$\mu\pm u\sigma$之外及总体均值出现在$x\pm u\sigma$之外)的概率为$1-p$,称为显著性概率或显著性水平(Level of Significance),用α表示,即

$$\alpha = 1-p \tag{2-21}$$

由表2-2可见,相对标准随机误差超过± 3(或随机误差超过$\pm 3\sigma$)的测定值出现的概率是很小的,仅有0.3%。相对标准随机误差超过± 2(或随机误差超过$\pm 2\sigma$)的测定值出现的概率为4.5%。

由表2-2可查出给定概率p所对应的相对标准随机误差$(x-\mu)/\sigma$包含的区间$\pm u$。于是可得

$$\mu = x \pm u\sigma \tag{2-22}$$

可见,若已知总体标准偏差σ,则可由个别测定值x确定总体均值μ的存在区间$x\pm u\sigma$。但遗憾的是,σ是无限次测定值的标准偏差,是不可能测定的。

因此,我们期望能够通过有限次重复测定的$\bar{x}$、$s_{\bar{x}}$和t估计总体均值的存在范围。

〔3〕t 分布

如前所述,可用有限次测定的均值标准偏差 $s_{\bar{x}}$ 估计总体标准偏差 σ,可用有限次测定的样本均值 $\bar{x}$ 估计总体均值 μ。但是,有限次测定的误差分布必然偏离正态分布,而且,检测次数越少,偏离正态分布越远。

英国化学家和统计学家 W. S. Gosset 提出用样本均值 $\bar{x}$ 的相对标准随机误差 t 来替代个别测定值 x 的相对标准随机误差 u,因此 u 的正态分布可用 t 分布代替。

样本均值的相对标准随机误差用 t 表示,定义为

$$t = \frac{\bar{x} - \mu}{s_{\bar{x}}} \qquad (2\text{-}23)$$

t 的概率密度分布简称 t 分布,t 分布曲线如图 2-5 所示。

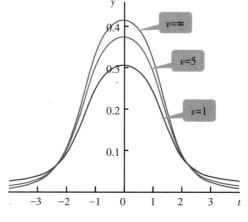

图 2-5　t 分布曲线(随自由度 v 变化)

t 分布曲线随自由度 v 变化。当 $n \to \infty$ 时,t 分布曲线趋近于标准正态分布曲线。

统计学家已经计算出有限次数重复测定时样本均值的相对随机误差包含在某一区间的概率,如表 2-3 所示。

表 2-3　t 分布表

$v = n-1$	$t_{\alpha,v}$		
	$p=0.90$	$p=0.95$	$p=0.99$
1	6.31	12.7	63.7
2	2.92	4.30	9.92
3	2.35	3.18	5.84
4	2.13	2.78	4.60
5	2.02	2.57	4.03
6	1.94	2.45	3.71
7	1.90	2.36	3.50
8	1.86	2.31	3.35
9	1.83	2.26	3.25
10	1.81	2.23	3.17
20	1.72	2.09	2.84
30	1.70	2.04	2.75
60	1.67	2.00	2.66
120	1.66	1.98	2.62
∞	1.64	1.96	2.58

可见,当 $v \to \infty$ 时,$s_{\bar{x}} \to \sigma$,t 即 u。实际上,当 $v=20$ 时,t 与 u 已很接近。

t 既与 v 有关,也与 p 或 α 有关,应以下标注明,即用 $t_{\alpha,v}$ 表示在给定显著水平和测定次数时样本均值的相对随机误差,也称为包含因子(Coverage Factor)。

由表2-3可查出给定包含概率p所对应的样本均值$\bar{x}$的相对标准随机误差包含的区间$\pm t_{\alpha,v}$。

2.2.2 区间估计法

给定概率p，由表2-3查出所对应的样本均值$\bar{x}$的相对标准随机误差包含的区间$\pm t_{\alpha,v}$。于是由式2-23可得

$$\mu = \bar{x} \pm t_{\alpha,v} s_{\bar{x}} \tag{2-24}$$

这表明，通过有限次重复测定的样本均值和均值标准偏差能以给定概率p确定总体均值的存在范围，样本均值$\bar{x}$的相对标准随机误差包含的区间的概率就是总体均值包含在该范围的概率。

统计区间$\bar{x} \pm t_{\alpha,v} s_{\bar{x}}$是用有限次测定的样本均值估计总体均值的可靠性范围，称为包含区间（Coverage Interval，统计学中称为置信区间）。用包含区间估计总体均值包含或存在的范围的方法称为区间估计法（Interval Estimation Method）。

包含区间的中心值$\bar{x}$为样本均值，表明了样本均值是总体均值的最佳估计值。

包含区间的大小$t_{\alpha,v} s_{\bar{x}}$反映了用样本均值估计总体均值的偏差范围和不确定程度或精密度，称为测量不确定度（Measurement Uncertainty）。测量不确定度是表征赋予被测量值分散性的非负参数，均值标准偏差称为标准不确定度，用u表示，均值标准偏差乘以包含因子称为扩展不确定度，用U表示。以样本均值估计总体均值的扩展不确定度用$U_{\bar{x}}$表示，即

$$U_{\bar{x}} = t_{\alpha,v} s_{\bar{x}} \tag{2-25}$$

扩展不确定度在样本均值中所占的分数称为相对扩展不确定度，用U_r表示，即

$$U_r = \frac{U_{\bar{x}}}{\bar{x}} \times 100\% = \frac{t_{\alpha,v} s_{\bar{x}}}{\bar{x}} \times 100\% \tag{2-26}$$

$t_{\alpha,v}$和$s_{\bar{x}}$都随n的增大而减小，这表明测量次数n越多，相同包含概率下的包含区间就越小，即样本均值$\bar{x}$与总体均值μ越接近。但当$n > 6$时，$s_{\bar{x}}$和$t_{\alpha,v}$随n的变化已很小，因此过多增加测定次数得不偿失。

概率（Probability，是指重复发生某一事件的可能性）的大小说明了用包含区间包含或估计总体均值的可靠程度，称为包含概率（Coverage Probability，统计学中称为置信概率、置信水平或置信度）。如前所述，包含概率也可用相反的显著性概率来衡量。

包含概率与包含区间是一个对立的统一体。若包含区间无限大，则肯定会包含总体均值，包含概率为100%，但这样的包含区间是没有实用意义的；包含区间越小，估计总体均值的不确定度越小，但它包含总体均值的可靠性（或包含概率）也越小。例如，50%包含概率下的包含区间尽管很窄，但其可靠性已经不能保证了。在实际工作中，在做统计推断时，包含概率不能定得过高或过低，必须同时兼顾包含区间和包含概率，既要使包含区间足够窄以减小不确定度，又要使包含概率足够大以保证可靠性。分析科学中估计不确定度大小一般以95%包含概率相应者为宜。若非特别说明，分析科学中包含概率p总是取95%。

[例2-4] 为检测鱼被汞污染情况，测定了鱼体中汞的质量分数，六次平行测定结果分别为（mg/kg）：2.06、1.93、2.12、2.16、1.89和1.95。请计算包含概率$p=90\%$和95%时包含总体均值的包含区间和相对不确定度。

解：

$$\bar{x} = \frac{1}{n}\sum_{i=1}^{n} x_i = \frac{2.06 + 1.93 + \cdots + 1.95}{6} = 2.02$$

$$s = \sqrt{\frac{\sum (x_i - \bar{x})^2}{n-1}} = \sqrt{\frac{(2.06-2.02)^2 + (1.93-2.02)^2 + \cdots + (1.95-2.02)^2}{6-1}} = 0.11$$

$$s_{\bar{x}} = \frac{s}{\sqrt{n}} = \frac{0.11}{\sqrt{6}} = 0.045$$

查表2-3可得在实测次数时给定包含概率p对应的相对不确定度$t_{\alpha,v}$

当$p=90\%$，$v=n-1=5$时，$t_{\alpha,v}=2.02$

$$\mu = \bar{x} \pm t_{\alpha,v} s_{\bar{x}} = 2.02 \pm 2.02 \times 0.045 = 2.02 \pm 0.09$$

$$U_r = \frac{t_{\alpha,v} s_{\bar{x}}}{\bar{x}} \times 100\% = \frac{2.02 \times 0.045}{2.02} \times 100\% = 4.5\%$$

当$p=95\%$，$v=n-1=5$时，$t_{\alpha,v}=2.57$

$$\mu = \bar{x} \pm t_{\alpha,v} s_{\bar{x}} = 2.02 \pm 2.57 \times 0.045 = 2.0 \pm 0.1$$

$$U_r = \frac{t_{\alpha,v} s_{\bar{x}}}{\bar{x}} \times 100\% = \frac{2.57 \times 0.045}{2.02} \times 100\% = 5\%$$

可见，包含概率越大，相应的包含区间也越宽，估计的相对不确定度也越大。

2.3　误差传递与分配

样品中待测物质的含量一般是根据一定的测量模型（测量函数、拟合函数或计算公式）间接测定的，通过测量试样用量（质量或体积）、标样用量（含量、质量或体积）以及待测组分分析信号（质量、电极电位、电解电流和吸光度等），再按照一定的测量模型计算试样中待测物质的含量，因此各直接测量值和参考量值的误差必然会影响间接测量结果的准确度，所以我们既应了解各直接测定值的误差（每步测量误差）对间接测定的影响和贡献，还应将分析结果的误差进行适当的分配和控制，以保证分析结果具有适当的准确度。

2.3.1　误差传递

直接测量值及参考量值的误差对间接测定结果的影响称为误差的传递（Propagation of Error）。误差的传递包括随机误差的传递和系统误差的传递。

若通过测定x_i（或$x_1,x_2,\cdots,x_n$等变量）来间接测定y，则测量模型为

$$y = f(x_1, x_2, \cdots, x_n) \tag{2-27}$$

式中，y为间接测量变量，又称为输出变量，其误差为合成误差，其合成系统误差用e_y表示，其合成随机误差（或称合成不确定度）用标准不确定度u_y表示或用扩展不确定度U_y表示；x_i为直接测量变量或参考量，又称为输入变量，其系统误差估计值为e_{x_i}（可直接校正x_i），其随机误差估计值为A类评定不确定度（根据一系列测量值的概率分布用统计方法评定）或B类评定不确定度（根据经验或其他信息假设的概率分布等方法评定）。A类评定的不确定度为$u_{x_i}=s_{\bar{x}}$（标准不确定度）或

$U_{x_i} = t_{\alpha, v} s_{\bar{x}}$（扩展不确定度）。B类评定的不确定度为引用值的不确定度,如标准值的不确定度、允差的绝对值或以前测量x_i的分布区间的半宽度。

将测量模型对各输入变量x_i求偏微分即可求得变量x_i变化单位量时引起输出变量y的变化量,称为误差传递系数或灵敏系数,用C_{x_i}表示,即

$$C_{x_i} = \frac{\partial y}{\partial x_i} \tag{2-28}$$

误差传递系数也可以由实验测量得到。

误差传递系数反映了输入变量x_i的误差对输出变量的贡献的灵敏程度,它乘以输入变量x_i的误差即为该输入变量对输出变量的误差分量(影响或贡献),输入变量x_i对输出变量y的系统误差分量和不确定度分量分别为:

$$e_{y(x_i)} = \frac{\partial y}{\partial x_i} e_{x_i} \tag{2-29}$$

$$U_{y(x_i)} = \frac{\partial y}{\partial x_i} U_{x_i} \tag{2-30}$$

式中,扩展不确定度也可用标准不确定度替代:

$$u_{y(x_i)} = \frac{\partial y}{\partial x_i} u_{x_i} \tag{2-31}$$

所以,输出变量的系统误差就是各输入变量的系统误差分量的代数和(系统误差可加和或抵消),即

$$e_y = \sum e_{y(x_i)} = \sum \left(\frac{\partial y}{\partial x_i} e_{x_i} \right) \tag{2-32}$$

而且,输出变量的随机误差(不确定度)为输入变量的不确定度分量的方和根(不确定度不能互相抵消),即

$$U_y = \sqrt{\sum U_{y(x_i)}^2} = \sqrt{\sum \left[\left(\frac{\partial y}{\partial x_i} \right)^2 U_{x_i}^2 \right]}^{①} \tag{2-33}$$

例如,若间接测量模型为$y = ax_1 x_2 / x_3$,则误差传递系数(灵敏系数)为

$$C_{x_1} = \frac{\partial y}{\partial x_1} = \frac{ax_2}{x_3}$$

$$C_{x_2} = \frac{\partial y}{\partial x_2} = \frac{ax_1}{x_3}$$

$$C_{x_3} = \frac{\partial y}{\partial x_3} = -\frac{ax_1 x_2}{x_3^2}$$

其合成系统误差为

$$e_y = C_{x_1} e_{x_1} + C_{x_2} e_{x_2} + C_{x_3} e_{x_3} = \frac{ax_2}{x_3} e_{x_1} + \frac{ax_1}{x_3} e_{x_2} - \frac{ax_1 x_2}{x_3^2} e_{x_3}$$

---

① 输入变量之间有相关性时,合成不确定度中还应包含其协方差不确定度。

$$e_y = \frac{e_{x_1}}{x_1}y + \frac{e_{x_2}}{x_2}y - \frac{e_{x_3}}{x_3}y$$

$$e_{r(y)} = e_{r(x_1)} + e_{r(x_2)} - e_{r(x_3)}$$

其合成随机误差为

$$U_y^2 = C_{x_1}^2 U_{x_1}^2 + C_{x_2}^2 U_{x_2}^2 + C_{x_3}^2 U_{x_3}^2 = \left(\frac{ax_2}{x_3}\right)^2 U_{x_1}^2 + \left(\frac{ax_1}{x_3}\right)^2 U_{x_2}^2 + \left(-\frac{ax_1x_2}{x_3^2}\right)^2 U_{x_1}^2$$

$$U_y^2 = \frac{U_{x_1}^2}{x_1^2}y^2 + \frac{U_{x_2}^2}{x_2^2}y^2 + \frac{U_{x_3}^2}{x_3^2}y^2$$

$$U_{r(y)}^2 = U_{r(x_1)}^2 + U_{r(x_2)}^2 + U_{r(x_3)}^2$$

同理可得几种常见间接测量模型的误差传递公式,如表2-4所示。

表2-4　常见间接测量模型的误差传递公式*

模型名称	测量模型	系统误差传递律	随机误差传递律
加减运算	$y = a_1x_1 + a_2x_2 - a_3x_3$	$e_y = a_1e_{x1} + a_2e_{x2} - a_3e_{x3}$	$U_y^2 = a_1^2 U_{x1}^2 + a_2^2 U_{x2}^2 + a_3^2 U_{x3}^2$
乘除运算	$y = ax_1x_2/x_3$	$e_{r(y)} = e_{r(x1)} + e_{r(x2)} - e_{r(x3)}$	$U_{r(y)}^2 = U_{r(x1)}^2 + U_{r(x2)}^2 + U_{r(x3)}^2$
幂函运算	$y = bx^a$	$e_{r(y)} = a \cdot e_{r(x)}$	$U_{r(y)} = aU_{r(x)}$
对数运算	$y = a\lg x$	$e_y = 0.43a \cdot e_{r(x)}$	$U_y = 0.43aU_{r(x)}$
指函运算	$y = a10^x$	$e_{r(y)} = 2.3e_x$	$U_{r(y)} = 2.3U_x$

*表中,a和b为无限准确常数,如物质的组成常数和化学反应的计量数等。

应该指出,输入变量的系统误差可直接校正输入变量,从而可按测量模型直接计算输出变量的校正值,因此一般不必通过系统误差传递规律评定输出变量的合成系统误差,而往往只需通过随机误差传递规律评定输出变量的合成不确定度。

[例2-5] 配制$K_2Cr_2O_7$标液,若称取1.4710 g $K_2Cr_2O_7$基准试剂的称量误差为−0.0002 g,溶解后定容到250.0 mL容量瓶的容量误差为0.3 mL,则$K_2Cr_2O_7$标液的浓度的误差为多少?其准确浓度为多少?($M_{K_2Cr_2O_7} = 294.185$ g/mol为参考量值,其系统误差可视为零)

解:测量模型为

$$c_{K_2Cr_2O_7} = \frac{\dfrac{m_{K_2Cr_2O_7}}{M_{K_2Cr_2O_7}}}{V_{定容}}$$

由测量值求得所配制$K_2Cr_2O_7$标液的浓度为

$$c_{K_2Cr_2O_7} = \frac{\dfrac{m_{K_2Cr_2O_7}}{M_{K_2Cr_2O_7}}}{V_{定容}} = \frac{\dfrac{1.4710}{294.185}}{250.0 \times 10^{-3}} = 0.02000 (\text{ mol /L})$$

所配$K_2Cr_2O_7$标液浓度的相对系统误差为

$$e_{r\left(c_{K_2Cr_2O_7}\right)} = e_{r\left(m_{K_2Cr_2O_7}\right)} - e_{r\left(M_{K_2Cr_2O_7}\right)} - e_{r\left(V_{定容}\right)}$$

$$= \frac{-0.0002}{1.4710 + 0.0002} \times 100\% - \frac{0.3}{250.0 - 0.3} \times 100\%$$

$$= -0.01\% - 0.12\% = -0.13\% \approx -0.1\%$$

可见乘除运算结果的相对误差主要来源于相对误差较大的测量值。

所配 $K_2Cr_2O_7$ 标液浓度的绝对系统误差为

$$e_{c_{K_2Cr_2O_7}} = e_{r\left(c_{K_2Cr_2O_7}\right)} c_{K_2Cr_2O_7} = -0.13\% \times 0.02000 = -0.00003\,(\,mol/L\,)$$

所以，$K_2Cr_2O_7$ 标液的准确浓度应为

$$c_{K_2Cr_2O_7(校正)} = c_{K_2Cr_2O_7} - e_{c_{K_2Cr_2O_7}} = 0.02000 - (-0.00003) = 0.02003\,(\,mol/L\,)$$

也可首先分别校正各直接测量值的系统误差，然后再按测量模型直接计算间接测量值：

$$c_{K_2Cr_2O_7(校正)} = \dfrac{\dfrac{m_{K_2Cr_2O_7(校正)}}{M_{K_2Cr_2O_7}}}{V_{定容(校正)}} = \dfrac{\dfrac{1.4710 + 0.0002}{294.185}}{(250.0 - 0.3) \times 10^{-3}} = 0.02003\,(\,mol/L\,)$$

可见，通过各直接测量值的校正值来计算间接测量值的方法较简便。

[例2-6] 标定 NaOH 溶液的浓度，称取邻苯二甲酸氢钾(KHP)基准试剂 0.5030 g，溶解后加 2 滴 0.1% 酚酞指示剂，用该 NaOH 溶液滴定至酚酞变色时消耗 25.86 mL，若天平称量的不确定度为 0.1 mg，滴定管读数的不确定度为 0.01 mL，则 NaOH 溶液的浓度的相对不确定度和绝对不确定度是多少？

解：滴定反应为

一般用差减法称量，邻苯二甲酸氢钾(KHP)经过初、终两次称量，测量消耗的 NaOH 溶液的体积也经过初、终两次读数。

邻苯二甲酸氢钾(KHP)的摩尔质量为 $M_{KHP} = A_K + 5A_H + 8A_C + 4A_O$，

因此，NaOH 溶液浓度的测量模型为

$$c_{NaOH} = \dfrac{\dfrac{m_{KHP}}{M_{KHP}}}{V_{NaOH}} = \dfrac{\dfrac{m_{KHP(初)} - m_{KHP(终)}}{A_K + 5A_H + 8A_C + 4A_O}}{V_{NaOH(终)} - V_{NaOH(初)}}$$

所以

$$U^2_{m_{KHP}} = U^2_{m_{KHP(初)}} + U^2_{m_{KHP(终)}} = 0.0001^2 + 0.0001^2 = 2 \times 10^{-8}$$

$$U^2_{V_{NaOH}} = U^2_{V_{NaOH(终)}} + U^2_{V_{NaOH(初)}} = 0.01^2 + 0.01^2 = 2 \times 10^{-4}$$

$$U^2_{M_{KHP}} = U^2_{A_K} + 5^2 U^2_{A_H} + 8^2 U^2_{A_C} + 4^2 U^2_{A_O} = 0.0001^2 + 25 \times 0.00014^2 + 64 \times 0.001^2 + 16 \times 0.00037^2 = 0.000066$$

$$U_{r\left(c_{NaOH}\right)} = \sqrt{U^2_{r\left(m_{KHP}\right)} + U^2_{r\left(M_{KHP}\right)} + U^2_{r\left(V_{NaOH}\right)}} = \sqrt{\left(\dfrac{U_{m_{KHP}}}{m_{KHP}}\right)^2 + \left(\dfrac{U_{M_{KHP}}}{M_{KHP}}\right)^2 + \left(\dfrac{U_{V_{NaOH}}}{V_{NaOH}}\right)^2}$$

$$= \sqrt{\dfrac{2 \times 10^{-8}}{0.5030^2} + \dfrac{0.000066}{204.221^2} + \dfrac{2 \times 10^{-4}}{25.86^2}} = 0.06\%$$

$$U_{c_{NaOH}} = U_{r\left(c_{NaOH}\right)} c_{NaOH} = 0.06\% \times 0.09524 = 0.00006$$

[例2-7] 光度分析中浓度 c 与透光度 T 的函数关系为

$$c = \dfrac{1}{\varepsilon l} \lg \dfrac{1}{T}$$

式中 ε 和 l 分别为摩尔吸光系数和吸光光程长度,可视为准确常数。若测定透光度的不确定度为 1%,则透光度为 36.8% 时浓度的相对不确定度为多少?

解:由于

$$U_c^2 = \left(\frac{\partial c}{\partial T}\right)^2 U_T^2 = \left(-\frac{1}{\varepsilon l}\frac{\lg e}{T}\right)^2 U_T^2 = \left(\frac{0.43c}{T\lg T}\right)^2 U_T^2$$

或套用对数模型得

$$U_c = 0.43\left(-\frac{1}{\varepsilon l}\right)U_{r(T)} = 0.43\frac{c}{\lg T}\frac{U_T}{T}$$

因此

$$U_{r(c)} = \frac{U_c}{c} = 0.43\frac{1}{\lg T}\frac{U_T}{T} = \frac{0.43}{\lg 36.8\%}\times\frac{1\%}{36.8\%} = 3\%$$

2.3.2 误差分配

分析工作中,既要了解各直接测定值的误差(每步测量误差)对分析结果的影响,还要将分析结果的误差进行适当的分配和控制,保证分析结果具有适当的准确度。

在设计分析实验方案时,根据对分析结果准确度的要求确定分析结果的误差后,对各步测量值的误差提出恰当的限制性要求,称为误差的分配(Distribution of Error)。

误差分配过程实际上就是不确定度评定过程的逆过程,同样必须首先识别不确定度的来源,特别是那些占支配地位的不确定度分量的来源,然后在建立的测量模型的基础上,分配各不确定度分量,完成分析方案设计。

误差分配就是要根据误差传递公式中合成不确定度逆向求解来自误差源的各不确定度分量。这个多元方程有无穷多个解,但每个输入变量及其不确定度分量都有分析条件(如准确度和难易度或性价比)约束,因此实际上只有有限个解决方案,而其中性价比最高的为最优方案。

误差分配的基本原则是,以均衡的不确定度分量控制难度保证分析结果的准确度。如果各输入变量的不确定度控制难度相当,那么各输入变量就均分合成不确定度,但若各输入变量的不确定度控制难度相差较大,则对于难于控制的不确定度分量,应分配较大的不确定度值。那些容易减小的不确定度分量一般分取 1/5~1/10,那些不容易减小的不确定度分量一般分取 1/3~1/2,具体分配比例还与不确定度来源数量有关。

误差分配的基本方法是,先把误差分为二类,一类是不确定度的 A 类评估分量(直接测量参数的不确定度分量),另一类是不确定度的 B 类评估分量(如参考量值的不确定度分量),这时

$$U_y = \sqrt{U_{y(A)}^2 + U_{y(B)}^2} \tag{2-34}$$

式中,$U_{y(A)}$ 为不确定度的 A 类评估分量,$U_{y(B)}$ 为不确定度的 B 类评估分量。

不确定度的 A 类评估分量及不确定度的 B 类评估分量中,还可能有多种不同来源的不确定度分量,同时也受到相应分析条件的限制,所以应当根据具体的各输入变量的不确定度来源进一步分配不确定度分量。

[例 2-8] 如果要求滴定分析结果的相对不确定度在 0.3% 范围内,那么应如何分配滴定分析误差呢?

解:首先将滴定分析的误差来源分为不确定度的 A 类评估分量(直接测定参数的不确定度分量)和不确定度的 B 类评估分量(标准溶液或标准样品的不确定度分量)。一般均分不确定度的 A 类评估分量和不确定度的 B 类评估分量,由此可得

$$U_{r,y(A)} = U_{r,y(B)} = \frac{U_{r(y)}}{\sqrt{2}} = \frac{0.3\%}{\sqrt{2}} = 0.21\%^{①}$$

然后找出滴定分析的不确定度的 A 类评估分量的主要来源是样品称量不确定度、标准溶液容量不确定度和滴定终点判定不确定度,因此

$$U_{r,y(A)} = \sqrt{U_{r,A(m_s)}^2 + U_{r,A(V_B)}^2 + U_{r,A(ep)}^2}$$

一般情况下,这三个来源的不确定度分量的控制难度相当,因此根据误差分配基本原则,三个误差来源的不确定度分量应相等,即

$$U_{r,A(m_s)} = U_{r,A(V_B)} = U_{r,A(ep)} = \frac{U_{r,y(A)}}{\sqrt{3}} = \frac{0.21\%}{\sqrt{3}} = 0.12\%$$

实际滴定分析工作中一般控制这三个相对不确定度分量均不超过 0.1%,其合成相对不确定度的 A 类评估分量不超过 0.2%。

对于样品称量,如分析天平称量的不确定度为 0.1 mg,一份试样需称量两次(常用差减法),其最大不确定度为 0.2 mg,则称取样品质量要求是

$$m_s = \frac{U_{m_s}}{U_{r,A(m_s)}} \geqslant \frac{0.0002\ g}{0.1\%} = 0.2\ g$$

对于标液体积测量,如滴定管容量的不确定度为 0.01 mL,则要求量取标液体积

$$V_s = \frac{U_{V_s}}{U_{r,A(V_s)}} \geqslant \frac{0.02\ mL}{0.1\%} = 20\ mL$$

对于滴定终点判定,需要有显著的滴定突跃,保证计量点时滴定反应定量进行完全和选择合适的指示剂即可,这将在第三章滴定分析中详解。

最后找出滴定分析的不确定度的 B 类评估分量的主要来源只有标准溶液浓度误差或标准样品含量误差,因此标准溶液或标准样品的相对不确定度分量为 0.21%,可见实际分析工作中控制标准溶液或标准样品的相对不确定度在 0.2% 以内即可。

不难验证,上述不确定度分配的 A 类评估分量和 B 类评估分量的合成相对不确定度在 0.3% 以内,完全满足题目要求。

2.4 分析误差的处理

分析误差的处理包括有效数字的处理、离群值的检验、随机误差的处理和系统误差的处理及分析结果的表示。

2.4.1 有效数字的确定

首先介绍有效数字的概念,然后讨论不定数字的修约规则和有效数字的运算规则。

---

① 分配的不确定度不同于实测的不确定度,测量不确定度只能保留一位有效数字,而分配的不确定度可以保留两位(多保留一位)有效数字。

[1]有效数字

在科学实验中用到的数据可分为两类：一类是准确数字，如自然数1、2、3等，物质组成分数和化学计量数之比等，以及某些纯数学上的数如$\sqrt{2}$、$\ln 5$、π等；另一类为实验测量得到的数据。

为了获得准确的分析结果，除要进行准确的测量以外，还要正确地记录和处理实验数据。记录和处理测量数据必须使用有效数字。所谓有效数字是指准确地测量到的数字。在有效数字中，只有最后一位数字是不甚确定的、近似的，其余各数字都是确定的、准确的。

例如，用移液管测量操作溶液的体积，滴定管体积读数（即溶液在滴定管中的液面位置）的有效数字为21.40 mL，其前三位数字在滴定管上有刻度标示，是准确的，末位数字是根据液位在两刻度之间估计出来的，是不确定数字。如果记为21.4 mL，那就不能正确反映滴定管测量操作溶液体积的准确程度，会使别人误以为该测量数据是用量筒测量的。因此，有效数字保留的位数是与所用测量方法或测量仪器的不确定度有关的，也是分析科学记录、处理数据所必须要求的。

有效数字不仅表示测得值的大小，而且反映测量方法的准确度或不确定度，因此，根据分析结果的准确度或不确定度可确定分析结果的有效数字（准确数字和末位不定数字），或者说分析结果的有效数字可根据分析结果的准确度或不确定度来确定，有效数字最后一位数字必然是不定数字并且只有最后一位数字是不定数字。

有效数字最后一位的不确定度常写在它后面的括号里，最后一位的不确定度为1时通常将其省略不写。例如，Zn的原子量为65.39(2)，其不确定度为0.02，最末一位不定数字9的不确定度为2。再如标称值为100 mL的A级容量瓶量取溶液的体积为100.0 mL，其不确定度为0.1 mL，最末一位不定数字0的不确定度为1，省略不写。

必须注意，各种误差、偏差或不确定度等数字，是用于衡量测得值的末位数字的不确定程度的，所以它们都只有一位有效数字，因而只能保留一位有效数字。

需要指出，pH和pK_a等对数值的尾数（小数）部分才是有效数字。因为pH为H^+浓度的负对数值，其整数部分只表示其单位的大小。如pH=8.35为两位有效数字（尾数为两位），因为$[H^+]$=0.45×10^{-8} mol/L，对数值的整数部分是与$[H^+]$的单位大小有关的数字，是不确定的可变的，不是有效数字。

[2]数字修约

舍入多余数字的过程称为数字修约，它所遵循的规则称为数字修约规则。现在通行的数字修约规则是"大五入小五舍五成双一次修约"，过五进位恰五留双的优点是，逢五时有舍有入，由五的舍入所引起的误差较小，可避免四舍五入积累修约误差。

数字修约规则规定，把多余的不定数字或尾数看成一个整体（一次修约），与5（添零补齐位数使其与尾数数字位数相同）比较，前者大于后者就进位（大5入），前者小于后者就舍弃（小5舍），前者等于后者就使修约后其前一位为偶数（即前一位为奇数时进，为偶数时舍，5成双）。

[例2-9] 下列数字只有四位是有效数字，请将其修约为有效数字。

18.73501, 20.4349, 0.608350, 1.07250

解:修约方法和修约结果如下表所示:

原有数字	修约方法	修约结果
18.7350<u>1</u>	501>500,入1	18.74
20.43<u>49</u>	49<50,舍49	20.43
0.6083<u>50</u>	50=50,3为奇数,入1	0.6084
1.072<u>50</u>	50=50,2为偶数,舍50	1.072

请注意,不能将上述20.4349先修约为20.435,再修约为20.44,应把多余的不定数字或尾数看成一个整体进行一次修约。

[3]运算规则

间接测定结果的有效数字也应与其不确定度相适应。根据误差传递规律计算出间接测定结果的不确定度,即可确定间接测定结果的有效数字。

[例2-10] 计算 Na_2CO_3 的摩尔质量。

解:由于

$$M_{Na_2CO_3} = 2M_{Na} + M_C + 3M_O$$

$M_{Na}=22.98968(6)$,$M_C=12.011(1)$,$M_O=15.9994(3)$

因此

$$U_{M_{Na_2CO_3}} = \sqrt{2^2 \times U_{M_{Na}}^2 + 1^2 \times U_{M_C}^2 + 3^2 \times U_{M_O}^2}$$
$$= \sqrt{4 \times 0.00006^2 + 0.001^2 + 9 \times 0.0003^2}$$
$$= 0.001$$

这表明 Na_2CO_3 的摩尔质量的千分位(小数点后的第三位数字)有1的不确定度,因此其有效数字应保留到千分位(小数点后第三位),即

$$M_{Na_2CO_3} = 2M_{Na} + M_C + 3M_O$$
$$= 2 \times 22.98968(6) + 12.011(1) + 3 \times 15.9994(3)$$
$$= 105.989 \pm 0.001$$

推荐一个摩尔质量计算APP:Molecalcr,该应用通过元素周期表触摸操作,可简便、快捷地准确计算摩尔质量及其不确定度。Molecalcr下载地址为:molecalcr.hiroz.cn。

应该指出,设计分析方案或讨论有关分析条件时,计算结果的有效数字的确定常用近似运算规则进行:

A.加减运算:由于加减运算结果的不确定度主要决定于不确定度最大的加数或减数,因此,加减运算结果的不定数字的数位应与不确定度最大的加数或减数的不定数字的数位近似相同。

B.乘除运算:由于乘除运算结果的相对不确定度主要决定于相对不确定度最大(有效数字位数最少)的乘数或除数,因此乘除运算结果的有效数字位数应与相对不确定度最大(有效数字位数最少)的乘数或除数的有效数字位数近似相同,并且为减小近似运算所造成的误差,有效数字首位为9或8这样大的数字时,应该多认一位有效数字。

C.幂函运算:幂函运算结果的有效数字位数与原有效数字位数近似相同。

D.对数运算:对数运算结果的尾数(小数点后的位数)与原有效数字位数近似相同。

E.指数运算:指数运算结果的有效数字位数与指数的有效数字位数近似相同。

[例2-11] 计算23.18-15.6152=?

解：

$$\begin{array}{r} 23.18 \quad \pm 0.01 \\ -)15.6152 \quad \pm 0.0001 \\ \hline 7.5648 \quad \pm 0.01 \end{array}$$

被减数的不定数字为百分位，减数的不定数字为万分位，其差7.5648的百分位、千分位和万分位数字都是不定数字，所以其差应保留到百分位，即

$$23.18-15.6152=7.56$$

请特别注意：减法运算可使运算结果有效数字减少，加法运算则反之。

[例2-12] 计算 $c_{\text{EDTA}} = \dfrac{\dfrac{0.9618}{372.237}}{250.0 \times 10^{-3}} = ?$

解：

$$c_{\text{EDTA}} = \frac{\dfrac{0.9618}{372.237}}{250.0 \times 10^{-3}} = \frac{0.0025838}{250.0 \times 10^{-3}} = 0.01034$$

2.4.2 离群值的检验

由于存在随机误差，多次重复测定结果有一定分散度是正常现象，但有时个别测定值偏离其他值较远，怀疑是过失造成，称为离群值或可疑值(Doubtful Value)。保留过失数值会造成新的过失，严重影响分析结果的精密度和准确度；舍弃由随机误差造成的离群值不仅造成浪费，而且还会影响分析结果的精密度和准确度。所以离群值不能轻易取舍。

发现离群值应仔细检查分析测定的每一个环节，查明是失误造成时必须舍弃，这个过程称为技术剔出；否则，就要根据随机误差的分布规律作统计检验来判断离群值或可疑值是否为过失值，从而决定取舍，即舍弃过失值和保留正常值。较好的统计检验方法有区间检验法和质量控制法等。

在一定包含概率时，总体平均值包含在包含区间内。若离群值也在该区间内，则表明离群值与总体平均值没有显著差别，按 t 分布规律，其误差是由随机误差造成的，所以应该保留；若离群值在包含区间外，表明离群值与总体平均值有显著差别，就有理由认为它是由某种过失造成的，应舍弃。这种检验方法称为区间检验法。

假设离群值非失值，利用全部数据计算包含区间，这种区间检验法可在计算包含区间的同时检验所有的测定值，但测定次数较少时所得包含区间受过失值影响很大，特别容易犯保留过失值的错误。因此，测定次数较少时，应假设离群值为过失值而排除离群值后，再计算包含区间进行区间检验，若离群值不包含在包含区间以内，则表明离群值就是应舍弃的过失值。

质量控制法是利用测量值的统计图来检验测量值的可靠性的方法。质量控制图是测量值的统计图解，如图2-7所示，表示测量过程的特定统计值(如平均值和置信限等)变量随着样品测定顺序的变化，由中心线(预期值)和对应于99%包含概率的 $\pm 3s$ 控制线(行动线)及对应于95%包含概率的 $\pm 2s$ 警告线构成，是例行分析工作中决定测定值取舍的最好标准、依据或方法。通过10次以上的重复测定可确定样本均值和样本标准偏差。若某次测定值超出了控制线，则该测定值就是过失值。若超出警告线一次，应警觉到将来可能会遇到的问题，但不必马上采取措施；若连续两次超出警告线，则必须调查原因。

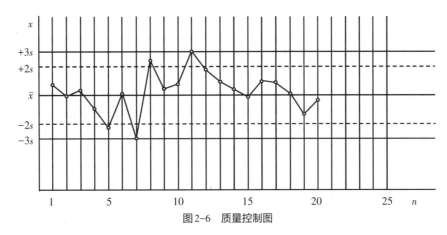

图2-6 质量控制图

应该指出,离群值往往是由个别失误造成的。如果分析操作者对分析方法不了解或分析操作不正确,所有测定结果都是错误的,将会导致测定值的精密度异常,无论统计检验结果如何,都必须舍弃全部测定值,找出原因,纠正错误或不规范操作,并重作测定。

还应指出,过去常用的 Q 检验法和 G 检验法,是分别计算 $Q = \dfrac{\left|x_{离群} - x_{邻近}\right|}{x_{最大} - x_{最小}}$ 和 $G = \dfrac{\left|x_{离群} - \bar{x}\right|}{s}$,若其值超过临界值 $Q_{\alpha,v}$ 和 $G_{\alpha,v}$(见附录),则认为离群值为应舍弃的过失值。但应注意,Q 和 G 的计算值只有一位有效数字,不能依据其多余不定数字进行判断。

[例2-13] 某土壤样品中 Zn 的含量用原子吸收光谱法测定5次,结果分别为71.26、71.30、70.87、71.23和71.19 μg/g,没有发现技术失误,以95%包含概率检验有无过失值。

解:分别用区间检验法和 G 检验法进行检验

(1)区间检验法

假设离群值70.87 μg/g为过失值,将其排除在外,计算所余4个测定值的标准偏差和包含区间:

$$p = 95\%, n = 4, t_{\alpha,v} = 3.2, s = 0.047$$

$$\mu = \bar{x} \pm t_{\alpha,v} s_{\bar{x}} = 71.24 \pm 3.2 \times \frac{0.047}{\sqrt{4}} = 71.24 \pm 0.08 (\mu g/g)$$

可见,离群值70.87 μg/g在包含区间以外,表明原假设是正确的,70.87 μg/g的确是过失值,应舍弃。

也可先假设离群值70.87 μg/g不是过失值,计算全部测定结果的包含区间:

$$p = 95\%, n = 5, t_{\alpha,v} = 2.8, s = 0.17$$

$$\mu = \bar{x} \pm t_{\alpha,v} s_{\bar{x}} = 71.17 \pm 2.8 \times \frac{0.17}{\sqrt{5}} = 71.2 \pm 0.2 (\mu g/g)$$

可见,70.87 μg/g在该包含区间以外,表明原假设是错误的,70.87 μg/g为过失值,应舍弃。

(2)G 检验法

70.87μg/g为离群值,因此

$$G = \frac{\left|x_{离群} - \bar{x}\right|}{s} = \frac{|70.87 - 71.17|}{0.17} = 1.8 \approx 2$$

由 $n = 5, v = n - 1 = 4, \alpha = 1 - p = 1 - 95\% = 0.05$,查 G 检验临界值表,得 $G_{\alpha,v} = 1.71$,所以

$$G > G_{\alpha,v}$$

表明离群值70.87 μg/g为过失值,应舍弃。

2.4.3 随机误差的检验

如果测定值的随机误差太大,将严重影响分析结果的精密度和准确度。要减小随机误差,一方面可选用精密度符合要求的分析方法进行测定,另一方面可增加测定次数求取平均值,并避免产生过失错误(表现为精密度异常差)。

要检验随机误差是否过大,可用σ检验法和F检验法。

〔1〕σ检验法

σ检验法是指通过计算样本标准偏差,根据总体标准偏差的包含范围来检验样本分析结果的随机误差是否超过正常范围的方法。

正态分布的总体标准偏差σ实际上是不能测得的,实际测定的是其估计值样本标准偏差s,但根据大量重复测定结果的样本标准偏差s,可以一定包含概率估计总体标准偏差的包含区间:

$$B_1 s \leq \sigma \leq B_u s \qquad (2-35)$$

式中,B_1和B_u是自由度和包含概率的函数,如表2-5所示。

表2-5　σ包含区间的计算因素B_1和B_u($p=95\%$)

v	1	2	3	4	5	6	7	8	9	10	11	12	13	14	15
B_u	18	4.9	3.2	2.6	2.3	2.1	1.9	1.8	1.7	1.7	1.6	1.6	1.6	1.5	1.5
B_1	0.36	0.46	0.52	0.56	0.59	0.61	0.63	0.65	0.67	0.68	0.69	0.70	0.71	0.72	0.72

如果现场分析的样本标准偏差包含在总体标准偏差的包含区间内,则表明现场样本分析结果的随机误差在正常范围内;反之亦然。

〔2〕F检验法

F检验法是通过比较两组分析结果的方差来检验两组分析结果的精密度有无显著差异的统计方法。

F检验临界值为较大方差与较小方差的比值,如表2-6所示。

表2-6　F检验临界值($p=95\%$)

$v_{较小方差}$	$v_{较大方差}$(单边检验)										$v_{较大方差}$(双边检验)									
	1	2	3	4	5	6	7	8	9	10	1	2	3	4	5	6	7	8	9	10
1	160	200	216	225	230	234	237	239	240	242	648	800	864	900	922	937	948	957	963	969
2	18.5	19.0	19.2	19.2	19.3	19.3	19.4	19.4	19.4	19.4	38.5	39.0	39.2	39.2	39.3	39.3	39.4	39.4	39.4	39.4
3	10.1	9.55	9.28	9.12	9.01	8.94	8.89	8.84	8.81	8.79	17.4	16.0	15.4	15.1	14.9	14.7	14.6	14.5	14.5	14.4
4	7.71	6.94	6.59	6.39	6.26	6.16	6.09	6.04	6.00	5.96	12.2	10.6	9.98	9.60	9.36	9.20	9.07	8.98	8.90	8.84
5	6.61	5.79	5.41	5.19	5.05	4.95	4.88	4.82	4.77	4.74	10.0	8.43	7.76	7.39	7.15	6.98	6.85	6.76	6.68	6.62
6	5.99	5.14	4.76	4.53	4.39	4.28	4.21	4.15	4.10	4.06	8.81	7.26	6.60	6.23	5.99	5.82	5.70	5.60	5.52	5.46
7	5.59	4.74	4.45	4.12	3.97	3.87	3.79	3.73	3.68	3.64	8.07	6.54	5.89	5.52	5.29	5.12	5.00	4.90	4.82	4.76
8	5.32	4.46	4.07	3.84	3.69	3.58	3.50	3.44	3.39	3.35	7.57	6.06	5.42	5.05	4.82	4.65	4.53	4.43	4.36	4.30
9	5.12	4.26	3.86	3.63	3.48	3.37	3.29	3.23	3.18	4.14	7.21	5.72	5.08	4.72	4.48	4.32	4.20	4.10	4.03	3.96
10	4.96	4.10	3.71	3.48	3.33	3.22	3.14	3.07	3.02	2.98	6.94	5.46	4.83	4.47	4.24	4.07	3.95	3.86	3.78	3.72

单边检验是指一组数据的方差只能大于或等于但不可能小于另一组数据的方差;双边检验是指一组数据的方差可能大于、等于或小于另一组数据的方差。

两组分析结果的方差有大有小,若$s_大^2/s_小^2 > F$,则两组分析结果的方差或精密度有显著差异。

若 $s_{大}^2/s_{小}^2 \leq F$，则两组分析结果的方差或精密度无显著差异。式中，$s_{大}^2$ 和 $s_{小}^2$ 分别表示较大的方差和较小的方差。

2.4.4 系统误差的检验

分析结果是否存在系统误差，通常用标准物质或标准方法来检验，还可针对误差来源分别进行检验。

〔1〕用标准物质检验和校正系统误差

标准物质（Reference Material, RM）又称标准样品（Standard Sample），是由公认的权威机构（国家主管部门、有关学术团体和一些国际性组织等）发售的已确定一种或几种特性（物理性质、化学成分或工程参数）、用于校准测量仪器、评价测量方法或确定材料特性量值的带有证书的物质。其给定值 $B \pm U_B$ 是选用可靠的分析方法，由多个实验室，不同的分析人员反复分析，用数理统计方法确定的，因此相对准确，称为标准值或保证值。

用标准物质检验系统误差的方法是，选择与分析样品组成近似的标准物质，在正常条件下用同一方法平行测定样品与标准物质中同一被测物质的含量，所得结果分别为 n、$\bar{x}$、s、t 和 n_B、$\bar{x}_B$、s_B、t_B。若标准物质分析结果的误差不大于其不确定度，即

$$\left| \bar{x}_B - B \right| \leqslant \sqrt{\left(\frac{t_B s_B}{\sqrt{n_B}} \right)^2 + U_B^2} \tag{2-36}$$

则其误差是由随机误差造成的，分析过程不存在明显的系统误差，平行测定的样品的分析结果也不存在系统误差，可用估计总体平均值的包含区间来估计样品中被测物质的真实含量。否则，分析结果存在明显的系统误差，应查出原因设法减免。系统误差较小时也可如下校正：

$$x_T = \frac{B}{\bar{x}_B} \cdot \bar{x} \tag{2-37}$$

$$U_{r(x_T)} = \sqrt{U_{r(B)}^2 + U_{r(\bar{x}_B)}^2 + U_{r(\bar{x})}^2} \tag{2-38}$$

式中：x_T 表示样品分析结果的校正值（真值的估计值）。

[例2-14] 测定果叶样品中的含氮量的结果为 $n=4$、$\bar{x}=2.93\%$、$s=0.04\%$，同时平行测定果叶标样中的含氮量的结果为 $n_B=3$、$\bar{x}_B=2.60\%$、$s_B=0.03\%$，已知果叶标样含氮量的标准值为 $B \pm U_B = 2.76\% \pm 0.05\%$。以95%包含概率判断分析结果有无系统误差。果叶样品中的含氮量为多少？

解：
$$\left| \bar{x}_B - B \right| = \left| 2.60\% - 2.76\% \right| = 0.16\%$$

$$\sqrt{\left(\frac{t_B s_B}{\sqrt{n_B}} \right)^2 + U_B^2} = \sqrt{\left(\frac{4.3 \times 0.03\%}{\sqrt{3}} \right)^2 + 0.05\%^2} = 0.09\%$$

这表明果叶标样含氮量的测定结果的误差大于其不确定度，分析过程中有明显的系统误差存在。但系统误差不大，可对样品的分析结果作如下校正：

$$x_T = \frac{B}{\bar{x}_B} \cdot \bar{x} = \frac{2.76\%}{2.60\%} \times 2.93\% = 3.11\%$$

$$U_{r(x_T)}=\sqrt{U_{r(B)}^2+U_{r(\bar{x}_B)}^2+U_{r(\bar{x})}^2}=\sqrt{\left(\frac{U_B}{B}\right)^2+\left(\frac{t_B s_B/\sqrt{n_B}}{\bar{x}_B}\right)^2+\left(\frac{ts/\sqrt{n}}{\bar{x}}\right)^2}$$

$$=\sqrt{\left(\frac{0.05\%}{2.76\%}\right)^2+\left(\frac{4.3\times0.03\%/\sqrt{3}}{2.60\%}\right)^2+\left(\frac{3.2\times0.04\%/\sqrt{4}}{2.93\%}\right)^2}$$

$$=4\%$$

故果叶样品中的含氮量为

$$T=x_T\pm x_T U_{r(x_T)}=3.11\%\pm3.11\%\times4\%=3.1\%\pm0.1\%$$

〔2〕用标准方法检验和校正系统误差

标准方法(Reference Method)是经过实验确定了精密度和准确度,确切清楚地给出了实验条件与测定过程,并由公认的权威机构颁布的分析方法。其测定结果相对准确,可用来评价现场方法或新方法分析结果的准确度。现场方法(Field Method)是指例行分析实验室、检测站或生产流程中实际使用的分析方法。

用标准方法检验系统误差的方法是,以标准方法和现场方法平行测定样品中被测物质的含量,所得结果分别为 $n_B、\bar{x}_B、s_B、t_B$ 和 $n_F、\bar{x}_F、s_F、t_F$。若标准方法与现场方法的精密度没有显著差异,则认为它们来自同一总体,即依随机误差规律传递,故现场方法测定结果的误差 $\bar{x}_F-\bar{x}_B$ 的不确定度为

$$U_{\bar{x}_F-\bar{x}_B}=\sqrt{\left(\frac{t_B s_B}{\sqrt{n_B}}\right)^2+\left(\frac{t_F s_F}{\sqrt{n_F}}\right)^2} \tag{2-39}$$

若现场方法的误差不大于其不确定度,即

$$\left|\bar{x}_F-\bar{x}_B\right|\leqslant U_{\bar{x}_F-\bar{x}_B} \tag{2-40}$$

则其误差是由随机误差造成的,这表明现场方法不存在明显的系统误差。

反之,则应查出原因设法减免,系统误差较小时现场方法对样品的分析结果也可校正如下:

$$x_T=\frac{\bar{x}_B}{\bar{x}_F}\cdot\bar{x} \tag{2-41}$$

$$U_{r(x_T)}=\sqrt{U_{r(\bar{x}_B)}^2+U_{r(\bar{x}_F)}^2+U_{r(\bar{x})}^2} \tag{2-42}$$

2.4.5 分析结果的表示

分析结果的表示有点估计法和区间估计法。

点估计法是用最佳估计值来估计真值的方法。由于随机误差不可避免并与测定次数有关,而且还可能存在系统误差和过失,所以同时还必须指出测定最佳估计值的准确度和有效测定次数。

区间估计法是用包含区间来估计真值的方法,同时必须指出估计的包含概率和有效测定次数。

不存在系统误差时,点估计法用最佳估计值$\bar{x}$、标准不确定度u(均值标准偏差$s_{\bar{x}}$)或相对标准偏差s_r及有效自由度v_{eff}(或有效测定次数n_{eff})表示;区间估计法用包含区间$\bar{x} \pm U_{\bar{x}}$、包含概率p和有效自由度v_{eff}(或有效测定次数n_{eff})表示。

存在较小的系统误差时,分析结果应用平均值的校正值x_T及其不确定度U_{x_T}与包含概率p和有效自由度v_{eff}表示。存在较大的系统误差时,分析结果不能报出,必须设法消除系统误差。

[例 2-15] 测定矿石中 Fe_2O_3 的含量,5 次测定结果为 68.41%、68.39%、68.37%、68.35%、68.52%,请问有无过失数据? 分析结果应如何表示?

解:首先用区间检验法检验有无过失值:

$$\mu = \bar{x} \pm t_{\alpha,v} s_{\bar{x}} = 68.41\% \pm 0.08\%$$

这表明68.52%是过失值,应舍去。

然后以剩余数据计算和表示分析结果。

区间估计法:　　　　　$v = n_{eff} - 1 = 3$,$p = 95\%$,$\mu = \bar{x} \pm t_{\alpha,v} s_{\bar{x}} = 68.38\% \pm 0.04\%$

点估计法:　　　　　$\bar{x} = 68.38\%$,$u = s_{\bar{x}} = 0.01\%$,$v = n_{eff} - 1 = 3$

2.5　提高准确度的方法

提高分析结果准确度的主要方法有选择合适的分析方法、优化实验方案设计、消除分析系统误差、减小分析随机误差和避免产生过失错误。

2.5.1 选择分析方法

为使测定结果达到一定的准确度,满足实际工作的需要,首先要对各种分析方法做出恰当的评价并选择合适的分析方法。

评价分析方法的主要指标除精密度和准确度外,还有灵敏度、检出限、线性度、定量限、选择性及分辨率等。灵敏度是指改变单位待测物质的量时引起该方法响应信号的变化程度;检出限是指能以适当的包含概率检出待测物质的最低浓度或最小质量;线性度是指检测信号与试样组分的相关程度(斜率方差或相关系数);定量限是指在测定误差达到要求的前提下能精密测定待测物质的最低含量或最高含量;选择性是指分析方法排除试样基体等干扰的特性;分辨率是指鉴别两相近组分或响应信号的能力。

各种分析方法的评价指标的值可能有较大的差异,因而每种方法都有其特点和适用范围,应针对试样的组成和性质以及对分析结果准确度的要求,根据分析方法的灵敏度、检出限、线性度、定量限及选择性,选择具有适当精密度和准确度的分析方法,制订正确的分析方案。

例如:对铁的质量分数为40%的试样中铁的测定,采用准确度高的重量法和滴定法测定,可以较准确地测定其含量。若采用光度法测定,按其相对误差5%计,可能测得的范围是38%~42%。显然,这样测定的准确度太差了。如果铁的质量分数为0.02%的试样,采用光度法测铁,尽管相对误差较大,但因含量低,其绝对误差小,可能测得的范围是0.018%~0.022%,这样的结果是能满足要求的,而对如此微量的铁的测定,重量法和滴定法是无从达到的。

2.5.2 优化实验设计

实验设计,是指以概率统计为基础,科学、经济地安排实验方案,通过优化实验条件参数(影响因子或输入变量取值范围),有效控制实验干扰,改善检测灵敏度,提高分析精密度和准确度,并缩短实验周期,降低实验成本,得出有效和客观的结论,高效地实现实验目标。

如果实验指标(响应变量或输出变量的评估指标如不确定度)与影响因素(影响因子或输入变量)存在确定的函数关系(解析式),那就可用解析法(如求极值或界限值)进行优化。

例如吸光分析法中最佳透光度的获得就是通过求函数极值来得到的,其测量模型为 $c=(\frac{1}{\varepsilon l})\lg(\frac{1}{T})$,实验指标为 $U_{r(c)}=\dfrac{U_T}{T\cdot\lg T\cdot\ln 10}$,可用极值优化法由 $\dfrac{\mathrm{d}(T\cdot\lg T)}{\mathrm{d}T}=0$ 得最优条件 $T=36.8\%$。

又如滴定分析法,试样用量和标液体积都影响分析结果的准确度,用不确定度为 0.1 mg 分析天平称量试样质量必须在 0.2 g 以上,用 50 mL 滴定管测量消耗滴定剂的体积应控制在 20~30 mL,这样既减小了测量结果的相对误差,又节省了试剂和时间。

若函数关系未知,则可用两种实验方法来达到优化实验设计的目的。

一种实验设计方法是,通过大量实验来构造一个函数(拟合函数)来逼近(无限地接近)这些实验数据,即通过实验来拟合影响因素与响应值之间的函数关系,然后再用解析法求这个逼近函数(拟合函数)的最优解,同时进行实验验证。

例如响应面法(Response Surface Methodology,RSM),就是利用中心组合实验(是线性上下限加极值点和中心点构成的 5 水平多因素组合实验)得到一定数据,采用多元二次回归方程来拟合影响因素与响应值之间的函数关系,再通过对回归方程的分析来寻求最优条件参数。

另一种实验设计方法是,通过实验直接寻求实验指标最优的影响因素水平(取值),并不研究实验指标与影响因素之间确定性的函数关系。

例如单因素法,是一种经典的多水平实验设计方法,就是每次实验只改变一个因素,其他因素保持不变,轮流对每个因素进行实验研究,观察其对实验指标的影响,寻求实验指标最优的因素水平[1],其优点是简单和直观,但各因素存在交互作用时优化的各因素水平的组合往往并不是最优的。

各因素存在交互作用时,可用优化效率较好的单纯形法进行迭代寻优,即做一个实验,计算一次,判断是否最优,若不是则改进条件再做一个实验,再计算判断是否最优,如此反复直到达到优选目的。

2.5.3 消除系统误差

由于系统误差是由某种确定性的原因造成的,只要找出产生的原因,就可以消除和减免误差。通常根据具体情况,采用对照试验、空白实验和校准仪器等方法来检验和消除系统误差。

---

[1] 例如,吸光分析中,需要选择和控制溶液酸度(因素 A)、显色剂用量(因素 B)、显色温度(因素 C),常用单因素法进行实验条件优化。如每个因素取 5 个水平进行实验,单因素法首先固定 A、B 水平为 A1、B1,只改变 C 水平,分别取 C1、C2、C3、C4、C5 五个水平进行实验,若 C2 的实验结果最好(吸光度最大),则固定 A、C 水平为 A1、C2;只改变 B 水平,分别取 B1、B2、B3、B4、B5 五个水平进行实验,若 B3 的实验结果最好(吸光度最大),则固定 C、B 水平为 C2、B3;只改变 A 水平,分别取 A1、A2、A3、A4、A5 五个水平进行实验,若 A4 的实验结果最好(吸光度最大),则可得出最佳分析条件为 A4、B3、C2。

〔1〕对照试验

对照试验是检验系统误差的有效方法。常见的对照试验有标准试样对照试验、标准方法对照试验、内检、外检和回收试验。

（1）用标准试样进行对照试验

用选择的分析方法测定标准试样的含量，如果所得结果与标准值（参考值）的误差不超过其不确定度，说明系统误差较小，该分析方法是可靠的。

（2）用标准方法进行对照试验

对于某一项目的分析，可以用多种方法测定，如国家标准方法、部颁标准方法、经典分析方法等。可用标准方法进行对照试验来检验所选方法是否存在系统误差，若两种方法测定结果的误差不超过其不确定度，则所选方法不存在系统误差。

（3）内检、外检

许多生产单位，为了检查分析人员之间是否存在系统误差和其他方面的问题，常在安排试样分析任务时，将一部分试样重复安排在不同分析人员之间，互相进行对照试验，这种方法称为"内检"。有时，将部分试样送交其他单位进行对照分析，这种方法称为"外检"。

（4）回收试验

在进行对照试验时，如果对试样的组成不完全清楚，则可以采用加标回收法进行试验。该方法是，取两份完全等量的同一试样（或试液），向其中一份样品中加入已知量的待测组分，另一份样品不加，然后进行平行测定，计算加标回收率，以此判断分析过程中是否存在系统误差。

加标回收率（Recovery，用 R 表示）是指加标试样测定值与试样测定值之差值在所加标准物质的量值中所占的分数：

$$R = \frac{n_{X+B} - n_X}{n_B} \times 100\% \tag{2-43}$$

式中，n_B 为在试样中加入的标准物质的量，n_X 为试样中测定的待测物质的量，n_{X+B} 为试样中加入标样后测定的待测物质的量。显然，回收率越接近100%，分析方法和分析过程的准确度越高。

加标量不能过大，一般加标后待测物含量增加0.5~2.0倍为宜，且加标后的总含量不超过方法的测定上限，加标物的体积不超过原始试样体积的1%。

〔2〕空白试验

由试剂或纯水和器皿带进杂质所造成的系统误差，通常可用空白试验来消除。空白试验就是不加试样，按照与试样分析相同的操作步骤和条件进行实验，测定结果称为"空白值"。从试样测定结果中减去空白值，就可得到较可靠的测定结果。

要注意，做空白试验时，空白值不应太大，否则应提纯所用的试剂、纯水或更换仪器和试剂，以减小空白值。

〔3〕校准仪器

由仪器不准确引起的系统误差，可通过校准仪器来减小。例如，在精确的分析过程中，要对滴定管、移液管、容量瓶、砝码等进行校准。

2.5.4 减小随机误差

随机误差虽然不能通过校正而减小或消除,但是在同样条件下,对试样进行多次重复测定,就会发现随机误差的分布符合统计规律,在消除系统误差的前提下,重复测定次数越多,平均值越接近真实值。因此,可以采取增加重复测定次数求取平均值的办法来减小分析结果的随机误差。

在常规分析中,对同一试样,通常要求平行测定3~4次;当对分析结果准确度要求较高时,可平行测定10次左右。

2.5.5 避免过失错误

由于分析工作者的粗心大意或不按操作规程进行工作而产生的错误,不能称之为误差,只能叫"过失",必须设法避免。例如,未洗净的容量仪器不但会引入杂质,而且会造成容量不准确(液面不规则或挂水珠),所以仪器必须洗涤至不挂水珠,并且还必须掌握哪些容量仪器要用操作液润洗,哪些容量仪器不能用操作液润洗,以防止浓度改变。又如,当配制标准溶液或制备试样溶液时,在容量瓶中定容后,必须把溶液混合均匀,否则,只取其中一部分溶液进行测定时,这部分溶液的浓度不能代表整个溶液的浓度,从而造成过失错误。再如,标准溶液保存不当会使浓度发生改变,实验操作不当会引起数据异常。

总之,我们必须掌握分析方法的原理和分析仪器的正确操作方法,不断提高自己的理论水平和操作技术水平,确保方法选择、实验设计、实验过程和结果处理不发生错误。

习 题

2-1 指出下列情况各引起什么误差,若是系统误差,应如何消除?

(1)称量时试样吸收了空气中的水分。

(2)所用砝码被腐蚀。

(3)天平零点稍有变动。

(4)读取滴定管读数时,最后一位数字估计不准。

(5)所用纯水或试剂中,含有微量被测定的离子。

(6)滴定时,操作者不小心从锥形瓶中溅失少量试剂。

2-2 如何检验和减小系统误差?

2-3 为减小随机误差,为什么通常对同一样品平行测定3~4次?

2-4 请简述提高分析结果的准确度的方法或途径。

2-5 用某种新方法测定分析纯 K_2SO_4 中 SO_4^{2-} 的百分含量,4次测定结果为55.13%、55.07%、55.16%和55.10%,求测定结果的平均值、标准偏差、相对标准偏差、不确定度和平均值的相对误差(包含概率为95%)。(55.12%,0.04%,0.07%,0.06%,−0.02%;$x_R = 55.1267\%$)

2-6 对某未知样品中 Cl^- 的百分含量测定4次的结果为47.64%、47.69%、47.52%和47.55%,计算以90%、95%和99%为包含概率估计总体平均值的包含区间,计算结果说明什么问题?($n = 4$,

$p=90\%$ 时 $t=2.4$, $p=95\%$ 时 $t=3.2$, $p=99\%$ 时 $t=5.8$; $47.60\%\pm0.08\%$, $47.6\%\pm0.1\%$, $47.6\%\pm0.2\%$)

2-7 用误差传递规律或近似运算规则计算。

(1) 求 H_2NCONH_2 中 N 的含量。（$46.6458\%\pm0.0009\%$）

(2) 用 25.00 ± 0.03 mL 的移液管转移 0.2081 ± 0.0008 mol/L HCl 溶液，滴定到计量点消耗 41.51 ± 0.05 mL NaOH 溶液，求 NaOH 溶液浓度。（0.1253 ± 0.0005 mol/L）

(3) 求 pH $=5.2$ 时溶液的 $[H^+]$。（$[H^+]=6\times10^{-6}\pm1\times10^{-6}$ mol/L）

(4) $Vc\% = \dfrac{0.02621(2)\times21.68(2)\times10^{-3}\times176.126(7)}{0.1509(2)}$ （$Vc\%=66.3\%\pm0.1\%$）

(5) $\rho_{Mg^{2+}} = \dfrac{0.01020\times(20.04-13.70)\times24.3050}{100\times10^{-3}}$ （15.7 mg/L）

(6) $c = \dfrac{\lg\dfrac{1}{8.0\%}-0.434}{1.0\times10^4\times1.00}$ （6.6×10^{-5} mol/L）

2-8 通过加热驱除水分测定 $CaSO_4\cdot1/2H_2O$ 中结晶水的含量，称取试样 0.2000 g，称量不确定度为 0.1 mg/次，通过计算说明分析结果有几位有效数字（$CaSO_4\cdot1/2H_2O$ 摩尔质量为 145.2 g/mol，H_2O 的摩尔质量为 18.01 g/mol）。（3 位）

2-9 某人用配位滴定法测定样品中铝离子的含量，称取样品 0.2000 g，加入 0.02002 mol/L EDTA 溶液 25.00 mL，返滴定时消耗了 0.02012 mol/L Zn^{2+} 标液 23.12 mL。通过计算说明样品中铝离子的质量分数为几位有效数字？ 如何提高测定结果的准确度？

2-10 溶液浓度 c 与电池电动势 E 有如下关系：

$$E=E^{0\prime}+0.059\lg c$$

其中 $E^{0\prime}$ 为常数。若电池电动势测量的不确定度为 0.001V，则相应溶液浓度的相对不确定度为多少？（$U_{r(c)}=4\%$）

2-11 KCl 标准试剂中氯含量的四次测定结果为 47.58%、47.61%、47.60% 和 45.52%，通过计算说明分析结果存在何种误差？ [45.52% 为过失值，存在显著的系统误差，随机误差（或不确定度）为 0.04%]

2-12 按合同订购了有效成分为 24.00% 的某种肥料产品，对已收到的一批产品测定 5 次的结果为 23.72%、24.09%、23.95%、23.99% 和 24.11%，产品质量是否符合要求？（23.72% 为过失数据，$\mu=24.0\%\pm0.1\%$，质量符合要求）

2-13 在重量法测 SO_4^{2-} 含量的实验中，某学生的分析结果为 49.40%、49.42%、49.46%、49.48%。为检验学生分析结果的可靠性，导师分析了同一样品，所得结果为 49.44%、49.40%、49.42% 和 49.44%，判断学生的分析结果是否准确可靠（包含概率为 95%）？（无系统误差，或学生分析结果准确可靠）

2-14 检测血液中硫醇含量（mmol/L），风湿病人为 2.81、4.06、3.62、3.27、3.27、3.76，对照组（正常人）为 1.84、1.92、1.94、1.92、1.85、1.91、2.07，请判断风湿病人血液中硫醇的含量与对照组有无显著差异？（有显著差异）

2-15 对阿波罗 11 号从月球上取回的土样的含碳量作了四次平行测定，得到的结果为 130 μg/g、162 μg/g、160 μg/g、122 μg/g，求月球土壤中的碳含量，结果应如何表示？ [$\mu=(1.4\times10^2\pm0.3\times10^2)\mu$g/g, $p=95\%$, $v_{eff}=3$]

3 滴定分析通论

滴定分析法（Titrimetry）是一种经典的化学分析法，源于将标准物质溶液逐滴滴入待测物质溶液中以确定待测物质刚好反应完全时所用标准物质的量，利用待测物质与标准物质的化学反应及其计量关系检测待测物质的含量，至今仍是准确检测常量组分含量最基本和最常用的分析方法。

3.1　滴定分析基本原理

滴定分析法是通过测量标准物质与被测物质的反应达到计量点时所消耗标准物质的量，由计量关系求得被测物质含量的方法。

3.1.1　滴定反应和计量关系

滴定分析中，标准物质与被测物质的反应称为滴定反应（Titration Reaction）。常用滴定反应例如：

$$HAc + OH^- = H_2O + Ac^-$$
$$6Fe^{2+} + Cr_2O_7^{2-} + 14H^+ = 6Fe^{3+} + 2Cr^{3+} + 7H_2O$$
$$Ca^{2+} + Y^{4-①} = CaY^{2-}$$
$$Cl^- + Ag^+ = AgCl\downarrow$$

可见，滴定反应既可以是酸碱反应，也可以是氧化还原反应、配位反应或沉淀反应，相应滴定分析法分别称为酸碱滴定法（Acid-base Titration）、氧化还原滴定法（Redox Titration）、配位滴定法（Complexometry）和沉淀滴定法（Precipitation Titration）。

而且，滴定反应可用如下通式表示：

$$xX + bB + hH^+ = pP + qQ + h/2H_2O \tag{3-1}$$

式中，X 为被测物质，B 为标准物质，H^+ 为某些反应需要的酸，P 和 Q 及 H_2O 为它们的可能产物，x、b、h、p 和 q 为反应的计量数。

滴定反应必须具有确定的计量关系，只有反应迅速、反应完全并可判定计量点的反应才能用作滴定反应。

计量关系（Stoichiometric Relation）是指反应物、生成物间反应量的比例关系。若有 b mol B 发生了反应，则必有 x mol X 和 h mol H^+ 发生了反应，结果生成了 p mol P、q mol Q 和 $h/2$ mol H_2O。若 X 和 B 的反应量分别为 n_X 和 n_B，则

---

① Y^{4-} 为乙二胺四乙酸根。

$$\frac{x}{b} = \frac{n_X}{n_B} \tag{3-2}$$

因此

$$n_X = \frac{x}{b} n_B \tag{3-3}$$

可见,只要准确测量到计量点时所用标准物质的量 n_B,即可由计量关系计算出待测物质的量 n_X,从而求得试样中待测物质的含量。

3.1.2 计量点和滴定突跃

滴定分析过程中所消耗标准物质的量与被测物质的量符合计量关系之时,称为化学计量点 (Stoichiometric Point),简称计量点,用 sp 表示。计量点时滴定消耗标准物质的量与被测物质的量符合计量关系,是滴定分析法的定量分析依据。

由于滴定反应的进行,反应物、生成物的浓度不断变化,计量点时发生突变,称为滴定突跃 (Titration Jump)。根据滴定突跃可估计滴定反应的计量点。

下面以 0.1000 mol/L NaOH 溶液滴定 20.00 mL 0.1000 mol/L HCl 溶液为例来说明计量点和滴定突跃的关系。

滴定反应为

$$H^+ + OH^- = H_2O$$

滴定反应平衡常数用 K_t 表示

$$K_t = \frac{1}{[H^+][OH^-]} = \frac{1}{K_w}$$

式中方括弧表示平衡浓度。

计量关系为

$$c_{NaOH} V_{NaOHsp} = c_{HCl} V_{HCl}$$

式中 c 表示总浓度,V 表示体积。

因此,计量点时

$$V_{NaOHsp} = \frac{c_{HCl} V_{HCl}}{c_{NaOH}} = 20.00 \text{ mL}$$

滴定过程中实际滴入标准物质的量占计量点时应滴入标准物质的量的分数称为滴定分数,用 ϕ 表示。这里

$$\phi = \frac{c_{NaOH} V_{NaOH}}{c_{HCl} V_{HCl}} = \frac{V_{NaOH}}{V_{HCl}}$$

整个滴定过程可分为滴定前、滴定开始到计量点前、计量点和计量点后四个阶段。

滴定之前,溶液的 pH 值等于 HCl 溶液原始浓度的负对数。

随着 NaOH 溶液的不断滴入,HCl 随之反应消耗。计量点前,溶液的 pH 值决定于反应后剩余 HCl 的量和溶液的体积;计量点后,滴入的 NaOH 溶液过量,溶液的 pH 值决定于反应后剩余 NaOH 的量和溶液的体积。

计量点时,滴入 20.00 mL NaOH 溶液,刚好与 20.00 mL HCl 按计量关系定量反应完全,剩余 H^+ 和 OH^- 的量相等,即 $[H^+]_{sp} = [OH^-]_{sp}$,这时溶液的 $pH_{sp} = K_w^{1/2} = 7.00$。

部分计算结果见表3-1。

表3-1　用0.1000 mol/L NaOH滴定20.00 mL 0.1000 mol/L HCl时滴定液pH值的变化

滴入NaOH/mL	0.00	10.00	18.00	19.80	19.98	20.00	20.02	20.20	22.50	30.00	40.00
滴定分数/%	0	50.0	90.0	99.0	99.9	100.0	100.1	101.0	110.0	150.0	200.0
滴定液的pH值	1.0	1.5	2.3	3.3	4.3	7.00	9.7	10.7	11.7	12.3	12.5

以溶液的pH为纵坐标,加入的NaOH溶液的体积V_{NaOH}或滴定分数ϕ为横坐标作图,即可得到滴定曲线(Titration Curve),如图3-1所示。

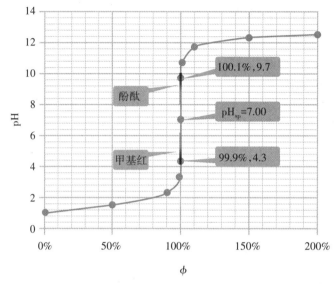

图3-1　用0.1000 mol/L NaOH滴定20.00 mL 0.1000 mol/L HCl的滴定曲线

由表3-1和图3-1可以看出,加入单位体积的滴定剂时,滴定液pH值的改变程度是有差异的。从滴定开始到滴定分数为99.9%,滴定液的pH值的变化幅度缓慢增大,总共加入了NaOH溶液19.98 mL,滴定液的pH值由1.00增大到4.30,pH值只增大了3.30。但从滴定分数为99.9%到100.1%,即与计量点滴定分数100.0%的误差仅±0.1%,只加入NaOH溶液0.04 mL(约为1滴),滴定液的pH值却由4.30猛增到9.70,pH值增大了5.4,溶液由酸性突变为碱性,发生了质的飞跃。滴定分数超过100.1%以后,滴定液pH值的变化幅度又渐趋缩小,但在计量点前后滴定曲线的变化并不完全对称,这是滴定液体积逐渐增大所致。

这表明,滴定液中反应物浓度的负对数(如pH或pX[①])在计量点附近发生滴定突跃。据此,我们可以根据滴定突跃反估计量点。因此,滴定突跃具有十分重要的实际意义,它是判定计量点的基本条件。

3.1.3　滴定终点与终点误差

滴定过程中,由于反应的进行,反应物、生成物的浓度不断变化,在计量点时发生突变。但是,这种变化往往没有任何外部特征为我们所觉察,不知究竟何时到达计量点,因而不知何时结

---

① p表示负对数,如pH即表示$-\lg[H^+]$

束滴定以测量标准物质的用量。所以,常需借助于与反应物和生成物浓度有关的性质的突变来估计计量点。例如,利用计量点时指示剂(Indicator)的颜色的突变来估计计量点,称为目视滴定(Contact Titration);利用计量点时溶液的pH值、电位、电流和吸光度等的突变来自动判定计量点,称为自动滴定(Automatic Titration)。

实际上,一般是滴定到指示剂变色(相关性质发生突变)时结束,以测量标准物质的用量,因此将指示剂的变色点(相关性质的突变点)称为滴定终点(End Point),简称终点,简写为ep。由于计量点是用终点来估计的,因此滴定终点往往与计量点不一致,由此造成的误差称为终点误差(End Point Error),常用终点时实际滴入的标准物质的量 n_{Bep} 与按计量关系应加入的标准物质的量 n_{Bsp} 之差在应加入的标准物质的量中所占的分数来表示:

$$E_{r(ep)} = \frac{n_{Bep} - n_{Bsp}}{n_{Bsp}} \times 100\% \tag{3-4}$$

3.1.4 突跃范围及影响因素

计量点前后±0.1%误差范围内滴定液pX值的变化范围称为滴定突跃范围(Titration Jump Interval)。计量点在滴定突跃范围内,可根据突跃范围选用指示剂。突跃范围是目视滴定法选择指示剂的依据。选用变色点在突跃范围内的指示剂估计计量点,所造成的终点误差均在±0.1%以内,这是符合滴定分析的一般要求的。例如,用0.1000 mol/L NaOH滴定20.00 mL 0.1000 mol/L HCl的适宜的指示剂如图3-1所示。

强酸强碱相互滴定的突跃范围主要决定于强酸强碱的浓度,浓度越大其突跃范围越大,而浓度降低10倍其突跃范围ΔpH约缩小2,其浓度低到 1.0×10^{-4} mol/L以下时就没有明显的滴定突跃了,如图3-2所示。此外,滴定液温度升高会导致 K_w 增大或 K_t 减小,不仅使突跃范围缩小,而且将导致计量点pH值降低和滴定突跃末端pH值降低,如图3-3所示。

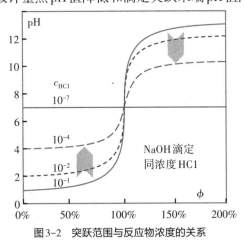

图3-2　突跃范围与反应物浓度的关系

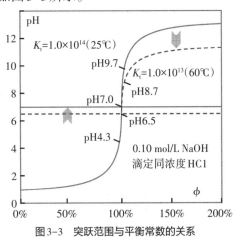

图3-3　突跃范围与平衡常数的关系

弱酸用强碱滴定,滴定突跃的起点主要决定于弱酸的酸度常数而与其浓度无关,滴定突跃的终点仍决定于酸碱的浓度。如图3-4所示,这是因为计量点前弱酸与其滴定产物形成了缓冲体系,$\phi=99.9\%$ 时,$pH=pK_a+\lg([A^-]/[HA])=pK_a+\lg(99.9\%/0.1\%)=pK_a+3$,而计量点后滴定曲线的变化规律与滴定同浓度强酸的规律一致,过量 OH^- 抑制了 A^- 的质子化反应。显然弱酸的酸度常数降低1/10将导致突跃起点pH增大1,而酸碱的浓度降低1/10将导致突跃终点pH减小1。

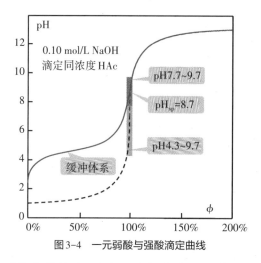

图3-4　一元弱酸与强酸滴定曲线

强碱滴定弱酸的反应平衡常数较小,滴定反应的完全程度降低,因此突跃范围减小,可选用的指示剂较少,并且计量点pH值决定于生成的弱碱的浓度及其碱度常数,计量点pH值位于碱性区域,应选用在碱性区域变色并且变色点接近计量点或在突跃范围内的指示剂,如酚酞等。

强酸滴定弱碱与强碱滴定弱酸相似,如图3-5所示。

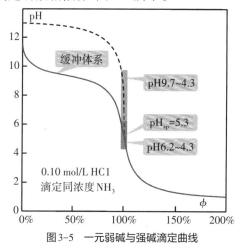

图3-5　一元弱碱与强碱滴定曲线

3.1.5 滴定分析仪器技术

滴定分析中,用来准确测定所用标准物质的量的仪器有滴定管、分析天平和库仑仪。用滴定管(Buret)测量已知准确浓度的标准物质的溶液(简称标准溶液或标液,Standard Solution)的体积求得所用标准物质的量的方法,称为容量滴定法(Volumetric Titration)。用分析天平称量标准溶液的质量求得所用标准物质的量的方法,称为称量滴定法(Weighing Titration)。用库仑仪测量电解生成标准物质的电量求得所用标准物质的量的分析方法称为电量(库仑)滴定法(Coulometric Titration)。

作容量滴定时,将一定量被测物质的溶液(称为试液或被滴定剂,Titrand)置于锥形瓶中,将体积物质的量浓度为c_B(mol/L)的标准溶液(称为滴定剂,Titrant)装在滴定管中测得其初始体积

为 V_{ip}，逐滴加到不断旋转摇动的锥形瓶中与被测物质迅速反应，直到指示剂变色（相关性质发生突变）时测得标准溶液的体积为 V_{ep}；于是得到滴定所用标准物质的量为

$$n_{Bep} = c_B(V_{ep} - V_{ip}) \tag{3-5}$$

这一过程称为滴定（Titration），滴定分析即因此得名。

作称量滴定时，将质量物质的量浓度为 $c_{B(m)}$（mol/kg）的标准溶液装在称量滴瓶中，用分析天平测得其初始质量为 m_{ip}（g），然后逐滴加到被测溶液中使其迅速反应，直到指示剂变色（相关性质发生突变）时，再称量该滴瓶的质量为 m_{ep}，于是得到滴定所用标准物质的量为

$$n_{Bep} = c_{B(m)}(m_{ip} - m_{ep}) \tag{3-6}$$

作库仑滴定时，一般控制恒电流电生标准物质（电解辅助电解质生成标准物质），反应为

$$A \pm ne = B \tag{3-7}$$

将辅助电解质 A 加到被测溶液中在不断搅拌下电解使电生标准物质 B 立即与被测物质发生反应，测量电解电流 i 和电解时间 t 直到指示剂变色（相关性质发生突变），由库仑定律可得滴定所用电生标准物质 B 的物质的量 $n_{B_{ep}}$：

$$n_{B_{ep}} = \frac{it}{nF} \tag{3-8}$$

式中，$F=96485.31(3)$C/mol，为 1 mol 电子的电量，称为法拉第（Faraday）常数；n 为电极反应转移的电子数；it/F 为电子的量。

总之，如果标准物质与被测物质反应迅速、完全，可采用适当的方法来估计计量点，通过容量法、称量法或库仑法测量计量点时所用标准物质的量，即可按滴定反应的计量关系计算出待测物质的量，从而求得试样中待测物质的含量，这就是滴定分析的基本原理。

3.2　滴定分析标准物质

首先介绍标准物质的概念、作用和分类，然后再介绍基准试剂、标准试样、标准滴定溶液和电生标准物质。

3.2.1　标准物质

标准物质（Reference Material）是一种已经确定了具有一个或多个特性值的足够均匀的物质或材料，例如农产品质量检测用的标准对照品、药品质量控制用的对照品等。标准物质具有三个显著特点：A.具有特性量值的准确性、均匀性、稳定性；B.量值具有传递性；C.实物形式的计量标准。标准物质在校准测量仪器和装置、评价测量分析方法、测量物质或材料特性值、考核分析人员的操作技术水平，以及在生产过程中产品的质量控制等领域起着不可或缺的作用。

标准物质的特性值具有很高的准确度[①]，标准物质的特性值的准确度是划分其级别的依据，不同级别的标准物质对其均匀性和稳定性以及用途都有不同的要求。通常把标准物质分为一级

① 标准物质的特性值是由权威组织采用下列分析方法精确测定的：同位素稀释质谱法（IDMS），称量分析法，滴定分析法，冰点下降法，电量（库仑）法，腔衰荡光谱法（Cavity Ring Down Spectrometry）或仪器中子活化法（INAA—Instrumental Neutron Activation Analysis）。

标准物质和二级标准物质。一级标准物质主要用于标定二级标准物质、校准高准确度的计量仪器、研究与评定标准方法;二级标准物质主要用于满足一些一般的检测分析需求,以及社会行业的一般要求,作为工作标准物质直接使用,用于现场方法的研究和评价,用于较低要求的日常分析测量。

国际实验室认可合作组织(ILAC)根据标准物质的特性将标准物质分为五大类:化学成分类标准物质(如用纯度、含量、吸光率表征)、生物和临床特性类标准物质(如用酶活性表征)、物理特性类标准物质(如用熔点、黏性和密度表征)、工程特性类标准物质(如用硬度、拉伸强度和表面特性表征)和其他特性标准物质。化学成分类标准物质还可进一步被分为基准试剂(单一成分的标准物质)、标准溶液(配制的已知其精确浓度或吸光率等特性的溶液)和标准试样(基体标准物质)三大类。

基准试剂是其纯度等参考值已精确确定的纯物质(元素或化合物),其重要用途是分析仪器的检定或校准以及标准溶液的配制或标定。基准试剂具有作为标准物质的基本特征,具体地说,作为基准试剂必须具备如下几个基本条件:

A. 基准试剂的化学组成应与其化学式一致,若含结晶水,如 $Na_2H_2Y \cdot 2H_2O$,其结晶水含量也应与其化学式完全相同;

B. 基准试剂的纯度一般要求高达99.9%以上,而杂质含量应少到不致影响分析结果的准确度;

C. 基准试剂的性质较稳定,如加热干燥时不分解,称量时不吸收空气中的水分和 CO_2,不易被空气氧化,在适当贮存条件下不风化失水、组成不变等;

D. 基准试剂的属性和特征应有技术文件证书,证明其名称、编号、标准值、准确度、有效期、研发部门,并包括必要的说明等。

应该注意,虽然基准试剂符合这些条件,但由于在搬运和贮存过程中会吸收少量水分、可能风化、表面被氧化等,因此使用前用适当方法干燥除去吸湿水等处理是必要的,前处理方法因基准试剂的性质不同而异。

常用基准试剂的特性、用途和前处理方法如表3-2所示。

表3-2　常用基准试剂

名称及化学式	纯度及不确定度/%	摩尔质量/(g/mol)	主要用途	前处理方法
邻苯二甲酸氢钾 $C_6H_4(COO)_2HK$	99.99±0.01	204.221(7)	标定 NaOH 等溶液	118±2 ℃ 2 h 温度过高会分解
碳酸钠 Na_2CO_3	99.995±0.008	105.988(1)	配制 Na_2CO_3标液 标定 HCl、H_2SO_4 等溶液	270±10 ℃ 4 h 温度过高会分解
重铬酸钾 $K_2Cr_2O_7$	99.99±0.01	294.185(2)	配制 $K_2Cr_2O_7$标液 标定 $Na_2S_2O_3$和 $FeSO_4$溶液	130±10 ℃ 6 h
草酸钠 $Na_2C_2O_4$	99.96±0.02	133.999(2)	配制 $Na_2C_2O_4$标液 标定 $KMnO_4$ 溶液	110±5 ℃ 2 h
三氧化二砷 As_2O_3	99.9±0.1	197.8414(9)	标定 I_2溶液等	130 ℃ 6 h

名称及化学式	纯度及不确定度/%	摩尔质量/(g/mol)	主要用途	前处理方法
乙二胺四乙酸二钠 $Na_2H_2Y \cdot 2H_2O$	99.979±0.005	372.237(9)	配制 EDTA 标液 标定金属离子溶液浓度	硝酸镁饱和溶液恒湿器中放置 15 d
氯化钠 NaCl	99.995±0.005	58.4425(9)	配制 Na^+ 和 Cl^- 标液 标定 $AgNO_3$ 溶液	500±10 ℃ 6 h

标准溶液是用基准试剂配制或标定了精确浓度的溶液,在滴定分析中称为标准滴定溶液,常用作滴定剂以滴定被测物质,在仪器分析中用于绘制校正曲线或用作计算分析结果的参考量值。

标准试样简称标样,是具有天然基体的标准物质,是被分析物以天然状态存在于其天然环境中的真实材料。所选择的标样应与测试样品有相似的基体。另外,所选择标样中(被)分析物含量也应尽量与被测样品相近。基体标准物质最重要的用途之一就是对分析测量方法的测试和确认。与单一成分的标准物质使用情况不同,基体标准物质在分析过程之初便被引入。因此,它们用于评价整个分析过程的质量,包含样品萃取、清洗、浓缩和最终测量等步骤。基体标准物质也可以合成的方式制备,例如:采集果树叶,模拟生物化学和环境分析中植物的基体;人工合成含有痕量元素的玻璃来作为矿物成分的基体;模拟海水、河水、酸雨作水质标准物质的基体等。合成基体标准物质在使用时可能会与天然基体标准物质有一些差异。

分析对象的种类、属性和基体的多样性决定了标准试样(基体标准物质)的多样性,目前已经发布的标样超过了一万种。根据标准物质所预期的应用领域或学科,ISO/REMCO 将标准物质分为十七大类:地质学,核材料,放射性材料,有色金属,塑料、橡胶、塑料制品,生物、植物、食品,临床化学,石油,有机化工产品,物理学和计量学物理化学,环境,黑色金属,玻璃,陶瓷,生物医学、药物,纸,无机化工产品,技术和工程。中国将标准物质分为十三个大类:钢铁成分分析标准物质,有色金属及金属中气体成分分析标准物质,建材成分分析标准物质,材料成分分析与放射性测量标准物质,高分子材料特性测量标准物质,化工产品成分分析标准物质,地质矿产成分分析标准物质,环境化学分析标准物质,临床化学分析与药品成分分析标准物质,食品成分分析标准物质,煤炭、石油成分分析和物理特性测量标准物质,工程技术特性测量标准物质,物理特性与化学特性测量标准物质。

使用标准物质应注意以下几个方面:(1)选用标准物质时,标准物质的基体组成与被测试样接近。这样可以消除基体效应引起的系统误差。但如果没有与被测试样的基体组成相近的标准物质,也可勉强选用与被测组分含量相当的其他基体的标准物质。(2)标准物质的化学成分应尽可能地与被测样品相同。(3)要注意标准物质有效期。许多标准物质都规定了有效期,使用时应检查生产日期和有效期;由于保存不当,而使标准物质变质,当然就不能再使用了。(4)标准物质一般应存放在干燥、阴凉的环境中,用密封性好的容器贮存。具体贮存方法应严格按照标准物质证书上规定的执行。否则,可能由于物理、化学和生物等作用的影响,使得标准物质发生变化,引起标准物质失效。(5)标准物质必须带有特定的证书,它是介绍标准物质特性的主要技术文件,是标准物质研制者(生产者)向使用者提供的质量保证书,包括认定(标准)值、认定值的不确定度、正确使用方法、运输与贮存应注意的有关事项等。

3.2.2 标准滴定溶液

标准滴定溶液是用基准试剂配制或标定了精确浓度的溶液,简称为标准溶液或标液,常用作滴定剂以滴定被测物质。

〔1〕标液浓度的表示

标准溶液的浓度可用物质的量浓度和滴定度表示。

物质的量浓度是指单位体积或单位质量的溶液中含有溶质的物质的量(简称物量浓度[①])。由于标准滴定溶液的用量可用溶液体积和溶液质量两种方法测量,因此标准滴定溶液的物量浓度有体积物量浓度 c_B 和质量物量浓度 $c_{B(m)}$ 两种表示方法,即

$$c_B = \frac{n_B}{V} \tag{3-9}$$

$$c_{B(m)} = \frac{n_B}{m} \tag{3-10}$$

式中,V 和 m 分别为标准滴定溶液的体积和质量,标准滴定溶液的体积物量浓度的常用单位为 mol/L,标准滴定溶液的质量物量浓度的常用单位为 mol/kg。用溶液体积物量浓度和溶液质量物量浓度表示的标准溶液分别适用于容量滴定和称量滴定。

滴定度 $T_{B/X}$ 是指与 1 mL 或 1 g 标准溶液中标准物质的量符合化学计量关系的被测物质的质量(或相对含量),用在例行分析中可简化分析结果的计算。

〔2〕标液浓度的确定

标液浓度的大小和误差对分析结果的准确度都有直接影响,适宜的标液浓度及其误差应使滴定误差小于允许误差。

在选择标液浓度时,应考虑滴定终点的敏锐程度、测量标液与试样用量的相对误差和量程。滴定终点的敏锐程度,决定于计量点估计方法的灵敏度和滴定反应的不完全程度(特别是试样的组成、被测物质的性质和含量)。

标液浓度较大时,终点很敏锐,由终点不灵敏导致的误差较小。但这时标液用量太少,由一滴或半滴过量(或不足)导致的终点误差较大,测量的相对误差也较大,且需用较大量的试样(特别是含量低时不便操作)。

标液浓度太小时,标液用量太多,可能超出标液测量仪器的量程,需用较少量的试样,测量试样用量的相对误差较大,且终点不够敏锐(特别是计量点估计方法不太灵敏和被测物质含量太低、用量太少、反应不完全时,难以确定计量点)。

常用标液浓度为 0.01~0.2 mol/L,在微量分析中常用到 0.001 mol/L,在化工产品和药品分析中也常用到 0.5 mol/L 或 1 mol/L。

标准滴定溶液浓度平均值的相对扩展不确定度一般不应大于0.2%。

〔3〕标液的配制方法

标准溶液的配制方法有直接配制法和间接配制法两种。

---

① "物质的量"的英文原名为"Amount of Substance",为国标名词但甚为拗口,有人建议译为"堆量",我们建议译为"物量",相应"物质的量浓度"就简化为"物量浓度"。

（1）直接配制法

A. 容量法

用分析天平精密称取一定质量的基准试剂,溶解后定量转移到一定体积的容量瓶中并在20 ℃稀释到刻度,根据称取基准试剂的准确质量和溶液的准确体积计算出标准溶液的准确浓度。

[例3-1] 称取1.4710 g烘干的$K_2Cr_2O_7$基准试剂于100 mL烧杯中,加少量纯水(20～30 mL)溶解,用玻棒定量转移到250.0 mL容量瓶中(淌洗烧杯3～4遍),加纯水到2/3容量瓶体积旋摇混匀,然后在20 ℃加水至溶液弯凹面与容量瓶标线相切,反复颠倒振摇10次混匀,即得$K_2Cr_2O_7$标准溶液,其精确浓度为

$$c_{K_2Cr_2O_7} = \frac{\dfrac{m_{K_2Cr_2O_7}}{M_{K_2Cr_2O_7}}}{V} = \frac{\dfrac{1.4710(2)}{294.184(3)}}{250.0(2)} = 0.02000(2) \text{ mol/L}$$

B. 称量法

用分析天平精密称取一定质量的基准试剂,溶解后定量转移到已称量的称量滴定瓶中,加入适当体积的纯水将其溶解,再用分析天平精密称量其总质量,然后计算出标准溶液的质量物量浓度。

必须指出:称量工作基准试剂的质量的数值小于或等于0.5 g时,国标要求按精确至0.01 mg称量;数值大于0.5 g,时按精确至0.1 mg称量。

（2）间接配制法

很多试剂不符合基准试剂的条件。例如,NaOH试剂不纯,很容易吸收空气中的水分和CO_2,因此称得的质量不能代表纯净NaOH的质量;市售盐酸的浓度不定,又易挥发;$KMnO_4$和$Na_2S_2O_3$等均不易提纯,且见光易分解。因此,用它们配制的溶液不知道其准确浓度(误差很大)。

要用非基准试剂配制其标准溶液,应先配制近似所需浓度的溶液(制备标准滴定溶液浓度值应在规定浓度值的±5%范围内),然后再用基准试剂或标准试样等标准物质来测定它的准确浓度,这个过程称为标定,这种间接配制标准溶液的方法又称标定法。

用标准试样来标定待标溶液的浓度时,由于标样基体与试样基体接近,标定与测定的条件基本相同,因此可以消除基体物质的影响,标定误差较小。

有时也用另一已知准确浓度的标准溶液来测定待标溶液的浓度,这一过程称为比较滴定。显然比较滴定的步骤较多、误差较大,测定待标溶液的准确浓度应尽量采用标定法。

在标定和使用标准滴定溶液时,滴定速度一般应保持在8 mL/min;滴定到变色点后无需等待,应立即读数。

标定标准滴定溶液浓度时,应该且必须两人进行实验,分别各做四次平行测定,每人四次平行测定结果极差的相对值不得大于0.15%,两人共八次平行测定结果极差的相对值不得大于0.18%。取八次平行测定结果的平均值为测定结果。每次消耗标准滴定溶液体积控制在35~40 mL内。在运算过程中应多保留一位参考数字,取四位有效数字。

标准滴定溶液的浓度小于或等于0.02 mol/L时,应于临用前将浓度高的标准滴定溶液用煮沸并冷却的纯水稀释,必要时重新标定。

[例3-2] 简述氢氧化钠标准滴定溶液的配制和标定方法。

氢氧化钠标准滴定溶液常用饱和氢氧化钠溶液稀释配制,配制每升常用浓度溶液所需氢氧化钠饱和溶液用量如表3-3所示。

表3-3 氢氧化钠标准滴定溶液的浓度与氢氧化钠饱和溶液用量

氢氧化钠标准滴定溶液的浓度c_{NaOH}/(mol/L)	氢氧化钠饱和溶液的体积/mL
1.0	54
0.50	27
0.10	5.4
0.050	2.7
0.010	0.54

配制:称取110 g氢氧化钠,溶于100 mL无二氧化碳的纯水中,摇动混匀,注入聚乙烯材质试剂瓶中,密闭放置至溶液清亮(Na_2CO_3因难溶于饱和氢氧化钠溶液而沉降于底部)。按表3-3的规定,用塑料移液管量取上层清液放入聚乙烯材质容器内,用无二氧化碳的纯水(或去离子水)稀释至1000 mL,摇匀。

标定:按表3-4的规定称取于105~110 ℃电烘箱中干燥至恒重的工作基准试剂邻苯二甲酸氢钾,加无二氧化碳的纯水(或去离子水)溶解,加10 g/L酚酞指示剂2滴,用配制好的氢氧化钠溶液滴定至溶液呈粉红色,并保持30 s,消耗氢氧化钠溶液的体积为V。同时做空白试验,得到消耗氢氧化钠溶液的体积V_0。

表3-4 氢氧化钠标准滴定溶液的浓度、标定用工作基准试剂用量和纯水用量

氢氧化钠标准滴定溶液的浓度c_{NaOH}/(mol/L)	工作基准试剂 邻苯二甲酸氢钾的质量m/g	无二氧化碳纯水(或去离子水) 的体积V/mL
1.0	7.5	80
0.50	3.6	80
0.10	0.75	50
0.050	0.36	50
0.010	0.075	30

计算氢氧化钠标准滴定溶液的精确浓度:

$$c_{NaOH} = \frac{\dfrac{m_{NaOH}}{M_{NaOH}}}{V - V_0}$$

[4]标液的保存

标液必须保存在适当材质的密塞试剂瓶中,以防止容器腐蚀、水分蒸发和灰尘落入。

有些标准溶液只要保存在合适的密闭容器中就可长期保持浓度不变或极少改变。如0.02 mol/L $K_2Cr_2O_7$在普通硬质玻璃瓶中保存20年无明显变化。

有些标准溶液不够稳定,应根据它们的性质妥善保存并定期标定。如见光易分解的$AgNO_3$、$KMnO_4$等标液应贮存于棕色瓶中并放置暗处,能吸收空气中的CO_2并能腐蚀玻璃的强碱标液最

好装在塑料瓶中,并在瓶口装一碱石灰管和虹吸管。

除另有规定外,标准滴定溶液在常温 15~25 ℃下保存时间一般不超过 2 个月,当溶液出现浑浊、沉淀、颜色变化等现象时,应重新制备。

贮存标准滴定溶液的容器,其材料不应与溶液起理化作用,壁厚最薄处不少于 0.5 mm。

由于室温的变化,标液容器内壁常有水滴凝聚,使标液浓度偏高,因此使用前应将溶液摇匀。

3.2.3 电生标准物质

电生标准物质是指在一定条件下通过电解辅助电解质生成的物质,只要保证电解电流几乎全部用于电生标准物质而不发生显著的副反应,即电流效率约为 100%,电生标准物质的量就可以由库仑定律计算出来。

辅助电解质是用于电生标准物质的电解质,要求具有较大的浓度、较快的电极反应速率和较大的极限电流[最大电解电流,一般为 $500n$ mA/(mol/L),n 为电极反应转移的电子数],选用电解电流要小于辅助电解质的极限电流,保证 100% 的电流效率。常用辅助电解质有 K_2SO_4(电生 H^+ 或 OH^-)、KBr(电生 Br_2)、KI(电生 I_2)、$NH_4Fe(SO_4)_2$(电生 Fe^{2+})、$HgNH_4Y^{2-}$(电生 EDTA)等。

可在滴定体系电解辅助电解质现场产生的标准物质有 60 余种,酸碱滴定、沉淀滴定、配位滴定和氧化还原滴定中常用的标准物质都可以电解产生,而且由于电生标准物质在现场立即与待测物质反应,因此还可以电生不够稳定的物质作标准物质。

电生标准物质方法简便,分析结果准确度高,具有重要的实际意义。实际上,库仑滴定法是分析科学的起始基准方法,法拉第(Faraday)常数是分析科学的原始基准参数。

3.3 滴定分析方式及组分含量计算

被测物质的物质的量,可通过直接滴定法或间接滴定法求得。

3.3.1 直接滴定法

直接滴定法(Direct Titration)是指用标准物质直接滴定待测物质的方法。直接滴定法是最常用和最基本的滴定方式。直接滴定法要求滴定反应迅速、反应完全并有合适的计量点判定方法,以保证滴定终点具有准确的计量关系。

若滴定反应为

$$xX + bB + hH^+ = pP + qQ + h/2H_2O$$

则计量关系为

$$n_X = \frac{x}{b}n_{Bsp} \tag{3-11}$$

例如,$(NH_4)_2Fe(SO_4)_2$ 中 Fe^{2+} 可用 $K_2Cr_2O_7$ 标液直接滴定,其反应能够快速定量进行,并且可用二苯胺磺酸钠估计计量点。

$$6Fe^{2+} + Cr_2O_7^{2-} + 14H^+ = 6Fe^{3+} + 2Cr^{3+} + 7H_2O$$

$$n_{Fe^{2+}} = 6n_{K_2Cr_2O_7sp}$$

再如,水中钙的含量可用EDTA直接滴定,其反应能够快速定量进行,并且可用钙指示剂判定计量点。

$$Ca^{2+} + Y^{4-} = CaY^{2-}$$
$$n_{Ca^{2+}} = n_{EDTAsp}$$

有些被测物质的反应不能满足滴定反应的条件,只能用间接滴定法测定。间接滴定法(Indirect Titration)包括返滴定法(Back Titration)和转化滴定法(Transform Titration)。

3.3.2 返滴定法

如果反应太慢或者没有合适的计量点估计方法,或者被测物质不稳定,但被测物质(X)能与某标准物质(S)按一定的化学计量关系反应完全,那么可先加入过量该标准物质(S),待被测物质定量反应后,再用另一标准物质(B)返滴过量的该标准物质(S),这种滴定方式称为返滴定法或回滴法,其滴定反应和计量关系为

$$xX+sS = pP$$
$$s'S+bB = qQ$$
$$n_X = \frac{x}{s}\left(n_S - \frac{s'}{b}n_{Bsp}\right) \tag{3-12}$$

例如,Al^{3+}与EDTA的反应由于反应太慢不能直接滴定,Al^{3+}的滴定可在弱酸性溶液中加入一定量过量的EDTA标准溶液,并加热微沸1~2 min促使反应完全,溶液冷却后,以二甲酚橙为指示剂,用六次甲基四胺作pH缓冲溶液,用Zn^{2+}标准溶液滴定过剩的EDTA。

$$Al^{3+} + Y^{4-} \triangleq AlY^-$$
$$Y^{4-} + Zn^{2+} = ZnY^{2-}$$
$$n_{Al^{3+}} = n_{EDTA} - n_{Zn^{2+}sp}$$

又如,废水中有机物与重铬酸钾的反应由于反应太慢不能直接滴定,废水中有机物可在大量H_2SO_4存在下用$K_2Cr_2O_7$标准溶液加Ag_2SO_4催化剂加热煮沸15 min氧化完全,再以邻二氮菲亚铁作指示剂用$FeSO_4$标液返滴定剩余$K_2Cr_2O_7$来测定,用化学耗氧量(COD)来表示。由于氧化有机物时1 mol $K_2Cr_2O_7$得到6 mol电子而1 mol O_2只能得到4 mol电子,因此1 mol $K_2Cr_2O_7$氧化的有机物需要3/2 mol O_2才能氧化,即$n_{O_2} = \frac{3}{2}n_{K_2Cr_2O_7}$

$$3C(有机物)+2Cr_2O_7^{2-}(过量)+16H^+ = 3CO_2+2Cr^{3+}+ 8H_2O$$
$$Cr_2O_7^{2-}(过量)+6Fe^{2+}+14H^+ = 2Cr^{3+}+6Fe^{3+}+ 7H_2O$$
$$Cr_2O_7^{2-} \sim 3/2\ C \sim 3/2\ O_2$$
$$Cr_2O_7^{2-} \sim 6\ Fe^{2+}$$
$$n_{O_2} = n_{C(有机物)} = \frac{3}{2}\left(n_{K_2Cr_2O_7} - \frac{1}{6}n_{Fe^{2+}sp}\right)$$

再如,用HCl标液滴定固体$CaCO_3$时,由于固体表面限制不能迅速反应完全而无法直接滴定,可在固体$CaCO_3$中加入过量HCl标液,煮沸,反应完全后剩余的HCl用NaOH标准溶液滴定。

$$CaCO_3 + 2H^+ = Ca^{2+} + CO_2 + H_2O$$
$$H^+ + OH^- = H_2O$$
$$n_{CaCO_3} = \frac{1}{2}(n_{HCl} - n_{NaOHsp})$$

再如,在酸性溶液中用 $AgNO_3$ 滴定 Cl^-,由于缺乏合适的指示剂不能直接滴定,可加一定量过量的 $AgNO_3$ 标液使 Cl^- 沉淀完全,再用 NH_4SCN 标液返滴定过剩的 Ag^+,以 Fe^{3+} 为指示剂,出现 $[Fe(SCN)]^{2+}$ 的淡红色即为终点。

$$Cl^- + Ag^+ = AgCl \downarrow$$
$$Ag^+ + SCN^- = AgSCN \downarrow$$
$$n_{Cl^-} = n_{Ag^+} - n_{SCN^-sp}$$

再如,氨水容易挥发损失而不能直接滴定,可取一定量试液加入一定量过量的 HCl 标液中,定量生成 NH_4^+ 后,再以甲基红为指示剂,用 NaOH 标液返滴定剩余的 HCl。

$$NH_3 + H^+ = NH_4^+$$
$$H^+ + OH^- = H_2O$$
$$n_{NH_3} = n_{HCl} - n_{NaOHsp}$$

3.3.3 转化滴定法

一些反应,待测物质与标准物质反应不完全;或者反应不按一定的反应式进行,伴随的副反应使反应没有确定的计量关系;甚至待测物质不能与标准物质直接反应。这时,可用适当试剂(R)将被测物质(X)按一定计量关系定量转化为另一物质(P),再用标准物质(B)进行滴定,这种滴定方式称为转化滴定法。其滴定反应和计量关系为

$$xX+rR = pP$$
$$p'P+bB = qQ$$
$$n_X = \frac{x}{p} \cdot \frac{p'}{b} \cdot n_{Bsp} \qquad (3-13)$$

例如,NH_4^+、H_3BO_3 及 HCO_3^- 等与 OH^- 的反应很不完全,既不能直接滴定也不能返滴定。但 NH_4^+ 可加过量甲醛转化为 H^+ 和 $(CH_2)_6N_4H^+$,再用 NaOH 标液滴定:

$$4NH_4^+ + 6HCHO = (CH_2)_6N_4H^+ + 3H^+ + 6H_2O$$
$$(CH_2)_6N_4H^+ + 3H^+ + 4OH^- = (CH_2)_6N_4 + 4H_2O$$
$$n_{NH_4^+} = n_{NaOHsp}$$

硼酸可用多元醇配位形成多元醇酯,同时释放出 H^+,再用 NaOH 标液滴定:

$$H_3BO_3 + 2C_3H_5(OH)_3 = BO_4[C_3H_5(OH)_2^-] + H^+ + 3H_2O$$
$$H^+ + OH^- = H_2O$$
$$n_{H_3BO_3} = n_{NaOHsp}$$

某些极弱酸可用 Ba^{2+} 沉淀酸根,同时释放出 H^+,再用 NaOH 标液滴定:

$$HCO_3^- + Ba^{2+} = BaCO_3 \downarrow + H^+$$
$$H^+ + OH^- = H_2O$$
$$n_{HCO_3^-} = n_{NaOHsp}$$

又如 Cu^{2+} 与 $S_2O_3^{2-}$ 反应,部分发生配位作用、部分发生氧化还原作用,没有确定的计量关系,不能用 $S_2O_3^{2-}$ 标液直接滴定 Cu^{2+}。但 Cu^{2+} 可在弱酸性 NH_4HF_2 溶液中加入过量 KI 定量转化为 I_3^-,再用 $S_2O_3^{2-}$ 标液滴定:

$$2Cu^{2+} + 5I^- = 2CuI \downarrow + I_3^-$$

$$I_3^- + 2S_2O_3^{2-} = 3I^- + S_4O_6^{2-}$$

$$n_{Cu^{2+}} = 2n_{I_3^-} = n_{S_2O_3^{2-} \cdot sp}$$

NH_4HF_2 的作用是控制溶液 pH 为 3 ~ 4，以防止 Cu^{2+} 水解并消除 Fe^{3+}、As(V) 和 Sb(V) 的干扰。CuI 沉淀会吸附一些 I_2 使测定结果偏低，为此常加入 KSCN 将其转化为 CuSCN 沉淀，但 KSCN 应在接近计量点时加入，以免 SCN^- 还原 I_2 使测定结果偏低。

再如，Ca^{2+} 不能与氧化还原标准物质直接反应，但 Ca^{2+} 可用 $(NH_4)_2C_2O_4$ 沉淀为 CaC_2O_4，过滤洗净后，溶于稀 H_2SO_4 中，再用 $KMnO_4$ 标液滴定 $H_2C_2O_4$，从而间接测定 Ca^{2+}：

$$Ca^{2+} + C_2O_4^{2-} = CaC_2O_4 \downarrow$$

$$CaC_2O_4 + 2H^+ = Ca^{2+} + H_2C_2O_4$$

$$5H_2C_2O_4 + 2MnO_4^- + 6H^+ = 10CO_2 \uparrow + 2Mn^{2+} + 8H_2O$$

$$n_{Ca^{2+}} = n_{CaC_2O_4} = n_{H_2C_2O_4} = \frac{5}{2} n_{MnO_4^- sp}$$

3.3.4 含量表示及计算

组分含量通常用被测组分实际存在形式的量在样品中所占的分数来表示。例如，血液中钙离子含量、叶片中叶绿素 a 含量等。

被测组分实际存在形式不清楚时用元素或氧化物的量在样品量中所占的分数来表示。例如，土壤中氮含量、铁矿石中铁含量等。

被测对象为类似物总量时常用其中代表性组分的量在样品中的分数来表示。例如，食醋总酸量，水的总硬度等。

固体试样中被测组分的含量用质量分数（ω_X）表示

$$\omega_X = m_X / m_s \tag{3-14}$$

其单位为 g/g、mg/g、μg/g 或 ng/g 等。常量成分常用百分数 X% 表示，称为质量分数。

液体试样中被测组分的含量不但可用质量分数表示，它还可用质量浓度（ρ_X）表示

$$\rho_X = m_X / V_s \tag{3-15}$$

其单位为 g/mL、mg/mL、μg/mL 或 g/L 等。

液体样品现在也经常用物量浓度（c_X）来表示

$$c_X = n_X / V_s \tag{3-16}$$

其单位为 mol/L、mmol/L 或 μmol/L 等。

气体试样中被测组分的含量既可用质量浓度表示，又可用体积分数（ϕ_X）表示

$$\phi_X = V_X / V_s \tag{3-17}$$

其单位为 mL/mL、μL/mL 或 μL/L 等。

滴定分析中被测物质的含量常用质量分数（ω_X）、质量体积浓度（ρ_X）或体积物量浓度（c_X）来表示。样品的质量 m_s 或体积 V_s 容易测得，因此，滴定分析的关键是准确测定和计算样品中被测物质的质量 m_X 或 n_X。

被测物质的物量 n_X 乘以其摩尔质量 M_X 即得被测物质的质量 m_X。

$$m_X = n_X M_X \tag{3-18}$$

被测物质的含量较高或样品不太均匀时,往往先称量一定量样品,处理后定容至V_{vf},然后只量取V_t进行滴定,这时所称量样品中被测物质的质量为

$$m_X = n_X M_X \frac{V_{vf}}{V_t} \tag{3-19}$$

如前所述,被测物质的物量,可通过直接滴定法或间接滴定法求得。

应该指出,解题步骤应简明扼要,列出反应式、计量关系式、计算公式、数据代入式和计算结果即可,还应注意有效数字。

[例3-3] 食醋的主要成分是乙酸,同时还含有少量其他有机酸,它们都可被强碱直接滴定。移取25.00 mL食醋样品,定容至250.0 mL容量瓶里,从中分取25.00 mL,以酚酞为指示剂,用0.06756 mol/L NaOH标准溶液滴定消耗24.91 mL,计算食醋的总酸度。($M_{HAc} = 60.052$ g/mol)

解:
$$HAc + NaOH = NaAc + H_2O$$

$$n_{HAc} = n_{NaOH} = c_{NaOH} V_{NaOH}$$

$$\rho_{HAc} = \frac{n_{HAc} M_{HAc} \frac{V_{vf}}{V_t}}{V_s} = \frac{0.06756 \times 24.91 \times 10^{-3} \times 60.052 \times \frac{250.0}{25.00}}{25.00} = 40.43 \, (\text{g/L})$$

[例3-4] 称取含铁试样0.3143 g,溶于稀硫酸并还原为Fe^{2+},用0.02000 mol/L $K_2Cr_2O_7$标液滴定消耗21.30 mL。计算试样中Fe_2O_3的质量分数。

$$M_{Fe_2O_3} = 159.7 \, \text{g/mol}$$

解:
$$6Fe^{2+} + Cr_2O_7^{2-} + 14H^+ = 6Fe^{3+} + 2Cr^{3+} + 7H_2O$$

$$n_{Fe_2O_3} = \frac{1}{2} n_{Fe^{2+}} = \frac{1}{2} \times 6 n_{Cr_2O_7^{2-}} = 3 n_{Cr_2O_7^{2-}}$$

$$w_{Fe_2O_3} = \frac{3 c_{K_2Cr_2O_7} V_{K_2Cr_2O_7} M_{Fe_2O_3}}{m_s} \times 100\%$$

$$= \frac{3 \times 0.02000 \times 21.30 \times 10^{-3} \times 159.7}{0.3143} \times 100\% = 64.94\%$$

[例3-5] 称量铵态氮肥1.5260 g,溶解定容于250.0 mL,移取25.00 mL,加入过量NaOH溶液并加热蒸馏,产生的NH_3导入40.00 mL 0.05784 mol/L H_2SO_4标液,剩余H_2SO_4用0.1054 mol/L NaOH滴定,消耗21.25 mL。计算该氮肥中氮的含量。

解:
$$NH_4^+ + OH^- \stackrel{\triangle}{=} NH_3 + H_2O$$

$$2NH_3 + H_2SO_4 = (NH_4)_2SO_4$$

$$H_2SO_4 + 2NaOH = Na_2SO_4 + 2H_2O$$

$$n_N = n_{NH_4^+} = n_{NH_3} = 2\left(n_{H_2SO_4} - \frac{1}{2} n_{NaOH}\right)$$

$$\omega_N = \frac{2 \times \left(c_{H_2SO_4} V_{H_2SO_4} - \frac{1}{2} c_{NaOH} V_{NaOH}\right) \times M_N \times \frac{V_{vf}}{V_t}}{m_s} \times 100\%$$

$$= \frac{2 \times \left(0.05784 \times 40.00 \times 10^{-3} - \frac{1}{2} \times 0.1054 \times 21.25 \times 10^{-3}\right) \times 14.006 \times \frac{250.0}{25.00}}{1.5260} \times 100\%$$

$$= 21.91\%$$

3.4 滴定分析条件

滴定反应应有较快的反应速率、足够的反应完全程度和适宜的计量点判定方法,以保证滴定反应具有确定的计量关系,要求的程度决定于允许误差的大小。

3.4.1 反应速率及其控制

滴定反应迅速才能在很短的时间内完成滴定,而且反应太慢很难准确地判定计量点,甚至无法判定。

实践表明,目视滴定一般要求滴定反应在 1 min 内定量反应完全,自动滴定一般要求滴定反应在 1 秒钟内定量反应完全。

理论上,滴定反应速率决定于滴定反应的速率常数及其反应级数和反应物浓度(零级反应的反应速度与浓度无关),其值越大,反应速率就越快,计量点时浓度较低因而反应速度也较慢。如果已知滴定反应的速度常数、反应级数及反应物浓度,便容易计算出该反应能用作滴定反应的限度。但因很多滴定反应历程复杂,并往往缺乏有关数据,所以关于滴定反应速率要求的限度,一般不是通过理论来推导和证明,而是通过实验来测定或检验。

滴定反应速率还受溶液温度和催化剂的影响,温度越高反应速率越快,催化剂可以显著提高反应速率。不同滴定反应,其反应速率有很大的差别。所以应根据滴定反应的特点,控制适宜的反应条件,促进滴定反应迅速完成,并应适当降低滴定速率,使滴定速率接近于反应速率,避免过失或减免误差。

酸碱反应、沉淀反应和配位反应多是离子之间的反应,除非浓度很低或有分子参与反应,一般瞬时即可完成。如 0.1 mol/L 强酸滴定 0.1 mol/L 强碱的反应,$k \approx 10^{11}$ dm³/(mol·s),反应速度很快,在 10^{-10} s 即能完成一半,可用作滴定反应。又如 EDTA 与 $[Cr(H_2O)_6]^{3+}$ 的反应实际上是乙二胺四乙酸根与配位水分子的交换反应,反应速率很慢,在 pH 3~6 煮沸 10 min 才能定量反应完全,不能用作滴定反应。必须指出的是,有些沉淀反应由于容易形成过饱和溶液,反应速率较慢,也不能用作滴定反应。

氧化还原反应是电子转移反应,电子转移受氧化剂与还原剂间的静电作用及反应前后化学结构的变化和溶剂分子的配位作用等的阻碍,反应历程较复杂,多是分步进行的,需要一定时间才能完成。如 MnO_4^- 与 $C_2O_4^{2-}$ 的反应在室温下很慢:

$$2MnO_4^- + 5C_2O_4^{2-} + 16H^+ = 2Mn^{2+} + 10CO_2\uparrow + 8H_2O$$

通常控制溶液温度为 70~80 ℃(温度过高时草酸会发生分解)并加入 Mn^{2+} 作催化剂加速反应。若不加 Mn^{2+},即使在强酸溶液中,温度升高到 80 ℃,在滴定的最初阶段,反应仍相当慢,因此滴定开始仍应缓慢进行,否则 MnO_4^- 将在热的酸性溶液中分解:

$$4MnO_4^- + 12H^+ \xrightarrow{\Delta} 4Mn^{2+} + 5O_2\uparrow + 6H_2O$$

某些氧化还原反应在通常情况下并不发生或进行很慢,但在另一反应进行时,会促使这一反应的发生或加快。这种由于一个氧化还原反应的发生而促进另一个氧化还原反应加速进行的现象称为诱导反应(Induced Reaction)或诱导效应(Induced Effect)。

例如,在酸性溶液中,$KMnO_4$ 氧化 Cl^- 的速度很慢,但当溶液中同时存在 Fe^{2+} 时,$KMnO_4$ 氧化 Fe^{2+} 的反应加速了 $KMnO_4$ 氧化 Cl^- 的反应。

$$MnO_4^- + 5Fe^{2+} + 8H^+ = Mn^{2+} + 5Fe^{3+} + 4H_2O$$
$$2MnO_4^- + 10Cl^- + 16H^+ = 2Mn^{2+} + 5Cl_2\uparrow + 8H_2O$$

这是因为 MnO_4^- 氧化 Fe^{2+} 的过程中形成了一系列的中间产物 Mn（Ⅵ）、Mn（Ⅴ）、Mn（Ⅳ）和 Mn（Ⅲ），它们均能氧化 Cl^-。

可见，用 $KMnO_4$ 测定 Fe^{2+} 时，共存的 Cl^- 由于诱导反应会导致测定结果偏高，应设法避免或抑制。若加入大量 Mn^{2+} 使诱导反应的中间体迅速变成 Mn（Ⅲ），并加入磷酸来配合 Mn（Ⅲ）使 Mn（Ⅲ）/Mn（Ⅱ）电对的电位降低到不能氧化 Cl^-，就可避免发生诱导反应。因此在 HCl 介质中，用 $KMnO_4$ 法测定 Fe^{2+} 时，应加入 $MnSO_4$–H_3PO_4–H_2SO_4 混合溶液。

3.4.2 反应剩余率及其限度

滴定分析要求滴定反应定量进行完全。若滴定反应不能定量进行完全，就不能保证有确定的计量关系用来准确计算分析结果，也不能保证计量点附近反应物、生成物的浓度有较大的突跃以灵敏准确地判定计量点。

实际分析样品往往很复杂，除了标准物质与待测物质的主反应外，共存组分还可能与它们发生副反应，影响主反应进行的程度。

〔1〕反应剩余率和副反应

滴定反应进行的程度可用反应剩余率来衡量，反应剩余率是指计量点时反应物的剩余分数，用 R 表示。

例如，用 0.10 mol/L NaOH 滴定 0.10 mol/L HCl 的滴定反应为

$$H^+ + OH^- = H_2O$$

滴定到计量点时，反应达到平衡后，反应剩余 H^+ 浓度为（方括弧表示平衡浓度）

$$[H^+]_{sp} = 1.0 \times 10^{-7} \text{ mol/L}$$

反应剩余率为

$$R = \frac{[H^+]_{sp}}{c_{HClsp}} = \frac{1.0 \times 10^{-7}}{0.10/2} = 0.0002\%$$

表明该滴定反应进行的完全程度很高。

有副反应时，反应剩余率还包括副反应所消耗的反应物。

主反应和副反应是相对而言的，副反应是指影响主反应进行程度的反应。与 H^+ 的副反应称为酸效应，发生配位作用的副反应称为配位效应。

以配位滴定为例，除了待测金属离子 X 与标准物质 B（配位剂 Y）之间的主反应外，溶液中 H^+ 或 OH^-、共存金属离子（N）、pH 缓冲剂（L_1）及共存金属离子的掩蔽剂（L_2）和被测金属离子的水解抑制剂（L_3）等，都可能与 X、B 或 XB 发生副反应，影响主反应的程度：

X	+	B	⇌	XB	主反应
OH / \ L		H / \ N		H / \ OH	
XOH XL		HB NB		XHB X(OH)B	副反应
… …		…			
$X(OH)_m$ XL_n		H_kB			
[X′]		[B′]		[XB′]	（省略电荷）

反应物的副反应使主反应的完全程度降低,反应产物的副反应则使主反应的完全程度增大,副反应越严重,这种影响越大。

滴定到计量点或终点时,待测金属离子X与标准物质B(配位剂Y)的绝大部分都发生了主反应生成了反应产物,主反应产物包括XB、XHB和X(OH)B,主反应产物总浓度用[XB′]表示:

$$[XB']=[XB]+[XHB]+[X(OH)B] \tag{3-20}$$

主反应剩余X的总浓度和剩余B的总浓度分别用[X′]和[B′]表示:

$$[X']=[X]+[XOH]+\cdots+[X(OH)_m]+[XL]+\cdots+[XL_n] \tag{3-21}$$

$$[B']=[B]+[HB]+\cdots+[H_kB]+[NB] \tag{3-22}$$

待测金属离子总浓度和标准物质(配位剂)总浓度都分别为其主反应消耗浓度与剩余总浓度之和:

$$c_X=[XB']+[X'] \tag{3-23}$$

$$c_B=[XB']+[B'] \tag{3-24}$$

因此,计量点时滴定反应物的剩余率为

$$R = \frac{[X']_{sp}}{c_{Xsp}} \times 100\% = \frac{[B']_{sp}}{c_{Bsp}} \times 100\% \tag{3-25}$$

滴定反应的剩余率反映了滴定反应进行的程度,与终点误差有密切的关系。

[2]终点误差与剩余率限度

终点误差是滴定终点偏离计量点所造成的误差。滴定终点与计量点的差异可用ΔpX表示:

$$\Delta pX=pX_{ep}-pX_{sp} \tag{3-26}$$

滴定终点与计量点的差异还可用终点偏离系数来衡量,用δ表示:

$$\delta = 10^{\frac{x}{b}\Delta pX} - 10^{-\Delta pX} \tag{3-27}$$

式中,x和b分别为待测物质和标准物质的反应的计量数。

终点误差既决定于终点偏离系数,又与反应剩余率有关。可以证明:

$$E_{r(ep)} = \frac{n_{Bep} - n_{Bsp}}{n_{Bsp}} \approx R\delta \tag{3-28}$$

由上述终点误差公式可得,对滴定反应的剩余率的限度要求为:

$$R \leq \frac{E_{r(ep)}}{\delta} \tag{3-29}$$

可见,准确滴定要求的反应剩余率(反应完全程度)决定于允许终点误差的大小和终点偏离系数(或终点与计量点的差异及滴定反应的计量比)。

当滴定反应的计量数之比为1,即x/b=1,指示剂的变色点与计量点基本一致,并且变色点的不确定度为0.2。即ΔpX=±0.2时,上式中终点偏离系数δ的值约为±1,因此反应剩余率限度要求为

$$R \leq |E_{r(ep)}| \tag{3-30}$$

即滴定反应的剩余率应不超过其终点相对误差。

由(3-30)式和(3-25)式可知,要判断一个滴定反应的完全程度是否满足准确滴定要求,关键在于如何计算滴定反应的剩余率R或计量点[X′]_{sp}(计量点待测物质剩余浓度)和计量点时待测物质的总浓度c_{Xsp}。

计算滴定反应计量点(计量点待测物质剩余浓度)的通用方法是,联立求解滴定反应的平衡常数式、产物浓度关系式和计量关系式。对于酸碱滴定反应,其计量点 pH 通常约为滴定反应产物的 pH,可更简便地用滴定产物的近似 pH 计算公式直接计算。计量点时待测物质的总浓度 c_{Xsp} 容易根据计量点时滴定液体积的变化和计量关系计算出来。

[例 3-6] 要求终点误差优于 ±0.1%,能否用 0.10 mol/L NaOH 准确滴定 0.10 mol/L 邻苯二甲酸氢钾(KHA)?

解:滴定反应为 $\qquad HP^- + OH^- \rightleftharpoons H_2O + A^{2-}$

方法	计量点通用计算方法	计量点特例计算方法
依据	平衡常数式: $$K_{sp} = \frac{[A^{2-}]_{sp}}{[HA^-]_{sp}[OH^-]_{sp}} = \frac{K_{a2}}{K_w} = 10^{8.6}$$ 产物浓度式: $$[A^{2-}]_{sp} = c_{KHPsp} - [HA^-]_{sp} \approx c_{KHAsp} = 0.050$$ 计量关系式: $$[HA^-]_{sp} = [OH^-]_{sp}$$	产物酸碱度公式: $$[OH^-]_{sp} = \sqrt{[A^{2-}]_{sp} K_{b1}}$$ 产物浓度关系式: $$[A^{2-}]_{sp} = c_{KHAsp} - [HA^-]_{sp} \approx c_{KHAsp} = 0.050$$ 产物酸碱常数式: $$K_{b1} = K_w/K_{a2} = 10^{-8.6}$$
结果	$$[OH^-]_{sp} = \sqrt{\frac{c_{KHAsp}}{K_{sp}}} = 1.1 \times 10^{-5} \text{ mol/L}$$	$$[OH^-]_{sp} = \sqrt{c_{KHAsp} \frac{K_w}{K_{a2}}} = 1.1 \times 10^{-5} \text{ mol/L}$$

$$R = \frac{[OH^-]_{sp}}{c_{OH^-sp}} = \frac{1.1 \times 10^{-5}}{0.050} = 0.022\% < \left| E_{r(ep)} \right| = 0.1\%$$

表明能够用 0.10 mol/L NaOH 在 ±0.1% 误差范围内准确滴定 0.10 mol/L 邻苯二甲酸氢钾。

[3] 条件常数及其限度

滴定反应的剩余率决定于滴定反应的条件常数和待测物质浓度的大小。

有副反应时主反应的实际平衡常数称为条件常数(Conditional Constant),用 K' 表示

若滴定反应为 $\qquad X + B \rightleftharpoons XB$

则其条件常数为 $\qquad\qquad K' = \frac{[XB']}{[X'][B']}$ (3-31)

条件常数的大小反映了有副反应时主反应进行的程度,条件常数越大,主反应越完全。

无副反应发生时,[X']=[X],[B']=[B],[XB']=[XB],因此,$K'=K=[XB]/([X][B])$。

滴定到计量点时 $\qquad\qquad [X']_{sp} = [B']_{sp}$ (3-32)

$$[XB']_{sp} = c_{Xsp} - [X']_{sp} \approx c_{Xsp}$$ (3-33)

$$K'_{sp} = \frac{[XB']_{sp}}{[X']_{sp}[B']_{sp}}$$ (3-34)

因此 $\qquad\qquad [X']_{sp} = \left(\frac{c_{Xsp}}{K'_{sp}}\right)^{1/2}$ (3-35)

因而 $\qquad\qquad R = \frac{[X']_{sp}}{c_{Xsp}} = (c_{Xsp} K'_{sp})^{-1/2}$ (3-36)

这表明滴定反应的条件常数和待测物质的浓度越大,反应剩余率越小,滴定反应进行程度越高。

代入(3-30)式,可得准确滴定条件为

$$c_{Xsp}K'_{sp} \geq E_{r(ep)}^{-2} \tag{3-37}$$

允许终点相对误差为±0.1%时,条件为

$$c_{Xsp}K'_{sp} \geq 10^6 \tag{3-38}$$

$$\lg(c_{Xsp}K'_{sp}) \geq 6 \tag{3-39}$$

由此可求得待测物质的最低浓度或滴定反应的条件常数的限度。

如$c_{Xsp}=0.01$ mol/L时,条件常数要求限度为

$$\lg K'_{sp} \geq 8 \tag{3-40}$$

若已知条件常数,亦可求出待测物质最低浓度限度。

[例3-7] 要求终点误差在±0.1%范围内,能否在pH10.0时用0.010 mol/L EDTA准确滴定0.010 mol/L Mg^{2+}?

解:除Y^{4-}与Mg^{2+}的主反应外,还有Y^{4-}与H^+的副反应:

$$Mg^{2+} + Y^{4-} \rightleftharpoons MgY^{2-}$$
$$|H^+$$
$$HY^{3-}, H_2Y^{2-}, \cdots$$

副反应进行的程度可用主反应剩余某反应物的总浓度与其自由离子浓度的比值来衡量,称为副反应系数(Side Reaction Coefficient),用α表示。因此,Y^{4-}与H^+的副反应(酸效应)系数为

$$\alpha_{Y(H)} = \frac{[Y^{4-'}]}{[Y^{4-}]} = \frac{[Y^{4-}]+[HY^{3-}]+[H_2Y^{2-}]+\cdots+[H_6Y^{2+}]}{[Y^{4-}]} \tag{3-41}$$

由于

$$Y^{4-}+H^+ = HY^{3-} \qquad \beta_1 = \frac{[HY^{3-}]}{[Y^{4-}][H^+]} = \frac{1}{K_{a6}} = 10^{10.34}$$

$$Y^{4-}+2H^+ = H_2Y^{2-} \qquad \beta_2 = \frac{[H_2Y^{2-}]}{[Y^{4-}][H^+]^2} = \frac{1}{K_{a6}K_{a5}} = 10^{16.58}$$

$$\cdots \qquad\qquad \cdots$$

$$Y^{4-}+6H^+ = H_6Y^{2+} \qquad \beta_6 = \frac{[H_6Y^{2+}]}{[Y^{4-}][H^+]^6} = \frac{1}{K_{a6}K_{a5}\cdots K_{a1}} = 10^{23.9}$$

因此

$$\alpha_{Y(H)} = 1+[H^+]\beta_1+[H^+]^2\beta_2+\cdots+[H^+]^6\beta_6 = 10^{0.45} \tag{3-42}$$

$$K'_{sp} = \frac{[MgY^{2-}]}{[Mg^{2+}][Y^{4-'}]} = \frac{[MgY^{2-}]}{[Mg^{2+}][Y^{4-}]a_{Y(H)}} = \frac{K_{MgY}}{\alpha_{Y(H)}} = \frac{10^{8.7}}{10^{0.45}} = 10^{8.2}$$

$$\lg(c_{Mg^{2+}sp}K'_{sp}) = \lg\left(\frac{0.010}{2} \times 10^{8.2}\right) \approx 6.0$$

表明该滴定条件能够满足准确滴定的要求。

讨论1:请推论副反应系数和条件常数的一般计算方法。

讨论2:以铬黑T作计量点指示剂($pMg^{2+}_{ep}=5.4$),终点误差为多少?

〔4〕反应限度应用推论

（1）强碱滴定一元弱酸

$$HA + OH^- \rightleftharpoons A^- + H_2O$$

$$K = \frac{[A^-][H^+]}{[HA][OH^-][H^+]} = \frac{K_a}{K_w} \tag{3-43}$$

$$c_{a(sp)}K_a \geqslant 10^{-8} \tag{3-44}$$

强酸滴定一元弱碱，与此相似，要求

$$c_{b(sp)}K_b \geqslant 10^{-8} \tag{3-45}$$

讨论1：滴定多元弱酸或多元弱碱总量的条件是什么？

讨论2：滴定混合弱酸或混合弱碱总量的条件是什么？

（2）选择滴定混合组分

一般地，选择滴定 $X_1 + X_2$ 中的 X_1：

$$X_1 \ + \ B \ \rightleftharpoons \ X_1B$$
$$\downarrow X_2$$
$$X_2B$$

$$X_1 + B = X_1B \qquad K_1 = \frac{[X_1B]}{[X_1][B]}$$

$$X_2 + B = X_2B \qquad K_2 = \frac{[X_2B]}{[X_2][B]}$$

由于选择滴定要求标准物质B的副反应消耗量相对于主反应消耗量可忽略，即副反应消耗 X_2 也可忽略，或 $[X_2]_{sp} \approx c_{X2sp}$，因此

$$\alpha_{B(X2)sp} = \frac{[B']_{sp}}{[B]_{sp}} = 1 + [X_2]_{sp}K_{2sp} \approx 1 + c_{X2sp}K_{2sp} \tag{3-46}$$

$$K'_{sp} = \frac{[X_1B]_{sp}}{[X_1]_{sp}[B']_{sp}} = \frac{[X_1B]_{sp}}{[X_1]_{sp}[B]_{sp}\alpha_{B(X2)sp}}$$

$$= \frac{K_{1sp}}{\alpha_{B(X2)sp}} = \frac{K_{1sp}}{1 + c_{X2sp}K_{2sp}} \tag{3-47}$$

由（3-39）式可得选择滴定 X_1 的条件为

$$\lg(c_{X1sp}K_{1sp}) - \lg(1 + c_{X2sp}K_{2sp}) \geqslant 6 \tag{3-48}$$

当 $c_{X2sp}K_{2sp} \geqslant 10$ 时，近似为

$$\lg(c_{X1sp}K_{1sp}) - \lg(c_{X2sp}K_{2sp}) \geqslant 6 \tag{3-49}$$

当 $c_{X1sp} = c_{X2sp}$ 时，可简化为

$$\lg K_{1sp} - \lg K_{2sp} \geqslant 6 \tag{3-50}$$

（3）选择滴定混合弱酸

这时 $K_1 = K_{a(X1)}/K_w$ 和 $K_2 = K_{a(X2)}/K_w$，因此代入（3-48）式可得选择滴定混合弱酸的条件为

$$\lg\frac{c_{X1sp}K_{a(X1)}}{K_w} - \lg\left(1 + \frac{c_{X2sp}K_{a(X2)}}{K_w}\right) \geqslant 6 \tag{3-51}$$

$$\frac{c_{X1sp}K_{a(X1)}}{K_w + c_{X2sp}K_{a(X2)}} \geqslant 10^6 \tag{3-52}$$

当 $c_{X2sp}K_{a(X2)} \geq 10K_w$ 时,近似为

$$\frac{c_{X1sp}K_{a(X1)}}{c_{X2sp}K_{a(X2)}} \geq 10^6 \tag{3-53}$$

当 $c_{X2sp} = c_{X1sp}$ 时,可进一步简化为

$$\frac{K_{a(X1)}}{K_{a(X2)}} \geq 10^6 \tag{3-54}$$

（4）分步滴定多元弱酸

多元弱酸可视为总浓度相同的多个一元弱酸的混合酸,如二元弱酸 $H_2A = H(HA) + HA^-$,$K_{a(X1)} = K_{a1}$,$K_{a(X2)} = K_{a2}$,分步滴定到第一计量点时,$[HA^-]_{sp1} = c_{X2sp} = c_{Xsp1}$,因此分步滴定条件为

$$\frac{c_{X1sp}K_{a1}}{K_w + c_{Xsp1}K_{a2}} \geq 10^6 \tag{3-55}$$

$c_{Xsp1}K_{a2} \geq 10K_w$ 时,近似为

$$\frac{K_{a1}}{K_{a2}} \geq 10^6 \tag{3-56}$$

允许误差为 ±0.3% 时,分步滴定条件为

$$\frac{c_{Xsp1}K_{a1}}{K_w + c_{Xsp1}K_{a2}} \geq 10^5 \tag{3-57}$$

$c_{Xsp1}K_{a2} \geq 10K_w$ 时,近似为

$$\frac{K_{a1}}{K_{a2}} \geq 10^5 \tag{3-58}$$

（5）强酸强碱相互滴定

$$H^+ + OH^- \rightleftharpoons H_2O$$

$$K_{sp} = \frac{1}{[H^+]_{sp}[OH^-]_{sp}} = \frac{1}{K_w} = 1.0 \times 10^{14}$$

$$[H^+]_{sp} = 1.0 \times 10^{-7}(mol/L)$$

若允许误差为 $E_{r(ep)} \leq \pm 0.1\%$,则不完全程度要求为

$$R = \frac{[H^+]_{sp}}{c_{H^+sp}} = \frac{1.0 \times 10^{-7}}{c_{H^+sp}} \leq |E_{r(ep)}| = 0.1\%$$

所以反应完全条件为

$$c_{H^+sp} \geq 1 \times 10^{-4}(mol/L) \tag{3-59}$$

（6）选择滴定混合酸中强酸

$$H^+ + OH^- \rightleftharpoons H_2O$$
$$|HA$$
$$A^-$$

由于

$$\alpha_{OH(HA)sp} = 1 + \frac{c_{HAsp}K_{a(HA)}}{K_w} \tag{3-60}$$

因此

$$[H^+]_{sp} = [OH^{-\prime}]_{sp} = [OH^-]_{sp}\alpha_{OH(HA)sp} = \frac{K_w}{[H^+]_{sp}}(1 + \frac{c_{HAsp}K_{a(HA)}}{K_w})$$

$$[H^+]_{sp} = (K_w + c_{HAsp}K_{a(HA)})^{1/2} \tag{3-61}$$

不完全程度要求为

$$R=\frac{[\text{H}^+]_{\text{sp}}}{c_{\text{H}^+\text{sp}}}=\frac{K_{\text{w}}+c_{\text{HAsp}}K_{\text{a(HA)}}^{1/2}}{c_{\text{H}^+\text{sp}}}\leqslant0.1\%$$

故选择滴定条件为

$$\frac{c_{\text{H}^+\text{sp}}^2}{K_{\text{w}}+c_{\text{HAsp}}K_{\text{a(HA)}}}\geqslant10^6 \tag{3-62}$$

$c_{\text{HAsp}}K_{\text{a(HA)}}\geqslant10K_{\text{w}}$时,要求

$$\frac{c_{\text{H}^+\text{sp}}^2}{c_{\text{HAsp}}K_{\text{a(HA)}}}\geqslant10^6 \tag{3-63}$$

讨论:混合弱碱、多元弱碱及强弱混合碱的滴定条件是什么?

[例3-8] H_3PO_4的分步滴定解析。

解:H_3PO_4为三元弱酸:$K_{\text{a1}}=7.6\times10^{-3}$,$K_{\text{a2}}=6.3\times10^{-8}$,$K_{\text{a3}}=4.4\times10^{-13}$。

(1)滴定到第一计量点

滴定反应为

$$\text{H}_3\text{PO}_4 + \text{OH}^- \Longrightarrow \text{H}_2\text{PO}_4^- + \text{H}_2\text{O}$$
$$\Big\downarrow\text{H}_2\text{PO}_4^-$$
$$\text{HPO}_4^{2-}$$

只要H_3PO_4用量不太低,如$c_{\text{a}}=0.10$ mol/L,则

$$\frac{c_{\text{Xsp1}}K_{\text{a1}}}{K_{\text{w}}+c_{\text{Xsp1}}K_{\text{a2}}}=\frac{\dfrac{0.10}{2}\times7.6\times10^{-3}}{1.0\times10^{-14}+\dfrac{0.10}{2}\times6.3\times10^{-8}}>10^5$$

表明能够在±0.3%误差范围准确滴定到第一计量点。

第一计量点产物为H_2PO_4^-,因此

$$\text{pH}_{\text{sp1}}=\frac{\text{p}K_{\text{a1}}+\text{p}K_{\text{a2}}}{2}=\frac{-\lg(7.6\times10^{-3})-\lg(6.3\times10^{-8})}{2}=4.66$$

据此可选用甲基红或甲基橙作指示剂估计计量点。

(2)滴定到第二计量点

滴定反应为

$$\text{H}_3\text{PO}_4+2\text{OH}^- \Longrightarrow \text{HPO}_4^{2-} + 2\text{H}_2\text{O}$$

该反应分两步进行:

$$\text{H}_3\text{PO}_4 + \text{OH}^-=\text{H}_2\text{PO}_4^- + \text{H}_2\text{O} \qquad K_1=\frac{K_{\text{a1}}}{K_{\text{w}}}=7.6\times10^{11}$$

$$\text{H}_2\text{PO}_4^- + \text{OH}^-=\text{HPO}_4^{2-} + \text{H}_2\text{O} \qquad K_2=\frac{K_{\text{a2}}}{K_{\text{w}}}=6.3\times10^6$$

显然前一反应优先进行完全,滴定的最后阶段为滴定H_2PO_4^-:

$$\text{H}_2\text{PO}_4^- + \text{OH}^- \Longrightarrow \text{HPO}_4^{2-}+\text{H}_2\text{O}$$
$$\Big\downarrow\text{HPO}_4^{2-}$$
$$\text{PO}_4^{3-}$$

只要 H_3PO_4 用量不太低，如 $c_a=0.10$ mol/L，则

$$\frac{c_{Xsp2}K_{a2}}{K_w + c_{Xsp2}K_{a3}} = \frac{\dfrac{0.10}{3} \times 6.3 \times 10^{-8}}{1.0 \times 10^{-14} + \dfrac{0.10}{3} \times 4.4 \times 10^{-13}} \approx 10^5$$

表明能够在 $\pm0.3\%$ 误差范围准确滴定到第二计量点。

第二计量点产物为 HPO_4^{2-}，因此

$$pH_{sp2} = \frac{pK_{a2} + pK_{a3}}{2} = \frac{-\lg(6.3 \times 10^{-8}) - \lg(4.4 \times 10^{-13})}{2} = 9.78$$

据此选百里酚酞作指示剂估计计量点。

讨论：设计测定肥料 $NH_4H_2PO_4$ 中氮、磷含量的方法。

3.4.3 反应计量点的估计

要测量滴定到计量点时所用标准物质的量，必须先估计滴定反应的计量点。因此，要求滴定反应的计量点能够被简便准确地确定，或者说要求有准确确定滴定反应计量点的简便方法。

有的滴定反应，被测物质或标准物质有较深的颜色而其反应产物无色，可以利用被测物质或标准物质本身颜色的消失或出现来估计计量点。例如，MnO_4^- 具有特殊的紫红色，而其还原产物 Mn^{2+} 几乎无色，所以用它来滴定无色的 $Na_2C_2O_4$ 或 Fe^{2+} 时，不需另加指示剂。滴定到计量点后，稍微过量的 MnO_4^- 就能使溶液呈现粉红色。实验证明，MnO_4^- 的浓度为 2×10^{-6} mol/L（相当于 100 mL 溶液中只有 0.01 mL 0.02 mol/L $KMnO_4$）就能观察到明显的粉红色。

但是，大多数滴定反应没有明显的外观特征，需加入合适的指示剂，利用计量点附近指示剂颜色的突变来估计计量点，或利用有关仪器监测滴定过程中反应物或生成物浓度在计量点附近的突变来自动判定计量点和控制滴定终点。

指示剂的作用原理是，在计量点时，滴定反应物的浓度发生突变，使指示剂由一种构型转化为另一种构型产生颜色突变，指示滴定反应的计量点。

用 In 表示指示剂的自由形，用 XIn 表示指示剂的结合形，其指示反应和平衡常数分别为

$$X + In \rightleftharpoons XIn$$

$$\frac{[XIn]}{[X][In]} = K_{XIn} \tag{3-64}$$

指示剂自由形与结合形具有显著不同的颜色，指示剂溶液的颜色决定于结合形与自由形的相对含量 [XIn]/[In]（在 10 倍内变化可观测到其复合色），它不仅决定于指示反应的平衡常数 $\lg K_{XIn}$ 的大小，它还随 pX 的变化而变化：

$$\lg\frac{[XIn]}{[In]} = \lg K_{XIn} - pX \tag{3-65}$$

$pX \approx \lg K_{XIn}$ 且 pX 变化较大时，指示剂溶液颜色的变化方可被人眼觉察。理论上指示剂溶液的颜色变化应在指示剂发生形态转变即 $[XIn] \approx [In]$ 时最明显，因此变形点就是理论变色点。

$$pX_t = \lg K_{XIn} \tag{3-66}$$

实际上人眼对各种颜色的敏感程度不同，而且不同的人对同一颜色的敏感程度也有差异，所以实际观测变色点 pX_t 存在 $0.2 \sim 0.5$ 的不确定度。

不同的指示剂因其指示的物质 X 不同、$\lg K_{XIn}$ 不同及其颜色不同而具有不同的变色点。常用指示剂的颜色变化和变色点见表3-5。

表3-5 常用指示剂

指示物质	指示剂	适用酸度	颜色			变色点(pX_t)
			结合形	变色点	自由形	
H⁺	甲基橙(MO)		红	橙	黄	4.0
	溴甲酚绿(BG)		黄	绿	蓝	4.4
	甲基红(MR)		红	橙	黄	5.0
	溴百里酚蓝(BB)		黄	绿	蓝	7.0
	酚酞(PP)		无色	微红	红	9.0
	百里酚酞(TP)		无色	淡蓝	蓝	10.0
Ag⁺	K_2CrO_4	pH6~7	砖红	橙	黄	
	二氯荧光黄	pH4~10	红	粉红	黄绿	4.58(pH6.0),4.7(pH7.0)
	四溴荧光黄(曙红)	pH2~10	深红	红紫	橙红	
SCN⁻	硫酸铁铵	pH<0.5	血红	微红	无色	5.2(pH1.0)
Ca²⁺	钙指示剂(NN)	pH12~13	酒红	紫蓝	蓝色	4.2(pH12.0),5.1(pH13.0)
Cu²⁺	o-PAN	pH<12	红色	浅红	黄色	9.8(pH6.0),13.8(pH10.0)
Fe³⁺	磺基水杨酸(ssal)	pH1.5~3	紫红	无色	无色	3.4(pH1.5),5.8(pH3.0)
Mg²⁺	铬黑T(EBT)	pH9~10	酒红	紫蓝	蓝色	4.4(pH9.0),5.4(pH10.0)
Ni²⁺	紫脲酸铵(CVI)	pH9~10	黄	浅紫色	紫	7.8(pH9.0),9.3(pH10.0)
Pb²⁺	二甲酚橙(XO)	pH5~6	红	柠檬黄	黄	7.0(pH5.0),8.2(pH6.0)
Zn²⁺	二甲酚橙(XO)	pH5~6	红	柠檬黄	黄	4.8(pH5.0),6.5(pH6.0)
I_3^-	淀粉		蓝	浅蓝	无色	5.3
	$I_2 + KI$			微黄		4.7
MnO_4^-	$KMnO_4$			微红		5.7
e⁻	次甲基蓝		无色	天蓝色	蓝色	8.95(1.0 mol/L H_2SO_4, $\varphi_t^{0\prime}=0.53$ V)
	二苯胺磺酸钠	0.5~2 mol/L H_2SO_4	无色	微红	红紫	14.41(1.0 mol/L H_2SO_4, $\varphi_t^{0\prime}=0.85$ V)
	邻苯氨基苯甲酸	1.5~6 mol/L H_2SO_4	无色	微红	红紫	15.08(4.0 mol/L H_2SO_4, $\varphi_t^{0\prime}=0.89$ V)
	邻二氮菲亚铁	1~6 mol/L H_2SO_4	红	淡蓝	蓝色	17.97(1.0 mol/L H_2SO_4, $\varphi_t^{0\prime}=1.1$ V)

例如,甲基橙指示剂为酸碱指示剂,在水溶液中有如下质子转移反应:

(偶氮结构,黄色,碱式,自由形,简写为In⁻)　　　　　(醌式结构,红色,酸式,结合形,简写为HIn)

平衡常数为

$$K_{HIn} = \frac{[HIn]}{[H^+][In^-]} = \frac{1}{K_{a(HIn)}} \qquad (3-67)$$

理论变色点为

$$pH_t = lgK_{HIn} = pK_{a(HIn)} = 3.5 \qquad (3-68)$$

实际变色点为 $pH_t = 4.0$，变色点颜色为碱式(黄色)与酸式(红色)的复合色(橙色)。

再如，邻二氮菲亚铁指示剂为深红色的氧化还原电子指示剂，在酸性溶液中可失去电子被氧化为淡蓝色的邻二氮菲高铁(在稀溶液中几乎无色)：

$$[Fe(C_{12}H_8N_2)_3]^{3+}(淡蓝色) + e^- \rightleftharpoons [Fe(C_{12}H_8N_2)_3]^{2+}(深红色)$$

平衡常数为

$$lg K' = lg \frac{\left[Fe(C_{12}H_8N_2)_3^{2+}\right]}{\left[Fe(C_{12}H_8N_2)_3^{3+}\right][e^-]} = \frac{\varphi^{0'}}{0.059} \qquad (3-69)$$

理论变色点为

$$pe_t = lg K' = \frac{\varphi^{0'}}{0.059} = 17.97^{①} \qquad (3-70)$$

目视滴定中，指示剂的变色点就是滴定终点。因此，指示剂的变色点应与滴定反应的计量点基本一致，使终点误差不超过允许误差。可据此原则选用指示剂，同时还要求指示反应迅速可逆或变色敏锐。

[例3-9] 用 0.10 mol/L NaOH 滴定 0.10 mol/L 邻苯二甲酸氢钾(KHA)，应选用何种指示剂？

解：

$$HA^- + OH^- \rightleftharpoons H_2O + A^{2-}$$

$$K = \frac{[A^{2-}]}{[HA^-][OH^-]} = \frac{K_{a2}}{K_w} = \frac{3.9 \times 10^{-6}}{1.0 \times 10^{-14}} = 3.9 \times 10^8$$

$$[OH^-]_{sp} = [HA^-]_{sp} = \sqrt{\frac{[A^{2-}]_{sp}}{K}} = \sqrt{\frac{c_{KHA}/2}{K}} = \sqrt{\frac{0.10/2}{K}} = 1.1 \times 10^{-5}$$

$$pH_{sp} = pK_w - pOH_{sp} = 9.04$$

据此选用酚酞作指示剂，其变色点 $pH_t = 9.0$，与计量点 pH 值的差值不超过对变色点估计值的不确定度$(0.2~0.5)^{②}$。

必须指出，指示剂用量要适当。指示剂用量太少，不易看到指示剂的颜色变化；指示剂用量太多，可能会干扰滴定反应，改变单色指示剂的变色点，或使双色指示剂变色不敏锐。通常双色指示剂使用浓度为 $10^{-5} \sim 10^{-4}$ mol/L，单色指示剂用量一般较大。

此外，有些指示剂还容易变质失效(被氧化还原、被配合封闭、发生聚合或腐败等)，应设法避免或现配现用。例如，淀粉指示剂溶液容易腐败变质；EBT 指示剂在水溶液中尤其在 pH<6.3 时易聚合，并且微量 Fe^{3+} 和 Cu^{2+} 会催化该反应，它也容易被空气和 Mn(Ⅳ)等氧化，还会被 Fe^{3+}、Al^{3+}、Cu^{2+} 等配合封闭。

---

① 由于 $\varphi = \varphi^{0'} + 0.059 \, lg \dfrac{\left[Fe(C_{12}H_8N_2)_3^{3+'}\right]}{\left[Fe(C_{12}H_8N_2)_3^{2+'}\right]}$，因此，$\phi_t = \phi^{0'} = 1.06V$

② 若设 $\Delta pH = \pm 0.5$，则终点偏离系数为 $\delta = 10^{\Delta pH} - 10^{-\Delta pH} = 10^{\pm 0.5} - 10^{-(\pm 0.5)} = \pm 3$

因此终点误差为 $E_{r(ep)} = R\delta = \dfrac{[HP^-]_{sp}}{c_{KHPsp}} \delta = 1.1 \times \dfrac{10^{-5}}{0.10/2} \times (\pm 2.8) = \pm 0.07\%$

3.5 滴定分析特点和应用

滴定分析误差容易控制在±0.3%以内,但通常其灵敏度较低,主要适用于对准确度要求较高的常量组分分析,应用十分广泛。

3.5.1 酸碱滴定

〔1〕酸碱滴定法的特点

酸碱滴定一般用强酸或强碱作滴定剂,弱酸用强碱滴定,弱碱用强酸滴定。强酸标液通常用盐酸稀释配制,用Na_2CO_3基准试剂标定。强碱标液通常用NaOH配制,用邻苯二甲酸氢钾标定。

空气中CO_2可能会对酸碱滴定产生干扰,因为CO_2溶于水中形成的饱和溶液浓度达0.040 mol/L,并存在下列酸碱平衡:

$$CO_2 + H_2O \underset{K=0.0026}{\xrightleftharpoons} H_2CO_3 \underset{K_{a1}=3.76}{\xrightleftharpoons} HCO_3^- + H^+$$

$$[H^+] \approx \sqrt{c_{H_2CO_3}K_{a1}} = \sqrt{0.040 \times 0.0026 \times 10^{-3.76}} = 1.3 \times 10^{-4} (mol/L)$$

$$pH \approx 3.9$$

滴定终点$pH_{ep}>3.9$时,部分来自空气的CO_2将被滴定为HCO_3^-,对酸碱滴定反应产生干扰。所以在用酚酞等指示剂时,空气中CO_2会干扰酸碱滴定,而且滴定到酚酞变色后,稍微放置其粉红色又会退去,影响滴定终点的判断,一般以充分摇动下10~30 s不褪色为终点。

NaOH试剂表面因吸收空中CO_2而含有1%~2%Na_2CO_3。配制不含Na_2CO_3的NaOH标液的常用方法是:先配制NaOH饱和溶液(约19 mol/L NaOH)使Na_2CO_3因溶解度很低而沉降,然后再用新煮沸的冷却纯水稀释至所需浓度。配制好的NaOH标液也可因吸收空气中CO_2而导致其浓度改变,需密闭保存在装有碱石灰管(含氢氧化钙)的瓶中,并且不宜放置过久。

酸碱种类繁多,有多种强酸强碱、一元弱酸弱碱、多元弱酸弱碱,并且各种酸碱在溶液中都会发生质子转移,以多种形体或共轭酸碱共存,共轭酸碱的含量分布还随溶液酸度的变化而变化,而且实际样品很复杂,大多为混合酸碱。所以,酸碱滴定反应类型很多,包括强酸强碱的滴定、一元弱酸弱碱的滴定、多元弱酸弱碱的滴定、各种混合酸碱的滴定,包括选择滴定、分步滴定和完全滴定等。

酸碱滴定反应速度快,有很多指示剂可供选用,只要能够定量反应完全,就可以直接或间接测定。

极弱酸碱和氨基酸及醛酮等有机物可用转化滴定法测定。

〔2〕醋酸含量或食醋总酸量的测定

醋酸(HAc)的酸度常数为$K_a=1.8\times10^{-5}$(或$pK_a=4.74$),只要其浓度不太低($c_{a(sp)} \geq 10^{-8}/K_a=5.5\times10^{-4}$ mol/L),则可满足$c_{a(sp)}K_a \geq 10^{-8}$要求,即可以用NaOH标液直接滴定醋酸。

若$c_{a(sp)}=0.050$ mol/L,则

$$pH_{sp}=pK_w-pOH_{sp}=\frac{pK_w-pc_{b(sp)}+pK_b}{2}=\frac{pK_w-pc_{a(sp)}+pK_w-pK_a}{2}=\frac{14.00-1.3+14.00-4.74}{2}=8.7$$

因此,可以选用酚酞指示剂估计其计量点。

$$HAc + OH^- \rightleftharpoons H_2O + Ac^-$$

$$\rho_{HAc} = \frac{c_{NaOH} V_{NaOH} M_{HAc} V_{vf}/V_t}{V_s}$$

食醋的主要成分为醋酸和高级醇类,还含有乳酸($K_a=1.4\times10^{-4}$)、葡萄糖酸($K_a=2.5\times10^{-4}$)、琥珀酸(丁二酸,$K_{a1}=6.2\times10^{-5}$,$K_{a2}=3.9\times10^{-6}$)和氨基酸(如氨基乙酸$K_a=4.5\times10^{-3}$)等,这些酸的酸度常数都比较大,它们都可以与NaOH反应完全,所以可以用NaOH标液滴定这些酸的总量,其总酸量常用其代表性主成分醋酸表示,采用酚酞指示剂。

讨论:能否用NaOH或HCl滴定邻苯二甲酸氢钾?

〔3〕纯碱总碱量、碳酸钠和碳酸氢钠含量的测定

纯碱的主要成分为Na_2CO_3,还含有部分$NaHCO_3$和少量水分等。

（1）纯碱总碱量的测定(直接滴定法)

用盐酸标液滴定纯碱总碱量的反应为

$$CO_3^{2-} + 2H^+ \rightleftharpoons H_2CO_3 (CO_2\uparrow + H_2O)$$

$$HCO_3^- + H^+ \rightleftharpoons H_2CO_3 (CO_2\uparrow + H_2O)$$

滴定反应分两步进行

$$CO_3^{2-} + H^+ \rightleftharpoons HCO_3^- \qquad K_1 = 1/K_{a2} = 1/(5.6\times10^{-11}) = 1.8\times10^{10}$$

$$HCO_3^- + H^+ \rightleftharpoons H_2CO_3 (CO_2\uparrow + H_2O) \qquad K_2 = 1/K_{a1} = 1/(4.2\times10^{-7}) = 2.4\times10^6$$

滴定的最后阶段为盐酸滴定HCO_3^-,要求

$$\lg(c_{b(sp2)} K_2) \geqslant 6$$

$$\lg c_{b(sp2)} \geqslant 6 - \lg K_2 = 6 - \lg(2.4\times10^6) = -0.38$$

$$c_{b(sp2)} \geqslant 0.42 \text{ mol/L}$$

计量点pH值决定于产物H_2CO_3的酸度常数K_{a1}及其浓度$c_{a(sp)}$,但H_2CO_3容易分解逸出CO_2,并且CO_2饱和浓度仅为0.040 mol/L,因此

$$pH_{sp} = \frac{pc_{a(sp)} + pK_{a1}}{2} = \frac{-\lg(0.040\times0.0026) + 3.76}{2} = 3.9$$

据此选用甲基橙作计量点指示剂。

用代表性主成分碳酸钠表示纯碱总碱量:

$$\omega_{总碱量} = \frac{\frac{1}{2} c_{HCl} V_{HCl(总)ep} M_{Na_2CO_3} \times \frac{V_s}{V_t}}{m_s} \times 100\%$$

应该指出,通过加热驱逐产物CO_2也可提高该滴定反应的完全程度,这时可用较低浓度的盐酸标液进行滴定,但应采用甲基红作指示剂。

（2）纯碱中碳酸钠和碳酸氢钠含量测定(分步滴定法)

第一步选择滴定纯碱中碳酸钠,滴定反应为

$$CO_3^{2-} + H^+ \rightleftharpoons HCO_3^-$$
$$\downarrow HCO_3^-$$
$$H_2CO_3$$

$$K_{b(Na_2CO_3)} = \frac{K_w}{K_{a2(H_2CO_3)}} = \frac{1.0 \times 10^{-14}}{5.6 \times 10^{-11}} = 1.8 \times 10^{-4}$$

$$K_{b(NaHCO_3)} = \frac{K_w}{K_{a1(H_2CO_3)}} = \frac{1.0 \times 10^{-14}}{4.2 \times 10^{-7}} = 2.4 \times 10^{-8}$$

通常纯碱试样溶液中 $c_{NaHCO_3} > 1 \times 10^{-5}$ mol/L，因此

$$c_{b(NaHCO_3)sp} K_{b(NaHCO_3)} = 1 \times 10^{-5} \times 2.4 \times 10^{-8} > 10K_w$$

并且通常纯碱中 Na_2CO_3 比 $NaHCO_3$ 含量高 10 倍以上，因此

$$\frac{c_{b(Na_2CO_3)} K_{b(Na_2CO_3)}}{K_w + c_{b(NaHCO_3)} K_{b(NaHCO_3)}} \approx \frac{c_{b(Na_2CO_3)} K_{b(Na_2CO_3)}}{c_{b(NaHCO_3)} K_{b(NaHCO_3)}} > 10 \times \frac{1.8 \times 10^{-4}}{2.4 \times 10^{-8}} \approx 10^5$$

这表明可在约0.3%终点误差范围内选择滴定纯碱中的 Na_2CO_3。

计量点剩余物及产物都是 $NaHCO_3$，计量点 pH_{sp1} 为

$$pH_{sp1} = \frac{pK_{a1} + pK_{a2}}{2} = \frac{-lg(4.2 \times 10^{-7}) - lg(5.6 \times 10^{-11})}{2} = 8.32$$

据此可选用酚酞指示剂估计该计量点，滴定至酚酞红色刚好消失，记录消耗盐酸的体积 V_1。Na_2CO_3 的含量为

$$w_{Na_2CO_3} = \frac{c_{HCl} V_1 M_{Na_2CO_3} \times \frac{V_s}{V_t}}{m_s} \times 100\%$$

第二步以甲基橙为指示剂用 HCl 标液继续滴定至溶液由黄色变为橙色，记录又用去的盐酸的体积 V_2，滴定反应为

$$HCO_3^- + H^+ \rightleftharpoons H_2CO_3(CO_2 \uparrow + H_2O)$$

所以 $NaHCO_3$ 的含量为

$$w_{NaHCO_3} = \frac{c_{HCl}(V_2 - V_1) M_{NaHCO_3} \times \frac{V_s}{V_t}}{m_s} \times 100\%$$

（3）纯碱中碳酸钠和碳酸氢钠含量测定（返滴定法）

由于 $NaHCO_3$ 的酸性太弱（$K_a = 5.6 \times 10^{-11}$），因此它与强碱的反应很不完全，不能用强碱直接滴定。但可在加入过量 NaOH 标液后，用 $BaCl_2$ 沉淀其中的 Na_2CO_3 使该反应进行完全，再用 HCl 标液返滴定剩余的 NaOH，宜用酚酞作指示剂。

$$NaHCO_3 + NaOH(过量) \rightleftharpoons Na_2CO_3 + H_2O$$

$$Na_2CO_3 + BaCl_2 \rightleftharpoons BaCO_3 \downarrow + 2NaCl$$

$$NaOH(剩余) + HCl \rightleftharpoons NaCl + H_2O$$

$$w_{NaHCO_3} = \frac{(c_{NaOH} V_{NaOH} - c_{HCl} V_{HClep}) M_{NaHCO_3} \times \frac{V_s}{V_t}}{m_s} \times 100\%$$

再用 HCl 滴定 Na_2CO_3 和 $NaHCO_3$ 的总碱量，用甲基橙作指示剂，滴定总碱量所消耗 HCl 的量扣除 $NaHCO_3$ 消耗 HCl 的量，即得 Na_2CO_3 所消耗 HCl 的量。

$$Na_2CO_3 + 2HCl \rightleftharpoons 2NaCl + H_2CO_3(CO_2 \uparrow + H_2O)$$

$$NaHCO_3+HCl \Longrightarrow NaCl+H_2CO_3(CO_2\uparrow+H_2O)$$

$$w_{Na_2CO_3}=\frac{\frac{1}{2}[c_{HCl}V_{HCl(总)ep}-(c_{NaOH}V_{NaOH}-c_{HCl}V_{HCl})]M_{Na_2CO_3}\times\frac{V_s}{V_t}}{m_s}\times100\%$$

$$\omega_{总碱量}=\frac{\frac{1}{2}c_{HCl}V_{HCl(总)ep}M_{Na_2CO_3}\times\frac{V_s}{V_t}}{m_s}\times100\%$$

〔4〕铵态氮和有机氮含量的测定

NH_4^+的酸性很弱，$K_a=K_w/K_b=1.0\times10^{-14}/(1.8\times10^{-5})=5.6\times10^{-10}$，其酸度常数太小，既不能用 NaOH 直接滴定了，也不能用 HCl 返滴定过量的 NaOH。但是，有两种转化滴定法可以测定铵态氮含量。

（1）甲醛转化法

NH_4^+可以被过量的甲醛转化为强酸和较强的六次甲基四胺酸（$K_a=K_w/K_b=1.0\times10^{-14}/(1.4\times10^{-9})=7.1\times10^{-6}$），再用 NaOH 标液滴定。

$$4NH_4^++6HCHO \Longrightarrow (CH_2)_6N_4H^++3H^++6H_2O$$

生成的强酸优先滴定反应完全，最后滴定的是六次甲基四胺酸，只要其浓度不太低，如 $c_{a(sp)}=0.10/4/2$ mol/L，则 $c_{a(sp)}K_a\geqslant10^{-8}$，即可用 NaOH 标液滴定：

$$H^++OH^- \Longrightarrow H_2O$$

$$(CH_2)_6N_4H^++OH^- \Longrightarrow (CH_2)_6N_4+H_2O$$

计量点酸度决定于最终产物六次甲基四胺的浓度和碱度常数：

$$pH_{sp}=pK_w-pOH_{sp}=\frac{pK_w-(pc_{b(sp)}+pK_b)}{2}=14.00+\frac{lg(0.10/4/2)+lg(1.4\times10^{-9})}{2}\approx8.6$$

因此选酚酞作计量点指示剂。

甲醛容易被空气氧化为甲酸，需做空白实验。

$$w_N=\frac{c_{NaOH}(V_{NaOH}-V_{空白})M_N\times\frac{V_s}{V_t}}{m_s}\times100\%$$

讨论：能否用甲醛转化法测定 NH_4HCO_3，为什么？采取什么措施才能准确滴定？能否用 HCl 标液直接滴定 NH_4HCO_3？

（2）强碱转化法

又称蒸馏法，将铵盐样品置于蒸馏瓶中，加浓碱使 NH_4^+转化为 NH_3，然后加热蒸馏，分离吸收后再滴定。

$$NH_4^++OH^- \xrightarrow{\Delta} NH_3\uparrow+H_2O$$

蒸馏出来的 NH_3 可用 0.50 mol/L H_3BO_3（过量）溶液来吸收。

$$NH_3+H_3BO_3 \Longrightarrow NH_4^++H_2BO_3^-$$

然后用 HCl 标液滴定生成的 $H_2BO_3^-$。

$$H_2BO_3^-+H^+ \Longrightarrow H_3BO_3$$

可用甲基红作计量点指示剂。

H_3BO_3作吸收剂的优点是只需一种标液（HCl标液），只要保证吸收剂过量，其浓度和体积并不需要准确知道，此法也不需要特殊仪器。

$$w_N=\frac{c_{NaOH}V_{HCl}M_N}{m_s}\times100\%$$

有机氮可用凯氏定氮法测定：谷物、有机肥料、土壤、血液和乳品等有机物中的氮，可在$CuSO_4$、Hg或Se等催化剂的作用下，用浓H_2SO_4和K_2SO_4加热硝化分解，使其转化为NH_4^+，然后加浓NaOH蒸馏出氨来，用H_3BO_3（或HCl）吸收后用HCl（或NaOH）标液滴定。必须指出，这种方法测定的是样品中氮元素的总量，曾经发生过在奶粉及饲料中添加三聚氰胺事件（不法分子利用凯氏定氮法通过检测奶粉及饲料氮元素总量换算为蛋白质的方法漏洞，在奶粉及饲料中非法添加三聚氰胺冒充蛋白质，造成婴儿肾结石等社会危害）。

〔5〕磷肥中磷含量的测定

（1）磷铵直接与间接滴定法

磷铵肥料主要成分是$(NH_4)_2HPO_4$或$NH_4H_2PO_4$，前者可用HCl标液直接滴定到$NH_4H_2PO_4$，后者需用过量甲醛将其中NH_4^+转化为强酸和六次甲基四胺酸，与$H_2PO_4^-$一并用NaOH标液滴定。

用HCl标液直接滴定$(NH_4)_2HPO_4$的反应式和计算式分别为

$$HPO_4^{2-} + H^+ \rightleftharpoons H_2PO_4^-$$

$$w_{(NH_4)_2HPO_4}=\frac{c_{HCl}V_{HCl}M_{(NH_4)_2HPO_4}\times\frac{V_s}{V_t}}{m_s}\times100\%$$

计量点时溶液的组成为NH_4^+与$H_2PO_4^-$，前者的$K_a=5.6\times10^{-10}$，远远小于后者的$K_a=6.3\times10^{-8}$，因此计量点时溶液的酸度决定于后者的酸度常数和碱度常数

$$pH_{sp}=(pK_{a1}+pK_{a2})/2=\frac{-lg(7.6\times10^{-3})-lg(6.3\times10^{-8})}{2}=4.66$$

可以甲基红作计量点指示剂进行目视滴定，也可用pH玻璃电极监测滴定过程中$[H^+]$的变化进行自动电位滴定。

用过量甲醛将$NH_4H_2PO_4$中NH_4^+转化为强酸和六次甲基四胺酸，与$H_2PO_4^-$一并用NaOH标液滴定，同时也消除了NH_4^+对$H_2PO_4^-$测定的干扰：

$$4NH_4^++6HCHO \rightleftharpoons (CH_2)_6N_4H^++3H^++6H_2O$$

$$H^+ + OH^- \rightleftharpoons H_2O$$

$$(CH_2)_6N_4H^++OH^- \rightleftharpoons (CH_2)_6N_4+ H_2O$$

$$H_2PO_4^- + OH^- \rightleftharpoons HPO_4^{2-}+H_2O$$

总反应和计算式分别为

$$4NH_4^++4H_2PO_4^-+6HCHO+8OH^- \rightleftharpoons (CH_2)_6N_4+4HPO_4^{2-}+14H_2O$$

$$w_{NH_4H_2PO_4}=\frac{\frac{1}{2}c_{NaOH}V_{NaOH}M_{NH_4H_2PO_4}V_{定容}/V_{试液}}{m_s}\times100\%$$

计量点时溶液的组成为$(CH_2)_6N_4$与HPO_4^{2-}，前者的$K_b=1.4\times10^{-9}$，远远大于后者的$K_b=1.3\times10^{-12}$，因此计量点时溶液的酸度决定于前者的碱度常数和后者的酸度常数及其浓度。

$$[H^+]_{sp}=\sqrt{\frac{c_{a(sp)}K_a}{c_{b(sp)}K_b}\times K_w}=\sqrt{\frac{(0.10/2)\times4.4\times10^{-13}}{(0.10/4/2)\times1.4\times10^{-9}}\times1.0\times10^{-14}}=3.5\times10^{-9}$$

$$pH_{sp}=8.45$$

可以酚酞作计量点指示剂进行目视滴定,也可用pH玻璃电极监测滴定过程中pH值的变化进行自动电位滴定。

（2）磷肥转化滴定法

磷肥可在硝酸介质中加入钼酸钠、喹啉、柠檬酸、丙酮和硝酸混合试剂转化为黄色钼磷酸喹啉:

$$H_3PO_4+3C_9H_7N+12MoO_4^{2-}+24H^+ \rightleftharpoons (C_9H_7N)_3H_3[P(Mo_3O_{10})_4]\downarrow+12H_2O$$

过滤洗涤后用过量NaOH标液溶解:

$$(C_9H_7N)_3H_3[P(Mo_3O_{10})_4]+26OH^- \rightleftharpoons HPO_4^{2-}+12MoO_4^{2-}+3C_9H_7N+14H_2O$$

剩余的NaOH再用HCl标液返滴定。计量点酸度决定于HPO_4^{2-},可用百里酚酞或酚酞作指示剂。

$$n_{H_3PO_4}=n_p=n_{(C_9H_7N)_3H_3[P(Mo_3O_{10})_4]}=\frac{1}{26}n_{NaOH}$$

$$\omega_p=\frac{\frac{1}{26}(c_{NaOH}V_{NaOH}-c_{HCl}V_{HCl})M_p\times\frac{V_s}{V_t}}{m_s}\times100\%$$

3.5.2 配位滴定

〔1〕配位滴定法的特点

配位滴定通常用EDTA为滴定剂,EDTA是乙二胺四乙酸,其溶解度较小不便配制标液,因此常用溶解度较大的二水合乙二胺四乙酸二钠($Na_2H_2Y\cdot2H_2O$)基准试剂直接配制其标液。

$$\begin{array}{ccc}HOOCCH_2 & & CH_2COO^- \\ & N-CH_2-CH_2-N & \\ ^-OOCCH_2 & & CH_2COOH\end{array}$$

EDTA含有两个氨基氮和四个羧基氧配位原子,具有广泛的强烈的配位能力,通常反应速度都较快(除Cr^{3+}和Al^{3+}外),能与大多数金属离子(非碱金属离子)定量反应完全,一般形成1:1配位比的具有环状结构的螯合物,往往还有多种金属离子指示剂可供选来估计计量点。

EDTA参与配位作用的是它的酸根(常用Y表示),它可以结合$1\sim6$个H^+发生强烈的酸效应。配位滴定中金属离子也可能发生配位效应。EDTA的酸效应曲线和常见金属离子的羟基配位效应曲线如图3-6所示。

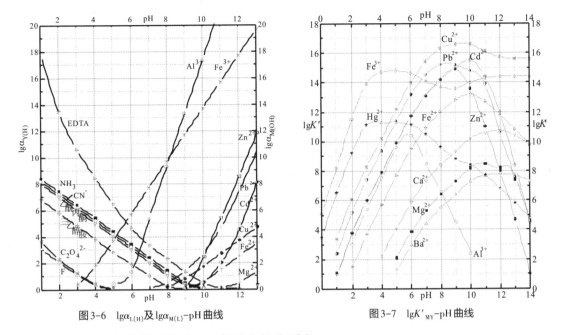

图3-6 $\lg \alpha_{L(H)}$ 及 $\lg \alpha_{M(L)}$-pH曲线   图3-7 $\lg K'_{MY}$-pH曲线

EDTA与金属离子的配位反应和条件常数分别为

$$M+Y \Longrightarrow MY$$

$$\lg K'_{MY} = \lg K_{MY} - \lg \alpha_{M(OH)} - \lg \alpha_{Y(H)} \tag{3-71}$$

EDTA与常见金属离子的配位反应的条件常数随溶液酸度变化,如图3-7所示。可见,pH较低或较高时,条件常数都较小,这是因为pH较低时EDTA的酸效应较严重,而pH较高时金属离子 M^{n+} 的羟基配位效应较严重。所以,EDTA配位滴定中必须控制适宜的pH范围才能使滴定反应进行完全。

如前所述,允许 $E_{r(ep)} \leq \pm 0.1\%$ 和 $c_{Msp} = 0.010$ mol/L时,要求 $\lg K'_{sp} \geq 8$,因此要求的最低pH值亦可根据 $\lg K'_{sp} \geq 8$ 直接从图3-7中查出。

滴定各种金属离子的最高pH值,可由金属离子的氢氧化物的溶度积求得。

$$M^{n+} + nOH^- \rightleftharpoons M(OH)_n \downarrow$$

$$[M^{n+}][OH^-]^n \leq K_{sp} \tag{3-72}$$

金属离子指示剂随溶液酸度变化可能存在多种形体呈现多色现象,也需要控制适当的酸度条件使指示剂自由形与结合形具有显著颜色差异,才能让指示剂颜色变化敏锐。例如,铬黑T指示剂仅在 $pH = pK_{a2} \sim pK_{a3} = 6.3 \sim 11.6$ 时变色明显(自由形 HIn^{2-} 蓝色与结合形酒红色差异显著)。

$$H_3In(紫) \overset{pK_{a1}=3.9}{\Longleftrightarrow} H_2In^-(紫红) \overset{pK_{a2}=6.3}{\Longleftrightarrow} HIn^{2-}(蓝) \overset{pK_{a3}=11.6}{\Longleftrightarrow} In^{3-}(酒红)$$

EDTA滴定反应还会释放大量的 H^+,即

$$M^{n+} + H_2Y^{2-} \Longrightarrow MY^{|n-4|\pm} + 2H^+$$

所以,配位滴定中必须加入具有适当缓冲容量和pH值的缓冲溶液来控制溶液的pH值。常用pH缓冲溶液有 HAc-NaAc(pH5~6)、$(CH_2)_6N_4$-HCl缓冲溶液(pH5~6)、NH_3-NH_4Cl缓冲溶液(pH8~10)和强酸缓冲溶液(pH≈1)及强碱缓冲溶液(pH≈13)。

　　EDTA具有广泛的配位能力,这既给EDTA滴定的广泛应用提供了可能,但同时又导致了实际滴定中共存金属离子的相互干扰,所以,消除共存金属离子的干扰成为配位滴定的重要问题。

　　消除共存金属离子的干扰或提高配位滴定选择性的方法有分离法、掩蔽法及解蔽法。

　　分离法(Separation)是指通过沉淀、蒸馏、萃取等方法分离待测组分从而消除共存组分干扰的方法。分离法较复杂,不得已时才使用。

　　掩蔽法(Masking)是指加入适当掩蔽剂将干扰组分转化为其他物质从而消除其干扰的方法。掩蔽法较简便和常用。例如,用EDTA滴定Ca^{2+}和Mg^{2+}含量时,在酸性溶液中加入三乙醇胺然后控制pH=10~12即可掩蔽可能存在的Fe^{3+}和Al^{3+}。又如,用EDTA选择滴定Fe^{3+}时,控制溶液pH=1~2可消除Al^{3+}的干扰。再如,用EDTA滴定Ca^{2+}时,可将共存的Mg^{2+}转化为$Mg(OH)_2$沉淀来消除其干扰。必须指出,溶度积太小的沉淀容易产生待测离子的共沉淀现象,如不能用NaOH掩蔽Fe^{3+}和Al^{3+}。

　　解蔽法(Demasking)是指将掩蔽的待测物质解蔽出来继续测定的方法。例如,Zn^{2+}和Mg^{2+}共存时,可在pH10的缓冲溶液中加入KCN掩蔽Zn^{2+}以便用EDTA滴定Mg^{2+},然后加入甲醛解蔽Zn^{2+},再用EDTA继续滴定:

$$[Zn(CN)_4]^{2-}+4HCHO+4H_2O=Zn^{2+}+4HOCH_2CN(羟基乙腈)+4OH^-$$

　　许多金属离子都可以用EDTA标液直接滴定,典型应用示例如表3-6所示。

表3-6　EDTA直接滴定法应用示例

待测离子	pH值	指示剂	其他重要条件
Bi^{3+}	1	XO	HNO_3介质
Fe^{3+}	2	磺基水杨酸	加热到50~60℃
Th^{4+}	2.5~3.5	XO	
Cu^{2+}	2.5~10	PAN	加乙醇或加热
	8	紫脲酸铵	
Zn^{2+}、Cd^{2+}、Pb^{2+}、稀土	≈5.5	XO	
	9~10	EBT	Pb^{2+}以酒石酸防止水解
Ni^{2+}	9~10	紫脲酸铵	氨性缓冲液,加热到50~60℃
Mg^{2+}	10	EBT	驱逐CO_2,加三乙醇胺和Na_2S
Ca^{2+}	12~13	钙指示剂或紫脲酸铵	驱逐CO_2,加三乙醇胺和Na_2S

　　Cr^{3+}和Al^{3+}由于与EDTA反应太慢需用返滴定法测定。Cr^{3+}可控制在pH1~2加入过量EDTA标液煮沸5 min,再以二甲酚橙为指示剂用Bi^{3+}标液返滴定。Al^{3+}可控制在pH3.5加入过量EDTA标液煮沸2~5 min,再控制pH5~6以二甲酚橙为指示剂用Zn^{2+}或Pb^{2+}标液返滴定。难于直接滴定或返滴定的物质可转化后再滴定(如Ag^+可用过量$K_2Ni(CN)_4$转化为Ni^{2+}再用EDTA滴定)。PO_4^{3-}可加入$MgCl_2$标液和NH_4Cl及乙醇沉淀为$MgNH_4PO_4$,过滤或不过滤,用EDTA滴定过量Mg^{2+}或生成的$MgNH_4PO_4$。

[2]水中钙镁含量的测定(直接滴定法)

　　用NaOH控制溶液pH≈12.0~13.0,Mg^{2+}被NaOH沉淀掩蔽,以钙指示剂判定计量点,用EDTA标液滴定钙含量。

$$Ca^{2+} + H_2Y^{2-} + 2OH^- \rightleftharpoons CaY^{2-} + 2H_2O$$

$$Mg^{2+}+2OH^- \rightleftharpoons Mg(OH)_2\downarrow$$

$$CaIn^{2-}(红)+H_2Y^{2-}+OH^- \rightleftharpoons CaY^{2-}+HIn^{3-}(蓝)+H_2O$$

$$\rho_{Ca^{2+}} = \frac{c_{EDTA}V_{EDTA}M_{Ca^{2+}}}{V_s}$$

Cu^{2+}、Zn^{2+}、Co^{2+}、Ni^{2+}、Fe^{3+}、Mn^{2+} 和 $Mn(\text{IV})$ 干扰滴定反应,封闭指示剂或使指示剂变质,可用 Na_2S 和三乙醇胺联合掩蔽。加入掩蔽剂前需将试液酸化后煮沸数分钟以驱逐 CO_2,避免其导致 Ca^{2+} 被沉淀。

可用 NH_3-NH_4Cl 缓冲溶液控制 pH=10.0,以 EBT 估计计量点,用 EDTA 滴定钙镁总量,其他离子的干扰也可用 Na_2S 和三乙醇胺联合掩蔽,加入掩蔽剂前仍需将试液酸化后煮沸数分钟以驱逐 CO_2,避免其导致 Ca^{2+} 和 Mg^{2+} 被沉淀。

$$\rho_{Ca^{2+}+Mg^{2+}} = \frac{c_{EDTA}V_{EDTA(总)}}{V_s}$$

从滴定钙镁总量所消耗的 EDTA 中扣除滴定钙量所消耗的 EDTA,即得滴定镁所消耗的 EDTA,据此可计算试液中镁的含量。

$$\rho_{Mg^{2+}} = \frac{c_{EDTA}(V_{EDTA(总)}-V_{EDTA(Ca^{2+})})}{V_s}$$

[3]土壤中水溶性硫酸盐含量的测定(返滴定法)

用 5:1 水土比浸提 SO_4^{2-},取适量浸提液加 6 mol/L HCl 至 pH 2~3,煮沸,加入过量 0.1 mol/L $BaCl_2$ 标液将 SO_4^{2-} 沉淀为 $BaSO_4$,冷却后,在 pH = 10.0 的 NH_3-NH_4Cl 缓冲液中,以 EBT/Mg-EDTA 为指示剂,用 EDTA 标液回滴过量的 Ba^{2+} 和共存的 Ca^{2+}、Mg^{2+} 等金属离子。共存金属离子的干扰,可在不加 $BaCl_2$ 标液的相同条件下滴定扣除。

$$\omega_{SO_4^{2-}} = \frac{[c_{Ba^{2+}}V_{Ba^{2+}}-c_{EDTA}(V_{EDTA(加Ba^{2+})}-V_{EDTA(未加Ba^{2+})})]M_{SO_4^{2-}}V_s/V_t}{m_s}$$

由于 pH = 10 时,$\lg K'_{BaY}$=7.3,因此要使测定误差在 ±0.1% 以内,计量点时滴定液中 Ba^{2+} 的浓度不得低于 0.05 mol/L。

[4]废水中 Al^{3+} 含量的测定(解蔽转化滴定法)

以 Zn^{2+} 标液滴定用氟化铵从 Al^{3+} 与 EDTA 的配合物中置换出来的 EDTA,其选择性比回滴法高得多,常见离子中只有 Ti^{4+} 干扰置换和滴定,但 Ti^{4+} 可用苦杏仁酸掩蔽。

取适量废水样品溶液,加入适量苦杏仁酸和过量 EDTA,以 2,4-二硝基苯酚为指示剂用 1:1 氨水调至淡黄色(pH=4.0),加热煮沸 2~5 min,使金属离子掩蔽完全;再以二甲酚橙为指示剂,用 1:1 氨水调至红色后,用 1:1 硝酸调回黄色,加入醋酸盐缓冲溶液控制 pH = 5.5,用 Zn^{2+} 溶液滴至二甲酚橙由黄色转变为橙红色,使剩余 EDTA 配合完全;然后加入适量氟化铵溶液煮沸 3~5 min,将与 Al^{3+} 配合的 EDTA 置换出来,用 Zn^{2+} 标液滴定至二甲酚橙指示剂由黄色变为橙红色。

$$AlY^-+6F^-+2H^+ \rightleftharpoons AlF_6^{3-}+H_2Y^{2-}$$

$$H_2Y^{2-}+Zn^{2+} \rightleftharpoons ZnY^{2-}+2H^+$$

$$\rho_{Al^{3+}} = \frac{c_{Zn^{2+}}V_{Zn^{2+}}M_{Al^{3+}}}{V_s}$$

3.5.3 氧化还原滴定

〔1〕氧化还原滴定法的特点

氧化还原滴定反应为电子转移反应,电子转移往往是分步进行的,可能受到电荷排斥、结构变化、溶剂作用等多种因素影响,反应速率比较慢,容易发生副反应或在不同条件下生成不同的产物,还可能发生诱导效应,必须控制适当反应条件以加快反应速率和防止发生副反应,保证滴定反应定量进行。

氧化还原滴定反应的计量点可用氧化还原指示剂或特殊指示剂(如自身指示剂或配位指示剂等)估计,有很多指示剂可供选用。

氧化还原滴定的方法很多,依滴定剂可分为重铬酸钾法、高锰酸钾法、铈量法、碘量法、溴酸盐法、亚硝酸盐法和硫酸亚铁铵法等。

重铬酸钾法用 $K_2Cr_2O_7$ 基准试剂直接法配制 $K_2Cr_2O_7$ 标液。$K_2Cr_2O_7$ 的氧化性比 $KMnO_4$ 的弱,因而其选择性较高,不会氧化低于 3 mol/L 的 HCl,可在盐酸介质中测定 Fe^{2+},还原产物 Cr^{3+} 呈绿色,常用二苯胺磺酸钠作计量点指示剂。$K_2Cr_2O_7$ 法的典型应用,有测定铁矿石中铁含量、测定污水化学耗氧量、测定土壤有机质和标定硫代硫酸钠溶液浓度等。

$KMnO_4$ 氧化力强,在不同酸度有不同的氧化能力和还原产物,可以直接或间接测定多种无机物和有机物。它本身有颜色而无需另加指示剂,缺点是其标液不太稳定、反应历程比较复杂、容易发生副反应、不能用还原剂返滴定(剩余 MnO_4^- 会氧化 Mn^{2+})、方法的选择性较差、可发生诱导效应氧化 Cl^-,但只要标液配制保存得当并严格控制分析条件,这些缺点大多可以克服。

$KMnO_4$ 标液必须用间接法配制,因为 $KMnO_4$ 试剂不够纯净,可缓慢氧化水中有机物并且还原产物 $MnO(OH)_2$ 还会促进 $KMnO_4$ 分解。首先配制 $KMnO_4$ 溶液,然后加热微沸 1 h(除去水中有机物),在暗处保存 2~3 天(棕色瓶),过滤除去 $MnO(OH)_2$,再用 $Na_2C_2O_4$ 基准试剂标定其浓度。

$$2MnO_4^- + 5C_2O_4^{2-} + 16H^+ \rightleftharpoons 2Mn^{2+} + 10CO_2\uparrow + 8H_2O$$

$$c_{MnO_4^-} = \frac{\dfrac{2}{5} \times \dfrac{m_{Na_2C_2O_4}}{M_{Na_2C_2O_4}}}{V_{MnO_4^-}}$$

A.温度:通常控制溶液温度为 75~85 ℃(温度过高时草酸会发生分解),并加入 Mn^{2+} 作催化剂加速反应。

B.酸度:约为 1 mol/L H_2SO_4(酸度太低,MnO_4^- 会被还原为 MnO_2;酸度太高,会促进草酸分解)。

C.诱导:加入 $MnSO_4$–H_3PO_4–H_2SO_4 混合溶液,避免 Cl^- 被 MnO_4^- 还原中间体氧化(诱导反应)并保证溶液酸度;

D.滴速:开始时必须缓慢滴定,否则 MnO_4^- 将在热的酸性溶液中分解:

$$4MnO_4^- + 14H^+ \xrightarrow{\Delta} 4Mn^{2+} + 5O_2\uparrow + 6H_2O$$

E.摇动:必须持续充分摇动,避免局部反应导致酸度降低后 MnO_4^- 被还原为 MnO_2。

$KMnO_4$ 法的典型应用,有直接滴定法测定双氧水含量(室温),转化滴定法测定钙含量,返滴定法测定有机物、天然水化学耗氧量及软锰矿等。

碘量法包括用 I_2 标液直接滴定还原性物质的直接碘量法;用过量 I^- 与待测的氧化性物质反应定量地析出 I_2,再用 $Na_2S_2O_3$ 标液滴定的间接碘量法。

I₂标液的配制方法是,称取适量I₂溶于KI浓溶液防止其挥发,再用水稀释,装入棕色瓶暗处保存,用Na₂S₂O₃标液比较滴定。

Na₂S₂O₃标液只能用间接法配制,因为Na₂S₂O₃试剂易风化并含有少量杂质,其溶液易被CO₂、O₂和微生物分解。其配制方法是,称取适量Na₂S₂O₃用新煮沸冷却纯水溶解并加入少许Na₂CO₃(pH 9~10弱碱性),在棕色试剂瓶中暗处保存。可用K₂Cr₂O₇基准试剂以间接碘量法标定其浓度:将K₂Cr₂O₇基准试剂称入碘量瓶,加过量KI溶液和0.3 mol/L H₂SO₄(酸度过高时KI容易被空气氧化),加瓶塞并水封后摇匀,然后暗处放置5 min,再加水洗入并稀释,用Na₂S₂O₃溶液滴到淡黄绿色,再加淀粉指示剂继续滴定,终点由蓝色变为亮绿色。

$$Cr_2O_7^{2-}+6I^-+14H^+ \rightleftharpoons 2Cr^{3+}(绿色)+3I_2+7H_2O$$

$$I_2 + 2S_2O_3^{2-} \rightleftharpoons S_4O_6^{2-} + 2I^-$$

$$c_{S_2O_3^{2-}} = \frac{6 \times m_{K_2Cr_2O_7}/M_{K_2Cr_2O_7}}{V_{S_2O_3^{2-}}}$$

碘量法的主要滴定反应为$I_2 + 2S_2O_3^{2-} = S_4O_6^{2-} + 2I^-$,反应条件是中性或弱酸性溶液(pH过高,I₂会发生歧化反应;pH过低,S₂O₃²⁻会发生分解,并且I⁻易被氧化,通常控制pH<9)。用淀粉作计量点指示剂,在近终点时加入以免吸留I₂使终点拖后。

碘量法的主要误差来源是:I₂易挥发(加入过量KI转化为I₃⁻、在室温滴定);I⁻被空气氧化(立即滴定、不剧烈摇动、避免光照、控制溶液pH)。

碘量法不仅在酸性溶液中,而且可在中性溶液或弱碱性溶液中滴定,其副反应较少、选择性较好,用淀粉作计量点指示剂灵敏度高,测定对象多,应用较广泛。碘量法的典型应用有:直接碘量法测Vc,卡尔费休法测H₂O,返滴定法测葡萄糖,间接碘量法测胆矾中铜含量等。

[2]铁矿石中铁含量的测定(转化滴定法)

铁矿石一般用浓盐酸加热分解,在浓热盐酸溶液中用SnCl₂将Fe³⁺还原为Fe²⁺,过量的SnCl₂用HgCl₂氧化除去。然后冷至室温,在1 mol/L H₂SO₄和0.5 mol/L H₃PO₄混酸介质中,以二苯胺磺酸钠作计量点指示剂,用K₂Cr₂O₇标液滴定Fe²⁺。

$$2FeCl_4^- + SnCl_4^{2-} + 2Cl^- \rightleftharpoons 2FeCl_4^{2-} + SnCl_6^{2-}$$

$$SnCl_4^{2-} + 2HgCl_2 \rightleftharpoons SnCl_6^{2-} + Hg_2Cl_2 \downarrow (白色)$$

$$Cr_2O_7^{2-} + 6Fe^{2+} + 14H^+ \rightleftharpoons 2Cr^{3+}(绿色) + 6Fe^{3+}(黄色) + 7H_2O$$

H₃PO₄与Fe³⁺生成稳定的无色的Fe(HPO₄)₂⁻,既消除Fe³⁺的黄色对观察变色点的影响,又降低Fe³⁺浓度和Fe³⁺/Fe²⁺电对的电位,增大反应的完全程度和突跃范围,使二苯胺磺酸钠的变色点落在突跃范围内。H₂SO₄提供反应所需H⁺并增大反应的完全程度。

$$w_{Fe} = \frac{6c_{K_2Cr_2O_7}V_{K_2Cr_2O_7}M_{Fe}}{m_s} \times 100\%$$

[3]污水化学耗氧量的测定(返滴定法)

化学耗氧量(COD)是指水中还原性物质(主要是有机物)所消耗的氧化剂的量,以消耗氧的质量浓度表示,用来评价水被还原性物质污染的程度。

常用重铬酸钾法测定污水化学耗氧量,在水样中加入过量K₂Cr₂O₇标液和浓H₂SO₄,加热回流2 h,冷却后以邻二氮菲亚铁作计量点指示剂,用硫酸亚铁铵标液滴定剩余的K₂Cr₂O₇。

反应物得失电子总数相等,即

$$3C(有机)+2Cr_2O_7^{2-}+16H^+ \Longrightarrow 4Cr^{3+}+8H_2O+3CO_2$$

$$Cr_2O_7^{2-}+6Fe^{2+}+14H^+ \Longrightarrow 2Cr^{3+}+6Fe^{3+}+7H_2O$$

$$4n_C + n_{Fe^{2+}} = 6n_{Cr_2O_7^{2-}}$$

而

$$C+O_2 = CO_2$$

因此

$$n_{O_2} = n_C = \frac{6}{4}\left(n_{Cr_2O_7^{2-}} - \frac{1}{6}n_{Fe^{2+}}\right)$$

$$\rho_{COD} = \frac{\frac{3}{2}\left(c_{Cr_2O_7^{2-}} \cdot V_{Cr_2O_7^{2-}} - \frac{1}{6}c_{Fe^{2+}} V_{Fe^{2+}}\right)M_{O_2}}{V_s}$$

〔4〕天然水化学耗氧量的测定(双返滴定法)

用高锰酸钾法,在碱性条件下(0.05 mol/L NaOH),加入过量高锰酸钾溶液于水样中,加热煮沸 10 min 以氧化水中的还原性物质;然后再用 6 mol/L H_2SO_4 将溶液调成酸性,加入过量的 Na_2C_2O_4 溶液把 MnO_2 和过量的 KMnO_4 还原为 Mn^{2+},再用 KMnO_4 标液滴至微红色。

$$3C(有机) + 4MnO_4^- + 2OH^- = 3CO_3^{2-} + 4MnO_2 + H_2O$$

$$2MnO_4^- + 5C_2O_4^{2-} + 16H^+ \Longrightarrow 2Mn^{2+} + 10CO_2\uparrow + 8H_2O$$

$$MnO_2 + C_2O_4^{2-} + 4H^+ \Longrightarrow Mn^{2+} + 2CO_2\uparrow + 2H_2O$$

由反应物得失电子总数相等关系列出计算式:

$$4n_C + 2n_{C_2O_4^{2-}} = 5n_{MnO_4^-}$$

而

$$C+O_2 = CO_2$$

因此

$$n_{O_2} = n_C = \frac{1}{4}\left(5n_{MnO_4^-} - 2n_{C_2O_4^{2-}}\right)$$

$$\rho_{COD} = \frac{\frac{1}{4}\left(5n_{MnO_4^-} - 2n_{C_2O_4^{2-}}\right)M_{O_2}}{V_{水样}}$$

〔5〕有机酸醛醇酚糖的测定(返转滴定法)

有机物如甘油,加 NaOH 至强碱性(2 mol/L NaOH),加过量 KMnO_4,室温放置 30 min 或加热使反应完全,然后酸化,加过量 KI 标液,用 Na_2S_2O_3 标液滴定析出的 I_2(滴到淡黄色,再加淀粉指示剂继续滴定至无色)。

$$CH_2OHCHOHCH_2OH + 14MnO_4^- + 20OH^- = 3CO_3^{2-} + 14MnO_4^{2-}(绿色) + 14H_2O$$

$$3MnO_4^{2-} + 4H^+ \Longrightarrow 2MnO_4^- + MnO_2 + 2H_2O$$

$$2MnO_4^- + 10I^- + 16H^+ \Longrightarrow 2Mn^{2+} + 5I_2 + 8H_2O$$

$$MnO_2 + 2I^- + 4H^+ \Longrightarrow Mn^{2+} + I_2 + 2H_2O$$

$$I_2 + 2S_2O_3^{2-} \Longrightarrow S_4O_6^{2-} + 2I^-$$

由反应物得失电子总数相等关系列出计算式：

$$14n_{CH_2OHCHOHCH_2OH} + n_{Na_2S_2O_3} = 5n_{KMnO_4}$$

$$\omega_{CH_2OHCHOHCH_2OH} = \dfrac{\dfrac{1}{14}\left(5n_{KMnO_4} - n_{Na_2S_2O_3}\right)M_{CH_2OHCHOHCH_2OH}}{m_s}$$

〔6〕药片中维生素C(Vc)含量的测定(直接滴定碘量法)

在0.2~0.5 mol/L HAc溶液中，Vc可被I_2快速氧化完全。称取一片Vc药片，用50 mL新煮沸过的冷却纯水溶解，加入2 mol/L HAc 10 mL，以淀粉为计量点指示剂，可用0.050 mol/L I_2标液直接滴定药片中Vc含量。

$$w_{Vc} = \dfrac{c_{I_2}V_{I_2}M_{Vc}}{m_s} \times 100\%$$

药片中Vc也可用库仑滴定法电生I_2进行自动库仑滴定：在pH6.8磷酸盐缓冲溶液中，以0.2~0.3 mol/L KI为辅助电解质，用大面积石墨电极作发生电极，以100.0 mA电流电生I_2，可滴定药片中Vc含量，电解反应为

$$2I^- + 2e^- = I_2$$

可用电位滴定法或永停终点法自动判定滴定反应的计量点和控制滴定终点。

滴定Vc所用电生I_2的量为

$$n_{I_2} = \dfrac{It_{ep}}{nF}$$

式中，I为电解电流(A)；t_{ep}为电解进行的时间(s)；n为电极反应转移的电子数(这里$n=2$)；F为法拉第常数，为1 mol电子的电量，$F=96485.31(3)$C/mol。

由于药片中Vc含量较高，因此一般先称取一片，用玻棒捣碎后，定量转移到100.0 mL容量瓶中定容，每次分取10.00 mL进行库仑滴定。

$$w_{Vc} = \dfrac{n_{I_2}M_{Vc} \times \dfrac{V_s}{V_t}}{m_s} \times 100\%$$

〔7〕注射液中葡萄糖的测定(返滴定碘量法)

量取适量葡萄糖注射液置于碘量瓶中，加定量过量I_2标液，摇动下慢速滴加0.2 mol/L NaOH至溶液变为淡黄色，加水封后暗处放置10 min，加HCl酸化析出过量的I_2，用$Na_2S_2O_3$溶液滴到淡黄色，再加淀粉指示剂继续滴定，终点由蓝色变为无色。

$$C_6H_{12}O_6 + I_2 + 2NaOH \longrightarrow C_6H_{12}O_7 + 2NaI + H_2O$$

$$I_2 + 2S_2O_3^{2-} \rightleftharpoons S_4O_6^{2-} + 2I^-$$

$$\rho_{C_6H_{12}O_6} = \dfrac{\left(c_{I_2}V_{I_2} - \dfrac{1}{2}c_{Na_2S_2O_3}V_{Na_2S_2O_3}\right)M_{C_6H_{12}O_6}}{V_s}$$

[8]胆矾中铜含量的测定（转化滴定碘量法）

量取适量胆矾试样，加NH_4HF_2溶液控制溶液pH为3～4，以防止Cu^{2+}水解并消除Fe^{3+}、$As(V)$和$Sb(V)$的干扰；加过量KI析出CuI沉淀并析出I_3^-，用$S_2O_3^{2-}$标液滴定至淡黄色；加入KSCN将CuI转化为CuSCN（CuI沉淀会吸附一些I_2使测定结果偏低，在接近计量点时加入SCN^-，以免还原I_2使测定结果偏低），加入淀粉指示剂继续滴定，终点由蓝色变为无色。

$$2Cu^{2+}+5I^- \rightleftharpoons 2CuI\downarrow +I_3^-$$

$$I_3^- + 2S_2O_3^{2-} \rightleftharpoons S_4O_6^{2-} + 3I^-$$

$$\omega_{CuSO_4} = \frac{c_{Na_2S_2O_3}V_{Na_2S_2O_3}M_{CuSO_4}}{m_s}$$

3.5.4 沉淀滴定*

沉淀滴定反应主要是卤素X^-（Cl^-、Br^-、I^-、SCN^-等）与Ag^+的反应。

$$X^-+Ag^+ \rightleftharpoons AgX\downarrow$$

$$K'_{sp}=\frac{1}{[X^{-\prime}]_{sp}[Ag^{+\prime}]_{sp}} \tag{3-73}$$

$$[X^{-\prime}]_{sp}=K_{sp}'^{-1/2} \tag{3-74}$$

允许误差为$E_{r(ep)}\leqslant\pm0.1\%$时，不完全程度要求为

$$R = \frac{[X^{-\prime}]_{sp}}{c_{X^-sp}} = \frac{1}{c_{X^-sp}K_{sp}'^{1/2}} \leqslant \left|E_{r(ep)}\right| = 0.1\% \tag{3-75}$$

或

$$\lg(c_{X^-sp}^2 K'_{sp}) \geqslant 6 \tag{3-76}$$

沉淀滴定常用的指示剂有K_2CrO_4沉淀指示剂、铁铵矾$NH_4Fe(SO_4)_2$配位指示剂和多种吸附指示剂，分别称为摩尔法、佛尔哈德法和法扬司法，关键是要控制指示剂用量和溶液酸度并消除有关干扰。

摩尔法以5×10^{-3} mol/L K_2CrO_4作指示剂，在pH6.5～10.5（铵离子共存时pH6.5～7.2）用Ag^+直接滴定Cl^-、Br^-、CN^-，或用返滴定法测定Ag^+。

$$X^-+Ag^+ \rightleftharpoons AgX\downarrow（白色或浅黄色）$$

$$CrO_4^{2-}（橙色）+2Ag^+ \rightleftharpoons Ag_2CrO_4\downarrow（砖红色）$$

由于AgX的溶解度小于Ag_2CrO_4的溶解度，因此，首先析出AgX沉淀，待X^-完全被滴定后，稍过量的CrO_4^{2-}便与Ag^+生成砖红色Ag_2CrO_4沉淀指示计量点。

摩尔法只能在中性或弱碱性溶液中进行滴定，方法的选择性较差。凡是可与Ag^+生成沉淀的阴离子如PO_4^{3-}、AsO_4^{3-}、SO_3^{2-}、S^{2-}、CO_3^{2-}和CrO_4^{2-}等，与CrO_4^{2-}能生成沉淀的阳离子如Ba^{2+}和Pb^{2+}等，大量Cu^{2+}、Co^{2+}、Ni^{2+}等有色离子，以及在中性或弱碱性条件下易水解的离子如Fe^{3+}、Al^{3+}、Bi^{3+}和Sn^{4+}等都有干扰，应预先分离。摩尔法不适于测定I^-和SCN^-，因为它们会被产物AgI和AgSCN强烈吸附导致测定结果严重偏低。测定Ag^+必须用返滴定法，以免生成Ag_2CrO_4变色缓慢。

佛尔哈德法以0.015 mol/L $NH_4Fe(SO_4)_2$作指示剂，用硝酸控制溶液酸度为0.1～1.0 mol/L HNO_3，避免指示剂水解和消除干扰，用NH_4SCN直接滴定Ag^+，稍微过量的SCN^-即会与Fe^{3+}反应生

成红色配离子 $Fe(SCN)^{2+}$,指示滴定反应的计量点。也可用返滴定法测定卤素离子,但返滴定法测 Cl^- 时必须采取措施,避免 AgCl 被 SCN^- 转化为 AgSCN。

$$Ag^+ + SCN^- \rightleftharpoons AgSCN\downarrow（白色）$$

$$Fe^{3+}（黄色）+ SCN^-（无色）\rightleftharpoons Fe(SCN)^{2+}（红色）$$

有三种方法可避免 AgCl 沉淀发生转化:①过滤除去 AgCl;②加硝基苯或二甲酯隔离保护;③增大指示剂用量到 0.2 mol/L Fe^{3+} 可降低终点时 SCN^- 浓度。返滴定法测定 I^- 时应在加入过量 Ag^+ 后,再加指示剂 Fe^{3+} 以防 I^- 被 Fe^{3+} 氧化。

法扬司法用吸附指示剂判定计量点,在 $pH > pK_{a(HIn)}$ 时进行沉淀滴定,指示剂阴离子与沉淀表面吸附的构晶离子 Ag^+ 作用而变色,可测定 Ag^+ 和各种卤化物。

$$X^- + Ag^+ \rightleftharpoons AgX\downarrow（白色或浅黄色）$$

$$AgX \cdot Ag^+ + In^-（颜色1）\longrightarrow AgX \cdot AgIn（颜色2）$$

指示剂的酸效应对指示剂颜色变化有较大影响,必须控制 $pH > pK_{a(HIn)}$ 使指示剂以阴离子形式存在,以便容易吸附在沉淀表面上发生灵敏的颜色变化,并应加入糊精等胶体保护剂使沉淀保持胶体状态。胶体沉淀对指示剂的吸附能力应略小于对待测离子的吸附能力,相差太大时指示剂将在计量点前被吸附变色,相差太小时颜色变化过迟。卤化银对卤素离子和几种常用吸附指示剂的吸附能力大小次序如下:

I^- >二甲基二碘荧光黄> Br^- >曙红> Cl^- >荧光黄及二氯荧光黄

因此,滴定 Cl^- 时,只能选荧光黄或二氯荧光黄(终点由绿色变为粉红色);滴定 Br^- 应选曙红作指示剂(终点由橙红色变为红紫色)。此外,甲基紫(阳离子)可在酸性溶液中用作 Cl^- 吸附指示剂,终点由红色变为紫色。

需要指出,①卤化银沉淀对溶液中的构晶离子具有强烈的吸附作用,滴定速度太快或滴定过程中溶液混合不好,容易包藏构晶离子,严重影响计量关系,甚至无法准确滴定。②必须控制适当的酸度范围,酸度太低,Ag^+ 或铁铵钒指示剂将发生水解,Ag^+ 与某些阴离子如 S^{2-}、PO_4^{3-} 等生成沉淀或与 NH_3 生成配合物;酸度太高,K_2CrO_4 和荧光黄等指示剂的酸效应严重,指示剂的灵敏度降低,甚至失去指示作用。③能与 Ag^+、卤素和指示剂发生反应的物质干扰测定,必须分离或掩蔽。④AgX 易感光变黑,影响终点观察,故应避免在强光下滴定。

习 题

3-1 滴定分析的定量测定依据是什么? 滴定突跃、滴定终点、化学计量点和计量关系之间有何联系?

3-2 解析下列现象:

①可用 $Na_2H_2Y \cdot 2H_2O$ 和 $K_2Cr_2O_7$ 基准试剂直接配制标液,而不能用 HCl 高纯试剂和 $KMnO_4$ 分析纯试剂直接配制标液。

②邻苯二甲酸氢钾基准试剂可用于标定 NaOH 溶液,而不能用于标定 HCl 溶液。

③在强酸和强碱的滴定中,指示剂的变色点越接近计量点时,指示剂变色越敏锐;而在

Na_2CO_3滴定到HCO_3^-时,虽然指示剂变色点与计量点相差很小,但指示剂的变色却还是不敏锐。

④在$pH=10$用EDTA滴定Ca^{2+}、Mg^{2+}时,Fe^{3+}可用三乙醇胺掩蔽,而不能用抗坏血酸掩蔽。但在$pH=1$用EDTA滴定Bi^{3+}时,恰恰相反,Fe^{3+}可用抗坏血酸掩蔽,而不能用三乙醇胺掩蔽。

⑤有一含Zn^{2+}的试液,共存少量杂质Fe^{3+}。用六次甲基四胺控制$pH=5$,选用二甲酚橙指示剂,用EDTA滴定看不到指示剂的颜色发生转变。加入适量三乙醇胺后用NH_3–NH_4Cl缓冲液控制$pH=10$,以二甲酚橙作指示剂,用EDTA滴定仍看不到指示剂的颜色发生变化。

3-3 "国标"规定,标定标准溶液浓度时应消耗标准溶液35~40 mL,下列情况应称取基准试剂多少克?

①用邻苯二甲酸氢钾基准试剂标定0.10 mol/L NaOH溶液;

②用碳酸钠基准试剂标定0.10 mol/L HCl溶液;

③用草酸钠基准试剂标定0.020 mol/L $KMnO_4$溶液;

④用重铬酸钾基准试剂标定0.05 mol/L $Na_2S_2O_3$溶液。

3-4 某烧碱、纯碱或其混合试样0.4825 g,用0.1031 mol/L HCl标液滴定至酚酞终点用去36.48 mL,再加甲基橙指示剂,继续滴定至指示剂变色又消耗14.73 mL,计算各组成成分的含量。

(NaOH与$NaHCO_3$不能共存,$w_{NaOH}=18.59\%$,$w_{Na_2CO_3}=33.36\%$)

3-5 取H_2SO_4和H_3PO_4的混合试液50.00 mL两份:一份以甲基红作指示剂,用0.1000 mol/L NaOH滴定消耗26.15 mL;另一份以酚酞作指示剂,用0.1000 mol/L NaOH滴定消耗36.03 mL。计算混酸试液中H_2SO_4和H_3PO_4的浓度各为多少?(1.596 g/L H_2SO_4,1.939 g/L H_3PO_4)

3-6 取100.0 mL自来水样,加NH_3–NH_4Cl缓冲剂控制$pH=10.0$,以铬黑T为指示剂,用0.01000 mol/L EDTA滴定到溶液由红色变为蓝色,用去13.06 mL。另取100.0 mL该水样,以NaOH控制溶液$pH=12\sim13$,以钙指示剂指示终点,用去0.01000 mol/L EDTA标液6.87 mL。再取100.0 mL该水样,以HCl调至pH为$2\sim3$,加入0.05000 mol/L $BaCl_2$标液10.00 mL,加NH_3–NH_4Cl缓冲液控制pH10.0,以铬黑T为指示剂,用0.01000 mol/L EDTA滴定至变为蓝色,用去18.75 mL。计算水样的总硬度及Ca^{2+}、Mg^{2+}和SO_4^{2-}的含量。(73.24 mg/L CaO,27.5 mg/L Ca^{2+},15.0 mg/L Mg^{2+},4.26×10^2 mg/L SO_4^{2-})

3-7 称取含Fe_2O_3和Al_2O_3试样0.2015 g,溶解后控制溶液$pH=2.0$,加热至大约50 ℃,以磺基水杨酸作指示剂,用0.02008 mol/L EDTA滴定至红色刚好消失,消耗EDTA溶液15.20 mL;然后再加入该EDTA标液25.00 mL,加热煮沸,调节pH=4.5,以PAN为指示剂,趁热用0.02112 mol/L Cu^{2+}标液返滴定,消耗该标液8.16 mL。计算试样中Fe_2O_3和Al_2O_3的质量分数(其摩尔质量分别为159.69和101.96 g/mol)(12.09%,8.34%)

3-8 取100.0 mL废水试样,加入大量硫酸和25.00 mL 0.01628 mol/L $K_2Cr_2O_7$溶液,加Ag_2SO_4催化剂加热煮沸15 min使水中有机物氧化完全,以邻二氮菲-亚铁作指示剂,用0.1035 mol/L $FeSO_4$标液滴定剩余$K_2Cr_2O_7$消耗18.03 mL,计算该废水试样中有机物的化学耗氧量COD。(46.07 mg/L)

3-9 称取甲酸试样0.2000 g,溶于碱性溶液后加入25.00 mL 0.02000 mol/L $KMnO_4$溶液,反应完全后酸化,加入过量KI,将剩余的MnO_4^-及产物MnO_4^{2-}歧化生成的MnO_4^-和MnO_2全部还原为Mn^{2+},最后用0.1000 mol/L $Na_2S_2O_3$标液滴定生成的I_2,消耗了20.86 mL。计算试样中甲酸的质量分数。(4.76%)

3-10 计算$pH=5.0$的HAc-NaAc缓冲液($c_{HAc}=0.50$ mol/L)中EDTA与Pb^{2+}的反应的条件常数和准确滴定的最低浓度。($\lg K'=10.4$,$c_{Pb_2,sp}\geq4.0\times10^{-5}$ mol/L)

3-11 在 pH = 10 时，用 0.010 mol/L EDTA 滴定 0.010 mol/L Ca^{2+}，能否选用钙指示剂（NN）？能否用铬黑T作指示剂？能否用 2.5×10^{-3} mol/L MgY-EBT作指示剂？为什么？ pH = 10 时，lgK'_{CaY}=10.2，lgK'_{MgY}=8.2，lgK'_{Ca-NN}=2.3，lgK'_{Ca-EBT}=3.8，lgK'_{Mg-EBT}=5.4。（不能选用钙指示剂：$E_{r(ep)}$=-106%；不能用铬黑T作指示剂：$E_{r(ep)}$=-3%；能用MgY-EBT作指示剂：$E_{r(ep)}$=0.08%）

3-12 允许误差为±0.1%，能否用 0.10 mol/L NaOH 滴定同浓度乳酸？若能滴定，计算出计量点pH值或滴定突跃范围，选择合适的指示剂并计算终点误差。（$c_{a(sp)}K_a$=0.050×1.4×10^{-4}>10^{-8}，表明能够准确滴定；pH_{sp}=8.28，可用酚酞作指示剂；$E_{r(ep)}$=0.02%）

3-13 允许误差为±0.3%，能否用 0.10 mol/L HCl 滴定同浓度 Na_2CO_3？若能滴定，计算出计量点pH值并选择合适的指示剂。（$c_{b(sp1)}K_{b1}$=0.050×1.8×10^{-4}>10^{-9}，且K_{b1}/K_{b2}=1.8×10^{-4}/2.4×10^{-8}<10^5，表明不能准确滴定到第一计量点sp1。$c_{bsp2}K_{b2}$=0.033×2.4×10^{-8}≈10^{-9}，表明能够准确滴定到第二计量点sp2；pH_{sp2}=5.2，可用甲基红指示剂）

3-14 用强碱标液直接滴定硫磷混酸（H_2SO_4+H_3PO_4）有几个计量点和滴定突跃？若有滴定突跃，请计算其计量点pH值，并选用合适的指示剂。（有5个计量点，但只有第三计量点和第四计量点有滴定突跃。pH_{sp3}=4.66，选甲基红指示剂；pH_{sp4}=9.78，选百里酚酞指示剂）

3-15 EBT在不同酸度的存在形式有H_3In（紫红）、H_2In^-（紫红）、HIn^{2-}（蓝色）及In^{3-}（橙色），其pK_{a1}=3.9，pK_{a2}=6.3，pK_{a3}=11.6，问它在不同酸度下呈现什么颜色？用作酸碱指示剂的变色点pH值是多少？ In^{3-}与金属离子的配合物显红色，它在多大的pH范围内能用作金属离子指示剂？

3-16 NaOH标液在保存过程中吸收了少量空气中的CO_2，用它来比较滴定HCl溶液的浓度，分别以甲基橙和酚酞作指示剂，讨论CO_2对测定结果的影响有何不同？

3-17 0.020 mol/LEDTA准确滴定 0.020 mol/L Zn^{2+}的最低pH值为多少？在最低pH值时，共存同浓度的Ca^{2+}有无干扰？

lgK_{ZnY}=16.5		lgK_{CaY}=10.7		
pH	3.0	4.0	5.0	6.0	7.0
$lg\alpha_{Y(H)}$	10.6	8.5	6.4	4.6	3.3

3-18 Fe^{3+}、Al^{3+}混合液中各离子的浓度都大约为 0.020 mol/L，能否用同浓度的EDTA分步滴定？适宜酸度是多少？

3-19 列表比较下列分析方法的区别或特点
①容量滴定、称量滴定和库仑滴定
②直接滴定、返滴定、转化滴定
③酸碱滴定、配位滴定、沉淀滴定和氧化还原滴定

3-20 设计分析方案
(1)$H_2C_2O_4$ (2)柠檬酸 (3)NH_4HCO_3
(4)$(NH_4)_2HPO_4$ (5)$NH_4H_2PO_4$ (6)HCl+NH_4Cl
(7)HAc+H_3BO_3 (8)HAc+NH_4Cl (9)H_2SO_4+H_3PO_4
(10)NaOH+Na_2CO_3 (11)NaOH+Na_3PO_4 (12)Na_2CO_3+$NaHCO_3$
(13)Na_2CO_3+Na_3PO_4 (14)Fe^{3+}+Fe^{2+} (15)Zn^{2+}+Pb^{2+}
(16)Zn^{2+}+Cu^{2+} (17)Fe^{3+}+Zn^{2+}+Mg^{2+} (18)Bi^{3+}+Al^{3+}+Pb^{2+}
(19)Cr^{3+}+Al^{3+} (20)HCHO+HCOOH (21)H_2NCH_2COOH

4 分析方法通论

分析科学通过分析试样采制、分析信号激发、分析信号检测、分析信号解析和分析结果处理获得待测物质的本质、含量和结构分布信息。试样采制方法、信号激发方法、信号检测方法、信号解析方法和结果处理方法的特定组合就构成相应的分析方法，分析科学就是获取物质化学组成分布信息的方法学和实践论。

4.1 分析试样的采制

分析试样的采制包括分析试样的采集和分析试样的制备。

4.1.1 分析试样的采集

分析试样的采集(Sampling)是整个分析过程的起始步骤，也是分析过程的基本环节，科学正确地采集试样是取得可靠性分析结果的前提。不能代表总体的样品，再精密准确的分析检测也是毫无益处的，甚至会导致错误结论，给工作造成损失。

〔1〕试样的采集原则

通常遇到的分析对象总体是大量的和复杂的，其化学组成、形态结构及其分布各不相同。例如，工业分析对象有石油、煤、金属、矿石、化工产品、天然气、工业废水、废渣等；农业分析对象有土壤、肥料、饲料、食品、农药，植物的根、茎、叶、花、果实以及动物的体液、毛发、肝、脑组织等；疾病诊断分析对象有血、尿、唾液、胃液、胆汁和病变器官组织等。

分析的目的是要获得分析对象总体的信息，但分析对象总体是极少能被整个分析的，实际分析通常只需几克、十分之几克，甚至更少的试样，一般只能从总体中采集小部分能够代表分析对象总体信息的分析样本进行分析测试，并根据样本的观测值得到有关总体的信息估计。

采样的目的就是从分析对象总体中科学地抽取少量适合分析的样本；采样的原则是保证采集的样本具有代表性(采集的少量样本能代表研究对象总体)，采样的成本具有经济性(在达到一定准确度的条件下应尽可能减小采样成本)。

要使采集的样本具有代表性，要求采样满足下列条件：

(1)采样必须是随机的，合理获取采样点和采样量，分析对象总体中所有的组成部分都有同等的被采集的概率(总体中的每个个体均有被抽取的均等机会)，使样本具有代表性，样本的均值为总体均值的无偏估计。

(2)采样必须是独立的，即每次抽取结果不影响其他各次采样结果，也不受其他抽样结果的影响，使样本能提供总体方差的无偏估计。

(3)采样必须是保质的,保持分析对象的组成性质不变,避免样本变质。

要使采样的成本具有经济性,要求在达到一定的准确度的条件下应尽可能减小采样单元数和单元采样量。

采样的代表性和经济性受到分析对象总体的组成、结构、物态、性状及其空间分布、均匀程度、数量大小和动态变化等诸多因素的影响。实际上无论怎样采样,样本和总体之间总是存在差异的。不同采样方法的经济性可能也会有很大的差异。因此,需要掌握科学的采样方法,才能保证采样的代表性和经济性。

〔2〕试样的采集方法

采样方法是指通过局部采样获得总体的统计代表性和经济性样本的方法,常用采样方法有随机采样法、分层采样法和动态采样法等。

（1）随机采样法

随机采样法(Random Sampling)又称概率采样,是指等概率地从总体中采集试样。随机采样法是,首先将分析对象全体不同部位划分成相同大小的多个单元,再随机地(如根据计算器产生随机数)从不同部位采集部分单元作为检样的采样方法。实际工作中,往往将随机采集的多个检样混合均匀,然后分出适量分析样本(平均样品)。

确定随机采样法的关键是要确定采样单元数(采样次数)和单元采样量(采样质量)等采样参数和分析次数,决定于采样方差和采样成本。

分析过程是通过样本研究总体性质的过程,分析结果的方差包括采样方差 s_s^2 和分析方差 s_a^2。若采集了 n_s 个随机样本(检样),每个随机样本(检样)被分析了 n_a 次,则其总方差 s_t^2 为

$$s_t^2 = \frac{s_s^2}{n_s} + \frac{s_a^2}{n_s n_a} \tag{4-1}$$

假设

$$s_a^2 = \alpha s_s^2 \tag{4-2}$$

因此

$$s_t^2 = \frac{s_s^2}{n_s} + \frac{\alpha}{n_a} \times \frac{s_s^2}{n_s} \tag{4-3}$$

由此可得如下结论:

a.若给定 α、n_a 和 n_s,则总方差随采样方差的增加而增加。

b.若给定采样方差 s_s^2,则总方差随采样次数 n_s 和分析次数 n_a 的增加而减小。

c.若给定总分析次数 $(n_a n_s)$,则采样次数 n_s 比分析次数 n_a 对总方差影响更大。如对6个随机样本各进行2次分析要比对4个随机样本各进行3次分析的总方差要小。

d.当 $\alpha < 1/3$ 时,分析方差比采样方差小得多(实际情况通常是这样),分析方差就可以忽略,没有必要再进一步提高分析测试的精密度,宁可使用快速简便的、精密度不高但能与采样方差匹配的方法进行分析。

设一次采样成本和分析成本分别为 C_s 和 C_a,则总成本 C_t 为

$$C_t = n_s C_s + n_s n_a C_a \tag{4-4}$$

结合(4-1)式可得

$$C_t = \frac{\dfrac{s_s^2}{s_t^2} + \dfrac{s_a^2}{s_t^2 n_a}}{C_s + n_a C_a} \tag{4-5}$$

可见,分析次数越多,分析成本越高,将上式对分析次数进行微分并令其等于零,可得到在给定方差条件下使总成本最小时最佳的样本分析次数和采样次数:

$$n_a = \frac{s_s}{s_a} \times (\frac{C_s}{C_a})^{1/2} \tag{4-6}$$

$$n_s = \frac{s_s^2 + \frac{s_a^2}{n_a}}{s_t^2} \tag{4-7}$$

式中总方差 s_t^2 可用最大允许方差 σ_t^2(即最大允许标准不确定度平方)替代,而最大允许误差(Tolerance Error) $e_t = u\sigma_t$,或最大允许扩展不确定度为 $U_t = u\sigma_t$(u 为给定包含概率相应的相对标准随机误差,可从标准正态分布表中查得),因此

$$n_s = \frac{(s_s^2 + \frac{s_a^2}{n_a})u^2}{U_t^2} \tag{4-8}$$

若忽略分析方差,则

$$n_s = \frac{s_s^2 u^2}{U_t^2} \tag{4-9}$$

于是,通过预备实验求得采样次数为 n_s、样本分析次数为 n_a 时的采样方差 s_s^2、分析方差 s_a^2 及其总方差 s_t^2 和采样成本 C_s 及分析成本 C_a,即可由(4-6)式和(4-7)式估计所需样本分析次数 n_a 和采样次数 n_s,或根据最大允许误差 U_t 和给定包含概率相应的相对随机误差 u 值由(4-8)式或(4-9)式估计需要的采样次数 n_s。

采样方差与采样次数(或采样单元数)和采样质量(或单元采样量)有关。采样相对方差 s_r^2 与采样单元数 n_s 和单元采样量 m 的乘积为一常数,称为 Ingamell 采样常数,用 K_s 表示,即

$$n_s m s_r^2 = K_s \tag{4-10}$$

$n_s m$ 是 n_s 个随机样本(或检样)的总质量。可见,总体的均匀程度越高,采样常数越小,达到给定采样相对方差所需采样单元数和单元采样量越少。

通过预备实验求得采样单元数为 n_s、单元采样量为 m 时的采样相对方差 s_r^2,即可确定采样常数 K_s。于是根据分析要求的采样相对标准偏差 s_r,就可求出需要的单元采样量 m:

$$m = \frac{K_s}{(n_s s_r^2)} \tag{4-11}$$

随机采样法常用于组分分布比较均匀的分析对象总体的采样。例如,空气质量分析应随机采集距离地面 50~180 cm 高度的空气,以使试样与人呼吸的空气区相同。分析贮存于大容器(如液槽)里的液体或气体,需分上、中、下部单元随机采样。分析分装贮存于较小容器的液体或气体,应以容器为采样单元随机采样。分析海、江、河、湖水质,应在不同深度随机采样。但是,分析对象的均匀性是不能假定的,需要通过实验进行方差分析来验证。

(2)分层采样法

分层采样法(Stratified Sampling)又称分步采样法或分类采样法,是先将分析对象总体分成多个相互独立的层次类别或分组,再从各层次类别或分组中分别随机地采集检样的采样方法。实际工作中,往往将从各层次类别或分组中随机采集的多个检样混合均匀,然后分出适量分析样本(平均样品)。如采集土壤样品时,需综合考虑采样地区的土壤类型、地形地貌和分析目的等因

素,将分析对象总体分为多个层次类别(作物耕作层土壤深度为0~20 cm,林木种植层土壤样深度为0~60 cm),然后从各个层次类别分别随机地采集多个检样,混合均匀后再进一步随机采集若干样本。

分层采样的特点是将科学分组法与随机采样法结合在一起,分组减小了各采样层变异性的影响,层内随机采样保证了所采取的样本具有代表性。当分析对象总体组分分布均匀时,分层采样就与随机采样是一样的,但如果层间方差与层内方差显著不同,分层采样将明显优于随机采样。

确定分层采样法的关键是要确定采样层数、每层采样次数和采样质量等采样参数和分析次数,决定于分层采样方差和分层采样成本。

分层采样的总方差为

$$s_t^2 = \frac{s_b^2}{n_b} + \frac{s_s^2}{n_b n_s} + \frac{s_a^2}{n_b n_s n_a} \tag{4-12}$$

式中,n_b为采样层数,s_b^2为层间方差,n_s为每层的采样次数,s_s^2为层内方差。

必须指出,由(4-12)式不可能分别同时唯一地求出采样层数n_b、采样次数n_s和分析次数n_a,有必要在它们之间进行适当调整和妥协。如考虑进行分层的成本为C_b,对每层的采样成本为C_s,分析试样的成本为C_a,则整个分层采样过程的总成本为

$$C_t = n_b C_b + n_b n_s C_s + n_b n_s n_a C_a \tag{4-13}$$

考虑(4-12)式,可得在给定方差条件下使总成本最小时的最佳采样层数、采样次数和分析次数:

$$n_b = \frac{s_b(s_b C_b^{1/2} + s_s C_s^{1/2} + s_a C_a^{1/2})}{s_t C_s^{1/2}} \tag{4-14}$$

$$n_s = \frac{s_a}{s_b} \times \left(\frac{C_b}{C_a}\right)^{1/2} \tag{4-15}$$

$$n_a = \frac{s_a}{s_b} \times \left(\frac{C_s}{C_a}\right)^{1/2} \tag{4-16}$$

采样方差与两个采样常数有关,一个是与Ingamell采样常数相似的Visman均匀度常数A,另一个是反映分层程度的分隔(Segregation)常数B。

$$s_s^2 = \frac{A}{n_s m} + \frac{B}{n_s} \tag{4-17}$$

式中,$n_s m$是n_s个样本(检样)的总质量。若总体不存在分层或分隔效应,则$B=0$(样本总体是均匀的),此时(4-17)式就与(4-10)式完全类似,并且Visman均匀度常数A与Ingamell采样常数K_s存在如下关系:

$$A = \bar{x}^2 K_s \tag{4-18}$$

Visman均匀度常数A和分隔常数B可通过预备实验来确定,从而可求出采样质量。

（3）动态采样法

动态采样法(Dynamic Sampling)是指对处于动态变化过程中的分析对象总体的采样方法。分析检测对象随时间改变致使相关分析信息随之改变构成时间序列,动态变化过程可以时间序列表示,因此动态变化的总体可按时间序列分段计量或计数划分采样单元以适当频率进行随机采样。动态采样的误差分析与随机采样也是相似的。

动态采样常用于工业自动化生产过程的质量控制分析、农作物生长过程营养状况监测、土壤湿度养分变化检测、环境污染状况监测、药物代谢过程分析、生物活体体内原位实时在线分析等。

例如，分析人类、动物、植物和微生物活体，必须根据分析测试目的、生物活性特征的适时性、典型性部位进行动态采样。分析植物，应根据植物生长时期采集植物的根、茎、叶、花、种子等作为分析样品；分析人类或动物，应根据代谢时间或疾病阶段采集其血、尿、唾液、胃液、胆汁、毛发以及肺、肝、脾、胃、肾等多种组织器官作为分析样品（分析体内代谢产物如糖类、脂类、固醇类化合物等常采集清晨空腹静脉血样）。

应该指出，采样时既应保证样本的代表性和经济性，还应注意采样日期和批号，并且采样数量应能满足样品检测项目的需求，通常采样一式三份，供检验、复检、备检或仲裁用。

还应指出，通常所谓系统采样法（Systematic Sampling）是指为了研究组分在总体中的分布情况，按照一定规律选择采样点的采样方法。例如，生产或其他过程中组分随时间、温度的变化而在总体空间中变化，一般是间隔一定区间（时间、温度、空间、区域）进行采样，间隔也可以是不等距的。此外还有原位法、在线法和活体法。

4.1.2 分析试样的制备

分析试样是具有代表性的测试样品，受分子、辐射、电场、磁场等激发产生分析信号，需要控制浓度、厚度、酸度、温度、压力等激发条件。分析试样可以是固体、液体、气体或生物，需要进行适当的物理排布、封装或密闭，如分散压片、加入样品池或石墨管等容器内，以便控制试样的浓度、厚度、酸度、温度、压力和施加适当分子、辐射、电场、磁场等激发条件。有些试样容易变质，需要加入适当保护剂；有些试样中待测组分的含量太低，需要富集或扩增以提高浓度才能检测；有些试样待测物质的状态不适于直接检测，需要转化为容易检测的物理状态和化学形态。有些试样存在基体干扰和共存组分干扰，需要消除试样基体及共存组分的干扰。

试样的制备（Sample Preparation），就是将试样或待测组分进行适当的物理排布、封装或密闭，控制、保持、富集、扩增或转化为容易检测的形态，消除试样基体与共存组分的干扰。

〔1〕试样的制备方法

试样的制备方法很多，常用的有保护法、富集法、扩增法、破碎法、粉末法、薄膜法、压片法、油糊法、溶解法、熔融法、灰化法和消化法，以及微波法、超声法、裂解法、原子化法和衍生法等。实际分析工作中，应根据试样的组成和特性、待测组分性质和分析目的，选择适当的方法或将几种方法结合起来制备试样。

（1）保护法

保护法（Protective Method）就是要保持样品原来的状态，易腐败变质的样品要冷藏，易分解的样品要添加抑制剂，特殊样品要在现场作相应处理。例如，易霉变样本可放在1%甲醛溶液中，也可放在5%乙醇或稀乙酸溶液中。又如，原子吸收法测K时，K在高温原子化过程中会发生电离，需加入更易电离的Cs来产生大量电子以抑制其电离。再如，原子吸收法测定Ca时，需加入EDTA将Ca转化为CaY^{2-}，以免生成磷酸钙影响其原子化，并提高Ca的原子化效率。

（2）富集法

富集法（Enrichment Method）是从较大量样本中搜集待测的痕量组分至较小体积，从而提高其含量至测定下限以上的方法。主要有共沉淀法、泡沫浮选法、多孔吸附法、萃取法、挥发法等。例如,共沉淀法利用形成混晶沉淀或沉淀吸附作用、包藏作用富集痕量组分,生成CuS沉淀可将0.02 μg Hg^{2+}从1L溶液中沉淀出来。泡沫浮选法利用带相反电荷的表面活性剂直接缔合痕量待富集离子,或间接缔合吸附在胶体(如氢氧化铁、氢氧化铝和硫化物等)上的痕量待富集组分,通入氮气后生成泡沫上浮于气液界面而富集痕量组分。多孔吸附法利用多孔泡沫塑料、巯基棉、活性炭、分子筛等吸附富集痕量贵金属离子。其他如海水中痕量溴可通过吹入空气使溴以气体形式提取富集。

（3）扩增法

扩增法是基于聚合酶链式反应(Polymerase Chain Reaction,PCR)在生物体外放大扩增特定DNA片断的方法,利用DNA在体外95 ℃高温时变性变成单链,低温60 ℃左右时引物与单链按碱基互补配对的原则结合,再调温至DNA聚合酶最适反应温度72 ℃左右,DNA聚合酶沿着磷酸到五碳糖(5′—3′)的方向合成互补链,再经25~30次控温循环反应,可将极微量甚至单分子DNA特异地扩增上百万倍,从而大大提高对DNA分子的检测能力。

（4）破碎法

破碎法(Crushing Method)就是将大块的固体矿物破碎成粉末或将生物组织样本破碎至组分分布均匀的制样方法,固体矿物样本常用粉碎、研磨、球磨的方法制备试样,生物组织样本常用组织捣碎和细胞破碎的方法制备试样。例如,固体药物红外光谱分析常用KBr压片法制备试样,只需1~3 mg粒径不超过2 μm的固体粉末试样与大约200 mg KBr粉末,试样粒径超过2 μm会导致入射光的散射和光谱基线的抬升与倾斜,需要先分别研磨成很细的粉末,然后再混合压制透明薄片。再如,组织捣碎机的高速电机驱动旋刀可将生物组织劈裂破碎。再如,可通过高压喷射、振荡珠击、超声震荡、冻融、酶溶和试剂溶解,破坏细胞膜和细胞壁,使细胞内容组分释放出来。

（5）溶解法

溶解法(Dissolution Method)是指用水、酸、碱或有机溶剂等将固态试样分散成溶液的制样方法。水是最常用和最重要的溶剂,可溶解离子化合物和具有较强极性的物质,如碱金属盐类、铵盐、硝酸盐,大多数卤化物、硫酸盐和碱土金属盐等。常用酸性溶剂有盐酸、硫酸、硝酸、磷酸、高氯酸和氢氟酸及其混酸,它们既有酸性,有的沸点很高,有的还有较强的氧化性、还原性与配合能力,可溶解各种金属及其合金、矿物和土壤试样(混酸的溶解能力更强)。常用碱性溶剂有NaOH、KOH和氨水等,主要用于溶解两性金属如铝、锌及其合金,以及它们的氢氧化物或氧化物等,并需要在银或聚四氟乙烯器皿中进行。有机溶剂很多,常用的有甲醇、乙醇、乙腈、四氢呋喃等,其溶解能力与其极性有关,能溶解难溶于水的各种极性或非极性有机试样(极性相似相溶)。

（6）熔融法

熔融法(Melting Method)是指将固体试样(土壤、矿物或合金等)与酸性或碱性熔剂混合,在高温下进行复分解反应,从而将试样中的欲测组分全部转变成为易溶于水或者酸的化合物的方法。根据所用熔剂的性质,可以分为酸熔法和碱熔法。常用的酸性熔剂有焦硫酸钾($K_2S_2O_7$)(或硫酸氢钾,灼烧生成$K_2S_2O_7$)、氟氢化钾(KHF_2)和强酸的铵盐等。例如,$K_2S_2O_7$在300 ℃以上可分解Al_2O_3、Cr_2O_3、Fe_3O_4、ZrO_2、钛铁矿、铬铁矿、中性和碱性耐火材料等;KHF_2在铂坩埚中低温熔融可分解硅酸盐、钍和稀土化合物等;强酸的铵盐在加热时分解产生的无水酸具有很强的溶解能力,常用于分解硫化物、硅酸盐、碳酸盐、氧化物矿物等。常用的碱性熔剂有Na_2CO_3、K_2CO_3、NaOH、KOH、Na_2O_2以及其混合熔剂。例如,Na_2CO_3可在坩埚内于马弗炉中,在920~950 ℃高温下将土壤样品转化为易溶于稀酸的简单化合物；Na_2CO_3 与 K_2CO_3 的混合物可用于分解硫酸盐和硅酸盐等；NaOH 和 KOH 可用于分解硅酸盐、铝土矿等。熔融法分解样品时常加入大量的熔剂(一般为试样的 6~12 倍)，易损坏坩埚引入杂质，采用低温烧结法可改善，但操作更费时。一般情况下，当试样可以用酸性溶剂(或碱性溶剂)溶解时，总是尽量避免应用熔融法。

(7)灰化法

灰化法(Ash Method)是通过碳化和燃烧转化为灰分或氧化物，再用适当试剂吸收或溶解的制样方法，有高温炉灰化法、铂舟灰化法、氧瓶燃烧法和低温碳化法，常用于检测有机试样(或生物试样)中的金属元素、碳、氢、氮、硫、磷及卤素等元素。例如，马弗炉高温灰化法，是将试样置于坩埚中，于马弗炉(或管式炉)中缓缓加热升温(一般为 400~700 ℃)，使试样碳化、分解和灰化(防止着火或起泡)，再用适合的溶剂溶解残留的灰分，这种方法易导致砷、硼、铬、铜、铁、铅、汞、镍、磷、钒、锌等元素挥发损失。又如，铂舟灰化法，是将有机试样置于铂舟内，加适量金属氧化物催化剂，使其在氧气流中充分燃烧以使碳定量转化为 CO_2，氢定量转化为 H_2O，以检测碳、氢元素含量。再如，氧瓶燃烧法，是指将试样包在定量滤纸内，用铂片夹牢，放入充满氧气并盛有少量吸收液的锥形瓶中，用电火花引燃试样进行燃烧，试样中的硫、磷、卤素及痕量金属元素，将分别形成硫酸根、磷酸根、卤素离子及金属氧化物或盐类等溶解在吸收液中，然后分别测定各元素的含量。另如低温灰化法，是借助高频激发的氧气对样品进行灰化，灰化温度低于 100 ℃，这样可以最大限度地减少挥发损失，常用于食品、石墨、滤纸、离子交换树脂等样品中的易挥发损失的某些元素的检测。

(2)消化法

消化法(Digesting Method)是通过消化剂将有机试样氧化分解为可溶性无机物的制样方法，常用于有机试样中元素含量的测定(不适于检测有机分子)，通常优于灰化法。硫酸氧化能力不够强烈，分解需要较长时间，加入 K_2SO_4，提高硫酸的沸点，可加速分解。硝酸是较强的氧化剂，但其具有挥发性，因此一般采用硝酸和硫酸的混合酸，与试样一起加热，在一定温度下进行消解，有机物将在酸的作用下被氧化为 CO_2、H_2O 及其他挥发性产物，蒸发至干以除去亚硝基及硫酸，所得残渣应溶于水，除非有不溶性氧化物和不溶性硫酸盐存在，适用于鱼、奶、面粉、饮料等食品消化，但氯、砷、硼、锗、汞、锑、硒、锡易挥发逸出，磷也可能挥发逸出。高氯酸在脱水和受热时是一种强氧化剂，能氧化微量的有机物。对难以氧化的有机试样如天然产物、蛋白质、纤维素、聚合物或燃料油等，用高氯酸-硝酸、高氯酸-硫酸或高氯酸-硝酸-硫酸混合酸处理，可使分解作用快速进行，除汞以外其余各元素不会挥发损失，采用回流装置可防止汞损失。应当注意，不能将高氯酸直接加入到有机或生物试样中，应先加入过量的硝酸氧化绝大部分有机物，再加高氯酸氧化少量难氧化的有机物，这样可以防止由高氯酸引起的爆炸。

将试样转化为容易检测的物理状态和化学形态的过程称为试样的分解(Sample Decomposition)。通过化学反应接入适当共轭基团将待测组分转化为具有紫外可见吸光活性或荧光活性物质的过程称为显色(Colour)或衍生(Derivatization)。试样分解、显色或衍生的基本原则是，使试样分解、显色或衍生完全而不损耗或挥发损失，不引入被测组分和干扰物质。

〔2〕试样的净化方法

试样基体和共存组分对试样分析鉴定或待测组分检测的影响称为干扰，消除试样基体和共存组分干扰的方法称为试样的净化(Sample Purification)，常用净化方法有掩蔽法和分离法。

（1）掩蔽法

掩蔽法（Masking Method）是通过加入掩蔽剂的转化干扰组分的存在形态，使其减少或失去与待测组分的竞争能力从而消除其干扰的方法。掩蔽法是简便有效地消除干扰的常用方法。掩蔽法可根据掩蔽反应类型分为酸碱掩蔽法（即通常所谓控制酸度法）、配位掩蔽法、沉淀掩蔽法、氧化还原掩蔽法和官能团转化法等。例如，用钼锑抗显色吸光光度法测磷时，需控制溶液酸度约为0.5 mol/L H_2SO_4以掩蔽SiO_3^{2-}（使PO_4^{3-}转化为磷钼杂多酸和磷钼蓝并防止生成硅钼杂多酸和硅钼蓝）。又如，以铬天青S或铝试剂显色吸光光度法测定Al^{3+}时，加入硫脲配位掩蔽Cu^{2+}，加入抗坏血酸还原Fe^{3+}至Fe^{2+}以掩蔽铁。再如，原子吸收法测钙时，加入镧盐或锶盐掩蔽磷酸根，以免生成磷酸钙影响其原子化。

（2）分离法

分离法（Separation Method）是从试样中提取待测组分或去除试样基体的净化方法。常用的分离方法有过滤法、沉淀法、离心法、挥发法、离子交换法、透析法、凝胶渗透法、萃取法、色谱法和电泳法等。例如，滤膜过滤可除去悬浮在液体中的固体颗粒；超速离心可沉降分离生物大分子；透析膜或多孔凝胶可透过小分子如无机盐、单糖、双糖等，而与大分子如皂苷、蛋白质、多肽、多糖等分离。萃取法是最重要的分离净化方法。

（3）萃取法

萃取法（Extraction Method）是利用试样组分在两种互不相溶（或微溶）的溶剂中溶解度或分配系数的不同，使化合物从一种溶剂内转移到另外一种溶剂中的分离方法。经过反复多次萃取（或采用色谱法），可将绝大部分的化合物分离出来。分配系数是指组分在萃取相和原溶剂相中溶解平衡分配的浓度比例。萃取组分在两相溶剂中分配系数相差越大和萃取分离次数越多，分离效率越高。可根据两相溶剂互不相溶（或微溶）并与组分极性相似相溶规则选择萃取剂。例如，从水样中萃取I_2可用CCl_4，萃取黄酮类成分多用乙酸乙酯，萃取亲水性强的皂苷多用正丁醇或异戊醇。

萃取方法很多，除液液萃取法外，常用的或重要的还有微波萃取法、加速溶剂萃取法、超临界萃取法、固相萃取法与固相微萃取法、顶空萃取法和吹扫捕集法以及制备色谱法。

微波萃取法是利用微波能强化溶剂萃取的效率，使固体或半固体试样中的某些有机物成分与基体有效地分离，并能保持分析对象的原本化合物状态。微波萃取分离法包括试样粉碎、与溶剂混合、微波辐射、分离萃取等步骤，萃取过程一般在特定的密闭容器中进行，具有快速、节能、节省溶剂、污染小、仪器设备简单廉价，并可同时处理多份试样等优点。

加速溶剂萃取法是在较高的温度（50~200 ℃）和压力（1000~3000 PSI）下加速溶出固体试样组分的溶剂萃取方法，用于土壤、污泥、粉尘、动植物组织、蔬菜和水果等样品中的多氯联苯、多环芳烃、二噁英、有机磷（或氯）农药、苯氧基除草剂、三嗪除草剂等的萃取。

超临界萃取法是利用超临界流体（常用二氧化碳与氨）（在温度和压力超过其临界点时形成的介于气液之间的一种既非气态又非液态的物态）萃取分离试样组分的方法。超临界流体的密度较大，与液体相仿，所以它与溶质分子的作用力很强，像大多数液体一样，很容易溶解其他物质；其黏度较小，接近于气体，所以传质速率很高；其表面张力小，容易渗透固体颗粒，并保持较大的流速，可使萃取过程在高效、快速又经济的条件下完成。

固相微萃取法（Solid-phase Microextraction，SPME）是将涂有高分子固相液膜的石英纤维直接插入试样溶液或气样中，无溶剂萃取微量待测组分，经过一定时间，组分在固相涂层和水溶液两相中达到分配平衡后取出即可直接进行色谱分析。该方法集采样、萃取、浓缩和进样于一体，使用简便、高效、价廉，应用广泛。它主要有直接萃取（Direct Extraction SPME）和顶空萃取（Headspace SPME）。直接萃取方法中，涂有萃取固定相的石英纤维被直接插入到样品基质中，目标组分直接从样品基质中转移到萃取固定相中。顶空固相微萃取方法是分析组分先在密闭情况下从液相扩散到气相中，然后再从气相转移到萃取固定相中的萃取方法。当萃取达到平衡时，萃取头表面的吸附量与分析物在萃取体系中的浓度存在线性关系，可以避免萃取固定相受到某些样品基质（比如人体分泌物或尿液）中高分子物质和不挥发性物质的污染，挥发性组分比半挥发性组分有着快得多的萃取速度。

（4）色谱法

色谱法（Chromatography）是利用试样组分在固定相（Stationary Phase）和流动相（Mobile Phase）之间的相互作用（溶解与解析、吸附与脱附、渗透与排阻、离子交换或亲和作用等）的差异进行分离的方法，常用的有薄层色谱法、柱色谱法和高速逆流色谱法等。薄层色谱法将固定相涂布于薄层板上，并在其一端上样后以合适的溶剂为流动相展开组分。柱色谱法将固定相填充于色谱柱内，以流动相将试样载入色谱柱与固定相和流动相作用分离组分，这是快速分离复杂试样的特别有效的方法。高速逆流色谱法（High-Speed Countercurrent Chromatography）是一种连续高效的液-液分配色谱分离技术。它不用任何固态的支撑物或载体，而是利用两相溶剂体系在高速旋转的螺旋管内建立起一种特殊的单向性流体动力学平衡，当其中一相作为固定相，另一相作为流动相，在连续洗脱的过程中能保留大量固定相。由于不需要固体支撑体，物质依据其在两相中分配系数的不同而实现分离，因而避免了因不可逆吸附而引起的样品损失、失活、变性等，不仅使样品能够全部回收，回收的样品更能反映其本来的特性，特别适合于天然生物活性成分的分离，具有适用范围广、操作灵活、高效快速、制样量大、费用低等优点。

（5）电泳法

电泳法（Capillary Electrophoresis，CE）是利用试样中各组分在高压直流电场的作用下，其淌度和分配行为上的差异导致迁移速率不同而实现分离的方法。

4.2 分析信号的激发

分析信号（Analytical Signal）是试样组分在一定激发条件下发生某种作用或变化所产生并检测的光、电、磁、热、声、力响应，化学反应，形貌成像等特征变量或变量集，如发光强度、吸光度、电池电动势、电解电流、离子电流、光谱、色谱、质谱、形貌等，是分析试样组分本质、含量及结构分布参数的函数。分析信号与试样组分的响应关系是试样定量分析、定性分析及结构分析的依据，控制适宜的分析条件激发和检测分析信号是分析科学的核心内容。

激发分析信号的方法有光子激发法、电场激发法、磁场激发法、热源激发法、声源激发法、碰撞激发法、分子激发法及其多元激发法等。

4.2.1 光子激发法

光子激发法（Photo Excitation Method）也称为光波激发法，是采用光源辐射光子（光波）与试样组分作用产生分析信号的方法。

光子(Photon)是光源辐射的基本粒子和电磁波,既具有一定的能量又具有一定的波长,光子的能量越大,其波动频率越高或波长越短、波数越高:

$$\varepsilon = h\upsilon = hc/\lambda = hc\sigma \tag{4-19}$$

式中,ε 为光子的能量,υ 为光子的频率,λ 为光子的波长,σ 为光子的波数,c 为光子的速度($c=$ 299792458 m/s),h 为普朗克常数($h=6.62607015\times10^{-34}$ J·s)。

由单一频率或波长的光子组合而成的光称为单色光(Monochromatic Light)。纯单色光很难获得,激光(Laser Light)的单色性虽然很好,但也只是准单色光。由不同频率或波长的光子组合而成的光称为复合光,如日光、白炽灯光等白光都是复合光。

将复合光色散或按光子的能量或波长的大小顺序排列起来构成的图谱称为光谱或电磁波谱,如表4-1所示。光谱范围很宽,可按其产生原因(即跃迁能级类型)分区或分类,不同分区的光谱需要用相应不同的辐射光源产生。

表4-1　电磁波谱与辐射光源

波谱区	辐射光源	跃迁能级类型	λ	E/eV
X射线	X射线管	内层电子能级	1~10000 pm	1.2×10^{6}~1.2×10^{2}
紫外光	氢灯/氙灯/空心阴极灯	原子及分子的价电子能级	10~200~400 nm	125~6~3.1
可见光	卤钨灯/空心阴极灯	原子及分子的价电子能级	400~750 nm	3.1~1.7
红外光	硅碳棒	分子振动能级	0.75~2.5~50 μm	1.7~0.5~0.02
远红外	硅碳棒	分子转动能级	50~1000 μm	0.02~4×10^{-4}
微波	微波发生器	分子转动或电子自旋能级	1~1000 mm	4×10^{-4}~4×10^{-7}
射频	射频发生器	磁场中核自旋能级	1~1000 m	4×10^{-7}~4×10^{-10}

光子(光波)在一定条件下与试样组分作用可产生光的反射、折射、散射、旋光、透射、吸收、发射(荧光)、光电子和光化学变化等分析信号,如图4-1所示;并且分析信号与试样组分之间符合反射定律、折射定律、散射公式、旋光效应、吸光定律、荧光定律、光电效应、光化反应、跃迁选律、化学位移等规律。据此,可建立反射法、折射法、旋光法、吸光法、荧光法、光电子能谱法、激光解吸电离法、光化学反应法和光谱指纹图谱法等,可用于试样定量分析、定性分析或结构分析。

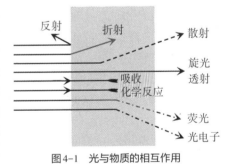

图4-1　光与物质的相互作用

〔1〕吸光法

吸光法(Absorption Method)是用特定光区不同波长的辐射光子(光波)激发试样组分,吸光组分选择性吸收光子能量发生能级跃迁产生吸收光谱信号的方法。

（1）吸光信号的衡量和表示

物质对单色光的吸收程度用透射比(Transmittance)和吸光度(Absorbance)衡量,如图4-2(a)所示,若单色激发光能量为P_0,激发吸光物质产生吸收作用后,透射光能量为P_t,则透射比T和吸光度A分别为

$$T = \frac{P_t}{P_0} \tag{4-20}$$

$$A = \lg \frac{P_0}{P_t} \qquad (4-21)$$

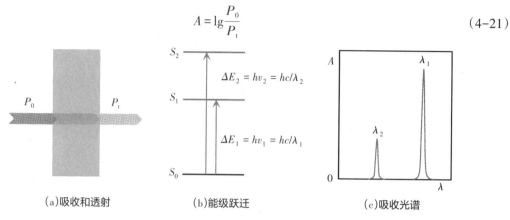

(a)吸收和透射　　　　(b)能级跃迁　　　　(c)吸收光谱

图4-2　光的选择性吸收与吸收光谱的产生

试样组分对激发光的吸收是有选择性的,如图4-2(b)所示,只有激发光光子能量与吸光组分能级差相同的激发光才能被吸收,即

$$\varepsilon = h\upsilon = hc/\lambda = hc\sigma = \Delta E \qquad (4-22)$$

试样组分对不同波长单色激发光的选择性吸收情况可用 $A-\lambda$ 等曲线表示,称为吸收曲线或吸收光谱,如图4-2(c)所示。

（2）吸光信号的产生机理

试样组分对不同波长单色激发光的选择性吸收情况决定于其能级结构。各种物质分子、原子及其原子核和电子运动具有各不相同的复杂的能级结构,如图4-3所示。各原子的内层电子及外层电子的绕核运动有其特征的s、p、d、f等电子轨道能级,各分子都有其特征的σ或(和)π成键电子轨道能级、π*或(和)σ*反键电子轨道能级等分子轨道能级或n非键合孤对电子轨道能级,各分子都有其特征的伸缩振动能级(对称伸缩振动 v_s 和非对称伸缩振动 v_{as})、复杂的变形振动能级(剪切振动能级δ、面内摇摆能级ρ、面外摇摆能级ω与扭曲振动能级τ)和特征的自旋取向能级,各原子核和核外电子的自旋运动在磁场中都会分裂为各不相同的顺磁能级和反磁能级。由于试样组分的原子核、核外电子和分子化学键都是荷电的,并且光波是交变电磁场在空间的传播,因此,用光波照射试样时,光波交变电磁场会使试样组分发生周期性极化。例如,X射线会使原子内层电子云(分子非价电子云)发生周期性极化、紫外可见光会使试样气态原子外层电子云(原子轨道)或试样分子价电子云(分子轨道)发生周期性极化、红外光会使试样分子振动(极性)

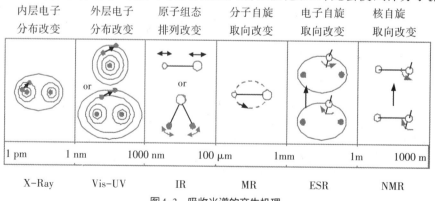

图4-3　吸收光谱的产生机理

发生周期性极化、微波会使试样分子转动取向运动(极性)发生周期性极化、微波会使磁场中核外电子自旋状态发生周期性极化、射频波会使磁场中试样磁性核自旋状态发生周期性极化等。如果入射激发光光子的能量正好与试样组分的基态与激发态能量差相等,那么试样组分就会选择性吸收这部分光子的能量,从基态跃迁到激发态,产生特征的吸收谱线和吸收光谱。

由式(4-22)可知,吸光物质能级差越大,其吸光频率越高,吸光波长越短,或吸光波数越大。因此,如图4-3所示,分子原子内层电子吸收光谱为X射线吸收光谱、原子外层电子和分子价电子的吸收光谱均为紫外可见吸收光谱(Vis-UV)、分子极性振动吸收光谱为红外吸收光谱(IR)、分子极性转动和电子顺磁共振的吸收光谱均为微波吸收波谱(MR和ESR)、核磁共振吸收波谱(NMR)为射频吸收波谱等。

(3)吸收光谱的特征和作用

吸收光谱反映了吸光物质对不同波长激发光的选择性吸收情况、吸光组分的能级结构和化学结构特征,以及分析试样的化学组成特征。如图4-4所示,原子吸收光谱为线状(窄峰)光谱(实际测量存在多种展宽效应)。如图4-5所示,分子吸收光谱为带状(连续)光谱,这是因为分子结构比原子结构复杂,除存在电子能级以外,还存在能级较低的振动能级和能级更低的转动能级。常规分析仪器能够分辨电子能级和振动能级,但难以分辨转动能级。

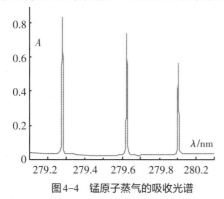

图4-4 锰原子蒸气的吸收光谱

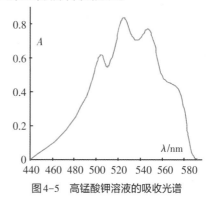

图4-5 高锰酸钾溶液的吸收光谱

吸收光谱的特征表现在吸收峰的波长(最大吸收波长)、强度(相对峰高)、数量(谱线或谱带数目)、宽度(半高峰宽)和形状(峰形对称性和分辨率)。根据吸收光谱的选择性吸收特征,可剖析吸光物质结构,或鉴定吸光物质的种类。

[例4-1] 叶绿素的紫外可见吸收光谱如图4-6所示,可见叶绿素a和叶绿素b的吸收峰的位置、强度、数量、宽度和形状虽有一些相似性,但其特征性也很显著,目视比较即可定性鉴别。

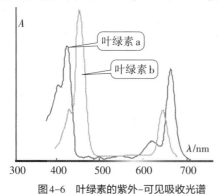

图4-6 叶绿素的紫外-可见吸收光谱

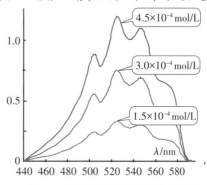

图4-7 高锰酸钾溶液的浓度与吸光度

（4）吸光定律及其作用

吸光度与吸光物质的含量 c 和厚度 l 成正比，这个规律称为朗伯-比尔吸光定律，即

$$A = klc \tag{4-23}$$

比例常数 k 称为吸光系数，随吸光物质和激发光波长而变化，需标注吸光物质和吸光波长，吸光物质浓度单位为物质的量浓度时称为摩尔吸光系数（用 ε_λ 表示），吸光物质浓度单位为百分质量分数浓度时称为百分吸光系数（用 E_λ 表示）。

因此，根据吸光度与试样吸光组分含量的计量关系即吸光定律，通过标样吸光组分吸光度检测而获得吸光系数，即可检测试样吸光组分的含量。

但应注意，激发光应为单色光，或激发光带宽应小于吸收光带宽，否则吸光物质浓度较高时测定吸光度会偏低。此外，吸光度具有加和性，多组分对激发光的总吸光度等于各组分吸光度之和。

吸光度具有加和性，并且，试样基体和溶剂等也可能对待测组分的激发光波有吸收作用。所以，需选择待测组分的特征峰值吸收波长光波为激发光，以避免共存组分干扰、提高检测灵敏度和降低检测下限，如图4-8和图4-9所示；并需以溶剂、缓冲剂、掩蔽剂等辅助试剂配制基体混合试剂（通常称为参比试样或参比溶液），以测量和扣除基体吸光度，即待测组分吸光度 A_x 等于试样总吸光度 A_t 减去参比试样吸光度 A_r：

$$A_x = A_t - A_r \tag{4-24}$$

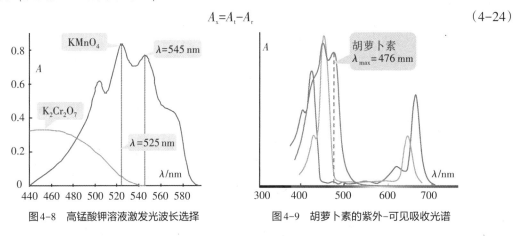

图4-8　高锰酸钾溶液激发光波长选择　　　　图4-9　胡萝卜素的紫外-可见吸收光谱

[例4-2] 蔬菜中胡萝卜素含量的测定，称取20.0 g蔬菜试样，捣碎后加入氯仿-甲醇萃取液，萃取过滤后定容于50.0 mL容量瓶。取部分试液装入1.00 cm样品池进行测定，选择476 nm波长单色激发光激发，产生吸收作用（如图4-9所示），测得其吸光度为0.452；在相同条件下检测5.00 mg/L胡萝卜素标准溶液的吸光度为0.520。请计算试样中胡萝卜素的质量分数。

解：由于　　　　　　　　　　　　　　　$A_x = klc_x$

并且　　　　　　　　　　　　　　　　　$A_s = klc_s$

因此　　　　　　　$c_x = c_s A_x / A_s = 5.00 \times 0.452 / 0.520 = 4.35 \, (\text{mg/L})$

所以，该蔬菜试样中胡萝卜素的质量分数为

$$w_x = c_x V_x / m_s = 4.35 \times 50.0 \times 10^{-3} / (20.0 \times 10^{-3}) = 10.9 \, (\text{mg/kg})$$

（5）吸光法的激发条件

吸光法包括原子吸收光谱法（AAS）、分子吸收光谱法（紫外–可见吸收光谱法和红外吸收光谱法）、电子自旋共振波谱法（ESR）和核磁共振波谱法（NMR），其激发条件各有特点。

①原子吸收光谱法

原子吸收光谱法是以紫外–可见光激发气态原子外层电子产生吸光信号的方法。如图4-10所示，信号激发条件包括激发光波的产生、试样组分气化和原子化、原子吸收和透射作用、主共振谱线分光选择和邻近谱线干扰消除。

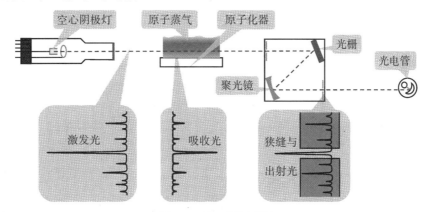

图4-10　原子吸收光谱法

原子吸收光谱为线状光谱，对激发光的单色性及其波长的准确性要求很高，复合光源很难用作激发光源（需要超高分辨率双单色器分光）。因此，原子吸收光谱法通常用待测元素空心阴极灯发射待测元素的特征锐线为激发光波。空心阴极灯为低压气体辉光放电灯，其阴极为空心圆柱形，由被测元素的纯金属或合金制成；其阳极为环形，通常由金属钛制成，采用玻璃外壳和石英窗口，内抽真空并充入稀有气体（氖气或氩气）。极间施加300~500 V电压时，阴极发射电子向阳极运动，碰撞稀有气体分子使其发生电离，其正离子撞向阴极内壁，溅射出阴极元素原子，在空心阴极内形成阴极元素原子云，被稀有气体离子撞击后激发至高能态，自发回到基态，同时发射相应能级差能量的特征锐线光波。空心阴极灯的发射强度决定于灯电流，需要控制的主要条件是灯电流的大小。在信噪比允许的情况下，使用较小的灯电流会获得较好的检出限和测量范围，并会延长灯的使用寿命。

原子吸收法测定的是自由原子对光的吸收，然而，样品中的待测元素是通过化学键与其他的原子结合在一起的，因此，必须使试样组分分解为基态原子蒸气，这一过程称为原子化。常用的原子化方法就是把样品加热到适当高温，使分子解离为自由原子，有火焰法（常用乙炔燃烧火焰）与非火焰法（常用电热石墨炉），如图4-11所示。火焰原子化过程是：助燃气抽吸试液，撞击喷雾，与燃气混合，干燥脱溶剂，升华气化，分解原子化等；同时，需要选择和控制燃气和助燃气的化学组成、流量比例，以及燃烧器的高度或激发光通过火焰的位置。石墨炉原子化过程是：用惰性气体保护石墨炉，干燥脱溶剂，灰化气化，分解原子化，高温除残和循环水冷等，需要控制各过程的温度和时间。

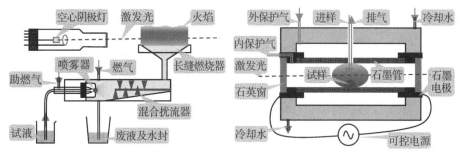

图4-11　火焰原子化法和石墨炉原子化法

激发光波通过待测气态原子产生选择性吸收作用,通过色散分光和狭缝选择,检测待测气态原子的主共振吸收谱线(基态与第一激发态之间的跃迁谱线,见附录)的吸光度,并消除其他谱线的影响。

原子吸收光谱法常用于试样中金属元素的定量分析,非金属元素容易生成氧化物,往往难以原子化,并且氧化物分子会干扰原子吸光度的测量。

②分子紫外-可见吸收光谱法

分子紫外-可见吸收光谱法(Vis-UV),是以紫外-可见光激发分子成键电子产生吸光信号的方法。如图4-12所示,信号激发条件包括光源选择、单色光的产生和激发光波长的选择,待测组分分子溶解形态、浓度、酸度和厚度的控制,选择性吸收作用和透射作用,参比溶液的选择和背景吸收的消除等。

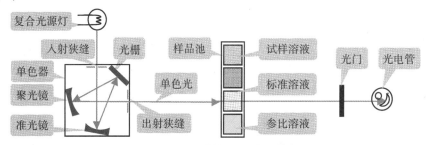

图4-12　分子-紫外可见吸收光谱法

紫外-可见吸收光谱为连续光谱,可用连续光源通过单色器选择吸收峰值波长窄带光波为激发光,需要控制的主要条件为光源灯选择、灯电压控制、单色器及其狭缝宽度选择和出射光(激发光)波长选择。常用激发光源有氘灯和钨灯,氘灯可产生200~360 nm近紫外光,钨灯可产生360~2500 nm可见光和近红外光。常用单色器为光栅单色器,主要由入射狭缝(形成光束)、准光镜(使光波平行)、光栅(色散作用)、聚光镜(光波会聚成光谱)和出射狭缝(选择出射光波长)构成。光栅色散率越高,狭缝越窄,其出射激发光单色性越好,但能量越弱越差。若激发光单色性较差(带宽较大),则吸光物质浓度较高时,其吸光度会显著偏低,即响应关系会偏离线性,线性范围会变窄,如图4-13所示。若激发光能量较弱,则透射光难以准确检测。因此,要求光源发光强度高(可在减小狭缝宽度、提高单色性的同时,保证较高的激发光能量),发光波长范围很宽(可一灯多用),并且要求灯电压稳定可调(可控制光源发光强度)。根据吸光定律,采用峰值吸收波长单色光激发,可提高检测灵敏度和降低检测下限。

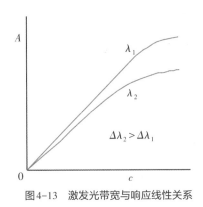

图4-13　激发光带宽与响应线性关系

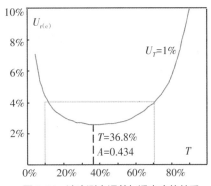

图4-14　浓度测定误差与透光度的关系

　　紫外-可见吸收光谱法测定的是分子成键电子对光的吸收,通常选用无显著吸收的溶剂溶解试样和标样,配制成具有较低浓度和适当酸度的溶液,装入透光样品池内,控制待测吸光组分的厚度,对所选单色光发生选择性吸收作用和透射作用,使透光度控制在10%~70%,或使吸光度控制在0.16~1.0范围内,以保证浓度测量的相对不确定度控制在4%以内(根据误差传递规律可得吸光法浓度测定误差与透光度或吸光度的关系,如例2-6和图4-14所示)。

　　连续光谱容易受到共存组分的干扰,因此,必须避免溶剂吸收干扰和基体吸收干扰及样品池干扰,既应选择无显著吸收的溶剂配制标液和试液,还应选用对可见光无吸收的玻璃样品池,或对可见光及紫外光都无吸收的石英样品池,并应配制空白试剂溶液作参比溶液,以消除溶剂干扰、基体干扰和样品池的背景吸收干扰。常用溶剂的截止波长(适用波长范围低限)如"附录19"所示。石英样品池可透过紫外、可见和近红外光,但玻璃不能透过紫外光,只能透过可见光和近红外光。常用参比溶液有溶剂参比、试剂参比和试样参比,其他试剂对激发光波无吸收时可用溶剂作参比以消除溶剂干扰,试剂参比=溶剂+缓冲剂+掩蔽剂等,试样参比=溶剂+试样基体。

　　无色分子及非共轭分子吸收远紫外光并且空气组分会干扰测定,只有有色分子或共轭分子才能选择性吸收可见光或近紫外光,因此紫外-可见光谱法只适用于有色物质或共轭分子的分析,并且其吸收峰较宽,特征性较差,主要用于定量分析,定性分析应用较少。

③其他吸收光谱法

　　红外吸收光谱法(IR),是以红外光激发分子极性基团振动能级跃迁的方法。常用激发光源有硅碳棒和稀土陶瓷棒(能斯特灯),均为复合光源,经过迈克尔逊干涉仪产生干涉光作为激发光,激发试样产生吸收作用和透射干涉信号,再通过傅立叶变换得到吸收光谱。干燥试样分散于透光基体压片中或夹膜于两透光窗片间,常用KBr做基体或窗片。分子的振动形式很多,极性振动都有红外吸收活性,并且特征性很强,常用于分子结构分析和试样指纹鉴定。

　　核磁共振波谱法(NMR),是以射频波激发磁场中被核外电子部分屏蔽的核自旋共振跃迁(吸收)的方法,能够表征分子中各个氢核或碳核等的电荷分布状况,常用于分子结构分析(将在"磁场激发法"小节做简要介绍)。

电子自旋共振法（ESR），又称电子顺磁共振法（EPR），是以微波激发磁场中不成对电子自旋共振（吸收）的方法，可用于含有未成对电子的物质定性分析和定量分析，也放到"磁场激发法"小节做简要介绍。

[2]荧光法*

荧光法（Fluorescence Method）是光致发光法。试样组分分子或原子中的电子，在适当频率的光辐射的激发下，获得相应能级差的光能，跃迁到激发态，但激发态不稳定，会自发地跃迁回到基态（低能态），其能量以发射荧光（或化学反应及振动弛豫等）释放出来，检测发射荧光能量随其波长的变化曲线可得荧光光谱。

原子荧光光谱是气态原子的量子化线状特征光谱，如图4-15所示。

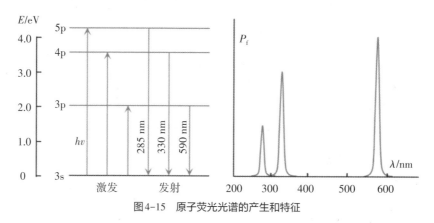

图4-15　原子荧光光谱的产生和特征

分子能级比原子能级复杂，不但存在多层电子绕核运动能级、成键电子反向自旋运动能级（单线态，抗磁不分裂，用S表示）或成键电子同向自旋运动能级（顺磁分裂为三线态，用T表示）（洪特规则表明，同向平行自旋比反向成对自旋稳定，三线态比单线态能级稍低），并且在每个电子能级上还存在能级更低的振动能级（用V表示）和转动能级（用R表示）。分子吸收相应能级差的光辐射即可从基态直接跃迁到激发态（激发），而从激发态返回基态（弛豫）有多种途径和方式，包括振动弛豫、内转移、外转移和系间跨越，速度最快、激发态寿命最短的途径占优势，主要决定于分子结构。

分子荧光光谱的产生如图4-16所示，在紫外-可见光激发下，电子跃迁至单线激发态，并以无辐射振动方式丢失部分能量（内转移和振动弛豫）回到第一单线激发态的最低振动能级，再跃迁回到基态各振动能级，发射荧光光谱。可见，荧光波长大于激发光（吸收光）波长（称为Stokes位移），并且可用较短波长高强度激光诱导产生荧光以降低检出限。但若分子激发后产生化学反应或外转移（与溶剂分子或溶质分子发生碰撞作用产生能量转移而去激化的过程），就会导致荧光淬灭。虽然几乎所有的气态原子都有荧光活性，但是通常需要具有刚性平面共轭体系，且无空间位阻结构的分子才有较强的荧光活性。

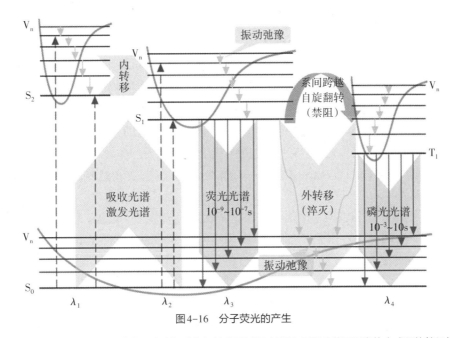

图4-16 分子荧光的产生

a. 振动弛豫:同一电子能级中电子由高振动能级转移至低振动能级,而相应能量以发热方式释放(耗时 10^{-12}s);

b. 内转移:两个电子能级非常靠近以致其振动能级有重叠时,常发生无辐射跃迁,转移至较低电子能级;

c. 外转移:激发分子与溶剂分子或溶质分子的相互作用及能量转移而去激化的过程(荧光淬灭);

d. 系间跨越跃迁:自旋翻转(为禁阻跃迁)$S_1 \rightarrow T_1$。

荧光波长决定于各分子或原子的特征的能级结构,如图4-17所示,荧光光谱与激发光谱或吸收光谱成近似镜像关系。

激发光谱为最强发射波长荧光的强度与激发光波长的关系曲线,与吸收光谱形状位置相同。根据激发光谱可选择最佳激发光波长,即最佳激发光波长为发射荧光强度最大的激发光波长,常用 λ_{ex} 表示。荧光光谱为以最强激发光(最大吸收波长光波)激发分子发射荧光的强度与发射荧光的波长的关系曲线,根据荧光光谱可选择最佳荧光检测波长,常用 λ_{em} 表示。

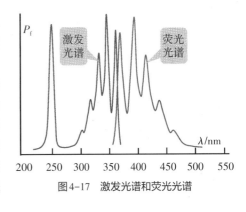

图4-17 激发光谱和荧光光谱

扫描激发光谱,检测荧光光谱,以激发光波长为 x 轴,荧光波长为 y 轴,荧光强度为 z 轴,可得三维荧光光谱。三维荧光光谱反映了具有荧光活性的分子的荧光特征,可用于荧光组分的定性分析和试样的荧光指纹识别。

荧光强度决定于吸收激发光的能量和荧光量子效率:

$$P_f = \varphi_f P_a \tag{4-25}$$

式中,P_a 为吸收光强度,P_f 为荧光强度,φ_f 为荧光量子效率(即发射荧光强度在吸收光强度中所占的分数,$\varphi_f = P_f/P_a$)。

若荧光组分含量较低,即 $A = klc < 0.05$,则

$$P_f = \varphi_f(P_0 - P_t) = \varphi_f P_0(1 - P_t/P_0) = \varphi_f P_0(1 - e^{-2.3klc}) = 2.3\varphi_f P_0 klc \tag{4-26}$$

因此,荧光组分含量较低时,在一定的激发和检测条件下,荧光强度与试样组分分子或原子的含量成正比(荧光定律),可用于试样组分分子或原子的定量分析。

荧光量子效率主要决定于荧光分子结构,也受一些外界因素的影响。

荧光效率随分子结构变化的规律:①发生 $\pi \Leftrightarrow \pi^*$ 及 $n \Leftrightarrow \pi^*$ 跃迁的分子,有较大的摩尔吸光系数和较短的激发态寿命($10^{-7} \sim 10^{-9}$ s),并且系间跨越至三重态概率小,即主要发射荧光。②刚性平面共轭体系越大,荧光与磷光效率越高。③产生 $p \to \pi$ 共轭的给电子取代基,如—NH_2、—NHR、—NR_2、—OH、—OR 和—CN 使荧光增强;吸电子取代基如—$C=O$、—$COOH$ 和—NO_2,使荧光减弱、磷光增强;重原子取代基如—X 使 $S_1 \to T_1$,系间跨越增强,荧光减弱、磷光增强。④空间位阻使荧光消失。

荧光效率受外因影响的规律:①溶剂极性和黏度增加,使荧光效率增加。②温度升高,使荧光效率降低。③H^+ 使具有酸碱性的分子荧光减弱,OH^- 使具有酸碱性的分子荧光增强。④表面活性剂使荧光效率增强。⑤荧光物质分子与其他物质分子相互作用引起荧光强度降低(称为荧光淬灭),包括与淬灭剂碰撞或反应,与溶解氧、卤化物、硝基化合物、重氮化合物及重金属离子等淬灭剂作用转入三线态(荧光减弱、磷光增强),发生电荷转移反应(如甲基蓝与 Fe^{2+})和较高浓度自吸淬灭。

荧光发射是没有方向性的,通常是在垂直于激发方向测量发射光的强度,这样可以避免透射光和反射光的干扰。因此,荧光分析的灵敏度很高,并且线性浓度范围很宽,通常比吸收光谱分析检测限低一至三个数量级。然而,通常只有刚性平面共轭且无空间位阻结构的分子具有较强的荧光活性,可用于吸收光谱分析的很多物质缺乏分子荧光活性,能用分子荧光法检测的物质相对较少。但原子荧光法应用广泛,并可进行多元素同时分析。

4.2.2 电场激发法

电场激发法(Electric Field Excitation Method)是用电场与试样组分分子作用产生分析信号的方法。

电场是由电源产生的,具有电场力和电场能,对放入其中的电荷有作用力,使电荷移动或做功。试样离子或分子中电子和原子核是荷电的,电源通过电场与试样组分分子作用,可使试样组分产生电泳、电解、电流、电导、电感、电弧、发光、移动(偏转)、场电离和场解吸(离子化)等分析信号,在一定条件下响应关系符合电泳公式、电泳指纹图谱(质谱)、电解定律、电流方程、欧姆定律、电感定律和发光定律等规律。据此,可建立电泳法、电解法及伏安法、电导法、电感法、电弧法、场分离法、场电离法、场解吸法和电致发光法等,可用于检测试样组分含量和成分。

〔1〕电泳法

电泳法(Electrophoresis Method)是施加高压电场产生电渗流带动试样流经毛细管时,荷电组分向电极迁移速率(或淌度,决定于荷质比)不同而产生分离并依次流出毛细管的方法。

(1)电泳分离过程理论

如图4-18所示,将 pH≥3 的缓冲溶液充满石英毛细管使其内壁部分硅羟基(—SiOH)解离为带负电荷的硅氧基(—SiO^-),把缓冲溶液中阳离子吸引到管壁附近形成扩散双电层,并将 10~30 kV 高压电源通过缓冲瓶加在充满缓冲溶液的荷电毛细管两端。使双电层中的水合阳离子在高压电场作用下带着毛细管中的液体朝阴极方向迁移,形成电渗流(Electro-Osmotic Flow, EOF)(即毛细管中整个液体的塞形移动),将样品从毛细管进样端导入,并使荷电组分向与其电荷极性相反的电极方向移动,由于荷质比差异导致迁移速度或淌度不同而分离,各组分按其淌度大小分离后随电渗流依次流出毛细管。正离子的移动方向和电渗流一致,最先流出毛细管;中性组分分子的电泳速度为零,其迁移速度与电渗流速度相当;负离子的移动方向与电渗流方向相反,但因电渗流速度一般都大于电泳速度,所以将在中性组分流出毛细管后流出。采用吸收光谱法、荧光光谱法或伏安分析法等方法可检测组分流出曲线,即响应信号随电泳时间或流出组分浓度的变化曲线称为电泳图或色谱图,如图4-19所示。

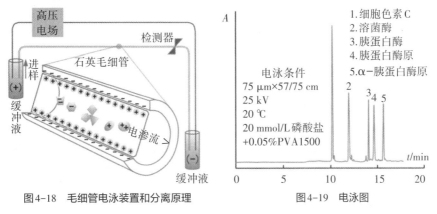

图4-18　毛细管电泳装置和分离原理　　　　图4-19　电泳图

双电层厚度用δ表示,主要决定于缓冲溶液的浓度c和温度T:

$$\delta = \sqrt{\frac{\varepsilon R T}{2 c F^2}} \tag{4-27}$$

双电层电位用ζ表示,它与管壁上定域电荷面密度ρ_e和双电层厚度δ成正比,与溶液的介电常数ε成反比:

$$\zeta = \frac{\rho_e \delta}{\varepsilon} \tag{4-28}$$

外加电场强度用E表示,是指毛细管两端所施加的电压U和毛细管的长度L的比值:

$$E = \frac{U}{L} \tag{4-29}$$

电渗流速度用v_{eo}表示,它与双电层电位和电场强度及介电常数成正比,与溶液黏度η成反比:

$$v_{eo} = \frac{\varepsilon \zeta E}{\eta} = \mu_{eo} E \tag{4-30}$$

$$\mu_{eo} = \frac{v_{eo}}{E} = \frac{\varepsilon \zeta}{\eta} \tag{4-31}$$

式中,μ_{eo}为电渗流淌度。通过控制缓冲溶液组成、pH和添加离子型表面活性剂等可控制电渗流的大小和方向。

通过电动、压力或扩散等方法使试样进入毛细管一端,进样量决定于电场强度(或驱动压力)、扩散系数、进样时间,以及端口面积和溶液黏度等因素。

荷电组分在高压电场力 F_E 作用下与其电荷极性相反的电极方向移动,并受到摩擦力 F_f 的阻碍:

$$F_E = qE \tag{4-32}$$

$$F_f = fv_{ep} = 6\pi r\eta v_{ep} \tag{4-33}$$

式中,q 为荷电组分电量,E 为电场强度,f 为摩擦系数,v_{ep} 为组分电泳速度,r 为组分离子半径,η 为缓冲溶液黏度。

达到平衡时荷电组分受到的电场力 F_E 与摩擦力 F_f 相等,因此

$$v_{ep} = \frac{qE}{6\pi r\eta} = \mu_{ep}E \tag{4-34}$$

$$\mu_{ep} = \frac{v_{ep}}{E} = \frac{q}{6\pi r\eta} \tag{4-35}$$

式中,μ_{ep} 为组分电泳淌度(Electrophoretic Mobility)。这表明,组分电荷越高、半径越小及溶液黏度越低,其电泳淌度越大,电泳速度越快,并且组分电泳速度还随电场强度增加而加快。

总之,荷电组分在毛细管内缓冲溶液中的表观迁移速度 v_{app} 等于电泳速度 v_{ep} 和电渗流速度 v_{eo} 之和,并且其表观淌度 μ_{app} 等于电泳淌度 μ_{ep} 和电渗流淌度 μ_{eo} 之和,即

$$v_{app} = \mu_{app}E = v_{ep} + v_{eo} \tag{4-36}$$

$$\mu_{app} = \frac{v_{app}}{E} = \mu_{ep} + \mu_{eo} \tag{4-37}$$

所以,荷电组分按照正离子荷质比从大到小、中性分子和负离子荷质比从小到大的顺序分离流出毛细管,形成流出组分的峰形分布曲线或峰形响应曲线图,即电泳图。

(2)电泳响应关系与指纹特征

电泳图反映了试样组分分散流出情况和指纹特征。电泳图中流出组分的峰形响应曲线(正常情况为正态分布曲线)称为组分的电泳峰(Peak),电泳峰个数反映了试样中含有的最小组分数。

出峰位置反映了组分的荷质比。荷电组分从进样开始到出现浓度最大值时所需的时间(出峰时间)称为迁移时间(Migration Time),用 t_m 表示。

$$t_m = \frac{L_{eff}}{v_{app}} = \frac{L_{eff}}{\mu_{app}E} \tag{4-38}$$

式中,L_{eff} 为毛细管的有效长度(即进样端到检测器之间的距离)。这表明,荷电组分的迁移时间决定于毛细管的有效长度与组分表观迁移速度的比值。

因此,两个荷电组分在相同电泳条件下的迁移时间的比值等于其表观电泳淌度的反比值:

$$\frac{t_{m(2)}}{t_{m(1)}} = \frac{\mu_{app(1)}}{\mu_{app(2)}} \tag{4-39}$$

由此可见,两个荷电组分具有不同的表观电泳淌度是其电泳分离的先决条件,并且两个组分的表观电泳淌度相差越大,其迁移时间(出峰位置)相差越大,分离的可能性越高。

荷电组分的相对迁移时间与荷电组分、缓冲溶液及溶液温度有关,而与毛细管管径、管长和

外加电场强度无关。在一定缓冲溶液及溶液温度条件下,荷电组分的相对迁移时间是保持不变的,可据此确定电泳峰的归属。实际工作中常用加标增加峰高法确认电泳峰。

峰面积(或峰高)反映了组分的相对含量。峰面积是指组分所有分子响应信号的积分(响应曲线与基线间包围的面积),用 A 表示。峰高是指电泳峰顶点与基线(没有组分流出时检测的噪声曲线)之间的距离。分离组分的峰面积(或峰高)在一定条件下与进样量(组分质量或含量)成正比:

$$A_i = k_i m_i \tag{4-40}$$

$$m_i = \frac{A_i}{k_i} = f_i A_i \tag{4-41}$$

式中,k_i 为响应灵敏系数,f_i 为绝对校正因子,两者互为倒数:

$$f_i = \frac{1}{k_i} = \frac{m_i}{A_i} \tag{4-42}$$

可见,根据标样对照实验测量绝对校正因子,即可校正分离组分的峰面积而求出其含量(校正因子法)。需要指出:①各组分的响应灵敏系数或绝对校正因子各不相同,并与激发条件和检测条件有关;②两组分校正因子的比值称为相对校正因子,它不受激发条件和检测条件影响。

电泳峰的区域宽度反映了流出组分分子的分散程度,有组分分布的标准偏差 σ、半高峰宽 $W_{1/2}$ 和峰底宽度 W。半高峰宽与峰底宽度和标准偏差的关系分别为

$$W_{1/2} = 2.354\sigma \tag{4-43}$$

$$W = 4\sigma \tag{4-44}$$

电泳峰的区域宽度是由于组分分子扩散引起的,决定于组分分子在缓冲溶液中的扩散系数、表观迁移速度和迁移时间(出峰时间)。

$$\sigma^2 = \frac{2D_m t_m}{v_{app}} \tag{4-45}$$

式中,D_m 为组分在缓冲溶液中的扩散系数。这表明,扩散系数越小(特别是生物大分子的扩散系数更小),其电泳峰的区域宽度也越小;并且通过提高电泳速度实现快速分离的同时,也可提高分离效率。

相邻两个电泳峰出峰时间之差与其峰底宽度平均值之比反映了这两个组分的分离程度或可分辨程度,称为分离度或分辨率(Resolution),用 R 表示,即

$$R = \frac{t_{m2} - t_{m1}}{\dfrac{W_2 + W_1}{2}} \tag{4-46}$$

R 值越大,表明相邻两个组分分离越好。$R<1$ 时,两组分色谱峰重叠较严重;当 $R=1$ 时,两个峰的分离程度可达 98%;当 $R=1.5$ 时,分离程度可达 99.7%。如图 4-20 所示。当然 R 再大,分离效果会更好,但分析时间会延长。因此 $R=1.5$ 为相邻两组分完全分离的标志。

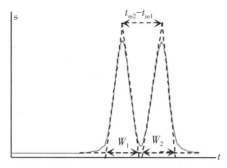

图4-20　分离度示意图

电泳法可实现多组分的同时分离,既可消除共存组分的相互干扰,又具有整体指纹特征(出峰位置、出峰数量及相对含量),可广泛应用于药物、蛋白质、糖类、DNA、手性物质和其他生物大分子分离分析,甚至可用于整个细胞或细菌的分离检测,以及中药、种子及食品的质量鉴定。但是电泳法不能分离中性组分,分离中性组分需要采用电色谱法(在毛细管中加入胶团、凝胶或键合固定相,与电渗流竞争,利用组分萃取与洗脱或排阻与渗透的作用差异进行分离)。

〔2〕电解法*

电解法(Electrolysis Method)是通过低压电场与试样组分作用产生电极反应信号或电解电流信号的激发方法。

外加低压电压于电解池的两个电极上并改变电压大小,就会使试样中氧化还原组分在电极与溶液的界面上失去或获得电子,发生电极氧化或还原反应(称为电解)同时产生电解电流(由电极反应产生的电流)。

例如,KI水溶液的电解反应如图4-21所示。I^-在正极失去电子被氧化为I_2,H^+在负极得到电子被还原为H_2。

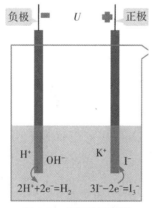

图4-21　电解法示意图

电解产物的量与电解电量(电解电流和电解时间的乘积)成正比,这个规律就是法拉第(Faraday)电解定律,其电极反应式和数学表达式分别如下:

$$X \pm ne^- = P \qquad (4-47)$$

$$n_P = \frac{it}{nF} \qquad (4-48)$$

可见,电解电流的大小与单位时间内电解产物的量成正比,反映了电极反应进行的速度。

$$i = nF\frac{dn_P}{dt} \tag{4-49}$$

各种物质的氧化还原能力(得失电子能力)各不相同,决定于其电极电位的高低。电极电位越高,其氧化态越容易得到电子;电极电位越低,其还原态越容易失去电子。

平衡条件(无电解电流)的电极电位称为可逆电极电位,符合能斯特(Nernst)方程:

$$\varphi = \varphi^{0'} \pm \frac{RT}{nF}\ln\frac{c_X}{c_P} \tag{4-50}$$

有电解电流时,电极反应使电极表面反应物浓度降低,电极电位发生相应变化,还原反应使电极电位降低,氧化反应使电极电位升高。有电解电流时的电极电位称为分解电位或析出电位,分解电位或析出电位与可逆电位之差称为超电位。电解生成金属的超电位较低,电解生成气体的超电位较高,这有利于防止溶剂水分子的电解和干扰。

电解法有控制电流电解法和控制电位电解法。

控制电流电解法主要是指在搅拌情况下,以恒电流电解辅助电解质而产生标准物质,据此进行滴定分析的方法(库仑滴定法)。电解产生标准物质的电极称为发生电极,其对电极称为辅助电极,需用多孔隔膜将两电极反应隔离以防相互干扰,通常其测定结果准确度很高。例如,可在K_2SO_4溶液中电生OH^-滴定酸性物质,可在KI溶液中电生I_2滴定抗坏血酸。

控制电位电解法是根据物质的分解电位,控制电极电位进行选择性电解的方法,可通过检测电解电量或电极沉积物质量进行定量分析,更常用的是通过检测伏安曲线进行分析的伏安法。

伏安法(Voltammetry)是在小面积惰性工作电极与大面积恒电位参比电极之间施加一定波形电解电压,并在溶液静止条件下电解试样组分而产生电解电流随电解电压的波形变化曲线(称为伏安曲线)的方法,如图4-22所示。

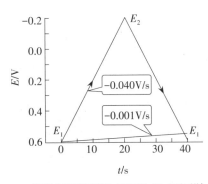

a. 激发电压波形(蓝-快扫描,绿-慢扫描)

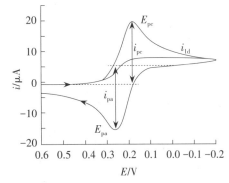

b. 伏安曲线[$K_3Fe(CN)_6$+KCl溶液]

图4-22　线性扫描伏安曲线

伏安法有多种电解电压波形和伏安曲线。采用阶跃电压进行电解,产生阶跃伏安曲线;采用线性扫描电压电解,产生峰形伏安曲线;采用三角波(循环波)电压进行电解,产生循环伏安曲线;采用脉冲电压进行电解,产生差分脉冲伏安曲线等。

阶跃电压在静止条件下电解产生极限扩散电流,伏安曲线呈阶梯形。这是因为工作电极表面面积很小,电解时电流密度很大,电解组分浓度很小时(一般低于10^{-3} mol/L),电极表面电解组分因被迅速电解使其浓度几乎为零,产生浓度梯度、浓差扩散(或浓差极化)和扩散层;之后,电解速度和电解电流决定于电解组分向电极表面的扩散速度,如图4-23所示,产生的电流称为扩散电流,用i_d表示。

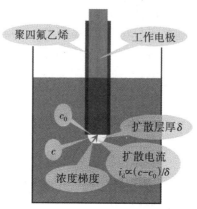

图4-23　浓差极化与扩散电流

$$i_d = nFAD_0 \frac{c - c_0}{\delta} \tag{4-51}$$

式中,A为电极表面积,D_0为电解组分的扩散系数,c_0为电极表面溶液电解组分的浓度,c为测试溶液本体电解组分的浓度。

电极表面溶液中的电解物质浓度趋近于零时,扩散电流达到最大极限值(称为极限扩散电流),用i_l表示。

$$i_l = nFAD_0 \delta^{-1} c = nFAD_0^{1/2}(\pi t)^{-1/2} c \tag{4-52}$$

上式称为Cottrell方程,式中t为电解时间。由此可见,极限扩散电流与溶液本体被测电解组分浓度成正比,并且极限扩散电流随电解时间的增加而衰减。

电解电压与电解电流的关系为

$$E = E_{1/2} - \frac{RT}{nF} \ln \frac{i_d}{i_l - i_d} \tag{4-53}$$

式中,$E_{1/2}$为半波电压($i_d=i_l/2$时的电解电压),决定于电解组分及溶液的性质。

线性快扫描电压电解产生峰电流。若电压扫描速度很快,则当达到被测物质的分解电压时,被测物质迅速电解产生很大的电流,电极表面被测物质的浓度剧降,主体溶液中的待测物质又来不及扩散至电极表面,而极化电压变化速度又如此之快,故继续增加电压时电流反而减小至扩散电流,因而伏安曲线呈峰形。峰电位和峰电流分别为

$$E_p = E_{1/2} \pm 1.1 \frac{RT}{nF} \tag{4-54}$$

$$i_p = 2.69 \times 10^5 n^{3/2} D^{1/2} v^{1/2} Ac \tag{4-55}$$

还原过程取负号,氧化过程取正号,v为电解电压扫描速率。实践表明,电极反应较慢的物质的还原曲线或氧化曲线峰形(波形)较平坦或不起峰(波),这是因为扫描电压变化的速度很快,而电极反应速率较慢,来不及还原或氧化。反应速率较慢的电极反应称为不可逆电极反应,其电极氧化或还原曲线峰形(或波形)称为不可逆峰(或不可逆波)。

可见,在一定条件下慢扫描极限扩散电流和快扫描峰电流都与电极反应物浓度成正比(电流

方程),据此可测定氧化性或还原性物质的含量,称为线性扫描(单扫描)伏安法。例如,将果蔬汁与pH4.7 HAc-NaAc缓冲溶液混合后在-0.2~+0.8V范围内线性扫描电解,即可根据氧化维生素C的极限扩散电流或峰电流检测其含量。

三角波扫描电压电解产生循环伏安曲线,每次扫描都包括一个氧化过程和一个还原过程,产生一个氧化伏安曲线和一个还原伏安曲线。若电极反应速度很快,符合能斯特方程的反应过程,即通常所说的可逆电极反应过程,则其还原伏安曲线与氧化伏安曲线具有对称性,峰高近似相等,峰间距约为56/n mV,即

$$i_{pc}/i_{pa} \approx 1 \tag{4-56}$$

$$\Delta E_p = E_{pa} - E_{pc} = 2.2\frac{RT}{nF} = \frac{56}{n}\text{mV} \tag{4-57}$$

如果电活性物质的电极反应较慢,或者说其电极过程的可逆性较差,则其氧化伏安曲线与还原伏安曲线的对称性就较差,峰高也不同,峰间距也较大。利用循环伏安曲线的分析方法称为循环伏安法,常用于电极反应过程研究,也可用于氧化还原组分含量的测定。

如图4-24所示,将一个慢的线性扫描电压叠加一个振幅恒定的脉冲电压(20~100 mV)后,再加到工作电极上,脉冲时间1~3 s,脉冲持续时间为40~60 ms,测量脉冲加入前20 ms和脉冲消失前20 ms时的电流之差,可得峰形微分脉冲伏安曲线,峰电位比还原半波电位更负或比氧化半波电位更正ΔU/2,在一定条件下微分脉冲伏安曲线的峰电流最大值Δi_p也与组分浓度成正比。

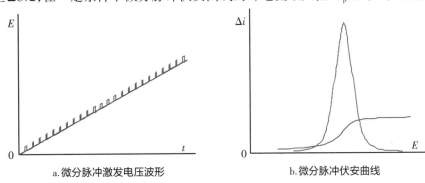

a. 微分脉冲激发电压波形　　　　　　b. 微分脉冲伏安曲线

图4-24　微分脉冲伏安法的激发电压波形与伏安响应曲线

$$E_p = E_{1/2} \pm \frac{\Delta U}{2} \tag{4-58}$$

$$\Delta i_p = \frac{n^2F^2}{4RT}A\Delta U D^{1/2}\left(\pi t_m\right)^{-1/2}c \tag{4-59}$$

上式中,还原过程取负号,氧化过程取正号,ΔU为脉冲电压的振幅,t_m为每个周期内从开始施加脉冲到进行电流采样所经历的时间。利用微分脉冲伏安曲线与电活性物质浓度的关系可检测其含量,称为微分脉冲伏安法,可消除充电电流影响和电极反应可逆性影响,分辨率和灵敏度都较高,应用较广泛。

伏安法的工作电极,既有惰性金属电极(如金电极、银电极、悬汞电极和汞膜电极等)和惰性碳电极(如玻璃碳电极、热解石墨电极、碳糊电极、碳纤维电极等),还有具有催化放大或选择性作用的修饰电极(功能基团修饰电极和纳米材料修饰电极等)。

伏安法可检测能够在电极上发生还原反应或氧化反应的物质,常用于检测微量金属离子(如 Cr^{3+}、Pb^{2+}、Cd^{2+} 和 Hg^{2+} 等)、某些酸根阴离子(如 AsO_4^{3-}、$Cr_2O_7^{2-}$、VO_3^-、SeO_3^{2-} 和 NO_2^- 等)和具有强极性键或不饱和键的有机化合物或药物(如可还原的醛酮醌类化合物、有机卤化物、硝基或亚硝基化合物、偶氮或偶氮羟基类化合物、杂环化合物、过氧化物和硫化物,可氧化的硫醇类、肼类化合物和有机酸如维生素 C 等)。

4.2.3 磁场激发法*

磁场激发法(Magnetic Field Excitation Method)是用磁场与试样组分分子作用产生分析信号的方法。

磁场是由磁源或磁体(包括永磁体、电磁体和超导磁体)的电场变化或电荷运动(电流)产生的,具有势能和磁性,对磁体或运动电荷产生吸引或排斥作用,使试样中原子和分子的轨道电子、自旋电子、磁性自旋原子核及离子流等运动电荷产生顺磁性(磁矩顺磁取向)、抗磁性(磁矩抗磁取向)和铁磁性(磁矩完全顺磁取向)或能级分裂,从而建立核磁共振法、电子自旋共振法、铁磁共振法、磁天平法、磁圆二色法和磁旋光法等,可研究分子的化学结构、空间构型、电子组态、价键性质和力学性质等。

例如,核磁共振法现用超导磁体产生强的静磁场,如图4-25所示,强磁场可使试样分子中具有自旋角动量(或磁矩矢量)的原子核(称为磁性核或自旋核,如 ^1H、^{31}P、^{13}C、^{15}N 等原子核)发生能级分裂,即其磁矩矢量重新排列为与外磁场同向(平行于外加磁场)磁矢量能级和反向磁矢量能级(符合 Boltzmann 分布规律),同时以适当频率电磁波横向激发磁性核,会发生核自旋能级跃迁,产生核磁共振吸收信号。由于不同分子中同种性质磁性核如 ^1H 核所处化学环境不同,核外电子云对核自旋的屏蔽作用也不同,因此将在不同特征的频率位置发生吸收,使吸收峰发生化学位移(通常用相对于标准参照物质四甲基硅烷的吸收频率差值表示)。乙醇的 ^1H-NMR 如图4-26所示,纵坐标为吸收信号强度,横坐标为化学位移。核磁共振波谱法已成为鉴定有机化合物结构的重要手段,核磁共振成像可检查和诊断各种疾病。

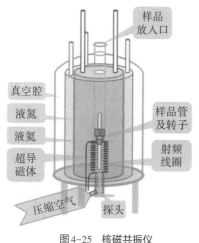

图4-25 核磁共振仪

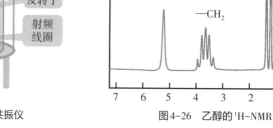

图4-26 乙醇的 ^1H-NMR

又如,电子自旋共振法也用磁场激发试样组分分子中的电子,使简并的电子自旋能级发生分裂。电子是具有一定质量和带负电荷的一种基本粒子,它能进行两种运动:一是在围绕原子核的轨道上运动,二是通过本身中心轴所做的自旋。由于电子运动产生力矩,在运动中产生电流和磁矩。在垂直外磁场方向加上合适频率的电磁波,可使处于低自旋能级的电子吸收电磁波能量而跃迁到高能级,从而产生电子的顺磁共振吸收。顺磁共振是研究化合物或矿物中不成对电子状态的重要工具,可用于定性和定量检测物质原子或分子中所含的不配对电子,并探索其周围环境的结构特性。

4.2.4 分子激发法

分子激发法(Molecular Excitation Method)是采用试剂材料分子或超分子与试样组分分子相互作用产生分析信号的方法。可用试剂材料分子或超分子包括:①各种化学试剂与生化试剂(如中和剂、沉淀剂、氧化剂、还原剂、配位剂、显色剂、指示剂、荧光剂、发光剂、催化剂);②流动相(溶剂)与固定相(如吸附剂、分子筛、固定液、键合基);③敏感膜(如钠钙玻璃膜、LaF_3单晶片、Ag_2S混晶片、配位剂或缔合物PVC增塑膜);④修饰膜(如涂饰膜、包埋膜、沉积膜或键合膜,或单层修饰膜、复层修饰膜及纳米材料修饰膜)等。分子激发法可分为物理法和化学法。

〔1〕物理法

物理法是利用分子间作用力(如溶解萃取、吸附脱附、交换竞争、渗透排阻、选择亲和、分子识别等)产生分析信号的方法。有色谱法和电位法等。

(1)色谱法

色谱法(Chromatography)是将试样注入流动相(Mobile Phase)后再流经固定相(Stationary Phase),利用试样各组分在固定相和流动相之间发生萃取分配、吸附脱附、竞争交换、渗透排阻等作用的差异,经过反复分配平衡多次($10^3 \sim 10^6$次),导致各组分随流动相移动的速度也出现差异,发生组分分离产生色谱(组分分子流出分布图谱)的方法。如图4-27所示,组分分离后依次流出色谱柱,可采用光谱法、伏安法或质谱法等方法检测组分流出曲线(称为色谱图)。

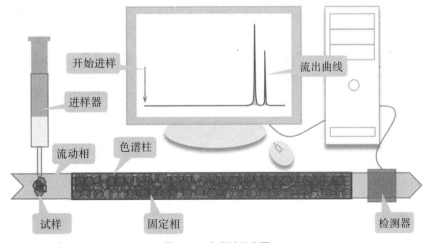

图4-27　色谱法示意图

①流动相和固定相与色谱方法分类

常用色谱流动相有气体(氢气、氦气和氮气)、液体(水、甲醇、乙腈和四氢呋喃等各种不同极性的溶剂)和超临界流体(CO_2，超过临界温度高压不液化的气体，具有气液双重性)。因此，根据流动相的物理状态，色谱法分为气相色谱法(Gas Chromatography，GC)、液相色谱法(Liquid Chromatography，LC)和超临界流体色谱法(Supercritical Fluid Chromatography，SFC)；根据流动相流动动力，可分为高压气相色谱法(用高压气体作流动相)、高压液相色谱法(高效液相色谱法，用高压泵驱动流动相移动，High Press (Performance) Liquid Chromatography，HPLC)和毛细管电动色谱法(用高压电场驱动流动相移动，Capillary Electrochromatography，CEC)；根据流动相组成，分为恒定溶剂洗脱色谱法(色谱分离过程中使用恒定组成的单一溶剂或混合溶剂作洗脱剂)和梯度洗脱色谱法(Gradient Elution Chromatography，按照设定程序改变洗脱剂组成)。

常用色谱固定相有各种极性的吸附剂微粒、有机高沸点固定液(涂渍在惰性微球载体表面或毛细管内壁)和有机官能团键合固定相(键合在惰性微球载体表面或毛细管内壁)，以及手性固定相、阴(或阳)离子交换剂、多孔凝胶分子筛和滤纸等。因此，根据固定相的形状，可分为柱色谱法(Column Chromatography，固定相装在色谱柱中)、纸色谱法(Paper Chromatography，滤纸为固定相)和薄层色谱法(Thin Layer Chromatography，TLC，将吸附剂粉末铺在玻板上制成薄层作固定相)等；根据色谱柱的填充情况，可分为填充柱色谱法(Packed Column Chromatography，PCC，固定相颗粒填充于色谱柱内)、开管毛细管柱色谱法(Open Tubular Capillary Column Chromatography，OTCCC，用空心毛细管柱，固定液涂渍或键合到内壁上)和整体柱色谱法(用有机或无机聚合方法在色谱柱内进行原位聚合制备连续固定相)；根据色谱柱温度控制情况，可分为普通恒温色谱法(色谱柱温度恒定不变)和程序升温色谱法(Programmed Temperature Chromatography，色谱柱温度按设定程序升高)。

色谱法可按色谱分离机理分类，有分配色谱法(Partition Chromatography，PC，利用不同组分在两相中有不同的分配系数来进行分离)、吸附色谱法(Absorption Chromatography，AC，利用吸附剂表面对不同组分的物理吸附性能的差异进行分离)、离子交换色谱法(Ion Exchange Chromatography，IEC，利用离子静电作用差异进行分离)、尺寸排阻色谱法(Size Exclusion Chromatography，SEC，利用多孔性物质对不同大小分子的排阻作用差异进行分离)以及亲和色谱法(Affinity Chromatography，利用特异性亲和力的差异进行分离)等。

②色谱分离过程理论

色谱分离过程较复杂，试样分子被流动相带入色谱柱内，将在流动相(m)与固定相(s)之间发生分配作用、保留作用和传质作用，分别用分配比、保留值和分散度来衡量。

分配比是指在一定温度和压力下达到平衡时组分分配在固定相和流动相之间的摩尔比，又称容量因子，用 k 表示：

$$k = \frac{n_s}{n_m} = \frac{c_s V_s}{c_m V_m} = \frac{K}{\beta} \tag{4-60}$$

式中，n_s 和 n_m 分别为组分在固定相和流动相中的物质的量，c_s 和 c_m 分别为组分在固定相和流动相中的浓度，V_s 为柱中固定相的体积，V_m 为柱中流动相的体积(等于空隙体积即死体积 V_M)，β 为相比，K 为分配系数。

$$\beta = V_m / V_s \tag{4-61}$$

$$K = c_s / c_m \tag{4-62}$$

分配比决定于组分与固定相和流动相的种类、性质以及色谱柱的温度，衡量了色谱柱对组分的保留能力(或作用力大小)。

保留值是指组分在色谱柱或固定相内滞留的时间,或载着组分流过色谱柱或固定相所需流动相的体积。图4-28为色谱流出曲线,组分从进样开始到流出色谱柱出现浓度最大值时,所需的时间称为保留时间(用t_R表示),所需流动相体积称为保留体积(用V_R表示)。色谱柱空隙体积称为死体积(用V_M表示),组分或流动相流过色谱柱空隙的时间称为死时间(用t_M表示)。组分流过固定相所需流动相的实际体积称为调整保留体积(用V'_R表示),组分在固定相内的实际保留时间称为调整保留时间(用t'_R表示),因此

$$V_R' = V_R - V_M \tag{4-63}$$
$$t_R' = t_R - t_M \tag{4-64}$$

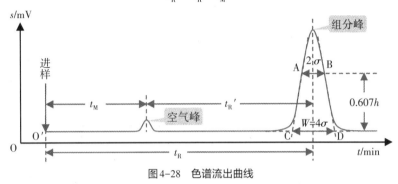

图4-28　色谱流出曲线

由于组分流出到色谱峰值出现时,有一半被V_R体积的流动相带出色谱柱,其余一半仍留在色谱柱的流动相V_m和固定相V_s中,即

$$V_R c_m = V_m c_m + V_s c_s \tag{4-65}$$
$$t_R c_m = t_m c_m + t_s c_s \tag{4-66}$$

因此

$$V_R = V_M + k V_M \text{或} V'_R = k V_M \tag{4-67}$$
$$t_R = t_M + k t_M \text{或} t'_R = k t_M \tag{4-68}$$

所以

$$\frac{V'_R}{V_M} = \frac{t'_R}{t_M} = k \tag{4-69}$$

上式称为保留值方程,它表明了组分在固定相与流动相的相对保留值,决定于组分在固定相和流动相的分配比。

两组分(组分2和组分1)在相同操作条件下的相对调整保留值用$r_{2,1}$表示:

$$r_{2,1} = \frac{V'_{R2}}{V'_{R1}} = \frac{t'_{R2}}{t'_{R1}} = \frac{k_2}{k_1} = \frac{K_2}{K_1} \tag{4-70}$$

可见,若两个组分的分配比k值相等或分配系数K值相等,即$r_{2,1}=1$,则两个组分的保留值相同,其色谱峰必然重叠,不能分离。所以,两个组分具有不同的分配比或分配系数是色谱分离的先决条件。显然,两个组分的k或K值相差越大,即$r_{2,1}$越大,则两个组分的保留值相差越大,分离的可能性越高。

相对调整保留值与组分、流动相、固定相性质及柱温有关,而与柱径、柱长、填充情况及流动相流速无关。在一定流动相、固定相及柱温条件下,组分相对调整保留值是保持不变的,可据此

确定色谱峰的归属。实际工作中常用加标增加峰高法确认色谱峰。

分散度是指组分传质通过色谱柱时,由于发生涡流扩散、浓差扩散和传质扩散使组分分子产生分散或使其色谱峰展宽的程度,如图4-27所示,可用组分分子分布方差σ_l^2或组分色谱峰展宽的方差σ_t^2来衡量。

单位柱长分散度即相对分散度(旧称塔板高度),用H表示。

$$H = \frac{\sigma_l^2}{L} = \frac{\sigma_t^2}{t_R} = \frac{(W_t/4)^2}{t_R} \qquad (4-71)$$

柱长除以相对分散度等于传质分配次数,旧称理论塔板数,用n表示

$$n = \frac{L}{H} = \frac{L^2}{\sigma_l^2} = \frac{t_R^2}{\sigma_t^2} = \frac{t_R^2}{(W_t/4)^2} \qquad (4-72)$$

相对分散度和传质分配次数反映了色谱柱的分离效能。相对分散度越小和色谱柱越长,传质分配次数越多,色谱柱的分离效能越高。

涡流扩散、浓差扩散和传质扩散影响色谱峰展宽的原因如图4-29所示。涡流扩散是由于填充物的大小、形状各异以及填充的不均匀性,流动相碰到填充物颗粒时,其流动方向不断改变,使试样组分在流动相中形成紊乱的类似"涡流"的流动,于是同一组分的不同分子所通过路径的长短不相同,它们在柱上停留的时间也不同,引起组分分布区域展宽和色谱峰区域展宽。浓差扩散又称为分子扩散或纵向扩散,是由于组分被流动相带入色谱柱后,在色谱柱的柱长方向(纵向)造成浓度梯度,导致组分分子由高浓度向低浓度区域扩散,引起组分分布区域展宽和色谱峰区域展宽。传质扩散是由于同一组分的不同分子的传质过程和传质路程不同,所需传质时间不同或所受传质阻力不同,使其在柱中的前进速度不同,造成组分分布区域展宽和色谱峰区域展宽。

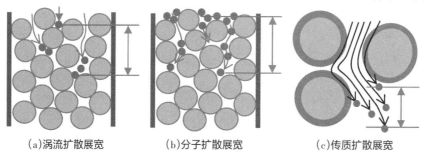

(a)涡流扩散展宽   (b)分子扩散展宽   (c)传质扩散展宽

图4-29　组分分布区域展宽(色谱峰区域展宽)示意图

相对分散度与流动相流速和组分的涡流扩散、浓差扩散及传质扩散的关系可用范第姆特方程表示:

$$H = A + \frac{B}{u} + Cu \qquad (4-73)$$

式中,u为流动相的流速,A、B、C分别为涡流扩散系数、浓差扩散系数和传质扩散系数。

$$A = 2\lambda d_p \qquad (4-74)$$

$$B = 2\gamma D_m \qquad (4-75)$$

$$C = C_m \frac{d_p^2}{D_m} + C_s \frac{d_f^2}{D_s} \qquad (4-76)$$

式中,λ为填充不规则因子,γ为扩散路径弯曲因子,C_m为组分在流动相的传质路径因子,C_s为组

分在固定相的传质路径因子,d_p 为填充物的平均颗粒直径,D_m 为组分分子在流动相中的扩散系数,D_s 为组分分子在固定相中的扩散系数,d_f 为固定相的液膜厚度或键合基团厚度。

$H-u$ 曲线及其分解曲线如图4-30所示,直观地反映了涡流扩散、浓差扩散、传质扩散和流动相速度对色谱峰展宽的影响。在 $H-u$ 曲线的最低点,塔板高度即相对分散度最小,此时色谱峰区域展宽最小,对应的流速为最佳流速,其值可由范第姆特方程微分求得。

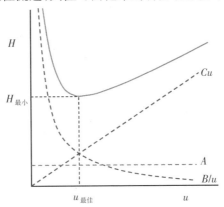

图4-30　塔板高度与流动相流速的关系

可见,降低固定相填料粒径 d_p、固定相液膜或键合层厚度 d_f,采用低相对分子质量、低黏度流动相及适当提高柱温以改善传质等,均有利于减小组分分布区域宽度,或提高色谱柱的分离效能,增加色谱柱峰容量。

范第姆特方程指出了流动相的种类和流速、固定相的粒度和填充的均匀程度、固定液膜厚度、组分在流动相和固定相中的扩散系数和传质路径等因素对单位柱长分散度(柱效)的影响,对选择色谱分离条件具有实际指导意义。

③色谱分离条件选择

色谱分离条件主要包括固定相和流动相的选择、流动相流速的选择和控制、柱温的选择和控制以及柱长、柱径和固定相粒度的选择。

一个混合物样品能否在色谱柱中得到良好的分离,主要决定于所选固定相和流动相是否适当,取决于各组分在固定相和流动相的分配比是否具有显著的差异。因此,一般按固定相和流动相的结构或极性的相似性比较分配比以选择固定相和流动相,并通过实验进行优化。常用固定相和流动相及其极性参数见"附录"。通常,沸点较低的各种极性和非极性化合物都可用气相色谱法进行分离分析,常用固定相有 SE-30、OV-17、PEG-20M 和 DEGS 等,常用氮气或氢气作载气(用相对分子质量较大的氮气作载气可减小分子扩散,用相对分子质量较小的氢气作载气可降低传质扩散),组分按沸点从低到高或按极性从小到大的顺序先后流出色谱柱。沸点较高的各种极性化合物一般都可用液相色谱法进行分离分析,强极性化合物可用强极性固定相和弱极性流动相(正相分配色谱法,组分的极性越强,保留值越大,而流动相的极性越大洗脱能力越强),弱极性化合物可用弱极性固定相和强极性流动相(反相分配色谱法,组分极性越弱保留值越大,而流动相的极性越大洗脱能力越弱,首选固定相为 C_{18} 或 C_8 键合相,首选流动相为水-甲醇或水-乙腈),弱酸性化合物可在流动相中加 H_2SO_4 或 H_3PO_4,调节 pH=2~3,而弱碱性化合物可在流动相中加入季铵阳离子后以反相离子对色谱法分离分析。

在实际工作中,为了加快分析速度,缩短分析时间,往往选择比最佳流速稍高的流动相流速。当 u 值较小时,分子扩散项 B/u 将成为影响色谱峰展宽的主要因素。由于分子扩散系数 B 主要决定于组分在流动相中的扩散系数,而组分在气体流动相中比在液体流动相中的扩散系数大 $4\sim5$ 个数量级,因此分子扩散项对气相色谱区域展宽影响较大,应采用相对分子质量较大的载气(N_2 或 Ar)以减小组在载气中的扩散系数,而分子扩散项对液相色谱的影响一般可以忽略不计。当 u 较大时,传质阻力项将成为影响色谱峰展宽的主要因素,这时,气相色谱中应选用分子质量较小、具有较大扩散系数的 H_2 或 He 作载气,液相色谱中应选用黏度较小的甲醇等作流动相,以增大组分在流动相中的扩散系数,降低流动相传质阻力,减小色谱峰展宽。毛细管气相色谱柱内载气流速一般为:氮气 $20\sim25$ cm/s,氢气 $30\sim40$ cm/s,氮气 $12\sim14$ cm/s,体积流速 $1\sim3$ mL/min。液相色谱中流动相的最佳实用线速度一般为 $0.05\sim0.2$ cm/s($d_p=5$ μm),体积流速 $0.5\sim2$ mL/min。

柱温影响 k、K、D_m 和 D_s 等参数,柱温太高或太低都不好。若分离是关键,则应采用较低的柱温;若分析速度是关键,则应采用较高的柱温。气相色谱的柱温选择是关键,主要取决于组分的汽化温度和复杂程度。如果估计组分比较简单,可以采用恒温分析以缩短分析周期,避免基线漂移(填充柱尤其如此),柱温控制在平均沸点或稍低于平均沸点。对于宽沸程(组分沸点相差 $50\sim100$ ℃)的多组分混合物,可采用程序升温气相色谱法,即色谱柱的温度随时间由低温到高温线性或非线性地变化,使沸点不同的组分,各在其最佳柱温下流出,从而改善分离效果,缩短分析时间(起始温度要低并维持一段时间,峰间距离较近的区间要使用低的升温速率,反之亦然)。应该注意,柱温不能高于固定液的最高使用温度,否则会造成固定液的大量挥发流失。柱温也不能低于固定液的熔点,以免影响分配作用。液相色谱一般在室温条件下进行分离分析,适当提高柱温有利于改善传质和提高分析速度,而浓差扩散对色谱峰展宽影响较小。

增加柱长可增加分配次数、提高色谱柱效能,但柱长增加使保留时间延长和组分分布区域展宽,所以在达到一定分离度的前提下应使用短一些的色谱柱。而色谱柱内径增加,可以增加有效分离的样品量,但分子扩散弯曲因子也增大,使色谱峰区域展宽、柱效降低。使用粒度较小、表面积较大和颗粒均匀的固定相并填充均匀,是减少涡流扩散、减小空隙深度、降低流动相传质阻力和液膜厚度以减小色谱峰区域展宽、提高柱效能的有效途径。但是,固定相粒度太小,会使不规则因子增大、制约柱效的提高,并使流动相流动受到阻碍、柱压降增大、给操作带来不便,不过用开管毛细管柱在管壁涂渍或键合固定相可完全避免这些负面影响,应用越来越广泛。气相色谱开管毛细管柱一般柱长为 $10\sim100$ m、内径 $0.1\sim0.8$ mm,固定液直接涂渍在毛细管柱内壁上,液膜厚度为 $0.1\sim1$ μm。液相色谱常用柱长为 $5\sim30$ cm,柱内径为 $2.1\sim4.6$ mm,固定相粒度为 $3\sim7$ μm。

④**色谱响应关系和指纹特征**

在一定的色谱分离条件下,被测组分的质量 m_i 与色谱峰面积 A_i 成正比,比例系数称为峰面积绝对校正因子 f_i,即

$$m_i=f_i A_i \tag{4-77}$$

这是色谱定量分析的依据。峰面积可用计算机自动测量,只需设置适当斜率(谱峰识别)、峰宽(采样速率)和阈值(滤除噪声)或峰面积等。绝对校正因子主要决定于检测器的灵敏度,并与分析的操作条件有密切关系,同一种检测器对不同物质具有不同的响应值,即使两种物质的含量相等,在检测器上得到的信号 A_i 也往往是不相同的,而且它不易准确测定,因此无法直接用于定量分析。

为使峰面积能正确反映出物质的量,必须采用相对校正因子,把混合物中的不同组分的峰面积校正成相当于某一标准物质的峰面积,用于计算各组分的含量。相对校正因子f_{is}是指某组分i的绝对校正因子与标准物质s的绝对校正因子之比值,通常简称为校正因子,即

$$f_{is} = \frac{f_i}{f_s} = \frac{m_i A_s}{m_s A_i} \qquad (4-78)$$

$$m_i = f_{is} m_s A_i / A_s$$

总之,色谱图反映了试样组分分散流出情况或试样整体指纹特征。色谱峰个数反映了试样含有的最小组分数,峰位置(保留值)反映了组分的分配比或色谱柱的选择性,峰面积反映了组分的相对含量且分离组分峰面积与组分含量成正比,峰宽度反映了组分的分散度或色谱柱效能,分离度反映了组分的分辨率。所以,色谱法既可实现多组分的同时分离分析,又可消除共存组分的相互干扰,还可鉴别复杂产品的质量和真伪,应用非常广泛。

(2)电位法

电位法(Potentiometry)是用敏感膜电极的敏感膜分子与试样组分离子发生选择性离子识别作用,形成双电层而产生电位差信号和电极电位信号,与浸入试液中电极电位恒定的参比电极构成原电池,产生电池电动势信号的方法。

①电位响应信号的产生

如图4-31所示,离子选择性敏感膜电极的敏感膜(如Ag_2S)能够选择敏感离子(S^{2-})结合在敏感膜表面产生敏感离子荷电层(S^{2-}负电层),同时在敏感离子荷电层附近聚集反电荷离子而构成反电层(如由Na^+及K^+等构成正电层)以维持电中性,产生的双电层会阻碍敏感离子继续扩散到敏感膜表面,很快会达到平衡形成稳定的双电层和电位差,产生稳定的电极电位。

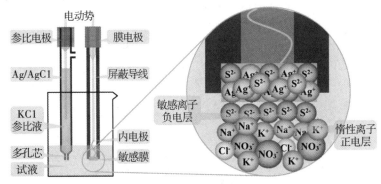

图4-31 电位法示意图

Ag_2S膜电极还对Ag^+有选择性识别作用,也可在其敏感膜与溶液界面形成双电层产生电极电位。Ag_2S膜电极对S^{2-}和Ag^+的电位响应都符合能斯特方程:

$$\varphi_{S^{2-}} = \varphi_{S^{2-}}^0 - \frac{RT}{2F} \ln a_{S^{2-}} = \varphi_{S^{2-}}^{0'} - \frac{RT}{2F} \ln c_{S^{2-}} \qquad (4-79)$$

$$\varphi_{Ag^+} = \varphi_{Ag^+}^0 + \frac{RT}{F} \ln a_{Ag^+} = \varphi_{Ag^+}^{0'} + \frac{RT}{F} \ln c_{Ag^+} \qquad (4-80)$$

其响应关系如图4-32所示。

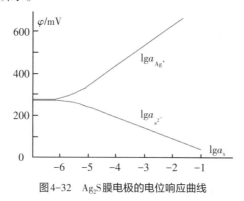

图4-32　Ag_2S膜电极的电位响应曲线

各种离子选择性敏感膜电极产生的电极电位与敏感离子的活度或浓度都符合能斯特方程(称为能斯特响应),即其电极电位可指示试液组分离子的活度或浓度,因此这种电极也称为指示电极。

$$\varphi_X = \varphi_x^0 \pm \frac{RT}{nF}\ln a_{X^{n\pm}} = \varphi_x^{0'} \pm \frac{RT}{nF}\ln c_{X^{n\pm}} \tag{4-81}$$

式中,X为阴离子时斜率为负号,X为阳离子时斜率为正号;$a_{X^{n\pm}}$为敏感离子的活度($a_{X^{n\pm}} = \gamma c_{X^{n\pm}}$);$\varphi_x^{0'}$为条件电极电位($\varphi_x^{0'} = \varphi_x^0 \pm \frac{RT}{nF}\cdot\ln\gamma$);$\gamma$为活度系数(与电极活性物质浓度及共存离子电场强度有关,电极活性物质的浓度较低时$\gamma = 1$,因而其活度约等于其浓度,共存离子电场强度越大,活度系数越小)。

②参比电极与液接电位

参比电极提供恒定参比电位,常用参比电极为氯化银电极或甘汞电极,如图4-33所示。

氯化银电极由银丝镀覆一层AgCl浸在KCl溶液中通过多孔陶瓷接通试液构成。甘汞电极由铂丝插入金属汞与甘汞(Hg_2Cl_2)糊、氯化钾溶液和多孔陶瓷构成。它们都通过电极反应产生双电层电位,对内充参比溶液中氯离子有能斯特响应:

$$AgCl + e^- = Ag + Cl^-$$

$$\varphi_{AgCl/Ag} = \varphi_{AgCl/Ag}^0 - \frac{RT}{F}\ln a_{Cl^-} \tag{4-82}$$

$$Hg_2Cl_2(s) + 2e^- = 2Hg + 2Cl^-$$

$$\varphi_{Hg_2Cl_2/Hg} = \varphi_{Hg_2Cl_2/Hg}^0 - \frac{RT}{F}\ln a_{Cl^-} \tag{4-83}$$

由于内充参比溶液中Cl^-浓度恒定不变,因此参比电极电位在一定温度下保持恒定。

由于参比溶液与试液电解质组成不同,会发生扩散作用造成正负电荷分离,形成不稳定的扩散双电层,产生液体接界电位,因此常用高浓度盐桥溶液作参比溶液以减免液接电位。

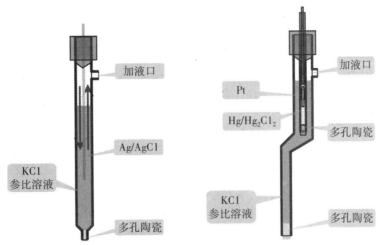

图4-33 参比电极的构造

当组成或活度不同的两种电解质接触时,在溶液接界处由于正负离子扩散通过界面的迁移速度不同,造成正负电荷分离而形成双电层,这样产生的电位差称为液体接界扩散电位,简称液接电位。如图4-34所示。

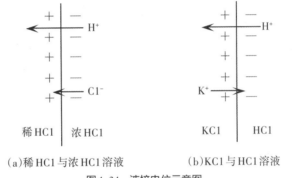

| (a)稀HC1与浓HC1溶液 | (b)KC1与HC1溶液 |

图4-34 液接电位示意图

液接电位是由于离子运动速度不同而引起的,与离子的浓度、电荷数、迁移速度、溶剂性质和液接方式有关,其大小一般不超过30 mV。液接扩散过程是不可逆的,所以液接电位是引起电位分析误差的主要原因之一。

减免液接电位的常用方法是,在两种溶液之间插入正负离子迁移速度近似相等的高浓度盐桥,以代替原来的两种溶液的直接接触。当用盐桥取代两种溶液的接界后,由于盐桥中电解质的浓度很高,两个新界面上的扩散作用主要来自盐桥,又由于盐桥中正负离子的迁移速度差不多相等,故两个新界面上产生的液接电位稳定、再现,并且方向相反、数值几乎相等,从而使液接电位减至最小以致接近消除。

例如,0.1 mol/L HCl与0.1 mol/L KCl的液接电位约为27 mV,当其间插入饱和氯化钾盐桥后,液接电位减小至1 mV以下。

为减免参比电极中参比溶液与试液的液接电位,常用正负离子扩散速度相近的盐桥溶液作参比溶液。常用的盐桥溶液有饱和氯化钾溶液、4.2 mol/L KCl、0.1 mol/L LiAc 和 0.1 mol/L KNO₃。

③电池电动势响应关系

离子选择性敏感膜电极需要与电极电位恒定的参比电极浸入试液中构成原电池才能进行检测,电池电动势与敏感离子的活度或浓度仍符合能斯特方程,电池电动势与敏感离子活度或浓度的对数仍呈直线响应关系。

$$E_X = \varphi_X - \varphi_{\text{参比}} + \varphi_{\text{液接}} + iR = \varphi^0_X \pm RT/nF \cdot \ln a_{X^{n\pm}} - \varphi_{\text{参比}} + \varphi_{\text{液接}} + iR$$

$$= E^0_X \pm RT/nF \cdot \ln a_{X^{n\pm}} = E^{0}_X{}' \pm RT/nF \cdot \ln c_{X^{n\pm}} \tag{4-84}$$

$$E^0_X = \varphi^0_X - \varphi_{\text{参比}} + \varphi_{\text{液接}} + iR \tag{4-85}$$

$$E^{0}_X{}' = E^0_X \pm RT/nF \cdot \ln\gamma \tag{4-86}$$

E^0_X 为标准电池电动势,常用参比溶液控制参比电极电位保持恒定,用盐桥溶液减免参比电极与试液之间的液接电位,并用高阻运算放大器消除原电池内阻压降;$E^{0}_X{}'$ 为条件电池电动势,常用离子强度较大的惰性电解质(称为离子强度调节剂)控制其保持恒定(不随试液改变)。

利用敏感膜电极电位或电池电动势与敏感离子活度的能斯特响应关系,可选择性地直接检测敏感离子的活度(或浓度),这种分析方法称为电位分析法,其应用范围决定于电极敏感膜的性质。

④电位法的主要条件

电位法需要控制的主要条件包括响应的灵敏度、选择性、线性范围、响应时间,溶液温度、酸度、离子强度、掩蔽剂和参比电极盐桥溶液。

响应的灵敏度决定于响应斜率,与敏感离子电荷数 n 有关,n 越大灵敏度越低,分析误差也越大($U_{r(c)} = 4\% n U_E$),因此电位法较适于低电荷离子特别是其他方法较难检测的阴离子的快速分析。当电极的实际斜率与能斯特方程理论斜率 $2.303RT/nF$ 基本一致时,就称为电极具有能斯特响应。阳离子的响应斜率为正值,阴离子的响应斜率为负值。25 ℃时,一价正负离子的理论斜率为 ± 59.2 mV/lg(mol/L),二价正负离子的理论斜率为 ± 29.6 mV/lg(mol/L)。

响应的选择性决定于敏感膜性质,用选择性系数来衡量。选择性系数就是在电极上产生相同响应电位的待测离子浓度的电荷幂函数与干扰离子浓度的电荷幂函数的比值,其值越小,干扰离子的干扰越小,电极的选择性越高。例如,一支 pH 玻璃电极的选择性系数为 $K_{H^+,Na^+} = 10^{-11}$,这表示该电极对 H^+ 的响应比 Na^+ 敏感 10^{11} 倍,亦即该电极对 10^{-11} mol/L H^+ 和 1 mol/L Na^+ 产生的响应电位相同。

响应时间是指响应电位达到平衡电位所需的时间(电极电位达到与稳定值相差 1 mV 所经过的时间),包含膜电位的平衡时间、参比电极的稳定时间及液接电位的稳定时间等,应读取响应平衡电位。响应时间决定于敏感膜的组成性质与水化活化(敏感膜在纯水或适当浓度标液中浸泡形成水化膜的过程称为电极活化,电极活化后可显著提高响应速度和响应斜率,缩短响应时间和趋近能斯特响应)、响应离子的活度与扩散速度、溶液的温度与搅拌速度以及盐桥溶液种类和浓度等。响应时间一般在数秒到数分钟内。

各种敏感膜电极均有一定的适用温度范围。在适当温度范围内,电极电位随着温度的变化符合能斯特方程。但当温度超过某一范围时,电极往往会失去正常的响应性能。电极允许使用的温度范围与膜的类型有关,一般适用温度下限为−5 ℃左右,上限为50~100 ℃。

各种敏感膜电极也都有一定的适用 pH 范围。溶液 H^+ 或 OH^- 可与很多敏感膜发生相互作用,影响电位响应,常用 pH 缓冲溶液消除其影响。膜电极适用的 pH 范围与电极类型和所测溶液浓度有关。大多数电极在接近中性的介质中进行测量,而且有较宽的 pH 范围。如氯离子电极敏感膜为AgCl+Ag₂S,适用的pH范围为2~11,pH<2时敏感膜中Ag_2S会与H^+反应生成H_2S,pH>11时敏感膜中AgCl会与OH^-反应生成AgOH或Ag_2O。

溶液离子强度也会影响电池电动势的准确测量,通常添加离子强度调节剂使标液和试液具有相同的离子强度,从而消除离子强度的影响。离子强度调节剂为浓度很大的惰性电解质。

离子强度调节剂和pH缓冲剂总称为总离子强度调节缓冲剂(Total Ionic Strength Adjustment Buffer,简写为TISAB),其作用是控制溶液离子强度和酸度,有时还需要加入适当的掩蔽剂消除共存组分的干扰。例如,测水样中F^-时,总离子强度调节缓冲剂由0.1 mol/L NaCl,0.25 mol/L HAc,0.75 mol/L NaAc和0.001 mol/L柠檬酸钠组成,总离子强度为1.75,pH≈5.5,柠檬酸根可用于掩蔽可能存在的Fe^{3+}、Al^{3+}对F^-的干扰。

从参比电极渗出的参比溶液与试液(或标液)接触时,由于阴阳离子扩散作用有差异会产生液接电位,因此常用阴阳离子扩散速度相等的高浓度盐桥溶液作参比溶液以消除液接电位。用作盐桥溶液的条件是,阴阳离子的迁移速度相近,盐桥溶液的浓度要大,并且它不与溶液发生反应或不干扰测定。

盐桥溶液既起着减免液接电位的作用,同时它又是参比溶液,起着恒定参比电极电位的作用。检测时必须取下参比电极下部橡皮套和加液口橡皮塞,并保证盐桥溶液(参比溶液)的液面高于试液液面,使盐桥溶液(参比溶液)以某一较小的速度流入试液,不但保持盐桥溶液与试液导通,而且保证盐桥溶液(参比溶液)不被污染,从而更有效地减免液接电位和恒定参比电极电位。

从参比电极流出的少许盐桥溶液不影响测定时,应使用单盐桥参比电极。否则,必须在上盐桥下部套接一只下盐桥构成双盐桥参比电极,其下盐桥(外盐桥)溶液既可防止参比电极的上盐桥(内盐桥)溶液从液接部位渗漏到试液中干扰测定,又可防止试液中的有害离子扩散到参比电极的内盐桥溶液中而影响其电极电位。

⑤常用离子选择性敏感膜电极及其应用

常用离子选择性敏感膜电极的敏感膜有玻璃膜(对H^+等敏感)、晶体膜(对构晶离子敏感)和液态膜(对配位离子或缔合离子敏感)等。

例如,pH玻璃膜电极的敏感膜主要由72.2%SiO₂+21.4%Na₂O+6.4%CaO(摩尔分数)混合熔融而成,膜厚约0.1 mm,SiO_2形成负电性硅氧网络骨架,只对H^+有选择性响应:$E_X=E_X^0+RT/F\cdot\ln a_{H^+}=E_X^0+S\cdot pH(S=-2.30RT/F)$,pH线性响应范围特宽(可达pH 1~13),掺杂Ca^{2+}撑破硅氧网络骨架产生空穴,Na^+经空穴导电,采用HCl+Ag/AgCl内电极传导信号。其硅氧网络骨架对H^+的作用力是对Na^+作用力的10^{14}倍,高达0.1 mol/L Na^+对10^{-12} mol/L H^+的干扰仍可忽略。

又如,晶体膜电极的敏感膜由具有一定导电能力的难溶晶体制成,膜厚1~2 mm,有单晶薄片、混晶压片或熔结瓷片。常用的膜材料有氟化镧单晶,硫化银,硫化银与卤化银、硫化铅或硫化铜等的混晶等,对构成敏感膜晶体的阴、阳离子都有能斯特响应,其选择性和检测限决定于晶体膜的溶度积(敏感膜的溶度积越小,其选择性越高,检测限越低)。

再如,液态膜电极的敏感膜通常是由特定离子的缔合物、配位剂、螯合物或离子交换剂等活性物质、PVC及增塑剂制成。活性物质为液态、可流动,因此称为流动载体。常用流动载体有带负电荷的流动载体、带正电荷的流动载体和中性流动载体。带负电荷的流动载体(如烷基磷酸盐、羧基硫醚或四苯硼盐等)对阳离子(如钙离子、铜离子、铅离子、黄连素或青霉素等)有选择性响应,带正电荷的流动载体(如镤类阳离子、邻二氮菲配离子或碱性染料等)对阴离子[如Cl^-、NO_3^-、ClO_4^-、BF_4^-、TaF_4^-、$Zn(SCN)_4^{2-}$、$AuCl_4^-$、苯甲酸或十六烷基苯磺酸等]有选择性响应,中性流动载体(如缬氨霉素、类放线菌素、冠醚化合物和开链酰胺等)能与K^+、Na^+、Ca^{2+}或NH_4^+等配合成配阳离子而产生选择性响应。

应该指出,离子选择性敏感膜电极只选择性敏感荷电离子而不敏感中性分子。欲用离子选择性敏感膜电极检测中性分子,需要在其敏感膜外修饰一层敏化膜,将待测中性分子转化为离子选择性敏感膜电极能够敏感的带电离子,从而间接指示待测中性分子的含量。由敏化膜与离子选择性敏感膜电极结合起来构成的电极称为敏化膜电极。常用敏化膜电极有多孔膜气敏电极和生物组织膜酶电极等。

还应指出,氧化还原电对可在石墨棒或Pt片等惰性电极上得失电子形成双电层,对任何氧化还原电对都有电极电位响应〔如$Fe^{3+}+e^-=Fe^{2+}$,$\varphi=\varphi^0+RT/F \cdot \ln([Fe^{3+}]/[Fe^{2+}])$〕。因此,其选择性较差,主要用于检测和判断滴定反应的计量点以及在流控分析中检测发生氧化还原反应的试样组分的含量,也可检测土壤环境电位值,以了解土壤环境养分的氧化还原状态。

〔2〕化学法

化学法是利用化学试剂分子或生化试剂分子与试样组分分子发生化学反应,包括中和、配合、沉淀、氧化、还原、加成、取代、酶催化、抗体抗原识别等反应,产生沉淀、显色、发光、发臭、化学振荡、质能守恒和计量关系等特征现象或分析信号的方法。有特征反应法、沉淀反应法、滴定反应法、显色反应法、发光反应法、燃烧反应法、催化反应法和流控反应法等。

特征反应法是以特征试剂与试样组分在特定条件下发生特征反应,产生浑浊或沉淀、结晶、显色、发光、发臭等特征现象、成像信号或化学振荡等指纹识别信号的方法。根据特征化学反应的特征现象、成像信号或指纹识别信号可鉴别试样,称为化学检验,简称化验。例如,在强酸性条件下,只有Cl^-可与Ag^+发生化学反应生成AgCl沉淀,可据此鉴别试样中是否含有Cl^-。近几年发展起来的化学振荡指纹图谱法,可鉴别中药、食品和保健品及种子等复杂试样。

沉淀反应法是以沉淀剂将待测组分以难溶化合物形式沉淀下来,经过滤、洗涤、烘干、灼烧后,转化成具有确定化学组成和质量的待测组分的称量形的方法。称量所得称量形的质量并按照沉淀反应和称量形转化反应的计量关系即可计算被测组分含量。沉淀反应法准确度较高,可用作仲裁分析,但其操作复杂、耗时很长,在例行分析工作中已逐步被其他方法取代,目前主要用于硫、磷、硅等元素分析。

显色反应法是用显色剂或衍生化试剂将待测物质转化为吸光物质或荧光物质的方法。根据显色反应产物的颜色或吸光活性、荧光活性及其计量关系可进行比色分析、吸光分析或荧光分析。例如,试样中微量Mn^{2+}几乎无色,可在硫酸溶液中,加入过量$(NH_4)_2S_2O_8$,将Mn^{2+}完全氧化为紫红色的MnO_4^-,与标准MnO_4^-溶液进行颜色比较即可确定反应生成的MnO_4^-的含量,从而确定试样中微量Mn^{2+}的含量;或利用MnO_4^-能够选择性吸收525 nm单色光的性质,检测生成的MnO_4^-溶液对525 nm单色光的吸光度,以标样比较法准确测定试样中Mn^{2+}的含量。

$$2Mn^{2+}+5S_2O_8^{2-}+8H_2O=2MnO_4^-+10SO_4^{2-}+16H^+$$

发光反应法是以化学发光试剂与试样中待测组分或其相关组分发生反应,产生化学能而激发可发光物质(反应产物或相关物质)由基态跃迁至较高电子激发态,然后经过振动弛豫或内转换到达第一电子激发态的最低振动能级(在个别情况下还可以通过系间跨越回到三重激发态能级),然后产生光辐射放出能量(称为化学发光)跃迁回到基态的各个振动能级。检测化学发光强度并根据发光强度与待测组分浓度在一定条件下的线性定量关系,即可测定超痕量待测组分的含量。例如,鲁米诺在碱性溶液中能够被双氧水缓慢氧化为邻氨基邻苯二甲酸盐,并被反应焓变激发而发光(λ_{max}=425 nm),Cu^{2+}具有催化作用,CN^-可抑制其催化作用,因此可用于测定双氧水、Cu^{2+}和CN^-等物质含量。

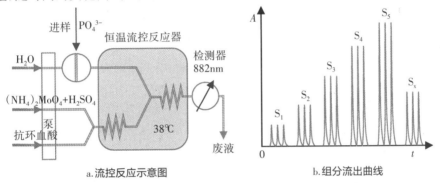

鲁米诺-双氧水-Cu^{2+}催化发光体系用于工业废水中的痕量氰化物的检测,CN^-的线性范围为0.002~5 pg/mL,检出限为0.0004 pg/mL。

流控反应法是通过控制注入载流溶液的试样的流动扩散混合反应,在非平衡条件下产生反应物消耗量或产物生成量随时间变化的响应曲线的方法。例如,可用纯水将PO_4^{3-}试样或标样溶液载入钼酸铵的硫酸溶液和抗坏血酸溶液的混合流路中,控制在38 ℃进行流动扩散混合反应生成磷钼蓝,以712 nm或882 nm单色光激发生成的磷钼蓝而产生光吸收,检测磷钼蓝的吸光度(衡量其生成量)随时间的变化曲线。流控装置、标准系列及试样分析结果如图4-35所示。

图4-35 流控反应与流出曲线

a.流控反应示意图　　　b.组分流出曲线

流控反应中,试样溶液在严格控制的条件下在试剂载流中分散反应,只要试样溶液注射方法、保留时间、反应温度和分散过程等条件相同,不要求反应达到平衡状态,反应条件和分析操作能自动保持一致,检测信号峰高或峰面积与试样组分含量呈线性关系,以标样比较法确定试样中待测组分的含量,不但可用于反应底物分析,而且用于催化剂、抑制剂或酶分析具有更高的灵敏度和更低的检测下限,结果重现性好,试样用量少,检测方法多,自动程度高,分析速度快,特别适合于大批量样品连续自动分析,还可构成芯片实验室或阀上实验室,如图4-36所示。

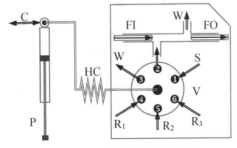

图4-36 芯片实验室或阀上实验室

S-试样;C-载流;P-注射泵;V-选择阀;HC-存储管;R_1、R_2、R_3-试剂;W-废液;FI-光纤入口;FO-光纤出口

4.2.5 多元激发法

多元激发法（Multiple Excitation Method）是指由多种激发源协同作用产生分析信号的方法，常用多元激发法有离子化质谱法、气化原子吸收法、核磁共振波谱法、蒸发光散射法、火焰离子化法和火焰发光法等方法。

〔1〕质谱法

质谱法（Mass Spectrometry，MS），是将试样组分分子引入高真空中（$<10^{-3}$ Pa）并受到高速碰撞或强电场、强激光等作用，使其失去外层电子而生成分子离子，或使其化学键断裂生成各种碎片离子，然后用电场加速，飞行漂移一段距离或在电磁场作用下发生质荷比分离（能量色散），将它们分别聚焦，再用质量检测器按质荷比大小顺序检测，得到离子信号强度随质荷比变化的质谱图，根据质谱峰的位置和分布进行定性分析与结构分析，根据质谱峰的强度进行定量分析。

质谱分析信号的激发主要包括电离和分离两个过程。电离方法主要有加速电子轰击法、快原子轰击法、电感耦合等离子体法、化学电离法、电喷雾法、场电离法、场解吸法和激光解吸法等；分离方法主要有飞行时间法、磁场偏转法、多极滤质法、离子阱滤质法和离子回旋共振法等。可以将电离方法和分离方法串联组合为多种质谱方法。

串联质谱通过诱导第一级质谱产生的分子离子裂解，有利于研究子离子和母离子的关系，从而得出该分子离子的结构信息。它可以从干扰严重的质谱信息中抽提有用数据，提高质谱检测的选择性，从而测定混合物中的痕量物质。

如图4-37所示为基质辅助激光解吸离子化飞行时间质谱法。选择能够吸收激光和转移质子的基质，如烟酸、芥子酸、琥珀酸或2,5-二羟基苯甲酸等，与试样形成共结晶薄膜，用激光照射，基质从激光中吸收能量传递给试样分子并将质子转移到试样分子而产生荷电离子，或从试样分子得到质子而使试样分子电离。产生的分子离子可用栅极电场加速，飞过离子漂移管，通过反射增加飞行距离，离子到达检测器的飞行时间与离子的质荷比（m/z）成正比，根据离子质荷比由小到大依次到达检测器，从而得到离子相对强度随离子质荷比变化的谱图即质谱。谱图有较强的分子离子峰和双电荷离子峰，碎片离子较少，基质信号出现在低质量端，适合于混合物分析和生物大分子分析，对蛋白质、核酸、酶等大分子分析具有重要意义。

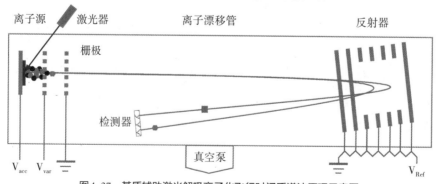

图4-37　基质辅助激光解吸离子化飞行时间质谱法原理示意图

如图4-38所示为电喷雾离子化八极杆和离子阱串联滤质质谱法。试样组分通过毛细管与其外层同轴套管中的辅助电离液被雾化气带入雾化器而产生带电雾化液珠,带电雾珠被干燥气热气流蒸发干燥;在喷雾口与质谱样品引入口之间施加的负高压电场(-4 kV)作用下,液珠表面电荷密度越来越大,产生静电排斥作用使液珠爆炸破裂,荷电小液珠进一步蒸发破碎,直至形成含有单个或多个电荷的单个分子离子;然后,离子流通过毛细管进入真空系统,经八极杆和离子阱电磁场选择后离子按质荷比分离,经环形聚焦透镜聚焦到打拿极,溅射电子到达电子倍增管,从而放大得到质谱。

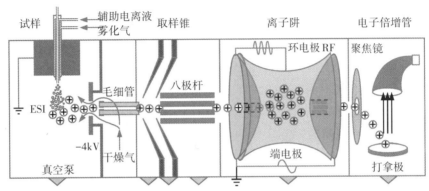

图4-38 电喷雾离子化进样器及八极杆与离子阱串联质谱仪

质谱法具有强大的鉴定能力和极低的检测限及响应速度,与色谱法联用可取长补短,气质联用、液质联用、毛细管电泳与质谱联用技术发展非常迅速,色质及质质联用法已经成为目前最为强大的复杂物质分离分析方法。

〔2〕氢火焰离子化法和氢火焰发光法

氢火焰离子化法是利用有机试样组分,在氢气与空气燃烧生成的火焰中(约2100 ℃)发生裂解反应(有机物 $\xrightarrow{\text{裂解}}$ ·CH)和离子化反应(·CH + O ⟶ CHO$^+$ + e$^-$),并在火焰上下方放一对电极并施加一定电压以检测离子电流信号,如图4-39所示。

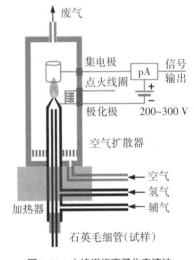

图4-39 火焰燃烧离子化电流法

氢火焰离子化法的选择性差,一般用于毛细管气相色谱流出组分信号激发和检测,不但其响应时间快、线性范围宽,而且检测限较低,可达 10^{-12} g/s,能检出 10^{-9} g/g级的化合物。

氢火焰发光法是利用含硫或含磷有机组分在富氢火焰中燃烧时产生激发态S$_2^*$分子或HPO*分子,分别发射394 nm和526 nm特征光波并用光电管检测发光信号强度的方法。

氢火焰燃烧发光法的检测下限是氢火焰离子化电流法的检测下限的万分之一,可以排除大量溶剂和碳氢化合物的干扰。

4.3 分析信号的响应

分析信号的响应是指分析信号随试样组分的变化而变化的关系,是分析科学建立分析方法和解析分析信号进行定性定量分析的依据,可分为函数响应和指纹响应。

4.3.1 函数响应

函数响应是分析信号与试样组分具有函数关系的响应,是建立定量分析方法的依据。函数响应包括一元函数响应(单函响应)和多元函数响应(复函响应)。

〔1〕一元函数响应

一元函数响应为专一性响应,包括直线响应和曲线响应。

(1)直线响应

直线响应又称线性响应,其函数为线性函数,函数图像为直线,如图4-40所示。

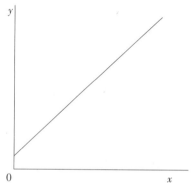

图4-40 线性响应与响应直线

①线性响应关系与线性分析方法

线性响应关系可用斜截式线性响应方程表示:

$$y= bx+a \tag{4-87}$$

式中,x为试样中待测物质的含量,y为检测器对试样组成的响应信号(吸光度、光强度、电动势或峰面积等),b为分析信号的响应斜率,a为空白响应值($x=0$时试样空白的响应信号)。

一元线性响应关系是分析科学中最常用的响应关系。吸光定律、荧光定律、电解电流响应方程、色谱峰面积响应公式等响应关系都是一元线性响应关系:

$$y=bc+a \tag{4-88}$$

式中,$a=0$。这种一元线性响应关系是吸光光度法、荧光光度法、伏安分析法和色谱分析法等方法的定量分析依据。

根据一元线性响应关系可建立标准曲线法、标样比较法或标准加入法及校正因子法等定量分析方法。

标准曲线法是根据标样系列的响应值与组分含量的响应直线(称为标准曲线、校正曲线或工作曲线)查出试样响应值对应试样组分含量的方法,如图4-41所示,或通过回归法求得回归直线方程(放在后面"一元线性回归分析"小节介绍),从而预测试样组分响应值对应的试样组分含量:

$$c_x = \frac{y_x - a}{b} \tag{4-89}$$

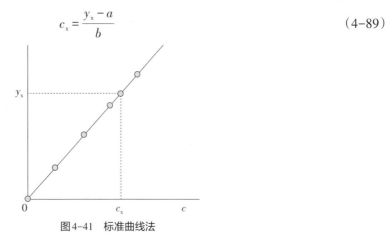

图4-41　标准曲线法

标样比较法是将试样响应值与标样响应值直接比较确定试样组分含量的方法,即试样组分含量与标样含量之比等于试样响应值与标样响应值之比:

$$\frac{c_x}{c_s} = \frac{y_x - a}{y_s - a} \tag{4-90}$$

标准加入法是将标样加入试样中检测响应信号增量的定量分析方法,即试样含量与添加标样量之比等于试样响应值与响应值增量之比:

$$\frac{c_x}{\Delta c_s} = \frac{y_x - a}{\Delta y_s} \tag{4-91}$$

校正因子法是利用待测组分与参比组分的相对校正因子进行定量分析的方法。

$$\frac{c_x}{c_r} = \frac{(y_x - a_x)/b_x}{(y_r - a_r)/b_r} = f_{xr}\frac{y_x - a_x}{y_r - a_r} \tag{4-92}$$

式中,$f_{xr}=b_r/b_x$,称为相对校正因子。由于$c=(y-a)/b$,因此$1/b$称为绝对校正因子。

标准曲线法具有多点效应,因而随机误差较小;标样比较法只需一个标样,因而较简便;标准加入法可消除基体效应,因而常用于选择性较差的非分离分析;校正因子法可用参比组分或同系物做标样。

②线性响应参数

衡量线性响应关系的主要参数有灵敏度与检出限、线性度与定量限、选择性与分辨率等。

A. 灵敏度

灵敏度(Sensitivity,用S表示)是指改变单位待测物质的含量时引起响应信号(吸光度、光强度、电动势或峰面积等)的变化程度,可用响应直线的斜率来衡量,即

$$S = dy/dx = b \tag{4-93}$$

可见,响应直线的斜率越大,信号响应的灵敏度越高。响应灵敏度越高,分析结果的精密度越高,检出限越低。

例如,吸光度对吸光物质浓度的响应灵敏度为

$$S=dA/dc=kl \qquad (4-94)$$

可见吸光系数较大和光程较长时响应灵敏度较高。因此,定量分析时一般用最大吸收波长光波作激发光,除非共存组分有干扰;红外光谱中常用多次反射样品池增加光程来提高气体样品检测灵敏度。

[例4-3] 叶绿素定量分析中常以645 nm和663 nm光波激发以检测其峰值吸光度和相对含量,胡萝卜素定量分析中以476 nm光波激发以检测其峰值吸光度和相对含量(450 nm叶绿素b会干扰测定)。

B.检出限

检出限(Detection Limit,用D表示),又称为检测下限,是指能以适当的包含概率检出待测物质的最低含量,决定于响应灵敏度及信噪比(响应信号与噪声的比值)。噪声是指响应信号的波动,用10次空白值的标准偏差来衡量,用N表示,即$N=s_{bt}$。为能以可接受的包含概率在噪声中识别出待测物质的最低限量,检出限用产生响应信号扣除空白响应值达到3倍噪声(99.7%包含概率)时待测物质的含量来衡量。如图4-42所示,检出限等于3倍噪声与响应灵敏度的比值:

$$D=\frac{3N}{S} \qquad (4-95)$$

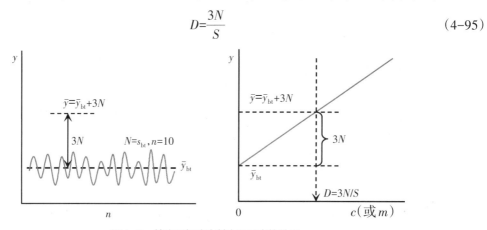

图4-42　检出限与响应斜率和噪声的关系

应该指出,有些分析方法的检出限可能有特别的规定。例如,吸收光谱法中检出限是指扣除空白值后的吸光度为0.01时对应的待测物质浓度。再如,电位分析法中检出限是指响应直线与无响应直线的延长线交点所对应的待测物质的浓度,如图4-43所示。

C.线性度

线性度(Degree of Linearity)是指响应斜率或灵敏度保持恒定的程度,可用斜率方差来表示,常用线性范围和相关系数来衡量。

线性范围(Linear Range)是指响应曲线(或标准曲线)上响应直线部分所对应的响应组分的含量范围,如图4-43所示。在线性范围内,响应斜率或灵敏度保持不变,响应信号与试样组分的相对含量具有直线关系,可作为建立分析方法的依据。

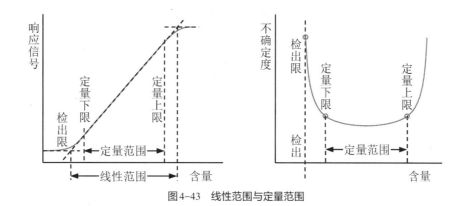

图4-43　线性范围与定量范围

线性范围也可用定量上、下限的比值来表示。定量上、下限是指测定误差能够达到要求的待测物质的最高含量与最低含量。定量范围就是最佳检测范围，与分析方法的不确定度有关，不确定度越大，定量范围越小。按国际惯例，定量下限为空白响应值与其标准偏差的10倍之和的响应信号对应的响应组分含量。

线性范围一般至少应有1个数量级，某些响应线性范围可达5~6个数量级甚至更高，例如，电位法的pX线性范围一般为1~6。

相关系数在"分析信号的分辨"一节中讲解。

D.选择性

选择性（Selectivity）是指分析信号的专一性响应特性（或排除试样基体等干扰的特性），用待测组分灵敏度与干扰组分灵敏度的相对比值来衡量，用选择性系数（Selectivity Coefficient）来表示。若待测组分的灵敏度为S_X，干扰组分的灵敏度为S_B，则对待测组分X和干扰组分B的选择性系数为

$$K_{X,B} = \frac{S_X}{S_B} \tag{4-96}$$

根据选择性系数可评估干扰组分对待测组分产生的误差，为判断分析方法的适用性和选用试剂提供依据。

$$e_r = \frac{c_B}{c_X}/K_{X,B} = \frac{c_B S_B}{c_X S_X} \tag{4-97}$$

实际上，没有哪一种响应信号或分析方法是不受其他物质干扰的，专一性或特效性是不存在的，并且常常需要采取化学掩蔽法、物理分离法和数学分离法等措施来减少这些干扰。

（2）曲线响应

分析科学中有些信号的响应关系为曲线响应关系，通常需将曲线响应通过变量变换转化为直线关系进行分析校正，通过绘制校正直线即标准曲线进行定量分析，或通过标准系列建立线性校正模型（求出校正系数）从而预测试样中待测组分的含量。

例如吸光分析中，透光度与吸光组分浓度的响应关系为指数曲线关系：

$$T = 10^{-klc} \tag{4-98}$$

透光度与吸光组分浓度的响应关系如图4-44(a)所示(示例中$kl=10^4$)。

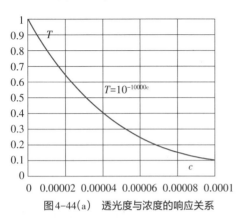

图4-44(a)　透光度与浓度的响应关系

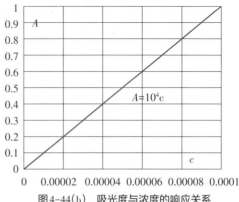

图4-44(b)　吸光度与浓度的响应关系

以透射比倒数的对数$\lg(1/T)$即以吸光度A为新变量即可转化为线性关系$A=klc$,可绘制标准系列溶液A-c校正直线(标准曲线),据此求得试样中吸光组分的含量,如图4-44(b)所示。

根据误差传递规律,由$T=10^{-klc}$可得:

$$U_{r(c)}=\frac{1}{\lg T}\times\frac{\lg e}{T}U_T \tag{4-99}$$

可用极值优化法由$d(T\cdot\lg T)/dT=0$得不确定度最小时透射比为36.8%(吸光度为0.434)。如前所述,适宜的透射比范围为10%~70%(吸光度范围为1.0~0.16)。

又如电位分析中,电池电动势与敏感物质的含量的响应关系为对数曲线关系:

$$E=E^0+S\lg a_X \tag{4-100}$$

式中

$$S=\pm2.30RT/nF \tag{4-101}$$

电池电动势与敏感物质的含量的响应关系如图4-45(a)所示(示例中$S=59\ mV$,$E^0=170\ mV$)。

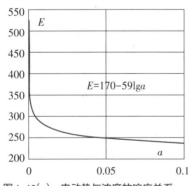

图4-45(a)　电动势与浓度的响应关系

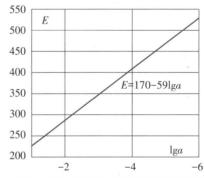

图4-45(b)　电动势与浓度对数的响应关系

以$\lg a_X$为新变量即可转化为线性关系,可绘制E-$\lg a_X$标准曲线进行分析校正,如图4-45(b)所示。

根据误差传递规律,由能斯特方程可得:

$$U_{r(a)}=2.3U_E/S \tag{4-102}$$

若U_E以mV表示,则在25℃时

$$U_{r(a)}=4\%nU_E \tag{4-103}$$

这表明,敏感离子电荷越多,响应斜率越小,测量的相对不确定度越大。因此,电位法较适于响应斜率较大的低电荷离子的检测。

再如流控分析中,响应信号为组分分布曲线:

$$s = bc = \frac{bc_0}{\sigma\sqrt{2\pi}}e^{-\frac{(t-t_R)^2}{2\sigma^2}} \tag{4-104}$$

式中 s 为响应信号,b 为响应灵敏系数,c 为流出组分浓度,c_0 为组分进样浓度,t_R 为组分出峰时间,σ 为区域宽度标准偏差。通过积分可获得组分峰面积,组分峰面积与流出组分含量具有线性关系,可作为定量分析方法依据。

〔2〕多元函数响应

多元函数响应是分析信号随多通道或多组分等多变量变化的响应,有多元线性函数响应和多元曲线函数响应。

多元线性函数响应是指多组分复合响应信号(即因变量)与各组分的含量(即自变量)具有线性关系的响应。若组分间无相互作用,响应值为各组分响应信号的和(称为响应信号具有加和性),即

$$y = b_0 + b_1x_1 + b_2x_2 + \cdots + b_nx_n \tag{4-105}$$

式中,n 为试样组分数;b_0 为空白响应值,$b_1,b_2,\cdots,b_n$ 为响应灵敏系数。

分析科学中,常见的多元线性函数响应有吸光度对吸光组分浓度的响应、荧光强度对荧光组分浓度的响应、电解电流对氧化还原组分浓度的响应和质谱离子强度对质荷比的响应等。

例如,吸光度具有加和性,即试样中多个吸光组分的总吸光度等于各吸光组分的吸光度的和,即

$$A = \sum A_i = \sum k_i l c_i \tag{4-106}$$

据此可用参比试样消除共存组分干扰并可用多元分析法进行多组分同时检测。参比试样是为消除样品基体干扰或溶剂干扰及样品池的影响而配制的空白试样,要求"参比试样=待测试样−待测物质",常用参比试样有溶剂参比(溶剂)、试剂参比(溶剂+缓冲剂等)和试样参比(溶剂+试样等)。通过测量待测试样的透射光能量和参比试样的透射光能量来计算待测物质的吸光度,可消除样品基体干扰或溶剂干扰及样品池的影响:

$$A_x = A - A_r = \lg(P_0/P_t) - \lg(P_0/P_r) = \lg(P_r/P_t) \tag{4-107}$$

多组分分析法放在下一节"内多元回归分析法"中讲解。

多元曲线函数响应是指多组分复合响应信号(即因变量)与各组分的含量(即自变量)具有曲线关系的响应,常见的有离子选择电极电位对多种离子组分含量的对数响应和多组分色谱流出曲线响应等,通常采用变量变换法转化为线性关系以用于定量分析。

多组分离子的电极电位响应可用Nicolsky方程表示:

$$E = E^0 + S\lg(a_x + \sum K_{x,i}a_i^{n_x/n_i}) \tag{4-108}$$

式中,a_x 为X组分的活度,a_i 为 i 组分的活度,$K_{x,i}$ 为电极的非线性选择性响应系数(是指在一定实验条件下待测离子与干扰离子在电极上产生相同的响应电位时待测离子活度与干扰离子活度的比值,决定于待测离子与干扰离子参与膜表面的双电层形成的相对程度,它不同于前述的线性选

择性响应系数)。显然,共存组分对待测离子产生的测量误差为

$$e_r = \frac{\sum K_{X,i} a_i^{n_X/n_i}}{a_X} \tag{4-109}$$

烷基磷酸盐流动载体电极对钙、镁离子都有灵敏电位响应,可用于测定水中钙、镁离子总量,但非线性的电极电位响应难以用于多组分离子的同时测定。

多组分色谱流出曲线方程为

$$s = \sum \left(\frac{b_i c_{0(i)}}{\sigma_i \sqrt{2\pi}} e^{-\frac{(t-t_{R(i)})^2}{2\sigma_i^2}} \right) \tag{4-110}$$

式中,s 为响应信号,b_i 为 i 组分的响应灵敏系数,c_0 为 i 组分的进样浓度,$t_{R(i)}$ 为 i 组分的出峰时间,σ_i 为组分峰的区域宽度标准偏差。分离良好的色谱组分峰,其峰面积与组分含量成正比,可用于多组分同时定量分析。分离较差的色谱组分可用多元分析法进行定量分析。

4.3.2 指纹响应

指纹响应是指难以用函数表示的响应关系或特征图谱,是建立定性分析或结构分析方法的依据。指纹响应包括吸收光谱、荧光光谱、伏安曲线、色谱和质谱及其联用图谱等。

〔1〕吸收光谱

吸收光谱是试样组分选择性吸收与其能级差有相同能量的激发光而跃迁到激发态,产生的吸光度或透光度随激发光波长或波数变化的响应曲线,决定于吸光物质的能级结构或化学结构。

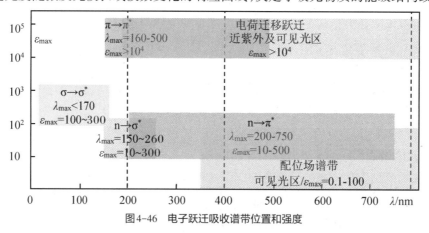

图4-46　电子跃迁吸收谱带位置和强度

紫外–可见吸收光谱产生于价电子在分子轨道能级间的跃迁(伴随有振动能级和转动能级跃迁),电子能级跃迁类型有 $\sigma \rightarrow \sigma^*$、$n \rightarrow \sigma^*$、$n \rightarrow \pi^*$、$\pi \rightarrow \pi^*$、$d \rightarrow d$、$f \rightarrow f$ 和电荷迁移,其吸收峰位置和强弱主要决定于价电子跃迁类型,也受共轭作用、诱导作用、异构作用、空间位阻、溶剂极性和溶液酸度等因素影响产生位移,如图4-46所示。分子中含有不饱和键的基团称为生色团,如 C═C、C═O、N═O、N═N、C═S、C≡N、C≡C 等,可提供 π 轨道,能发生 $\pi \rightarrow \pi^*$ 或 $n \rightarrow \pi^*$ 跃迁,

在紫外可见光范围内产生吸收。共轭作用会使各能级间的能量差减小,$\pi \rightarrow \pi^*$跃迁能量降低,吸收峰向长波方向位移(即红移),跃迁概率增大且吸收强度增加(即增色效应)。含有孤对电子的基团称为助色团,如—OH、—NH₂、—SH、—X等,它们本身不会使分子产生颜色或者不能吸收大于200 nm波长的光,但是当它们与生色团相连时,产生p-π共轭效应,使生色团的吸收波长向长波方向移动(即红移),同时使吸收强度增加(即增色效应)。几何异构等空间阻碍会使共轭体系

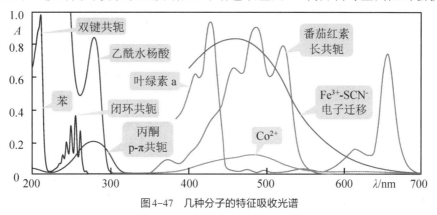

图4-47　几种分子的特征吸收光谱

受到破坏,分子中的生色团之间共平面性变差,从而使吸收峰向短波方向位移(即紫移),吸收强度减小(即减色效应),产生空间效应。极性溶剂会使$\pi \rightarrow \pi^*$跃迁产生的吸收谱带发生红移,使n$\rightarrow \pi^*$跃迁产生的吸收谱带发生紫移,而且使吸收谱带趋于平滑,导致吸收峰的精细结构消失,产生溶剂效应。常用溶剂也会显著吸收较短波长的光,产生显著吸收的溶剂的最高波长称为截止波长,在高于该波长处测量时溶剂的吸收方可忽略。此外,溶液pH的变化也可改变分子的解离状况而使吸收峰发生位移,产生酸碱效应。几种分子的特征吸收光谱如图4-47所示。

红外吸收光谱产生于分子振动能级跃迁(伴随有转动能级跃迁),但具有偶极矩变化的振动才能与入射光波电场产生耦合作用而吸光。多原子分子的振动形式和吸收峰很多,有伸缩振动(对称伸缩v_s和非对称伸缩v_{as})及变形振动(剪切振动δ、面内摇摆ρ、面外摇摆ω、扭曲振动τ),同一基团的多种振动形式产生的吸收峰称为相关峰。吸收峰的频率位置和吸收强度主要决定于基团振动类型、化学键强度、折合原子质量和偶极矩大小及偶极矩的变化,如图4-48所示。伸缩振动比变形振动吸收波数高,不对称振动比对称振动吸收波数高,化学键越强吸光波数越高,折合质量越大吸光波数越低,偶极矩越大吸收波数越高,振动过程中偶极矩变化越大吸收越强。红外吸收峰的位置和强度还受电子效应、空间效应、氢键效应和振动耦合等因素的影响。常见有机化合物的基团振动频率一般出现在4000~1300 cm⁻¹范围,称为官能团区,可按振动形式再分为四个区:①4000~2500 cm⁻¹为X—H伸缩振动区(X是指O,N,C,S);②2500~2000 cm⁻¹为三键及累积双键伸缩振动区;③2000~1500 cm⁻¹为双键伸缩振动区;④1500~600 cm⁻¹为X—Y伸缩和X—H变形振动区。分子骨架振动和变形振动出现在1300~650 cm⁻¹范围,称为指纹区。

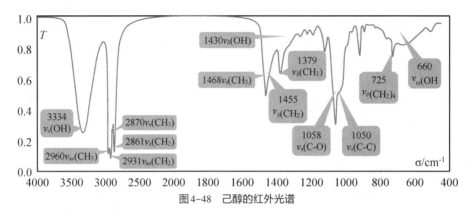

图4-48 己醇的红外光谱

核磁共振波谱(NMR)产生于液体或固体试样中具有自旋角动量(或磁矩矢量)的相同性质原子核(如 ^1H、^{31}P、^{13}C、^{15}N 等原子核),它们受到周边原子或原子团的电子云的屏蔽效应影响在高强磁场的作用下发生不同能级差分裂,并在射频辐射的激发下吸收相应能级差的射频辐射而发生核自旋能级跃迁。其吸收峰位置取决于自旋核及其受到周边原子或原子团的电子云的屏蔽效应和耦合作用的影响(通常用相对于标准参照物质四甲基硅烷的吸收频率差值或化学位移来表示),吸收峰的积分面积与相同性质自旋核的数量成正比,如图4-49所示。

吸收光谱反映了物质分子、原子、原子核或核外电子对光的选择性吸收特征,主要特征参数有吸收峰位置(最大吸收波长)、吸收峰数目、吸收峰相对强度、吸收峰宽度以及吸收峰形状。例如,原子吸收光谱为量子化线状特征光谱,这是因为气态原子距离较远,因而相互作用较小,并且电子能级差较大容易分辨。分子吸收光谱为连续性带状特征光谱,这是因为,分子中不仅有电子能级跃迁,还有能级较低的振动能级跃迁和能级更低的转动能级跃迁,转动能级差很小并且分子碰撞等使转动谱线展宽,使色散能力不大的光谱仪难以分辨。核磁共振波谱为多重分裂光谱,是因为外磁场引起分子中各原子核自旋能级分裂,产生的能级差或多或少地受到周围原子或原子团的电子云的屏蔽效应的影响和相邻自旋核外不同电子云对核自旋耦合作用,导致吸收峰发生分裂,形成多重峰。

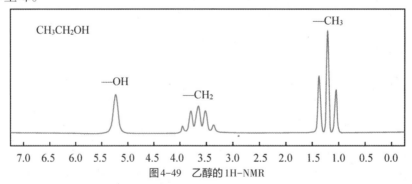

图4-49 乙醇的1H-NMR

吸收光谱信息量很大、特征性很强,因此根据试样吸收光谱的指纹特征可剖析吸光物质结构或鉴定产品品质。

例如,根据分子紫外可见光谱可判断价电子跃迁类型或分子官能团。在200~800 nm没有吸收带,表明不含双键分子。在210~250 nm有强吸收带,表明可能含有两个共轭双键;而有弱吸收带,表明含有羟基氨基或卤素基团。在250~300 nm有强吸收带,表明可能含有3~5个共轭双键(若吸收带进入可见光区,则表明含有更长共轭基团或稠环)。

又如,根据红外光谱及其基团相关峰和指纹特征可判断分子存在基团类型或分子结构。环己酮的红外光谱及结构解析如图4-50所示。

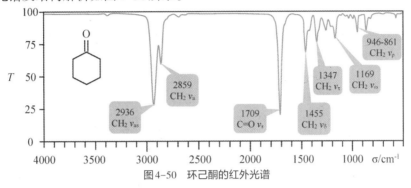

图4-50 环己酮的红外光谱

再如,核磁共振波谱可以提供分子中原子核或化学官能团的种类、数目及连接方式,可以用来研究有机药物、蛋白质和核酸等物质的结构与功能。胡桃醌的核磁共振谱及结构解析如图4-51所示。

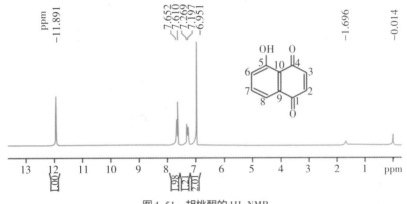

图4-51 胡桃醌的1H-NMR

δ6.95为2H(H2,H3);δ7.27为1H(H6,含CDCl3);δ7.60为1H(H7);δ7.65为1H(H8);δ11.89为1H(—OH)。

另如,检测甘草的红外光谱可鉴别中国药典收载的乌拉尔甘草、光果甘草和胀果甘草(红外指纹图谱法)。

〔2〕质谱

质谱如图4-52所示。横坐标表示离子的质荷比(m/z)值,对于带有单电荷的离子,横坐标表示的数值即为离子的质量。纵坐标表示离子流的强度,通常用相对强度来表示,即把最强的离子流强度定为100%,其他离子流的强度以其百分数表示;有时也以所有被记录离子的总离子流强度作为100%,各种离子以其所占的百分数来表示。

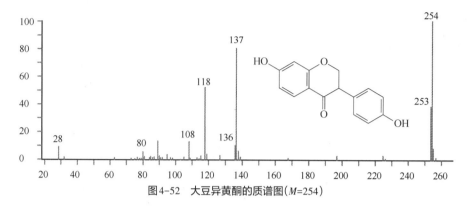

图4-52　大豆异黄酮的质谱图($M=254$)

从有机化合物的质谱图中可以看到许多离子峰,这些峰的m/z和相对强度取决于分子结构,并与离子化方法、质量分离方法和实验条件有关。质谱中主要的离子有分子离子峰、碎片离子峰、同位素离子峰、重排离子峰、多电荷离子峰、亚稳离子峰和离子-分子相互作用产生的离子峰等。正是这些离子峰给出了丰富的质谱信息,为质谱分析法提供依据。

分子离子是分子受电子束轰击后失去一个电子而生成的离子M^+,例如:$M+e^- \longrightarrow M^+ + 2e^-$。在质谱图中由$M^+$所形成的峰称为分子离子峰。因此,分子离子峰的$m/z$值就是中性分子的相对分子质量$M_r$,而$M_r$是有机化合物的重要质谱数据。分子离子峰的强弱,随化合物结构不同而异,其强弱一般为:芳环>醚>酯>胺>酸>醇>高分子烃。分子离子峰的强弱可以为推测化合物的类型提供参考信息。

碎片离子是电子轰击的能量超过分子离子电离所需要的能量(为50~70 eV)时使分子离子的化学键进一步断裂产生的质量数较低的分子碎片。

同位素离子是指含有C、H、N、O、S、Cl、Br等天然同位素的分子离子,除了最轻同位素组成的分子离子所形成的M^+峰外,还会出现一个或多个同位素组成的分子离子峰,如$(M+1)^+$、$(M+2)^+$、$(M+3)^+$等。对应的m/z为M+1、M+2、M+3。人们通常把某元素的同位素占该元素的原子质量分数称为同位素丰度。同位素峰的强度与同位素的丰度是相对应的。S、Cl、Br等元素的同位素丰度高,因此,含S、Cl、Br等元素的同位素其M+2峰强度较大。一般根据M和M+2两个峰的强度来判断化合物中是否含有这些元素。

重排离子是分子离子裂解成碎片时,有些碎片离子不仅仅通过键的简单断裂,有时还会通过分子内某些原子或基团的重新排列或转移而形成的离子。重排的方式很多,其中最重要的是麦氏重排(Mclafferty Rearrangement)。可以发生麦氏重排的化合物有醛、酮、酸、酯等。这些化合物含有C═X(X为O、S、N、C)基团,当与此基团相连的键上具有γ氢原子时,氢原子可以转移到X原子上,同时β键断裂。例如,正丁醛的质谱图中出现很强的$m/z=44$峰,就是麦氏重排所形成的。

测出离子准确质量即可确定离子的化合物组成,因为各元素的质量各不相同,并且不会有一种元素的质量恰好是另一元素质量的整数倍。分析这些离子可获得化合物的分子量、化学结构、裂解规律,以及由单分子分解形成的某些离子间存在的某种相互关系等信息。

〔3〕色谱

色谱是试样组分分离后流经检测器产生的响应曲线(称为色谱图)。色谱图记录了各组分流出色谱柱的情况,所以又叫色谱流出曲线。由于响应信号强度与物质的浓度成正比,所以流出曲线实际上是色谱流出组分的分布曲线。例如,头痛灵胶囊的色谱流出曲线如图4-53所示。

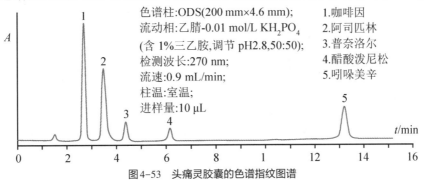

色谱柱:ODS(200 mm×4.6 mm);
流动相:乙腈-0.01 mol/L KH₂PO₄
(含 1%三乙胺,调节 pH2.8,50:50);
检测波长:270 nm;
流速:0.9 mL/min;
柱温:室温;
进样量:10 μL

1.咖啡因
2.阿司匹林
3.普奈洛尔
4.醋酸泼尼松
5.吲哚美辛

图4-53　头痛灵胶囊的色谱指纹图谱

色谱峰位置、峰宽、峰高、峰面积、正态性及分离度等反映了组分分子分散流出情况。色谱峰的个数是样品中所含组分的最少个数。色谱峰的相对保留值(或位置)在一定流动相、固定相及柱温条件下是保持不变的,可据此确定色谱峰的归属,实际工作中常用加标增加峰高法确认色谱峰。分离组分色谱峰的面积或峰高与组分的含量成正比,是色谱定量分析的依据。色谱峰的保留值及其区域宽度,是评价色谱柱分离效能的依据。色谱峰两峰之间的距离,是评价固定相(和流动相)选择是否合适的依据。

由于色谱流出曲线反映了试样的整体指纹特征,包括组分数特征、相对保留值特征及相对含量特征,因此色谱指纹图谱可用于中药、食品等复杂产品的质量鉴定。

总之,色谱有利于反映待测物质的组成特征和相对含量特征,吸收光谱和质谱等波谱有利于反映待测物质的结构特征,色谱与波谱联用多维图谱为复杂试样的分析鉴定提供了丰富的有效指纹特征。

利用待测物质的指纹图谱与待测试样的谱学特征鉴定待测物质结构或组成的分析方法称为指纹图谱法。通过大量类似样本的谱学分析,最大限度地提取大量代表性样品中待测物质共同的结构特征和组成特征,建立其结构或组成与待测物质的指纹图谱之间的定量关系,据此鉴定待测物质的结构和组成,或识别分析样品的真伪。指纹图谱法在物质结构分析和中草药质量分析中得到了广泛的应用。

4.4　分析信号的检测

分析信号可分为电信号、光信号、粒子信号和成像信号等,因此检测分析信号的方法也可分为电信号检测法、光信号检测法、粒子信号检测法和成像信号检测法等。

4.4.1 电信号检测法

激发试样产生的电信号有电压(如电池电动势)、电流(如电解电流、氢火焰离子化电流)、电阻(如电池电导)、电量(电流与时间的乘积或积分)、电平(高低通断开关信号)和频率(变化周期的倒数)等。

通常,模拟电信号可用集成运算放大器[①]进行阻抗变换与信号放大,然后再用数字电压表显示,或与数字信号一同用多功能数据采集控制卡输入计算机,再进行运算、显示、存储、控制和分析。

例如,电位法中,电池电动势的检测原理如图4-54所示,采用高输入阻抗集成运算放大器,既起阻抗变换作用又起电压跟随作用,然后用电压表测量或数据卡采集,这样可以减免电压表或数据卡的输入阻抗的分压误差。高阻集成运放输入端的电阻很大(典型值为$10^{12}\ \Omega$),膜电极电阻($\leqslant 10^{9}\ \Omega$)的分压及电池回路的电流都可忽略。集成运放反向输入端与同相输入端电位相同,而反向输入端与输出端连接,因此输出端电压与同相输入端电压即电池电动势相同。

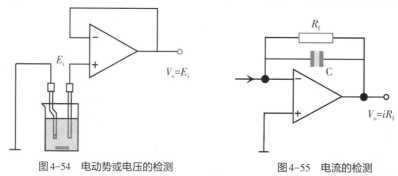

图4-54 电动势或电压的检测   图4-55 电流的检测

又如,伏安法中,电解电流的检测原理如图4-55所示,集成运算放大器的同相输入端接地,反向输入端为虚地(反向输入端与同相输入端电位相同),输入反向输入端的电流因输入电阻很大而流入R_f反馈旁路,产生电压降iR_f,将电流放大R_f倍,输出反向电压并且输出电压与输入电流和旁路反馈电阻成正比。

---

① 典型集成运算放大器的外观和引脚如下图所示:

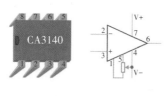

7.正电源端,常用+5V
4.负电源端,常用−5V
6.输出端:输出放大信号
3.同相输入端:输出与输入同相
2.反相输入端:输出与输入反相
1/5.调零端:精确调节放大器零点
8.空脚

典型集成运算放大器的基本特性如下:
(1)反相输入端与同相输入端电位相同(同相输入端接地时,反相输入端为"虚地");
(2)输入阻抗无穷大(普通集成运放典型值为$10^{6}\ \Omega$,高阻集成运放典型值为$10^{12}\ \Omega$);
(3)输出阻抗为零(典型值<$100\ \Omega$);
(4)输入为零时,输出为零(普通集成运放误差约为$\pm 1\ mV$,精密集成运放误差约为$\pm 1\ \mu V$);
(5)开环(无反馈)差模电压(同相输入端与反相输入端的电压差)放大倍数为无穷大(典型值约为10^{5})。
集成运放可与电阻、电容等电子元件等连接成放大、反相、加和、差减、微分、积分、指数、对数、比较、绝对值变换和阻抗变换等多种运算电路,是分析仪器中最重要的基本元件之一。

以给定频率连续检测电压、电流等参数随时间的变化,可得电压–时间曲线、电流–时间曲线等时域图。积分电流时间曲线可获得电解电量参数。通过电压和电流,根据欧姆定律可获得阻抗或电导参数。通过扫描施加一定波形电解电压,以选定频率连续检测电解电流,可获得伏安曲线等。

采用多功能数据采集控制卡容易实现分析信号检测和控制的计算机化,不仅能够以设定频率精密采集电压和电流等信号,程控增益,检测和输出开关信号、频率信号、阀门信号,而且还可按程序产生检测所需激发波形、电机驱动控制信号及温度驱动控制信号等,实现自动检测,提高检测精度和检测能力。

4.4.2 光信号检测法

激发试样产生的光信号有光强度、吸光度、旋光度、衍射角、折光率和发射光谱及吸收光谱等。

光强度通常利用真空光电管、半导体光电管、光热辐射检测器或射频检测器等把光辐射信号转换为电信号进行检测。

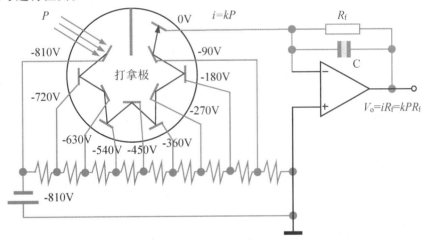

图4-56　光电管构造与光强度检测

真空光电管利用光电效应通过光敏材料检测光信号,其光谱响应范围和灵敏度取决于沉积在阴极上的光敏材料(碱金属)性质。如图4-56所示,在高于某特定频率的电磁波照射下,某些光敏材料(碱金属)内部的电子会被光子激发逸出。电子的射出方向不是完全定向的,只是大部分都垂直于金属表面射出,与光照方向无关,因为光的高频正交电磁场振幅很小,不会影响电子射出方向。当在金属外面加上正向电源,逸出的光电子在电场作用下到达阳极便形成光电流。当入射光强度增大时,与电子碰撞次数也增多,因而逸出的光电子也增多,光电流也随之增大。

光电倍增管设置多个电子倍增电极,相邻两个电极之间都有加速电场,可放大光电流,从而检测非常微弱的光。阴极受到光的照射时,就发射光电子,并在加速电场的作用下,以较大的动能撞击到第一个倍增电极上,光电子能从这个倍增电极上激发出较多的电子;这些电子在电场的作用下,又撞击到第二个倍增电极上,从而激发出更多的电子。这样,激发出的电子数不断增加,最后阳极收集到的电子数将比最初从阴极发射的电子数增加很多倍(一般为 $10^5 \sim 10^8$ 倍)。

半导体光电管利用半导体材料在光照时导电特性的变化来检测光信号,常用的半导体光电管有光敏电阻器、硅光电二极管和光电二极管阵列等。

光敏电阻器通常由金属铅、镉、镓、铟的硫化物、硒化物及碲化物形成的半导体晶体构成,无光照时其电阻可达 200 kΩ,而吸收辐射后半导体中的某些价电子被激发成为自由电子。电子和空穴增加,导电性能增加,电阻减小,可根据电阻的变化检测辐射强度的大小。

硅光电二极管由硅片上反向偏置的 p-n 结构成,反向偏置造成了一个耗尽层,使该结的传导性几乎降到了零。当辐射光照射到 n 区,就可形成空穴和电子。空穴通过耗尽层到达 p 区而湮没,于是电导增加,形成光电流。可响应的光谱范围为 190 ~ 1100 nm。

光电二极管阵列是在硅片上集成多个微型硅二极管制成,有线型二极管阵列检测器和矩阵型二极管阵列检测器(CCD 或 CMOS 图像传感器),可进行多波长同时检测及光学成像检测,需用计算机扫描采集二极管阵列检测信号,常用于检测色谱流出组分吸收光谱。

由于光敏材料释放出电子以及半导体材料导电特性改变均需要一定的能量,而光能量的大小与波长成反比,因此光敏材料和半导体材料只对 X-射线、紫外光、可见光和近红外光敏感,相应的光电检测器只适用于紫外到近红外光区的光谱检测。所对应的光谱法包括 X-射线光谱、原子吸收光谱、原子发射光谱、原子荧光光谱、紫外-可见吸收光谱、分子荧光光谱、分子磷光光谱、化学发光以及近红外光谱。红外光的能量较低,不足以使光敏材料释放出电子,或使半导体材料的导电特性发生改变,因此光电检测器不能用作红外光谱的检测器。

光热辐射检测器是利用红外辐射被导体(如铂、镍)或半导体吸收后,由于热效应引起温度变化或电阻、电势等物理参数发生变化的检测器,主要有热电偶、热敏电阻和热释电检测器。

热电偶由两种能产生显著温差电势的金属丝(如铜和康铜)连接而成,或由半导体 PN 结构成,其结点涂金黑(或铂黑)或覆盖上镀黑的薄片以吸收光辐射并引起温升,利用热电偶连接端(探测端)与另一端(自由端)有温差时会产生温差电动势来检测红外辐射信号或热辐射信号。温差电动势与辐射量有关:$\varepsilon = p(T)\Delta T$,式中 ε 为温差电动势值,ΔT 为温差,$p(T)$ 为温度 T 时的温差电动势率。大多数金属材料热电偶的灵敏度为 5 ~ 40 μV/℃。由于热电偶温度传感器的灵敏度与材料的粗细无关,因此用非常细的材料也能够做成温度传感器。也由于制作热电偶的金属材料具有很好的延展性,这种细微的测温元件有极高的响应速度,可以测量快速变化的过程。

热敏电阻是利用其吸收热辐射或红外光而出现温升后会引起阻值变化的检测器。如果用一负载电阻与热敏电阻串联并施加偏压,那么从负载电阻或热敏电阻上取出的输出电压的变化量与入射的光量有关。常常把一对参量相同的热敏电阻密封在一起,其中一个接受热辐射或红外光照射,利用桥式电路检测电信号,可减小外界温度变化造成的影响。热敏电阻可以是金属(铂、镍、金)的,也可以是半导体的,前者线性比较好,后者响应率较大。也有利用低温半导体(掺杂 Ga 和 In 的 Ge、Si)和低温超导材料的,它们噪声小、响应率高,可测很微弱的辐射或远红外辐射。

热释电检测器利用某些电介质晶体薄片在外加电场作用下,正电荷趋向于阴极和负电荷趋向于阳极而产生的表面电荷(单位面积表面电荷或极化强度)随居里点以下温度变化规律检测光信号。钛酸钡、硫酸三甘肽、掺镧的锆钛酸铅、铌酸锂和铌酸锶钡等电介质薄片在外加电压去除后仍保持着极化状态(称为铁电体)并且其极化强度(单位面积上的电荷)与温度有关,温度升高,极化强度降低。温度升高到一定程度,极化将突然消失,这个温度称为居里点。在居里点以下,极化强度是温度的函数。当红外光照射到已经极化了的铁电体薄片上时,引起薄片温度的升高,使其极化强度(单位面积上的电荷)降低,表面的电荷减少,这相当于释放一部分电荷(所以叫热释电)。当用调制的辐射照射时晶体的温度不断变化,电荷也随之变化,从而产生电流,它的数值与调制的光辐射量有关。在恒温下,晶体内部的电荷分布被自由电子和表面电荷中和,在两极间测不出电压。当温度迅速变化时,晶体内偶极矩会产生变化,产生瞬态电压,所以热(释)电探测器只能探测调制的辐射或辐射脉冲,它的响应时间快,可达纳(10^{-9})秒数量级,并能在常温下工作。响应的谱段从γ射线到亚毫米波,是目前发展最快的热探测器。

吸光度的检测,可根据吸光度的加和性,用透过参比样(不含待测组分的试样基体)的光作待测组分的激发光来扣除共存基体组分的吸收,从而得到试样中待测组分的吸光度,如图4-57所示。试样可看作由待测物(x)和参比样(r)组成,若激发光能量、试样的透射光能量和参比样的透射光能量分别为P_0、P_s和P_r,待测物的吸光度、试样的吸光度和参比样的吸光度分别为A_x、A_s和A_r,则

$$A_x=A_s-A_r=\lg(\frac{P_0}{P_s})-\lg(\frac{P_0}{P_r})=\lg(\frac{P_r}{P_s}) \tag{4-111}$$

$$P_r=100\% \text{ 时},A_x=\lg(\frac{1}{P_s}) \text{ 或 } T_x=P_s \tag{4-112}$$

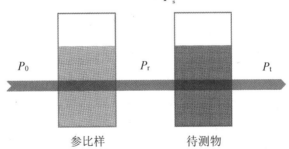

P_0 P_r P_t

参比样   待测物

图4-57 吸光度的检测

吸收光谱的检测,有手动作图法、自动扫描法、二极管阵列法和傅里叶变换法等。

手动作图法:通过手动设置或改变一系列激发光波长和切换参比样与待测样,分别检测各波长激发光透过参比样的光能量和透过待测样的光能量,然后计算待测组分的吸光度(透过参比样的光能量和透过待测样的光能量的比值的对数),手动绘制吸光度随激发光波长的变化曲线。

自动扫描法:通过转动光栅单色器连续改变激发光波长,分别检测和存储参比样透射光强度与随波长变化数据和待测样透射光强度随波长变化数据,然后计算和存储参比样透射光强度与待测样透射光强度的比值的对数,即待测组分吸光度随波长的变化数据,即可绘制或显示吸光度随激发光波长的变化曲线。

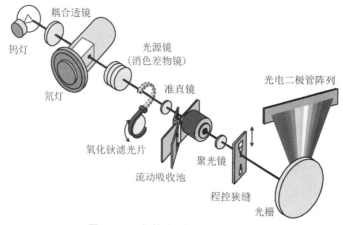

图4-58　二极管阵列与吸收光谱检测

二极管阵列法如图4-58所示,聚焦后的平行复合光通过吸收池到达光栅,经光栅色散后的各波长单色光强度由光电二极管阵列同时检测,用计算机扫描采集二极管阵列检测信号,常用于检测色谱流出组分吸收光谱。

傅立叶变换法常用于红外光谱和核磁共振波谱检测。

4.4.3　粒子信号检测法

粒子信号主要有短波光子或电子撞击试样逸出或透射的电子,试样经电子或原子撞击、化学电离、电喷雾或场解析等产生的分子碎片等。

粒子信号常用电子倍增管进行检测,电子倍增管是一个能倍增入射电荷的真空检测器。如图4-59所示,高速运动的带电粒子,如电子和离子,撞击检测器表面时,可产生二次电子;再透过适当的形状与电场的安排,产生一连串的二次电子来倍增信号,最后到达阳极。通常,一个电子加速撞击检测器表面可以产生1~3个二次电子,多次撞击使得电子数目倍增,其灵敏度相当高,可以用来检测粒子的数目。

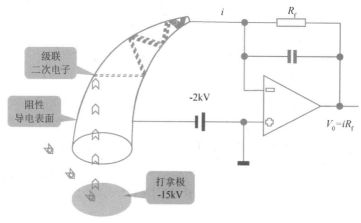

图4-59　电子倍增管构造及粒子信号检测

电子倍增管通常被用来检测离子,也可以检测光子,由光电效应产生的光电子来触发。光电倍增管的二次电子是由一连串的分离式电极来倍增,通常每个二次发射极的电位差在 100~200 V,用来加速电子到下一个二次发射极,最后到达阳极,可在常压下使用。而电子倍增管一般是采用连续式的二次发射极,电极表面的高电阻使得二次电子和加速电场的分布可以组合在同一个元件里而不需要分开,并设计在高真空环境下使用。通常为漏斗状,材料为镀上一层半导体薄膜的玻璃所构成。另一种平面二维的检测器,称微通道板,也是运用相同的原理。有别于微通道板有上百万个微通道,电子倍增管使用单个通道。

电子倍增管被广泛地运用在各种质谱仪里,用来检测被离子化并通过分析器后的离子。通常质谱仪里都有电子倍增管和法拉第杯。在信号很强时,使用法拉第杯;而信号微弱时,使用电子倍增管。此外,电子倍增管也应用在电子显微镜、表面分析、X射线光电子能谱学等多种需要检测微量离子或电子的分析仪器里。

4.4.4 图像信号检测法*

图像信号包括光学显微成像(包括视觉成像、紫外成像、红外成像或热成像、荧光成像、核磁成像等、薄层色谱成像、凝胶电泳成像及毛细管电泳成像)、电子显微成像、扫描隧道显微成像、电化学显微成像和质谱分子成像等。图像信号一般通过给定频率扫描激发试样和逐行扫描逐点检测,合并得到数字图像或荧光屏幕图像。

光学显微成像(OMI)通常用CCD或CMOS图像传感器摄取能够被光线捕获的物体(感光成像)并转换为数字图像。分析其像素分布和亮度、颜色等信息,抽取试样分析特征,通过人工智能计算,可进行模式识别、多元校正或结构解析。光学显微成像种类很多,有视觉成像、紫外成像、红外成像或热成像、荧光成像、凝胶成像和薄层色谱成像等,应用非常广泛。例如,数码显微镜可将试样感光成像显示于计算机屏幕上,可用于微生物鉴定、细胞形态检查、尿液有形成分分析、纤维细度检测等。紫外显微镜将核酸特异性吸收265 nm紫外光和蛋白质选择性吸收280~320 nm紫外光显微成像,可检测生物试样中核酸、蛋白质等物质的分布情况。红外成像仪将高于绝对零度的物体的红外辐射能量(热量)以非接触方式成像(热成像,温度高低常用亮暗或冷暖色调表示,亮色表示温度高,暗色表示温度低。或暖色表示温度高,冷色表示温度低),可直接检测诊断炎症、肿瘤、结石、血管性疾病、神经系统、亚健康等100余种疾病(在出现组织结构和形态变化之前,细胞代谢会发生异常,人体会发生温度的改变,温度的高低、温场的形状、温差的大小可反映疾病的部位、性质和程度,根据人体远红外热成像能够更早发现病变,为疾病的早期发现与防治赢得宝贵的时间,无须标记药物,不会造成人体伤害和环境污染,而且简便经济)。荧光显微镜用激光或纳米闪光扫描试样检测荧光成像,可检测诊断肿瘤细胞和单个蛋白质分子在细胞内的分布位置,突破了光学显微镜0.2 μm分辨率限制。核磁成像(MRI)利用射频接收器扫描检测射频磁场信号绘制物体内部的结构图像。人体2/3的重量为水分,体内器官和组织中的水分并不相同,很多疾病的病理过程会导致水分形态的变化,即可由磁共振图像反映出来。MRI可对人体各部位多角度、多平面成像,其分辨力高,能更客观更具体地显示人体内的解剖组织及相邻关系,对病灶能更好地进行定位定性,对全身各系统疾病的诊断,尤其是早期肿瘤的诊断有很大的价值。凝胶成像仪用数字摄像头将置于暗箱内的电泳凝胶图像在紫外光或白光照射下的影像摄入计算机,可一次性完成DNA、RNA、蛋白凝胶、薄层层析板等图像的分析,最终可得到凝胶条带的峰值、分子量或碱基对数、面积、高度、位置、体积或样品总量。

电子显微成像（EMI）主要有透射电子显微成像（TEMI）和扫描电子显微成像（SEMI）等。透射电子显微成像常用荧光屏检测透过试样薄片的电子束，由于电子束波长很短，分辨率可达 0.2 nm，常用于观察那些用普通显微镜不能分辨的细微物质结构；扫描电子显微成像常用闪烁晶体接收器检测从样品旁散射出来的二次电子，通过放大后调制显像管的电子束强度，显像管的偏转线圈与样品表面上的电子束保持同步扫描，这样显像管的荧光屏就显示出样品表面的形貌图像，主要用于观察固体表面的形貌，也能与 X 射线衍射仪或电子能谱仪相结合，构成电子微探针，用于物质成分分析。

扫描隧道显微成像（STMI）是将探针（针尖极为尖锐，仅仅由一个原子组成）慢慢地通过试样表面，探针上加有电荷，电流从探针流出，通过试样到底层表面。当探针通过单个的原子，流过探针的电流量便有所不同，这些变化被记录下来。电流在流过一个原子的时候有涨有落，如此便极其细致地探测出它的轮廓。通过绘出电流量的波动，人们可以得到组成一个网格结构的单个原子的美丽图片。可观察和定位单个原子，它具有较高的分辨率，并可在低温下（4K）利用探针尖端精确操纵原子。STMI 使人类第一次能够实时地观察单个原子在物质表面的排列状态和与表面电子行为有关的物化性质。

质谱成像（MSI）是利用质谱仪将试样组分电离离子扫描与图像重建技术结合产生任意质荷比（m/z）化合物的二维离子密度图或三维分布图的方法。其中三维成像图是由获得的质谱数据，通过质谱数据分析处理软件自动标峰，并生成该切片的全部峰值列表文件，然后成像软件读取峰值列表文件，给出每个质荷比在全部质谱图中的命中次数，再根据峰值列表文件对应的点阵坐标绘出该峰的分布图。可直接分析生物组织切片，对组织中化合物的组成、相对丰度及分布情况进行高通量、全面、快速的分析，可通过所获得的潜在的生物标志物的空间分布以及目标组织中候选药物的分布信息，来进行生物标志物的发现和化合物的监控。它可用于小分子代谢物、药物化合物、脂质和蛋白分析，能相对快速地利用许多分子通道，完全无须特殊抗体。

4.5　分析信号的解析

分析信号解析（Analytical Signal Interpretation）就是通过信号的变换分辨信号的物理化学意义（与试样化学组成分布的关系），通过信号校正进行定量分析，通过模式识别进行定性分析，通过波谱解析进行结构分析。

4.5.1 分析信号的分辨

分析信号就是试样的特征变量或变量集，分析信号的分辨就是研究分析信号的类型、变换和相关关系，以分辨其物理化学意义和消除相关因素的干扰。

〔1〕分析信号的类型和表示

分析信号用分析数据来表示，常见分析数据有单点标量数据（标量）、一维向量数据（单个变量或向量）、二维图谱数据（矩阵）和多维图谱数据（阵列）。不同分析信号的特征数量即信息量

(各量测信号值与其分辨率乘积的积分)有很大差异,分析信号能够提供的信息量决定了其供信能力或分析性能。

单点数据为标量数据,如滴定分析中测定滴定终点时消耗的标准溶液的体积、电位分析中测量电极活性组分的电动势、光度分析中测量待测组分对最大吸收波长的吸光度等,所包含的分析信息量很少,因此利用个别标量进行分析的方法,其适用性受到很多分析条件的限制,要求检测的标量与试样中待测物质含量存在定量关系(一般为线性关系),并要求不存在共存组分的干扰等。

一维数据为向量数据,如一系列标样的不同含量、一系列标样的检测信号、一系列的分析样品和一个样品的若干组分的类别或其含量等,能够表示一个系列的信息,从多点反映分析对象的特征。

二维图谱数据为矩阵数据,如光谱、极谱、色谱、质谱等,比单点标量数据及一维向量数据含有更多的信息,能够更充分地反映分析试样的时空组成分布规律或特性,可大大地提高分析结果的可靠性。

多维图谱数据为阵列数据,如色谱-光谱联用或色谱-质谱联用可获得三维图谱数据(色谱谱图中每个流出组分对应一个光谱或质谱),又如色谱-光谱-质谱或色谱-质谱-质谱联用可获得四维空间数据,其信息量很大(数据容量可达数兆甚至数百兆),因此,多维数据的有效提炼、科学解析和信息挖掘,具有重要意义。

为便于分析信号解析,分析信号常用列表法、作图法或矩阵法表示。列表法一般按自变量与因变量的对应关系列出数据表格,可精确表达分析信号的数值,但变化趋势不够直观。作图法可直观显示分析信号的变化规律(如响应直线范围斜率、主成分投影分布)和指纹特征(如光谱、色谱、质谱和电化学图谱等)。用矩阵表示分析信号或分析数据,便于表达、运算和理解。

矩阵是数据的矩形排列,用方括弧包围,常用大写粗斜体字母表示,其数据称为元素(通常为标量,也可为向量或矩阵),标量用小写斜体字母表示。只有一行或一列元素的矩阵称为向量或矢量(向量是由很多数据组成的行数组或列数组),有行向量(行矩阵)和列向量(列矩阵),行向量用小写粗斜体字母表示,列向量常用行向量的转置表示(行向量加上标T或′),向量中元素的数目称为向量的维数。

一个向量可表示一个变量的多个标量,如一条光谱A-λ曲线、极谱i-E曲线、色谱s-t曲线或质谱s-m/e曲线等的纵坐标或横坐标。由两个向量构成的矩阵可表示一条光谱A-λ曲线、极谱i-E曲线、色谱s-t曲线或质谱s-m/e曲线等,其中一个向量表示纵坐标,另一个向量表示横坐标。若一列样品的横坐标相同,则一个矩阵可表示一列样品的光谱、极谱、色谱或质谱等。

例如,一个样本的n个变量的测量结果构成一个谱图或一个n维向量,如果把m个样本的谱图收集在一起,即把m个n维向量组合在一起,便得到一个$m \times n$维数据矩阵。在矩阵中,一般用一个行向量表示一个试样(或同一样本)的一行变量的测量结果(如一张光谱、色谱或质谱等),一个列向量表示一列试样的同一变量(如一个分析通道、一个波长或一个保留时间)的测定值。试样数据矩阵可表示如下:

$$X = \begin{bmatrix} x_{11} & x_{12} & \cdots & x_{1n} \\ x_{21} & x_{22} & \cdots & x_{2n} \\ \vdots & \vdots & \ddots & \vdots \\ x_{m1} & x_{m2} & \cdots & x_{mn} \end{bmatrix} \tag{4-113}$$

其中,m为试样数目,n为变量数目。X是一个由n个变量和m个试样的分析数据构成的$m×n$维矩阵,表示为$X=[x_{ij}](i=1,2,\cdots,m;j=1,2,\cdots,n)$。

很多分析仪器都提供了专用分析信号解析应用程序,不同仪器的应用程序对分析信号的解析方法和解析能力有较大的差异,不同仪器甚至同类仪器的应用程序及数据不能共享或通用,因此目前解析分析信号或处理分析数据更常用的是通用应用程序。常用的通用应用程序有 Excel、Origin 和 Matlab。Excel 和 Origin 可完成常规的制表、作图及统计和回归分析等。Matlab 是用于算法开发、数据可视化、数据分析以及数值计算的基于矩阵运算的科学计算语言和交互式环境,功能十分强大。因此,需要掌握其数据加载方法、绘图方法、函数运算及矩阵运算,掌握常用函数语法与编程调试,但无须深究计算过程。

〔2〕分析信号的意义和变换

分析信号的影响因素很多,包括干扰因素(噪声、漂移或过失等),响应关系(一元专属性响应与多元重叠性响应关系、线性与非线性关系、微分与积分关系、时域与频域关系、相关或不相关关系等),以及自变量和因变量(数据维度、数值大小、数值分辨率等),都会影响信号分辨或试样定性分析与定量分析,需要根据实际情况进行适当的变换处理。常用变换方法有信号平滑、变量变换、信号标准化、相关分析、主成分变换和信息编码等。

(1)信号平滑

信号噪声是随机误差引起的,导致分析信号曲线出现随机毛刺,可通过信号叠加或平均来减小。例如,核磁碳谱检测经常采用多次扫描累加的方法来提高信噪比。信号平滑是更常用的减小信号噪声的后处理方法。

信号平滑就是通过拟合函数曲线去逼近分析数据从而滤除噪声,将粗糙的分析信号曲线变换为变化平缓的光滑曲线。

任何一条单值曲线,如光谱曲线、伏安曲线、反应动力学曲线等,都可以用一个合适的非线性函数或模型逼近拟合。常用拟合函数有多项式、高斯函数、傅立叶函数及小波函数等。

这里以多项式平滑为例。设分析数据为(x_i,y_i)(其中$i=1,2,\cdots,p$),在第i个点的左和右各取m个数据点,连同第i点本身x_i共n个数据点为窗口(窗口的宽度$n=2m+1$,一般取奇数,如3,5,7,$\cdots$,25等),用一个k次多项式(一般取值为$k=2,3,4$等)来拟合或表示分析数据响应量y_i与自变量x_i之间的关系,窗口随i增加而移动,平滑从$m+1$点开始,直至第$p-m$点。

$$y_j=b_0+b_1x_j+b_2x_j^2+\cdots+b_kx_j^k+e_j(j=-m,-m+1,\cdots,m) \tag{4-114}$$

式中b_i为拟合系数(权重系数),e_i为拟合误差,求出误差平方和最小时b_i的估计值$b_0,b_1,b_2,\cdots,b_k$,即可确定拟合函数或模型。实际上是对窗口中所有的数据点进行加权平均,中心点的权重最大,离中心点越远(误差越大),权重越小,权重值以中心点对称。因此既能降低噪声,又可保持信号,从而提高信噪比。Matlab 中可简便地用 polyfit 函数求得最小二乘拟合多项式的拟合系数,用 polyval 函数按所得的多项式函数模型计算所给数据点对应的拟合值(近似值):

　　>>$[b,s]$=polyfit(x,y,m);%根据采样点向量x和y(其维数相同),产生一个m次多项式拟合系数向量b(元素为$m+1$维拟合系数)及其在采样点的误差向量s。

　　>>z=polyval(b,x);%求向量x中的每个元素对应的多项式的拟合值构成的向量z。可用绘图函数 plot(x,y,x,z)绘出原始曲线和平滑曲线。

[例4-4] 龙井茶叶化学振荡指纹图谱片段曲线拟合和平滑。

X=[335 335.1 335.2 335.3 335.4 335.5 335.6 335.7 335.8 335.9 336 336.1 336.2 336.3 336.4 336.45 336.5 336.6 336.7 336.8 336.9 337 337.1 337.2 337.3 337.4 337.5 337.6 337.7 337.8 337.9 337.95 338 338.1 338.2 338.3 338.4 338.5 338.6 338.7 338.8 338.9 339 339.1 339.2 339.3 339.4 339.45 339.5 339.6 339.7 339.8 339.9 340 340.1 340.2 340.3 340.4 340.5 340.6 340.7 340.8 340.9 340.95 341 341.1 341.2 341.3 341.4 341.5 341.6 341.7 341.8 341.9 342 342.1 342.2];%采样点/秒（时间坐标）

Y=[0.725 0.724 0.724 0.725 0.722 0.719 0.723 0.722 0.72 0.72 0.72 0.721 0.72 0.719 0.72 0.719 0.721 0.719 0.719 0.716 0.718 0.718 0.716 0.718 0.717 0.717 0.716 0.717 0.719 0.717 0.719 0.718 0.717 0.72 0.719 0.717 0.719 0.719 0.717 0.715 0.718 0.72 0.718 0.72 0.719 0.72 0.72 0.72 0.722 0.725 0.724 0.721 0.722 0.723 0.726 0.723 0.725 0.725 0.724 0.726 0.728 0.727 0.728 0.727 0.727 0.727 0.727 0.727 0.725 0.727 0.728 0.727 0.726 0.726 0.724 0.725 0.724];%采样点响应值/伏(电动势)

%[x,y]=load('nongjing.txt');%也可把数据放到txt或xls文件用load或xlsread加载
m=5;%平滑窗口宽度

[B,S]=polyfit(X,Y,m);%根据采样点向量X和Y(其维数相同),产生一个m次多项式拟合系数向量B(元素为m+1维拟合系数)及其在采样点的误差向量S。

Z=polyval(B,X);% 对向量X中的每个元素求其多项式的拟合值构成的向量Z。B为多项式拟合系数向量。

plot(X,Y, X,Z);%绘图,绘出原始曲线和平滑曲线
legend('Y为原始曲线','Z为平滑曲线');%图例
%复制上述代码粘贴在Matlab命令行窗口,按回车键,结果如图4-60所示。

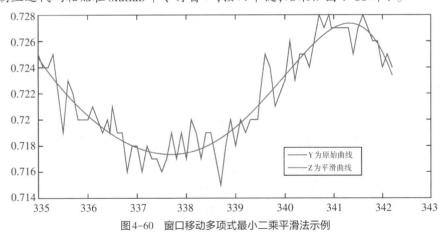

图4-60 窗口移动多项式最小二乘平滑法示例

（2）变量变换

就是对原变量进行某种数学变换,使曲线化直、扣除背景、校正漂移、消除干扰、提高信噪比、提高分辨率或解析变量意义等。常用的包括指数、对数、微分、积分及线性变换(一次函数变换)、组合变换(相加、相减、相比、加权)、傅立叶变换、哈达玛变换和小波变换等。

例如电位分析中,电池电动势与响应离子的活度或浓度为对数关系,$E_x=E_x^0 \pm RT/nF \cdot \ln a_{x^{n\pm}} = E_x^{0'} \pm RT/nF \cdot \ln c_{x^{n\pm}}$,需要以响应离子的活度或浓度的对数做新的变量,将对数曲线关系化为直线

关系,利用直线关系进行分析,便于扣除背景(截距)和消除干扰(斜率校正)从而提高准确度。

又如直流伏安法,伏安曲线方程为 $E=E_{1/2}-RT/nF \cdot \ln i_d/(i_1-i_d)$,以 $\ln i_d/(i_1-i_d)$ 为新变量可将电解电位与扩散电流的非线性关系化为电解电位与 $\ln i_d/(i_1-i_d)$ 的直线关系,从而根据其截距可得半波电位,根据其斜率可得电解反应转移的电子数,可推测其反应机理。

再如吸光分析中,$A=klc=\lg P_i/P$,就是以透光强度的比值的对数为新变量(吸光度),将透光强度与浓度的指数关系变换为吸光度与浓度的线性关系。

信号微分可消除基线影响(背景干扰)或信号漂移(直线的二阶微分为零)、确定谱峰位置和判断滴定终点、提高信号分辨率和减少共存组分干扰。常用的有微分分光光度法和微分伏安分析法等。微分信号仍与被测组分浓度成正比,微分谱峰变得更尖锐,分辨率提高,背景干扰(如浑浊样品散射)和共存组分干扰减少,但随着微分阶数增加,原谱的基本特点逐渐消失。

求微分的基本方法就是简单差分法,即一阶微分为改变单位横坐标 x 的量所引起的纵坐标 y 的改变程度:$d_i=(y_{i+1}-y_i)/(x_{i+1}-x_i)$,可以在一阶微分的基础上再进行差分来计算二阶微分或依次进行高阶微分。差分法的计算过程简单,但所得求导结果比原始数据少了一个点,并且采样点间隔较大时所求导数(变化率)与实际情况就存在较大的误差。为此,目前常用的是窗口移动多项式最小二乘平滑求导法。

信号积分往往与组分含量有关,如色谱峰的积分面积与流出组分浓度成正比,核磁共振峰的积分面积与共振核数目成正比,电解电流的积分面积与电解物质的量符合库仑定律。

信号叠加可以提高信噪比和降低检测限。信号差减可消除背景干扰或组分干扰。信号相比可去卷积消除相干干扰。信号乘以权重可以加重或减轻信号的影响。变量相比或相差还可衡量其相似度或距离。

傅里叶变换和哈达玛变换可实现光谱多通道测量和提高信噪比。小波变换可降低信号噪声、实现波谱分辨。

线性变换就是以某种一次函数进行变换。比如一组数(1,2,3)以 $3x+1$ 这种一次函数进行线性变换的结果就是(4,7,10)。通过线性变换可降低线性空间维度,常用于主成分分析。

这些变换都可用 Matlab 相应函数简便地实现。

(3)标准化变换*

分析信号大多是模式向量,不同变量的量纲和变化幅度一般不同,其绝对值大小可能差很多倍,如果将这些不同种类、不同量纲、数值大小差别很大的数据组合在一起来构建数据矩阵进行模型分析、相关分析,将丢失部分重要信息,影响分析结果的准确度和可靠性。因此,需要将分析信号进行标准化或归一化,就是将信号按比例缩放到各变量的变化幅度处在同一水平上,转化为无量纲数据,消除单位限制,每个变量在新标度下的最大值都为1、最小值为0或−1。常用标准化方法有数值归一化法和方差归一化法。

A.数值归一化

比例变换可将非负数据变换到[0,1]范围:

$$x'_{ij}=\frac{x_{ij}}{\max(x_{ij})} \tag{4-115}$$

$$x'_{ij}=\frac{x_{ij}}{\sum_{i=1}^n x_{ij}}(j=1,2,\cdots,n) \tag{4-116}$$

例如,质谱中常用最大丰度(峰高)归一化法,j 为质子峰的序数。

又如色谱中常用总峰面积归一化法,可减小进样误差的影响,n 为色谱峰的个数。

反正切变换可将数据变换到 $[-1,1]$ 范围:

$$x'_{ij} = \frac{\arctan(x_{ij})}{\pi/2} \tag{4-117}$$

B.方差归一化

方差归一化即偏差变换,又称自标度化(Autoscaling)或 z-score 标准化,将数据偏差变换到 $[-1,1]$ 范围:

$$x'_{ij} = \frac{x_{ij} - \bar{x}_j}{s_j} \tag{4-118}$$

变换后各变量的均值为 0,标准偏差或方差都为 1,使各变量权重相同或影响程度相同。

(4)信息编码

信息编码是一种常用的数据压缩方法。很多图谱分析信号数据量巨大,可以采用信息编码的方法进行压缩。例如,红外光谱中通常按全谱范围每隔 100 cm⁻¹ 提取一个特征峰位置和强弱信息编制谱线索引(定性特征),色谱指纹分析中通常按保留值和峰面积压缩色谱指纹特征数据,紫外-可见光谱多元分析中往往在特定范围内每隔一定波长(如 10 nm)提取一个吸光度值,伏安曲线多元分析中往往在特定范围内每隔一定电位值(如 100 mV)提取一个电流值。

〔3〕相关分析

相关分析(Correlation Analysis)是研究分析信号变量之间相关关系(相关方向及相关程度)的方法。通过相关分析可找出变量的变化规律,帮助判断是否可以建立有意义的分析模型(数学模型)和进行变量筛选(压缩变量维数),使模型中只包含独立的变量,提高分析模型的性能。

相关关系可分为完全相关(函数关系)、不相关(变量是各自独立的)和不完全相关,也可分为单相关(一元相关)、复相关(多元相关)、偏相关(控制其他变量不变,研究两个变量的关系)和典型相关(两组变量之间的相关关系)。相关程度用相关系数或距离系数衡量。

(1)偏相关分析

偏相关分析是控制其他变量不变,研究其中两个变量的关系的方法,两个变量的相关程度用其协方差 cov 和相关系数 r 来衡量。

协方差是指两个变量的各测定值与均值之差的乘积的均值:

$$\text{cov}(x,y) = \frac{\sum(x_i - \bar{x})(y_i - \bar{y})}{n-1} \tag{4-119}$$

其绝对值越大,两变量的相关性越强,其值为零时两变量相互独立。

相关系数为两个变量的协方差与标准偏差的相对比值(可称为相对协方差):

$$r(x,y) = \frac{\text{cov}(x,y)}{s_x s_y} = \frac{\sum(x_i - \bar{x})(y_i - \bar{y})}{\sqrt{\sum(x_i - \bar{x})^2}\sqrt{\sum(y_i - \bar{y})^2}} \tag{4-120}$$

其绝对值越大,两变量的相关性越强,其值与两变量量纲单位无关。

如果变量 y 和 x 是线性函数关系,即 $y=a+bx$,则 $y_i - \bar{y} = b(x_i - \bar{x})$。由式(4-103)和式(4-104)得

$$\text{cov}(x,y) = \frac{\sum b(x_i - \bar{x})^2}{n-1} = bs_x^2 \tag{4-121}$$

$$r(x,y)=\frac{\sum b(x_i-\bar{x})^2}{\sqrt{\sum(x_i-\bar{x})^2}\sqrt{\sum b^2(y_i-\bar{y})^2}}=1 \qquad (4-122)$$

这时两个变量的相关系数$r=1$，一个变量可用另一变量的线性组合表示。

如果变量y与x间是统计相关关系，则$-1<r<1$。两个变量间的相关关系，有线性相关（近似直线关系）和曲线相关（近似曲线关系）。

线性相关有正相关、负相关和无线性相关。如图4-61所示，正相关是指一个变量随另一变量增大而增大，x,y变化的方向一致，这时$r>0$；负相关是指一个变量随另一变量增大而减小，x,y变化的方向相反，这时$r<0$；无线性相关时$r=0$，但不排除有曲线相关。

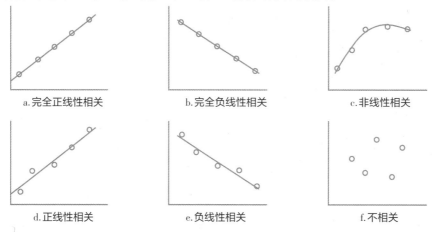

图4-61　相关关系示意图

分析科学中通常将曲线相关通过变量变换为线性相关来分析。一般认为，$|r|>0.95$存在显著性相关；$0.95\geqslant|r|\geqslant0.8$为高度相关；$0.5\leqslant|r|<0.8$为中度相关；$0.3\leqslant|r|<0.5$为低度相关；$|r|<0.3$表明关系极弱，或认为不相关。

[例4-5] 用原子吸收光谱法测定水中镁的含量，测定结果如下：

镁的含量/(μg/mL)	10.00	20.00	30.00	40.00	50.00
吸光度/A	0.187	0.268	0.359	0.435	0.511

计算吸光度与镁含量的相关系数。

解：用Matlab进行计算

x=[10.00;20.00;30.00;40.00;50.00];%将5次标样浓度赋值给自变量x

y=[0.187;0.268;0.359;0.435;0.511];%将5次标样吸光度赋值给因变量y

r=corr(x,y)%无语句结束符";"，计算并显示r；也可用corrcoef(x,y)函数计算，结果用相关系数矩阵$R=[r_{11},r_{12};r_{21},r_{22}]$表示，即$R=$corrcoef(x,y)，运算结果为

R=

　　1.0000　0.9994

　　0.9994　1.0000

$r=0.9994$，表明吸光度与镁含量的相关性很强。

plot(x,y,'s');%绘制其散点图,显示线性分布,可用直线拟合,如图4-62所示。

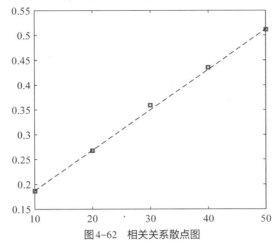

图4-62 相关关系散点图

应该指出,样本测量数据通常用矩阵表示,矩阵内各变量(列向量)之间的协方差和相关系数可用协方差矩阵和相关系数矩阵表示。例如,检测n个特征变量m个样本($m>n$)的数据矩阵X的协方差和相关系数矩阵分别为

$$\text{cov}(X)=\begin{bmatrix} s_{x1}^2 & \text{cov}(x_1,x_2) & \cdots & \text{cov}(x_1,x_n) \\ \text{cov}(x_2,x_1) & s_{x2}^2 & \cdots & \text{cov}(x_2,x_n) \\ \vdots & \vdots & \ddots & \vdots \\ \text{cov}(x_m,x_1) & \text{cov}(x_m,x_2) & \cdots & s_{xn}^2 \end{bmatrix} \tag{4-123}$$

$$\text{corr}(X)=\begin{bmatrix} 1 & \text{corr}(x_1,x_2) & \cdots & \text{corr}(x_1,x_n) \\ \text{corr}(x_2,x_1) & 1 & \cdots & \text{corr}(x_2,x_n) \\ \vdots & \vdots & \ddots & \vdots \\ \text{corr}(x_m,x_1) & \text{corr}(x_m,x_2) & \cdots & 1 \end{bmatrix} \tag{4-124}$$

显然,协方差矩阵中对角元素是变量的方差,并且由于$\text{cov}(x_i,x_j)=\text{cov}(x_j,x_i)$,因此协方差矩阵是对称矩阵;相关系数矩阵也是对称矩阵,但其对角元素为1。

此外,相关系数与1的差距可衡量变量间的距离,用d表示,即

$$d_{xy}=1-r_{xy}^2 \tag{4-125}$$

(2)典型相关分析*

典型相关分析(Canonical Correlation Analysis)是研究两组变量的整体之间的相关程度的统计分析方法,就是寻找两组典型变量系数或权重系数矩阵A和B,将两组原始变量X和Y分别进行线性组合(线性组合方法放到下节介绍),构成两组新的变量(称为典型变量)$U=A'X$和$V=B'Y$,使每组变量中各新变量相互独立、互不相关,并且两组新变量U和V之间有最大程度的相关(相关系数最大),将Y和X的相关分析转化为两组新变量(典型变量)U和V的相关分析,即求U和V的相关系数$\text{corr}(U,V)$,如图4-63所示。

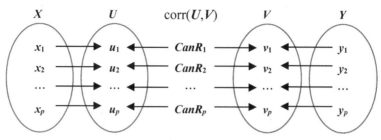

图4-63　典型相关分析示意图

典型相关分析可用Matlab简易实现,只要输入如下命令就可得到典型变量、典型权重系数、典型相关系数以及相关的统计检验量:

$\gg$[a,b,$CanR$,U,V,status]=canoncorr(X,Y);%X和Y为原始变量矩阵;U和V为典型变量矩阵;a为典型变量U的权重系数矩阵,b为典型变量V的权重系数矩阵,$CanR$为典型变量U和V的典型相关系数向量;status为返回的统计检验量。

分析典型权重系数绝对值的大小和正负号可以揭示两组变量因子的物理化学意义,从而充分挖掘两组变量间的相关信息,分析典型相关系数的绝对值大小和正负号可以揭示变量间的相互作用、作用方式及作用大小和压缩变量数量,采用典型变量代替原始变量可以进行主成分分析及偏最小二乘分析。

[例4-6] 8个高锰酸钾和重铬酸钾混合试样在440 nm和545 nm两个波长通道检测的吸光度和浓度数据如下表,请分析两组分的含量与其吸光度的相关关系。

样品	c_{Mn}/mmol/L	c_{Cr}/mmol/L	A_{440}	A_{545}
1	0.040	0.600	0.313	0.539
2	0.048	1.200	0.603	0.645
3	0.056	0.600	0.311	0.755
4	0.060	0.600	0.313	0.790
5	0.048	0.600	0.320	0.635
6	0.032	1.500	0.710	0.453
7	0.072	0.600	0.336	0.940
8	0.040	1.200	0.555	0.527

解:X=[0.040 0.600;

0.048 1.200;

0.056 0.600;

0.060 0.600;

0.048 0.600;

0.032 1.500;

0.072 0.600;

0.040 1.200];

Y=[0.313 0.539;

0.603 0.645;

0.311 0.755;

0.313 0.790;
0.320 0.635;
0.710 0.453;
0.336 0.940;
0.555 0.527];
[a,b,CanR,U,V,status]=canoncorr(X,Y)

将上述数据矩阵和典型相关函数复制到Matlab命令窗口运行,然后输入相关参数回车执行查看运行结果:

a =		%典型变量U的权重系数矩阵
53.3796	−89.9689	
−1.0810	−3.4191	
b =		%典型变量V的权重系数矩阵
−2.4414	−7.3949	
4.3846	−6.5913	
CanR =		%与运行corr(U,V)所得对角矩阵一致
0.9991	0.9919	% corr(U,V)=[0.9991 0.0000; 0.0000 0.9919]
		%表明前者线性关系很好,后者线性也不错
U =		%典型变量矩阵
−0.2233	1.7522	% corr(U)=[1.0000 −0.0000; −0.0000 1.0000]
−0.4449	−1.0190	
0.6307	0.3127	
0.8443	−0.0472	
0.2037	1.0325	
−1.6233	−0.6052	
1.4848	−1.1268	
−0.8720	−0.2992	
V =		%典型变量矩阵
−0.2407	1.6855	% corr(V)=[1.0000 −0.0000; −0.0000 1.0000]
−0.4839	−1.1577	
0.7113	0.2765	
0.8599	0.0310	
0.1632	1.0009	
−1.5870	−0.6835	
1.4614	−1.1277	
−0.8841	−0.0250	

（3）主成分分析*

主成分分析(Principal Component Analysis, PCA)是将多维变量进行主成分向量正交化和方差最大化分解,除去方差小的主成分,以剩余主成分为新变量的方法。主成分分析可压缩变量维数、消除测量噪声、精简相关性变量、克服共线性问题或发现多维数据内在模式。

主成分是由所有原变量线性组合加权浓缩而成的方差最大(信息最多、特征最强)和相互正交(独立不相关)的若干新的特征变量(也称特征向量)。原变量线性组合方差最大的主成分称为第一主成分,然后依次类推,有第二主成分、第三主成分等,各个主成分之间互不相关(相互正交,协方差为零)。

若 m 个样品检测 n 个特征变量,则构成一个 $m \times n$ 维数据矩阵 $X=[x_{ij}](m > n)$,必要时可将其方差归一化,变换为标准化数据矩阵 $X_z=[(x_{ij}-\bar{x}_j)/s_j]$,使每个变量的均值为零、方差为1,因而协方差矩阵与相关系数矩阵相同。

由于每个特征变量都是 m 个样品测定值构成的一个 m 维列向量,因此该矩阵可用这 n 个特征变量向量表示,即 $X=[x_1, x_2, \cdots, x_n]$。

由这 n 个特征变量可线性组合成 n 个主成分:

$$u_1=a_{11}x_1+a_{12}x_2+\cdots+a_{1n}x_n=a_1'X$$
$$u_2=a_{21}x_1+a_{22}x_2+\cdots+a_{2n}x_n=a_2'X$$
$$\cdots$$
$$u_n=a_{n1}x_1+a_{n2}x_2+\cdots+a_{nn}x_n=a_n'X \tag{4-126}$$

用矩阵表示为

$$U=A'X \tag{4-127}$$

式中,$U=[u_1; u_2; \cdots; u_n]$ 为主成分得分(投影)矩阵,$A=[a_1, a_2, \cdots, a_n]$ 为权重(载荷)矩阵。a_i 为第 i 主成分的特征向量,反映了原变量在主成分中所占的权重

$$a_i=[a_{i1}, a_{i2}, \cdots, a_{in}](i=1, 2, \cdots, n) \tag{4-128}$$

其解有多组,因此规定唯一解的限制条件,即规定特征向量为单位向量,即

$$a_i'a_i=a_{i1}^2+a_{i2}^2+\cdots+a_{in}^2=1 \tag{4-129}$$

或

$$A'A=I \tag{4-130}$$

主成分之间互不相关(相互正交)的条件为其协方差为零

$$\mathrm{cov}(u_i, u_j)=0(j \neq i, j=1, 2, \cdots, n) \tag{4-131}$$

$j=i$ 时,各主成分的协方差就是其方差,根据式(4-126)和(4-128)或(4-129)可得

$$\mathrm{cov}(u_i)=\mathrm{cov}(a_i'X)=a_i's_i^2a_i=s_i^2 \tag{4-132}$$

或

$$\mathrm{cov}(U)=\mathrm{cov}(A'X)=A'SA=S=\mathrm{diag}(s_1^2, s_2^2, \cdots, s_n^2) \tag{4-133}$$

S 为原数据矩阵 X 的协方差矩阵,它是一个对角矩阵,其对角元素的第一个值为第一主成分的方差 $\mathrm{var}(u_1)=s_1^2$,就是第一特征值,其对角元素的第二个值为第二主成分的方差 $\mathrm{var}(u_2)=s_2^2$,就是第二特征值,依次类推,其值依次减小,即

$$\mathrm{var}(u_1)=s_1^2 \geq \mathrm{var}(u_2)=s_2^2 \geq \cdots \geq \mathrm{var}(u_n)=s_n^2 \tag{4-134}$$

反映了其信息量、特征值和重要性都依次减小,后面的主成分反映的是噪声信息和相关信息,因此应舍弃,即应只取能够正确反映原变量特征信息的前几个主成分,从而精简相关变量,消除噪声影响,降低变量维数,优化特征信息。

主成分的方差(特征值)反映了主成分的特征信息量,主成分的方差越大,它包含的特征信息越多。每个主成分的方差(特征值)在所有主成分方差总和中所占的比率称为该主成分的特征贡献率,前 h 个主成分的累积特征贡献率为

$$\eta_h = \frac{\sum\limits_{i=1}^{h} \text{var}(u_i)}{\sum\limits_{i=1}^{n} \text{var}(u_i)} \times 100\% = \frac{\sum\limits_{i=1}^{h} s_i^2}{\sum\limits_{i=1}^{n} s_i^2} \times 100\% \tag{4-135}$$

通常要求主成分的累积贡献率达到85%以上,据此确定主成分数量(h 值)。分析科学中为保证检测结果的准确度和包含概率,对主成分的累计贡献率要求应该更高一些,如高于95%。

Matlab中可用矩阵的主成分分析函数princomp简便地求得主成分特征值和特征向量以及试样的主成分得分:

`>> [coeff, score, latent, tsquare] = princomp(X);`

coeff是X矩阵的协方差阵V的所有特征向量组成的 n 维方阵,每一列包含一个主成分的权重(载荷)系数(对应一个特征值的特征向量),从左到右各列是按主成分的特征值的大小递减顺序排列的。score为试样的主成分得分,每行对应一个样本观测值,从左到右每列对应一个主成分(变量),它的行和列的数目和X的相同。latent是X所对应的协方差矩阵的特征值列向量,从上到下其值依次减小。tsquare是每个样本点的T方统计量,是指样本观测值到数据集中心的距离,用来衡量多变量间的距离。计算PCA时仅进行了去均值操作,如果要归一化可用princomp(zscore(X)),若有协方差矩阵则可用函数pcacov来计算。

[例4-7] 有16个水稻种子样本的8个特征变量的测定数据如下表所示,请做主成分分析(求主成分贡献率、主成分对特征变量的载荷和试样的主成分得分)。

样品名	最大电势时间	最大电势	振荡幅值	第一峰电势	最后峰电势	诱导时间	振荡周期	振荡寿命
1	12.6	0.837	0.752	0.684	0.598	76.5	17.1	413.3
2	33.9	0.872	0.775	0.721	0.608	85.5	14.6	539.6
3	33.6	0.872	0.783	0.725	0.623	98.1	13.1	429.8
4	24.7	0.868	0.785	0.705	0.598	68.5	21.8	530.7
5	39.5	0.876	0.803	0.73	0.605	82.5	15.5	722.0
6	18.6	0.843	0.775	0.689	0.591	70.1	19.5	469.5
7	27.7	0.863	0.782	0.724	0.629	78.9	17.9	465.0
8	15.6	0.843	0.766	0.689	0.546	54.0	18.4	839.1
9	25.6	0.868	0.804	0.719	0.596	66.0	19.9	943.3
10	31.4	0.876	0.794	0.733	0.641	78.1	12.6	643.7
11	122.9	0.834	0.791	0.757	0.630	151.0	10.0	535.1
12	20.5	0.865	0.788	0.717	0.596	67.7	24.2	771.3
13	66.9	0.873	0.812	0.755	0.673	103.9	11.7	398.3
14	59.2	0.874	0.784	0.731	0.677	115.5	11.2	246.6
15	32.3	0.883	0.789	0.736	0.664	92.9	17.3	539.4
16	20.6	0.864	0.782	0.717	0.600	76.5	14.5	839.0

解：X=[12.6   0.837   0.752   0.684   0.598   76.5   17.1   413.3;

33.9	0.872	0.775	0.721	0.608	85.5	14.6	539.6;
33.6	0.872	0.783	0.725	0.623	98.1	13.1	429.8;
24.7	0.868	0.785	0.705	0.598	68.5	21.8	530.7;
39.5	0.876	0.803	0.73	0.605	82.5	15.5	722.0;
18.6	0.843	0.775	0.689	0.591	70.1	19.5	469.5;
27.7	0.863	0.782	0.724	0.629	78.9	17.9	465.0;
15.6	0.843	0.766	0.689	0.546	54.0	18.4	839.1;
25.6	0.868	0.804	0.719	0.596	66.0	19.9	943.3;
31.4	0.876	0.794	0.733	0.641	78.1	12.6	643.7;
122.9	0.834	0.791	0.757	0.630	151.0	10.0	535.1;
20.5	0.865	0.788	0.717	0.596	67.7	24.2	771.3;
66.9	0.873	0.812	0.755	0.673	103.9	11.7	398.3;
59.2	0.874	0.784	0.731	0.677	115.5	11.2	246.6;
32.3	0.883	0.789	0.736	0.664	92.9	17.3	539.4;
20.6	0.864	0.782	0.717	0.600	76.5	14.5	839.0];

```
Xz=zscore(X)          %自标度化变换(方差归一化)并显示
[coeff, score, latent]=princomp(Xz)    %主成分分析。或r=corr(Xz)计算相关系数矩阵或v=
cov(Xz)计算协方差矩阵;[a,s]=eig(r)对相关系数矩阵或协方差矩阵进行特征值分解
St = sum(latent);         %求总方差
Sc = latent(1);           %累积方差变量初始化(赋初值)
h = 1;                    %主成分数初始化
while 1                   %while 循环
  if Sc/St > 0.95         %如果累积贡献率应大于95%
    h                     %显示主成分数
    contribution= Sc/St   %显示前h个主成分累积贡献率
    break;                %程序中断结束
  else                    %否则
    h = h+1;              %主成分数+1
    Sc = Sc + latent(h);  %累积贡献率
  end
end
S = latent(1:h)           %主成分的特征值(方差)向量
A=coeff(:,1:h)            %由主成分的特征系数或特征向量构成的矩阵
PC= score(:,1:h)          %试样的主成分得分矩阵,PC=Xz*A
```

将上述矩阵和程序复制到 Matlab 命令窗口运行, 屏幕显示输出结果如下:

Xz =   %标准化数据矩阵

−0.8805	−1.7162	−2.2710	−1.7343	−0.5585	−0.3782	0.2226	−0.8818
−0.0991	0.5775	−0.7030	0.0118	−0.2674	0.0061	−0.4000	−0.2250
−0.1101	0.5775	−0.1577	0.2006	0.1692	0.5442	−0.7735	−0.7960
−0.4366	0.3154	−0.0213	−0.7433	−0.5585	−0.7198	1.3930	−0.2713
0.1064	0.8397	1.2058	0.4365	−0.3547	−0.1220	−0.1759	0.7237
−0.6604	−1.3230	−0.7030	−1.4984	−0.7623	−0.6514	0.8202	−0.5895
−0.3265	−0.0123	−0.2258	0.1534	0.3438	−0.2757	0.4218	−0.6129
−0.7704	−1.3230	−1.3166	−1.4984	−2.0721	−1.3389	0.5463	1.3327
−0.4036	0.3154	1.2740	−0.0826	−0.6167	−0.8265	0.9198	1.8746
−0.1908	0.8397	0.5923	0.5781	0.6931	−0.3098	−0.8980	0.3164
3.1661	−1.9128	0.3877	1.7107	0.3729	2.8030	−1.5455	−0.2484
−0.5907	0.1188	0.1832	−0.1770	−0.6167	−0.7539	1.9906	0.9801
1.1116	0.6431	1.8194	1.6164	1.6246	0.7918	−1.1222	−0.9598
0.8291	0.7086	−0.0895	0.4837	1.7410	1.2871	−1.2467	−1.7488
−0.1578	1.2984	0.2514	0.7197	1.3626	0.3221	0.2724	−0.2260
−0.5870	0.0532	−0.2258	−0.1770	−0.5003	−0.3782	−0.4249	1.3321

coeff =　%由主成分的特征系数或特征向量构成的矩阵

0.4023	−0.2119	0.3921	0.2256	−0.0757	−0.2558	−0.0219	0.7190
0.1518	0.6029	−0.4101	−0.2291	−0.3453	−0.4701	−0.1411	0.1804
0.2755	0.5260	0.2646	0.2686	0.6448	−0.0843	−0.2094	−0.1962
0.4385	0.2159	0.1823	0.0291	−0.2658	0.1144	0.7607	−0.2544
0.4103	0.0960	−0.4030	0.1246	−0.0464	0.7352	−0.2221	0.2292
0.4258	−0.2778	0.1375	0.0952	−0.3956	−0.1506	−0.4978	−0.5353
−0.3765	0.2116	−0.0165	0.8301	−0.3519	0.0140	0.0007	−0.0104
−0.2356	0.3703	0.6271	−0.3317	−0.3257	0.3606	−0.2450	0.0896

score =　%试样的主成分得分矩阵

−2.2671	−2.6451	−0.9420	−0.0944	0.0401	0.3565	−0.0538	−0.0630
−0.0442	−0.1933	−0.4854	−0.6333	−0.4244	−0.4698	0.1880	0.0873
0.8678	−0.2615	−0.7649	−0.4988	−0.0378	−0.4625	−0.0075	−0.3108
−1.4558	0.4517	−0.5087	0.9100	0.0167	−0.5003	−0.0462	0.1547
0.3921	1.4428	0.6788	−0.2735	0.2545	−0.4576	−0.0792	−0.0690
−2.0773	−1.2879	−0.3411	0.6411	0.6482	0.0153	−0.1529	−0.0818
−0.1189	−0.0520	−0.7226	0.4429	−0.0132	0.2051	0.3841	−0.0646
−3.4705	−0.8683	1.0966	−0.6421	0.0640	−0.0751	0.1400	0.2023
−1.1927	1.9872	1.3297	0.1628	0.1865	0.1980	−0.2755	−0.0027
0.8834	1.0628	−0.2657	−0.8530	0.2561	0.3280	0.1236	0.1135

3.8274	−2.4129	2.5452	0.4192	−0.2851	−0.0066	0.0026	−0.0010
−1.8012	1.1894	0.4625	1.0623	−0.5240	0.1010	0.0966	−0.0649
3.4072	0.8011	−0.1810	0.3039	0.7563	0.1583	0.2130	0.0214
2.7724	−0.7929	−1.5017	−0.1006	−0.0755	−0.0442	−0.3312	0.1849
1.1654	1.1192	−1.0477	0.2569	−0.6786	0.3667	−0.0924	0.0053
−0.8880	0.4599	0.6480	−1.1033	−0.1841	0.2874	−0.1093	−0.1116

latent=　　　　　　　　%X 所对应的协方差矩阵的特征值列向量

4.4053

1.7902

1.1070

0.4017

0.1467

0.0980

0.0342

0.0169

h =　　　　　　　　%屏幕输出主成分数

4

contribution =　　　　　　　　%屏幕输出累积贡献率

0.9630　　　　　　　　%前4个主成分的累积贡献率为96.3%

S =　　　　　　　　%屏幕输出主成分的特征值(方差)

4.4053

1.7902

1.1070

0.4017

A =　　　　　　　　%主成分的特征系数或特征向量(对特征变量的载荷)

0.4023	−0.2119	0.3921	0.2256
0.1518	0.6029	−0.4101	−0.2291
0.2755	0.5260	0.2646	0.2686
0.4385	0.2159	0.1823	0.0291
0.4103	0.0960	−0.4030	0.1246
0.4258	−0.2778	0.1375	0.0952
−0.3765	0.2116	−0.0165	0.8301
−0.2356	0.3703	0.6271	−0.3317

PC =   %试样的主成分得分矩阵

−2.2671	−2.6451	−0.9420	−0.0944
−0.0442	−0.1933	−0.4854	−0.6333
0.8678	−0.2615	−0.7649	−0.4988
−1.4558	0.4517	−0.5087	0.9100
0.3921	1.4428	0.6788	−0.2735
−2.0773	−1.2879	−0.3411	0.6411
−0.1189	−0.0520	−0.7226	0.4429
−3.4705	−0.8683	1.0966	−0.6421
−1.1927	1.9872	1.3297	0.1628
0.8834	1.0628	−0.2657	−0.8530
3.8274	−2.4129	2.5452	0.4192
−1.8012	1.1894	0.4625	1.0623
3.4072	0.8011	−0.1810	0.3039
2.7724	−0.7929	−1.5017	−0.1006
1.1654	1.1192	−1.0477	0.2569
−0.8880	0.4599	0.6480	−1.1033

4.5.2 信号校正与定量分析

信号校正是基于计量学的定量分析方法,是指利用标样检测信号与标样组分含量的数学模型或校正模型校正试样检测信号,以确定试样组分的活度或含量的过程。定量分析需要用标样确定校正模型中相关参数的值(校正值),再以校正模型与校正值校正试样检测信号,从而得到试样中待测组分的活度或含量。

〔1〕定量分析原理

分析科学中,试样组分的活度或含量都是通过实验间接测定的,定量分析的基本原理是,根据标样检测信号与其组分含量的响应关系,利用标样集建立待测物质含量与检测信号的数学模型(拟合函数或数学公式描述数据变化关系,又称校正模型或回归模型),然后利用该数学模型,根据实际样品检测信号的大小去预测其中待测组分含量,这种分析方法称为回归分析法(Regression Analysis)。

回归分析法包括建模、评价和预测三个步骤。

A. 建模:首先根据试样检测信号与试样组分的响应关系假设校正模型种类(一元线性响应或非线性响应模型、多元线性响应或非线性响应模型等),然后由标样集用最小二乘法确定校正系数建立校正模型(最小二乘法是将校正模型的总误差最小化,即将各实验数据点与校正模型预测值的误差平方和 Q 或残余方差 s_Q^2 最小化的方法,经验规则:标样数/变量数≥5)。

B. 评价:由另一组标样(评价集)评价校正模型的定量效果或预测能力,检测校正模型是否准确可用或需要修改,常用相关系数 (r) 和残余方差 (s_Q^2) 或预测方差 (s_x^2) 来评价。如果已建立模型的 r^2 越大,s_Q^2 与 s_x^2 越小,则该模型对该组分的预测能力就越强。

C.预测:在校正模型有较好的预测效果的前提下,由校正模型根据实际样品检测信号(预测集)预测待测组分含量或浓度。

回归分析法有一元回归分析法和多元回归分析法。

〔2〕一元回归分析法

专属性响应信号的校正为一元校正或单变量校正,如电位分析、光度分析和色谱分析等方法中,往往通过控制其他因素的影响将被测物质的含量转换成与之成直线关系的光电信号,非线性响应的需要通过变量变换转化为线性关系,进行线性回归分析。

（1）一元线性回归法

若标样组分含量(自变量)x 与组分响应信号值如组分吸光度、电池电动势或色谱峰面积等(因变量)y 之间存在线性相关关系,则系列标样 n 个实验测量数据点 (y_i, x_i) 的一元线性回归校正模型为:

$$y = a + bx \tag{4-136}$$

式中,a 和 b 称为回归系数, a 为回归直线的截距(空白值), b 为回归直线的斜率(灵敏度),如图4-64所示。

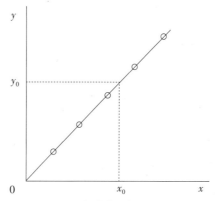

图4-64　标准曲线与回归直线

若求出回归系数 a 和 b,则根据试样组分响应值 y_0 可由上述回归模型计算出试样组分含量 x_0,称为预测值或反估值,即

$$x_0 = \frac{\bar{y} - a}{b} \tag{4-137}$$

每个采样点 x_i 对应的响应值 y_i 也可由上述回归模型计算出来,称为预测值 y_i^*,即 $y_i^* = a + bx_i$。实验测定值 y_i 与预测值 y_i^* 间的误差称为残差,而采用最小二乘法,各实验数据点与回归直线的残差平方和 Q(即回归直线的总误差)应是最小的:

$$Q = \sum d_i^2 = \sum \left(y_i - y_i^*\right)^2 = -2\sum \left(y_i - a - bx_i\right) \tag{4-138}$$

根据微分极值原理,Q 为极小值的条件是它对 a 和 b 的偏微分为0,即

$$\frac{\partial Q}{\partial a} = -2\sum \left(y_i - a - bx_i\right) = 0 \tag{4-139}$$

$$\frac{\partial Q}{\partial b} = -2\sum \left(y_i - a - bx_i\right) = 0 \tag{4-140}$$

因此
$$a = \frac{\sum y_i - b \sum x_i}{n} = \bar{y} - b\bar{x} \tag{4-141}$$

$$b = \frac{\sum (x_i - \bar{x})(y_i - \bar{y})}{\sum (x_i - \bar{x})^2} = \frac{\sum x_i y_i - \bar{x}\bar{y}}{\sum x_i^2 - n\bar{x}^2} \tag{4-142}$$

式中 $\bar{x}$ 和 $\bar{y}$ 分别为各数据点 x 和 y 的平均值:

$$\bar{x} = \frac{\sum x_i}{n} \tag{4-143}$$

$$\bar{y} = \frac{\sum y_i}{n} \tag{4-144}$$

实验误差和线性相关关系对回归直线的影响可用残余标准偏差 s_Q 来衡量,即

$$s_Q = \sqrt{\frac{Q}{n-2}} = \sqrt{\frac{\sum \left[y_i - (a + bx_i) \right]^2}{n-2}} \tag{4-145}$$

残余标准偏差越小,拟合的回归直线越好。

两个变量之间是否存在线性相关关系,可用相关系数 r 来检验。

$$r = \frac{\mathrm{cov}(x,y)}{s_x s_y} = \frac{\sum (x_i - \bar{x}) \sum (y_i - \bar{y})}{\sqrt{\sum (x_i - \bar{x})^2} \sqrt{\sum (y_i - \bar{y})^2}} = b\sqrt{\frac{\sum (x_i - \bar{x})^2}{\sum (y_i - \bar{y})^2}} = \frac{bs_x}{s_y} \tag{4-146}$$

回归分析时,通常对样品组分的响应值如吸光度、电动势或峰面积等作 m 次重复测定,得到其平均值,再由回归方程求得样品中被测物质的含量即预测值 x_0。

预测值的标准偏差为

$$s_{x_0} = \frac{s_Q}{b} \sqrt{\frac{1}{n} + \frac{1}{m} + \frac{(x_0 - \bar{x})^2}{\sum (x_i - \bar{x})^2}} \tag{4-147}$$

由此可见,可从下述途径提高预测值的精密度。

a.增大分析方法的灵敏度,即增大回归直线斜率 b。

b.准确测定全部回归数据,以减小残余标准偏差 s_Q。

c.增加回归数据测量点数 n,以减小预测值的标准偏差 s_{x0}。

d.增加样品平行测定次数 m,以减小预测值的标准偏差 s_{x0}。

e.扩大标样中待测物质的含量范围 (x_1, x_n),增大待测物质含量的差方和,以减小预测值的标准偏差 s_{x0}。

f.控制样品中待测物质的含量 x_0,使其接近标样中待测物质含量的平均值 $\bar{x}$,减小 $(x_0 - \bar{x})^2$,以减小预测值的标准偏差 s_{x0}。如果试样中待测物质的含量 x_0 处于标样中待测物质的含量范围 (x_1, x_n) 以外,这种外推预测结果的可靠性很差,甚至得出错误的结论。

通过回归方程得到的预测值 x_0,在给定的包含概率下,其包含区间为

$$x_0 \pm t_{\alpha,v} s_{x_0} \tag{4-148}$$

式中, $\alpha = 1 - P$,为显著性水平; $v = n - 2$,为自由度, n 为测量的回归数据点数。

应该指出,组分响应值既可以是在相同条件下分别检测的标样响应值和试样响应值(称为外标法),也可以是在标样和试样中加入相同内标后,检测的标样与内标的相对响应值和试样与内标的相对响应值(称为内标法,如图4-65所示)。内标法采用相对响应值可消除基体效应和检测条件变化的影响。

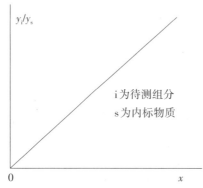

图4-65 内标法校正曲线

[例4-8] 用原子吸收光谱法测定水中镁的含量,测定结果如下表:

标液及试液编号	1	2	3	4	5	水样
镁的含量/(μg/mL)	10.00	20.00	30.00	40.00	50.00	未知
吸光度/A	0.187	0.268	0.359	0.435	0.511	0.347

请计算回归直线方程、预测水样中的镁含量及其包含区间。

解:(1)用科学计算器进行一元线性回归分析

A.若用x表示镁的含量,y表示吸光度,则回归系数、回归方程分别为

$$b = \frac{\sum(x_i - \bar{x})(y_i - \bar{y})}{\sum(x_i - \bar{x})^2} = \frac{\sum x_i y_i - \bar{x}\bar{y}}{\sum x_i^2 - n\bar{x}^2} = 8.15 \times 10^{-3}$$

$$a = \frac{\sum y_i - b\sum x_i}{n} = \bar{y} - b\bar{x} = 0.1075$$

$$y = 0.1075 + 8.15 \times 10^{-3}x$$

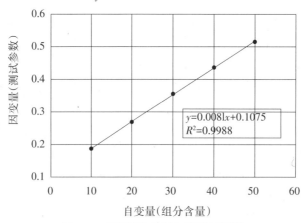

图4-66 回归直线、回归方程及相关系数

B.水样吸光度 $y_0=0.347$ 时,预测水样中镁的含量为

$$x_0=\frac{\bar{y}_0-a}{b}=\frac{0.347-0.1075}{8.15\times10^{-3}}=29.39(\mu g/mL)$$

C.计算水样中镁含量的包含区间

由 $n=5$ 得 $\qquad\qquad v=n-2=3$

查 t 分布表得 $p=95\%$ 时 $\qquad\qquad t_{a,v}=3.2$

所以水样中镁含量的包含区间为

$$T_x=x_0\pm t_{a,v}s_{x_0}=29.39\pm3.2\times0.68=29\pm2(\mu g/mL)$$

(2)用 Excel 电子表格进行一元线性回归分析

Excel 电子表格规划如下表所示:

	A	B	C	D	E	F	G	H	I	J
1	实验数据回归分析电子表格程序									
2	x	y	y_0	r	a	b	s_Q	x_0	s_{x0}	$\mu(p=95\%)$
3	10.00	0.187	0.347							
4	20.00	0.268								
5	30.00	0.359		0.9994	0.1075	0.0082	0.0051	29.387	0.6833	29±2
6	40.00	0.435								
7	50.00	0.511								

有关参数计算公式如下:

r=CORREL(A3:A7,B3:B7)

a=INTERCEPT(B3:B7,A3:A7)

b=SLOPE(B3:B7,A3:A7)

s_Q=STEYX(B3:B7,A3:A7)

x_0=FORECAST(AVERAGEA(C3:C7),A3:A7,B3:B7)

S_{x0}=(STEYX(B3:B10,A3:A7)/SLOPE(B3:B10,A3:A7))*(1/COUNT(A3:A7)+1/COUNT(C3:C7)+(H3-AVERAGE(A3:A7))^2/DEVSQ(A3:A7))^0.5

μ=FIXED(H3,L3)& "±" & FIXED(IF(COUNT(A3:A7)-2=6,2.45,IF(COUNT(A3:A7)-2=5,2.57,IF(COUNT(A3:A7)-2=4,2.78,IF(COUNT(A3:A7)-2=3,3.18,IF(COUNT(A3:A7)-2=2,4.3,IF(COUNT(A3:A7)-2=1,12.7,"")))))))*I3,L3)

(3)用 Matlab 进行一元线性回归分析

```
>>x=[10.00;20.00;30.00;40.00;50.00];%将5次标样浓度赋值给自变量x
>>y=[0.187;0.268;0.359;0.435;0.511];%将5次标样吸光度赋值给因变量y
>>Z=[ones(5,1),x];%产生一个包含常数列的自变量矩阵Z
>>[b,bint,d,rint,stats]=regress(y,Z);%调用regress进行y与x的线性回归;regress返回向量b
```

为回归系数 a 和 b;bint 表示回归系数的区间估计;d 为因变量的回归值与实际值的残差列向量;rint 是残差的包含区间;stats 为检验回归模型的统计量(其中第一个值为相关系数 r^2,第二个值为回归方差与残余方差的方差检验 F 值,第三个值为与 F 对应的概率 p)

```
>>b %无语句结束符,打开向量b,结果前者为回归系数截距a,后者为回归系数斜率b
```

b =

    0.1075

    0.0081

因而 $\qquad\qquad\qquad\qquad\qquad y = b(1) + b(2)x = 0.1075 + 0.0081x$

\>\>y0=0.347;%将试样检测信号0.347赋值给y0,y0也可以是系列试样响应值向量

\>\>x0=(y0-b(1))/b(2);%根据回归方程预测试样中镁含量,$b(1)$和$b(2)$分别为向量b中第一元素和第二元素

    x0 =

    29.3865

（2）标准加入法

标准加入法是将适量标样或纯样添加到试样中测量响应信号增量进行校正的分析方法。由于添加标样或纯样后的测定条件与试样单独测定的条件几乎相同,因此标准加入法可以消除基体效应,在基体效应较显著的电化学分析法和光谱分析法中应用较广泛。

常用的标准加入法有单次标准加入法和多次标准加入法,都要求检测信号对待测物质的响应是线性的,并且都应扣除空白值。

若空白响应值为a,响应斜率为b,含量为c_x的试样的响应信号为y_x,添加标样c_sV_s定容到试液相同体积V_x后响应信号为y_{x+s}

则 $\qquad\qquad\qquad\qquad\qquad y_x - a = bc_x \qquad\qquad\qquad\qquad (4\text{-}149)$

$$y_{x+s} - a = b(c_x + \Delta c_x) \qquad\qquad\qquad (4\text{-}150)$$

$$\Delta c_s = \frac{c_sV_s}{V_x} \qquad\qquad\qquad\qquad (4\text{-}151)$$

因此 $\qquad\qquad\qquad\qquad c_x = \frac{y_x - a}{y_{x+s} - y_x} \cdot \Delta c_s \qquad\qquad\qquad (4\text{-}152)$

此即单次标准加入法,通过测量试样响应值y_x和空白值a,只需添加一次标样测量加标响应值y_{x+s},即可求得试样中待测物质的含量。

若 $\qquad\qquad\qquad\qquad\qquad y_{x+s} - a = 0$

则 $\qquad\qquad\qquad\qquad\qquad c_x = -\Delta c_s \qquad\qquad\qquad\qquad (4\text{-}153)$

这就是多次标准加入法的理论依据或方法原理。如图4-67所示,取几份等量的待测试样分别加入成比例的标样或不加入标样,然后稀释到一定体积,分别检测其响应信号及其空白值。将响应信号扣除空白值后对添加的标样的量作图,其响应直线外推到扣除空白值的响应信号为零处,相应标样添加量即为试样中待测物质的含量。

标准加入法不仅要求检测信号对待测物质的响应是线性的,而且要求添加标样的量要适当。标样添加过多会影响基体的组成,造成基体效应;标样添加过少又会使响应信号增量过小,导致测量误差过大。

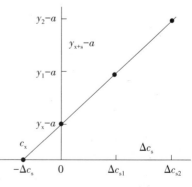

图4-67　标准加入法校正曲线

电位法的响应关系是非线性的,试液及加标后响应方程分别为

$$E_x = E^{0\prime} + S \lg c_x \tag{4-154}$$

$$E_{x+s} = E^{0\prime} + S \lg(c_x + \Delta c_s) \tag{4-155}$$

因此

$$c_x = \frac{\Delta c_s}{10^{\frac{E_{x+s} - E_x}{S}} - 1} \tag{4-156}$$

加标后再稀释一倍可测定实际响应斜率:

$$E_{(x+s)/2} = E^{0\prime} + S \lg \frac{c_x + \Delta c_s}{2} \tag{4-157}$$

$$S = \frac{E_{x+s} - E_{(x+s)/2}}{\lg 2} \tag{4-158}$$

多次加入 Δc_s,测量 $10^{\frac{E_{x+s} - E^{0\prime}}{S}}$,可得如下回归直线或校正曲线

$$10^{\frac{E_{x+s} - E^{0\prime}}{S}} = c_x + \Delta c_s \tag{4-159}$$

同样, $10^{\frac{E_{x+s} - E^{0\prime}}{S}} = 0$ 时, $c_x = -\Delta c_s$。

〔3〕多元回归分析法*

多组分复合响应信号的校正为多元校正或多变量校正,是以多通道检测多变量或多维数据建立校正模型以同时预测试样多组分含量的定量分析方法。目前,常用多元校正方法有多元线性回归法和主成分回归法等。

①多元线性回归法

假设多组分复合响应信号(即因变量)与各组分的含量(即自变量)有线性关系,并且组分间无相互作用,即响应值 y 和各组分含量 $x_i(i=1,2,\cdots,n)$ 的函数关系为

$$y = b_0 + b_1 x_1 + b_2 x_2 + \cdots + b_n x_n + e \tag{4-160}$$

式中, n 为试样组分数; $b_0, b_1, b_2, \cdots, b_n$ 为回归系数或灵敏系数(也常用 k 表示), e 为测量随机误差(服从正态分布)。

若校正集有 m 个标样, n 个组分和 p 个检测通道(如波长),则每个检测通道(如波长)可建立一个方程组:

$$y_1 = b_0 + b_1 x_{11} + b_2 x_{12} + \cdots + b_n x_{1n} + e_1 \tag{4-161}$$

$$y_2 = b_0 + b_1 x_{21} + b_2 x_{22} + \cdots + b_n x_{2n} + e_2 \tag{4-162}$$

$$\cdots$$

$$y_m = b_0 + b_1 x_{m1} + b_2 x_{m2} + \cdots + b_n x_{mn} + e_m \tag{4-163}$$

写成矩阵形式为:

$$y_m = X_{m \times (n+1)} b_{n+1} + e_m \tag{4-164}$$

式中, X 为校正集中 m 个样品 n 个组分的浓度矩阵, y 为 m 个样品在一个分析通道的响应值向量, b 为回归系数向量, e 为误差向量。所以, p 个检测通道(如波长)的多元线性回归模型为:

$$Y_{m \times p} = X_{m \times (n+1)} B_{(n+1) \times p} + E_{m \times p} \tag{4-165}$$

式中, Y 为 m 个样品在 p 个分析通道的响应值矩阵, B 为回归系数矩阵(也常用 K 表示), E 为误差

矩阵。当样本数大于组分数即 $m>n$ 时, B 有最小二乘解(误差平方和最小):

$$B=X^+Y \tag{4-166}$$

式中, X^+ 为 X 的广义逆矩阵或伪逆矩阵。

同理,若预测集有 m 个试样, n 个组分和 p 个检测通道(如波长),则检测通道数 p 大于样品组分数 n 时, X 也有最小二乘解:

$$X=YB^+ \tag{4-167}$$

式中, B^+ 为 B 的广义逆矩阵或伪逆矩阵。

可见,先通过校正集的测量数据求出系数矩阵(要求校正集样本数大于组分数),然后利用该系数和模型即可预测待测试样多组分含量(要求检测通道数大于组分数),这种方法称为 B 矩阵法(也称 K 矩阵法)。增加样本数和测量通道数有利于提高分析结果的准确度。但必须注意,矩阵 X 的各行或各列应线性无关,各组分多通道响应曲线存在严重重叠,即矩阵 X 的各行或各列之间存在线性相关(共线性或称奇异现象)时会产生很大的误差。

Matlab 中可用求广义逆(或伪逆)函数 pinv 直接实现上述运算:

B=pinv(X)*Y;

X=Y*pinv(B);

此外,还可用 regress 函数实现多元线性回归:

[b, bint, r, rint, stats]= regress (Y, X, alpha); %求回归系数的点估计和区间估计,并检验回归模型:b 表示回归系数,bint 表示回归系数的区间估计;r 和 rint 分别表示残差及残差对应的包含区间;stats 表示用于检验回归模型的统计量,有相关系数 r^2 、 F 值、与 F 对应的概率 p ;alpha 表示显著性水平(缺省时为0.05)。

应该指出,以响应值为自变量将组分浓度变换为因变量,可建立如下多元线性回归模型:

$$X_{m\times n}=Y_{m\times p}P_{p\times n}+E_{m\times n} \tag{4-168}$$

式中, P 为回归系数矩阵,通过校正集(样本数大于检测通道数)求出系数矩阵,即可预测待测试样多组分含量(要求检测通道数大于组分数)

$$P=\text{pinv}(Y)*X \tag{4-169}$$

$$X=Y*P \tag{4-170}$$

这种方法称为 P 矩阵法,只有一次矩阵求逆过程,减少了误差积累步骤,比 B 矩阵法更常用。

[例4-9] 某多组分试样的10个校正集和预报集试样在11个波长通道测量的吸光度如表4-2,其含量组成如表4-3所示,请计算预报集样品含量。

表4-2　1-10校正集样品和11-15预报集样品的吸光度

通道 样品	1	2	3	4	5	6	7	8	9	10	11
1	0.383	0.409	0.432	0.451	0.461	0.462	0.455	0.437	0.424	0.414	0.401
2	0.242	0.259	0.277	0.291	0.304	0.311	0.315	0.312	0.304	0.298	0.289
3	0.259	0.277	0.297	0.312	0.323	0.323	0.321	0.313	0.308	0.307	0.302
4	0.296	0.313	0.331	0.345	0.346	0.337	0.324	0.306	0.297	0.292	0.283

通道 样品	1	2	3	4	5	6	7	8	9	10	11
5	0.263	0.287	0.307	0.331	0.354	0.377	0.395	0.402	0.394	0.382	0.370
6	0.241	0.258	0.275	0.290	0.302	0.311	0.312	0.308	0.298	0.291	0.279
7	0.299	0.323	0.344	0.366	0.383	0.395	0.402	0.398	0.390	0.382	0.368
8	0.335	0.358	0.379	0.398	0.407	0.409	0.404	0.392	0.378	0.368	0.352
9	0.270	0.291	0.311	0.328	0.343	0.352	0.357	0.353	0.345	0.337	0.324
10	0.204	0.222	0.237	0.253	0.271	0.288	0.303	0.308	0.299	0.286	0.272
11	0.195	0.210	0.226	0.241	0.255	0.264	0.271	0.272	0.269	0.269	0.267
12	0.323	0.345	0.364	0.378	0.382	0.379	0.364	0.347	0.333	0.326	0.310
13	0.271	0.291	0.310	0.328	0.343	0.352	0.357	0.353	0.346	0.336	0.323
14	0.270	0.291	0.309	0.326	0.341	0.350	0.355	0.351	0.342	0.330	0.316
15	0.258	0.276	0.293	0.305	0.313	0.318	0.312	0.303	0.292	0.283	0.265

表4-3　1-10校正集样品和11-15预报集样品的各组分的含量

组分 样品	x_1	x_2	x_3	预测 x_1	预测 x_2	预测 x_3
1	0.20	0.50	0.30			
2	0.30	0.20	0.20			
3	0.40	0.30	0.00			
4	0.10	0.50	0.10			
5	0.50	0.00	0.40			
6	0.20	0.20	0.30			
7	0.40	0.20	0.30			
8	0.10	0.40	0.40			
9	0.30	0.20	0.30			
10	0.20	0.00	0.50			
11	0.50	0.10	0.00	0.53	0.11	−0.05
12	0.00	0.50	0.30	−0.01	0.49	0.33
13	0.30	0.20	0.30	0.30	0.20	0.30
14	0.20	0.20	0.40	0.20	0.20	0.41
15	0.00	0.30	0.40	0.02	0.29	0.39

解：Y=[0.383　0.409　0.432　0.451　0.461　0.462　0.455　0.437　0.424　0.414　0.401；

0.242　0.259　0.277　0.291　0.304　0.311　0.315　0.312　0.304　0.298　0.289；

0.259　0.277　0.297　0.312　0.323　0.323　0.321　0.313　0.308　0.307　0.302；

0.296　0.313　0.331　0.345　0.346　0.337　0.324　0.306　0.297　0.292　0.283；

0.263　0.287　0.307　0.331　0.354　0.377　0.395　0.402　0.394　0.382　0.370;

0.241　0.258　0.275　0.290　0.302　0.311　0.312　0.308　0.298　0.291　0.279;

0.299　0.323　0.344　0.366　0.383　0.395　0.402　0.398　0.390　0.382　0.368;

0.335　0.358　0.379　0.398　0.407　0.409　0.404　0.392　0.378　0.368　0.352;

0.270　0.291　0.311　0.328　0.343　0.352　0.357　0.353　0.345　0.337　0.324;

0.204　0.222　0.237　0.253　0.271　0.288　0.303　0.308　0.299　0.286　0.272];

X=[0.20 0.50 0.30;

0.30 0.20 0.20;

0.40 0.30 0.00;

0.10 0.50 0.10;

0.50 0.00 0.40;

0.20 0.20 0.30;

0.40 0.20 0.30;

0.10 0.40 0.40;

0.30 0.20 0.30;

0.20 0.00 0.50];

Yu=[0.195　0.210　0.226　0.241　0.255　0.264　0.271　0.272　0.269　0.269　0.267;

0.323　0.345　0.364　0.378　0.382　0.379　0.364　0.347　0.333　0.326　0.310;

0.271　0.291　0.310　0.328　0.343　0.352　0.357　0.353　0.346　0.336　0.323;

0.270　0.291　0.309　0.326　0.341　0.350　0.355　0.351　0.342　0.330　0.316;

0.258　0.276　0.293　0.305　0.313　0.318　0.312　0.303　0.292　0.283　0.265];

a.采用 P 矩阵法,校正模型为:$X=YP+E$

P=pinv(Y)*X　　　%校正系数

P=

　　8.5469　　　5.017　　−15.2071

　−3.7577　　−0.1836　　　4.4241

　−0.4782　　−0.4962　　　0.7481

　　3.9171　　　0.349　　−4.6735

−15.5048　　　1.4667　　15.9319

　　6.6805　　−1.1052　　−5.548

　−8.9636　　−0.4675　　11.2184

−12.9384　　−2.3926　　16.7662

　　8.1178　　−1.6205　　−6.6378

　　8.3431　　−0.4044　　　−8.47

　　9.4796　　　1.6403　　−11.9507

```
Xu=Yu*P            %预测
Xu=
      0.5340      0.1098      −0.0498
     −0.0108      0.4865       0.3285
      0.2993      0.2027       0.2978
      0.1960      0.1999       0.4059
      0.0205      0.2886       0.3920
```

b.采用 B 矩阵法,校正模型为:$Y=XB+E$

```
B=pinv(X)*Y       %校正系数
B=
  0.2930  0.3199  0.3477  0.3746  0.4051  0.4275  0.4488  0.4576  0.4569  0.4547  0.4497
  0.4744  0.4987  0.5257  0.5412  0.5347  0.5081  0.4731  0.4329  0.4179  0.4153  0.4042
  0.2909  0.3168  0.3345  0.3573  0.3797  0.4074  0.4264  0.4323  0.4137  0.3894  0.3626
```

```
Xu=Yu*pinv(B)     %预测
Xu=
      0.5243      0.1046      −0.0324
     −0.0104      0.4975       0.3157
      0.2836      0.2006       0.3170
      0.2019      0.2004       0.3984
     −0.0060      0.2970       0.4117
```

②主成分回归法

主成分回归法(Principal Component Regression,PCR)是先对变量进行主成分分析,获得原变量的主成分(得分)及主成分的特征值和特征向量(权重载荷),根据主成分方差特征值贡献率精简主成分,以试样的主成分进行回归分析的方法。

仅以因变量的主成分进行回归分析的主成分分析法,可称为因变量主成分回归法,是 P 矩阵法的改进方法,可消除相关性干扰和噪声影响,方法也较简便。Matlab 中,用 princomp 函数(或 vsd 函数或 eig 函数)分解校正集因变量求得主成分特征值和特征向量,从而求得校正集主成分得分与预测集主成分得分,即可用 P 矩阵法求得回归系数和预测组分含量。

>>[coeff, score, latent] =princomp(Y);　　%校正集因变量 Y 的主成分分解,coeff 为主成分的权重(载荷)系数(对应一个特征值的特征向量),从左到右各列是按主成分的特征值的大小递减顺序排列的。score 为主成分得分,每行对应一个样本观测值,从左到右每列对应一个主成分(变量),它的行和列的数目和 Y 的相同。Latent 为特征值列向量,从上到下其值依次减小。

>>A=coeff(:,1:h);　　%由主成分的特征系数或特征向量构成的矩阵;h 为主成分数,应与组分数相同(不能低于组分数!)

>>Y_{PC}=score(:,1:h);　　%校正集的主成分得分矩阵

>>P=pinv(Y_{PC})*X;　　%求回归模型 $X=PY+E$ 的校正系数

>>Yu_{PC}=Yu*A;　　%求预测集试样的主成分得分

>>Xu=Yu$_{PC}$*P　　　　%计算并显示预测集试样的含量

同时对因变量和自变量进行主成分分析,以因变量和自变量的主成分进行回归分析的方法称为偏最小二乘法(Partial Least Squares, PLS),可进一步提高方法的准确性。Matlab 中,可用 plsregress 函数以若干潜在因子(组分数)分解校正集因变量和自变量求得回归系数,从而预测试样组分含量。

>>[yl, xl, ys, xs, beta, pctvar, mse, stats]=plsregress(Y, X, ncomp);% beta 为校正模型 X=YP+E 的回归系数矩阵 P(第一列为常数项,其余为各变量对应响应斜率);ncomp 为最大组分数,可根据 pls 成分对的贡献率(模型解释方差百分比)矩阵 pctvar 确定;yl, xl, ys, xs 分别为因变量 Y 和自变量 X 的主成分载荷和得分。

>>Xu=[ones(size(Yu,1),1),Yu]*beta

主成分分析的关键是主成分数的确定。主成分数过多,不能有效消除相关性和噪声影响;主成分数过少,特征丢失过多,预测误差太大。确定主成分数的依据有特征贡献率、试样组分数和预测标准偏差,通常要求主成分特征累积贡献率达到95%以上,并且主成分数应与试样组分数相同,或模型预测标准偏差较小。

[例4-10] 请分别以因变量主成分回归法和偏最小二乘回归法求解前一例题。

clear; clc;　　　　%清空环境变量

X=[0.20 0.50 0.30;

0.30	0.20	0.20;
0.40	0.30	0.00;
0.10	0.50	0.10;
0.50	0.00	0.40;
0.20	0.20	0.30;
0.40	0.20	0.30;
0.10	0.40	0.40;
0.30	0.20	0.30;
0.20	0.00	0.50];

Y=[0.383 0.409 0.432 0.451 0.461 0.462 0.455 0.437 0.424 0.414 0.401;

0.242	0.259	0.277	0.291	0.304	0.311	0.315	0.312	0.304	0.298	0.289;
0.259	0.277	0.297	0.312	0.323	0.323	0.321	0.313	0.308	0.307	0.302;
0.296	0.313	0.331	0.345	0.346	0.337	0.324	0.306	0.297	0.292	0.283;
0.263	0.287	0.307	0.331	0.354	0.377	0.395	0.402	0.394	0.382	0.370;
0.241	0.258	0.275	0.290	0.302	0.311	0.312	0.308	0.298	0.291	0.279;
0.299	0.323	0.344	0.366	0.383	0.395	0.402	0.398	0.390	0.382	0.368;
0.335	0.358	0.379	0.398	0.407	0.409	0.404	0.392	0.378	0.368	0.352;
0.270	0.291	0.311	0.328	0.343	0.352	0.357	0.353	0.345	0.337	0.324;
0.204	0.222	0.237	0.253	0.271	0.288	0.303	0.308	0.299	0.286	0.272];

Yu=[0.195 0.210 0.226 0.241 0.255 0.264 0.271 0.272 0.269 0.269 0.267;

    0.323   0.345   0.364   0.378   0.382   0.379   0.364   0.347   0.333   0.326   0.310;

    0.271   0.291   0.310   0.328   0.343   0.352   0.357   0.353   0.346   0.336   0.323;

    0.270   0.291   0.309   0.326   0.341   0.350   0.355   0.351   0.342   0.330   0.316;

    0.258   0.276   0.293   0.305   0.313   0.318   0.312   0.303   0.292   0.283   0.265];

回归模型为 $X=PY+E$，因变量主成分回归法：

```
[coeff, score, latent, tsquare] =princomp(Y);      %进行主成分分析。
h=3;                          %主成分数应与组分数相同(不能低于组分数!)
A=coeff(:,1:h);               %由主成分的特征系数或特征向量构成的矩阵
Y_PC= score(:,1:h);           %校正集试样的主成分得分矩阵
P=pinv(Y_PC)*X;               %求校正系数
Yu_PC=Yu*A;                   %求预测集试样的主成分得分
Xu=Yu_PC*P                    %计算并显示预测集试样的含量
```

将上述矩阵和程序复制到 Matlab 命令窗口运行，屏幕显示输出结果如下：

```
Xu=                           %预测集组分含量

    0.5404      0.1014      -0.0437
    0.0131      0.4944       0.2968
    0.3067      0.1973       0.2991
    0.2253      0.1972       0.3799
    0.0147      0.2944       0.3948
```

若用 svd 分解因变量，则

```
[U, S, V] = svd(Y);
h=3;                          %主成分数应与组分数相同
U_0 = U(:,1:h);               %列特征向量矩阵
S_0 = S(1:h,1:h);             %特征矩阵,对称矩阵
V_0 = V(:,1:h);               %行特征向量矩阵
Y_0= V_0*inv(S_0)*U_0';       %复原重构因变量矩阵
P = Y_0*X;                    %求回归系数矩阵
Xu =Yu*P                      %预测组分含量
Xu =

    0.5214      0.1042      -0.0288
   -0.0088      0.4976       0.3138
    0.2838      0.2007       0.3168
    0.2030      0.2006       0.3971
   -0.0038      0.2972       0.4091
```

采用偏最小二乘回归法：

```
ncomp=input('请根据pctvar的值确定主成分对的个数ncomp=');  %ncomp为最大组分数
```

[yl,xl,ys,xs,beta,pctvar,mse,stats] =plsregress(Y,X,ncomp);%求回归系数 beta 等
Xu=[ones(size(Yu,1),1),Yu]*beta %计算并显示预测组分含量
将上述矩阵和程序复制到 Matlab 命令窗口运行,结果如下:
请根据 PCTVAR 的值确定提出成分对的个数 ncomp=3
Xu=

0.5174	0.1049	-0.0260
-0.0104	0.4978	0.3151
0.2833	0.2007	0.3173
0.2018	0.2007	0.3981
-0.0087	0.2979	0.4131

4.5.3 模式识别与定性分析*

模式(Patern)是指试样的类别属性(可用特征向量 $x=[x_1,x_2,\cdots,x_n]$ 描述),模式识别(Pattern Recognition, PR)就是确定样品的类别,是一种基于计量学的定性分析方法。对样品进行描述、辨认、分类和解释,鉴定试样的有效成分及其存在形式与结构分布,揭示试样的本质,回答分析对象有没有、是不是的问题。例如,确定试样的有效成分、物质结构、产品真伪、种子品种、土壤分类、矿物种类和疾病类型等。

〔1〕定性分析原理

传统分析化学的定性分析是通过特征反应实验产生浑浊或沉淀、结晶、显色、发光、发臭等特征现象或成像信号,依靠分析人员的实践经验、分析能力以及主观判断进行化学组分的鉴别;现代分析科学的模式识别是根据化学测量特征数据矩阵中的某种隐含特征或性质,借助计算机建立数学模型或专家系统对试样或样本集进行分类和判别,给出定性结论。在三个特征或三维空间内,人类对模式的识别能力最强,但是在高维空间则必须采用数学方法通过计算机才能够揭示试样的隐含规律或区分试样的模式类别。

模式识别的基本原理是物以类聚,即有相似性的样本在模式空间中互相接近形成集团或集合,只要认识这个集合中的有限数量的试样或特征,就可以识别属于这个集合的任意多的样品或特征。模式识别可分为无管理模式识别方法(又称无监督识别方法或无教师识别方法)和有管理模式识别方法(又称有监督识别方法或有教师识别方法)。

无管理模式识别方法是指利用样本数据本身的特点进行适当聚类、投影或自组织操作,使不同类的样本分开的方法。无管理模式识别方法无需事先规定样本的类别标准,通过模式采集(特征变量检测)、特征选择(包括标准化处理和特征变量选择)和分类判别(聚类或分类)三个过程,实现从对象空间到模式空间、特征空间和类型空间的转变,如图 4-68 所示。常用无管理模式识别方法有聚类分析法、主成分投影法和自组织神经网络法等。

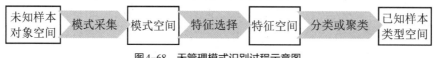

图4-68　无管理模式识别过程示意图

有管理模式识别方法是需要训练集或学习集,事先规定分类的标准和种类的数目(如一些样本属于A类,而另一些属于B类),通过对训练集的处理找出识别规律,再去识别未知样本的方法。有管理模式识别过程主要有两个阶段,包含学习(建模)阶段和实现(预测)阶段:首先通过实验进行模式采集(特征变量检测),依据经验规律或化学模型对样本进行特征选择,获取适宜的特征变量,进行模式学习训练建立分类模型和判别准则;然后根据分类训练所得判据预报未知样品的类别,如图4-69所示。常用有管理模式识别方法有判别分析法和反馈神经网络法等。

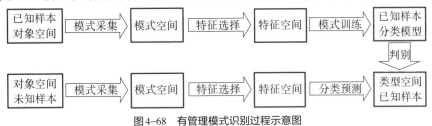

图4-68 有管理模式识别过程示意图

模式识别的效果没有统一的评判标准,只能通过对实际样品的分类效果来评估。通常先将样品随机地分为两个部分:一部分用来建模或获得分类判据,称为训练集;另一部分用来检验分类方法,称为效验集或检验集。用模式识别法对效验集进行分类,其正确分类比率称为识别率。

模式识别的训练集数据必须可靠,训练集的样品数要足够多,样品数与特征数之比应大于5,特征变量的选择至关重要。

〔2〕特征选择

特征是反映事物性质和类别的变量或参数,特征的种类有很多,如颜色、气味、化学组成、分解电压、吸收波长、吸光度、保留时间、谱峰面积、谱带形状和化学位移等,并且不同特征的区分性也有很大的差异,因此特征的选择是模式识别的关键步骤。特征参数的选择应从物理化学及数据处理两个方面考虑,应选取能够全面体现分析对象化学组成分布的特征参数,然后再采用数学方法进行筛选,以寻求一组数目少,但对分类贡献大的特征。特征太多,计算太复杂、费时,并要求太多训练或验证标样。尽管特征选择很重要,但至今并无统一选择方法,需要根据实际问题进行选择,目前常用的特征选择方法主要有方差权重法、Fisher权重法、相关系数法和主成分法等。

(1)方差权重法

方差较大的特征变量的分类贡献较大,方差较小的特征在分类中没有多大的作用,可以忽略不计。因此,用原始数据计算各特征量的样本方差,优先保留那些方差大的变量,而舍去方差小的变量。

样本中n个样品p个特征变量的第j个特征的样本方差为

$$s_j^2 = \frac{1}{n-1}\sum_{i=1}^{n}\left(x_{ij} - \bar{x}_j\right)^2, (j=1,2,\cdots,p) \tag{4-171}$$

其中$\bar{x}_j$是第j个特征的均值。

需要指出,方差只是特征变量选择的必要条件,而不是充分条件。例如,研究头发中的多种微量元素对幼儿智力的影响时,两组样品分别来自大城市繁华的闹市区和偏远的农村。闹市区由于汽车废气排放造成空气污染等原因,显然其头发含铅量的方差明显较大,造成其与后一组样品间有显著差异,但这并不能说明发铅含量在幼儿智力问题的分类中有重要的贡献。

（2）Fisher权重法

两类特征变量均值之差的平方与标准方差之和的比值称为Fisher权重，即

$$F_j = \frac{\left(\bar{x}_{j1} - \bar{x}_{j2}\right)^2}{s_{j1}^2 + s_{j2}^2} \tag{4-172}$$

式中，$\bar{x}_{j,1}$、$\bar{x}_{j,2}$分别为类1和类2中变量j的均值；$s_{j,1}^2$和$s_{j,2}^2$分别为类1和类2中变量j的方差。F_j值越大，变量j对这两类差别的影响越大，应优先选用。

（3）概率比率法

第j个特征在类1和类2中出现的概率为

$$R_j = \lg \frac{p_{j1}}{p_{j2}} \tag{4-173}$$

剔除在两类中均不出现、出现次数少或概率相同的特征。

（4）相关系数法

任意两个样本间的相关系数定义为

$$r_{ij} = \frac{\sum\limits_{k=1}^{p}\left(x_{ik} - \bar{x}_i\right)\left(x_{jk} - \bar{x}_j\right)}{\sqrt{\sum\limits_{k=1}^{p}\left(x_{ik} - \bar{x}_i\right)^2 \sum\limits_{k=1}^{p}\left(x_{jk} - \bar{x}_j\right)^2}} \tag{4-174}$$

式中，$\bar{x}_i$和$\bar{x}_j$分别为样品i和j的p个特征变量的均值，注意样本间的相关系数与特征变量之间的相关系数是不同的。

对初选特征进行相关性分析，相关性强的多个特征变量中只保留一个。

（5）主成分法

将特征变量线性组合为相互正交（不相关）的新变量，根据本征值（特征值）的大小选择少量本征向量。

〔3〕聚类分析法

聚类分析法（Clustering Analysis，CA）又称分类分析（Segmentation Analysis or Taxonomy Analysis），就是创建样品的团组或集群，属于无管理模式识别方法。没有先验的样本分类信息，基于"物以类聚，人以群分"的原则，即任何一个子集内部样本间（即同类样本）的相似性应大于不同子集间的样本（即不同类样本），是根据样本之间的相似程度进行分类的方法。

相似性测度依赖于两样本的相似度，可用其特征向量的夹角余弦或相关系数等相似系数和明氏距离（Minkowski）或马氏距离（Mahalanobis）等距离系数来衡量，相似系数越大和距离系数越小，两样本的相似度越大。n个样本p维特征向量中样本x_i和x_j的行向量间的相似系数和距离系数的定义式如下。

夹角余弦：

$$\cos \alpha_{ij} = \frac{\sum\limits_{k=1}^{p}\left(x_{ik} x_{jk}\right)}{\sqrt{\left(\sum\limits_{k=1}^{p} x_{ik}^2\right)\left(\sum\limits_{k=1}^{p} x_{jk}^2\right)}} \tag{4-175}$$

相关系数：

$$r_{ij} = \frac{\sum_{k=1}^{p}\left(x_{ik} - \bar{x}_i\right)\left(x_{jk} - \bar{x}_j\right)}{\sqrt{\sum_{k=1}^{p}\left(x_{ik} - \bar{x}_i\right)^2 \sum_{k=1}^{p}\left(x_{jk} - \bar{x}_j\right)^2}} \qquad (4\text{-}176)$$

明氏距离：

$$d_{ij} = \left[\sum_{k=1}^{p}\left|x_{ik} - x_{jk}\right|^q\right]^{1/q} \qquad (4\text{-}177)$$

当 $q=1$ 时称为绝对距离或曼哈坦距离；当 $q=2$ 时称为欧式距离，还有加权欧式距离和标准化欧式距离：

$$d_{ij} = \sqrt{\sum_{k=1}^{p}\omega_k\left(x_{ik} - x_{jk}\right)^2} \qquad (4\text{-}178)$$

$$d_{ij} = \sqrt{\sum_{k=1}^{p}\left(\frac{x_{ik} - x_{jk}}{s_k}\right)^2} \qquad (4\text{-}179)$$

其中 s_k 为测量数据第 k 列的标准偏差。

马氏距离：

$$d_{ij}^2 = \left(x_i - x_j\right)^{\mathrm{T}} V^{-1}\left(x_i - x_j\right) \qquad (4\text{-}180)$$

其中，V 为测量数据矩阵的协方差矩阵，其元素为

$$v_{lm} = \frac{\sum_{k=1}^{n}\left(x_{kl} - \bar{x}_l\right)\left(x_{km} - \bar{x}_m\right)}{n-1} \qquad (4\text{-}181)$$

聚类分析过程是，首先将待聚集的 N 个样本各自看成一类，计算各类之间的距离（常用欧式距离），然后选择距离最小的即相似性最大的两个类合并成一个新类，进而计算该新类与其他所有类间的距离（合成新类与其他类的距离常用最短距离）；再比较各个类的距离，将距离最小的两个类又合并成一个新类；每次计算减少一个类，不断重复上述过程，经过 $N-1$ 次计算后，所有的样本都归为一类。通常用直线及其长度表示分类及类间距离，并将相似的两类用线连接合并为新类形成树状聚类图，最后利用该聚类图进行直观判断分类，如图4-69所示。

图4-69 聚类分析过程示意图

在所有的样本中,假设样本i和j是最相似的,将它们合并成一个新类k,最短距离法是指合成新类k与其他类如l类的距离d_{kl},为样本i和j与样本l的距离d_{il}、d_{jl}中最短的一个,其数学表达式为

$$d_{kl}=\min(d_{il},\ d_{jl}) \tag{4-182}$$

除此之外,还有最长距离法、平均距离法、重心法、类平均法、方差平方和法等。这些方法各有特点,采用不同的距离定义方法将会产生不同的聚类结果,应根据实际情况进行适应性分析选择。

聚类分析法计算简便,适应性很强,应用很广泛。例如,可用于纯物质的红外光谱定性鉴定、中药色谱指纹鉴定和红酒三维荧光指纹鉴定等。

在Matlab中实现聚类分析的示例程序如下:

```
X=xlsread('soybeans.xlsx','Sheet1','C3:J42');%将数据矩阵给变量X
X2=zscore(X);%方差标准化
Y2=pdist(X2);%计算距离
Z2=linkage(Y2,'single');%计算系统聚类树,最短距离法
H=dendrogram(Z2,0);%作出谱系图
T=cluster(Z2,10);%创建聚类,分为10类
```

[例4-11] 大豆种子试样的化学振荡指纹图谱的特征参数如表4-4所示,请以聚类分析法对这些大豆种子进行分类或鉴别。

表4-4　大豆种子试样的化学振荡指纹图谱的特征参数

试样	样品名	最大电势时间	最大电势	振荡幅值	第一峰电势	最后峰电势	诱导时间	振荡周期	振荡寿命
1	东辛3	109.6	0.910	0.063	0.806	0.662	213.1	17.4	951.4
2	东辛3	108.6	0.911	0.066	0.803	0.660	215.2	17.6	947.8
3	东辛3	108.8	0.910	0.063	0.802	0.662	212.5	17.5	947.3
4	东辛3	108.1	0.911	0.066	0.804	0.661	212.2	17.6	948.2
5	灌豆1	87.3	0.868	0.071	0.811	0.644	161.3	20.2	1416.6
6	灌豆1	86.4	0.875	0.073	0.816	0.642	162.8	20.5	1415.4
7	灌豆1	88.3	0.872	0.070	0.809	0.649	161.5	20.9	1419.4
8	灌豆1	87.3	0.870	0.072	0.812	0.643	161.9	20.8	1418.4
9	菏豆15	83.9	0.902	0.078	0.806	0.660	181.8	19.2	1143.6
10	菏豆15	86.1	0.903	0.077	0.811	0.659	178.9	19.5	1125.6
11	菏豆15	84.1	0.903	0.079	0.808	0.669	182.9	19.3	1135.7
12	菏豆15	82.1	0.903	0.077	0.809	0.663	185.9	19.0	1155.2
13	临豆9	89.4	0.917	0.065	0.836	0.704	181.5	19.7	1124.2

试样	样品名	最大电势时间	最大电势	振荡幅值	第一峰电势	最后峰电势	诱导时间	振荡周期	振荡寿命
14	临豆9	91.1	0.914	0.064	0.834	0.703	180.2	19.6	1094.1
15	临豆9	90.1	0.915	0.068	0.834	0.703	180.7	19.6	1063.1
16	临豆9	90.9	0.916	0.063	0.835	0.704	182.7	19.6	1088.6
17	齐黄34	98.2	0.904	0.089	0.827	0.658	190.4	21.9	1310.0
18	齐黄34	95.4	0.910	0.089	0.827	0.657	192.3	21.4	1296.2
19	齐黄34	96.4	0.914	0.089	0.825	0.661	194.7	21.4	1298.6
20	齐黄34	97.1	0.911	0.090	0.826	0.662	191.2	21.7	1308.5
21	徐豆14	89.0	0.882	0.059	0.778	0.660	236.6	14.6	805.9
22	徐豆14	92.9	0.880	0.057	0.775	0.660	239.9	13.8	793.2
23	徐豆14	88.2	0.885	0.059	0.778	0.657	237.3	14.0	806.6
24	徐豆14	87.8	0.886	0.055	0.775	0.659	242.0	14.1	797.9
25	中黄13	84.4	0.893	0.069	0.796	0.663	212.9	15.3	864.5
26	中黄13	84.8	0.895	0.071	0.796	0.660	215.8	15.2	868.9
27	中黄13	84.0	0.898	0.072	0.798	0.656	217.8	15.2	878.6
28	中黄13	86.1	0.901	0.072	0.796	0.658	221.0	15.1	876.0
29	中黄25	88.0	0.902	0.057	0.787	0.677	248.5	12.6	724.6
30	中黄25	85.4	0.900	0.058	0.790	0.677	244.7	12.9	722.0
31	中黄25	87.2	0.897	0.057	0.783	0.675	244.3	12.9	724.2
32	中黄25	87.7	0.898	0.058	0.780	0.676	245.4	12.8	724.2
33	中黄37	112.3	0.915	0.081	0.830	0.666	194.2	20.3	1191.1
34	中黄37	111.5	0.912	0.076	0.828	0.672	188.0	20.5	1179.9
35	中黄37	110.3	0.912	0.079	0.829	0.674	198.5	20.9	1179.9
36	中黄37	114.6	0.919	0.081	0.833	0.673	197.2	20.9	1186.9
37	中黄57	84.1	0.894	0.070	0.779	0.661	222.7	13.5	784.0
38	中黄57	87.0	0.899	0.068	0.773	0.662	225.5	13.8	781.8
39	中黄57	86.0	0.897	0.068	0.777	0.662	223.5	13.7	782.8
40	中黄57	85.7	0.899	0.066	0.780	0.661	224.1	13.7	780.8

　　解：将数据存为soybeans.xlsx，在Matlab加载C3:J42数据，赋给X矩阵，用上述聚类分析程序进行聚类分析，结果如图4-70所示。

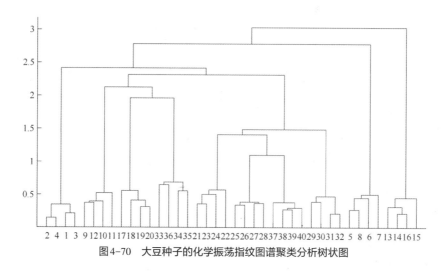

图4-70 大豆种子的化学振荡指纹图谱聚类分析树状图

〔4〕主成分投影法

分析样本总是包含很多特征,但多维特征超出了人类的视觉判别能力,人类只能直观判别一二三维特征,如将多维特征投影到低维如二维或三维空间,就可借助于图示进行样本的直观分类鉴别。

主成分分析法是一种优秀的降维方法,可将样本多维特征空间向量线性组合为相互正交的主成分特征向量,舍弃由实验误差引起的主成分向量,获得低维特征空间向量或主成分投影得分,从而直观地显示模式分布情况。

通过主成分分解,获得样本(包括已知的和未知的)前两个或三个主成分的得分(要求累积贡献率大于95%),在二维或三维空间中将其坐标标示出来,获得试样多维特征的二维或三维主成分投影,根据各样本特征的投影分布情况判断能否区分已知样本和判断未知样本的归属。

主成分投影法直观性很强,并可消除相关性干扰和实验误差干扰,应用十分广泛。例如,可用于纯物质、中药、种子、饮料、食品等各种物质的波谱、色谱、质谱、三维荧光等指纹图谱分析。

在Matlab上实现主成分投影的示例程序如下:

X=xlsread('soysauce.xlsx','Sheet1','C3:J56');%将数据矩阵给变量X

Xz=zscore(X);%方差标准化

Z=Xz*Xz';%求协方差

[coeff,pcs,egenvalue]=princomp(Z); %主成分分解

plot(pcs(:,1),pcs(:,2),'*');%取两个主成分绘图,plot函数可以包含若干组向量对,每一组可以绘制出一条曲线或一群散点。含多个输入参数的plot函数调用格式为:plot(x1,y1,x2,y2,…,xn,yn)。当输入参数有矩阵形式时,配对的x、y按对应的列元素为横坐标和纵坐标绘制曲线或散点。

[例4-12] 几种酱油试样的三维荧光指纹图谱的特征参数如表4-5所示,请以主成分投影法进行分类或鉴别。

表4-5　几种酱油试样的三维荧光指纹图谱的特征参数

试样	名称	均值	标准偏差	重心横坐标	重心纵坐标	X方向标准偏差	Y方向标准偏差	一阶混合中心距离	x,y相关系数
1	HTD	42.3620	74.6111	480.7756	410.8816	112.5905	149.9525	-2.84E+04	-1.6836
2	HTD	42.1133	74.3291	480.7532	410.9322	112.6178	149.8610	-2.85E+04	-1.6871
3	HTD	42.7205	75.9421	480.8521	412.7965	111.3486	148.6438	-2.85E+04	-1.7192
4	HTD	42.3217	75.1354	480.9754	412.3905	111.6899	149.0328	-2.84E+04	-1.7078
5	HTD	42.7746	76.0713	480.5377	412.1961	111.5657	148.7276	-2.87E+04	-1.7310
6	HTD	43.0118	76.0511	480.8632	411.162	112.4316	149.7346	-2.87E+04	-1.7057
7	HTL	76.2131	205.3244	425.6867	369.8704	113.0869	125.1221	-2.96E+04	-2.0888
8	HTL	78.4660	208.5607	426.4984	368.3088	114.8877	126.9748	-2.97E+04	-2.0329
9	HTL	76.9917	206.4552	426.2518	369.3078	113.9759	126.1104	-2.92E+04	-2.0293
10	HTL	76.7833	204.8627	426.8768	369.1359	114.5449	126.7947	-2.90E+04	-1.9987
11	HTL	78.7150	208.7113	427.5576	368.2523	115.6386	128.0729	-2.91E+04	-1.9624
12	HTL	76.8400	203.0590	427.5742	369.1789	115.1512	127.5486	-2.86E+04	-1.9492
13	LJJD	33.6296	57.4643	497.6480	392.2728	129.8033	177.1972	-1.77E+04	-0.7684
14	LJJD	33.6827	57.9708	497.3985	392.484	129.5604	176.8514	-1.79E+04	-0.7790
15	LJJD	33.2988	56.8169	497.5470	393.6496	128.8089	176.3912	-1.85E+04	-0.8137
16	LJJD	32.9176	56.6021	497.6511	394.2207	128.5562	176.1067	-1.81E+04	-0.7991
17	LJJD	33.3060	56.2919	496.1305	393.7021	128.4548	175.1204	-1.89E+04	-0.8406
18	LJJD	33.1083	56.3003	496.0889	394.1298	128.2442	174.9107	-1.86E+04	-0.8292
19	LJJL	76.5474	218.014	424.3137	362.7279	117.9724	128.9890	-2.70E+04	-1.7767
20	LJJL	79.1129	227.1661	423.3447	363.5276	116.6534	127.5237	-2.74E+04	-1.8388
21	LJJL	78.6394	223.6832	424.1179	363.1171	117.4785	128.5416	-2.71E+04	-1.7926
22	LJJL	78.7022	222.8000	424.9113	362.2147	118.7311	129.6550	-2.66E+04	-1.7306
23	LJJL	79.7532	226.9485	424.4719	362.1763	118.3383	129.2438	-2.69E+04	-1.7567
24	LJJL	78.2489	225.1845	423.5427	363.4879	116.8942	127.8456	-2.72E+04	-1.7846
25	JJL	67.4305	155.5815	437.0108	382.3988	111.6879	127.2716	-2.95E+04	-2.0751
26	JJL	66.7039	153.8627	436.9773	382.3530	111.6123	127.2024	-2.95E+04	-2.0758
27	JJL	65.4453	150.8772	437.2860	382.4790	111.6769	127.3514	-2.94E+04	-2.0654
28	JJL	67.1466	155.0818	436.9118	383.7178	110.5378	126.1635	-2.92E+04	-2.0911
29	JJL	66.3182	152.7595	437.2324	383.4481	110.9103	126.6718	-2.91E+04	-2.0715
30	JJL	65.069	149.2321	437.2544	383.1302	111.2144	126.8813	-2.87E+04	-2.0356
31	JJD	39.5113	78.2003	491.7446	420.6586	108.2992	152.1676	-2.98E+04	-1.8077
32	JJD	39.3259	78.2323	491.4038	420.9975	107.9877	151.5039	-3.00E+04	-1.8327
33	JJD	39.0997	77.7554	491.5767	420.9588	107.9949	151.7372	-2.98E+04	-1.8175
34	JJD	39.7679	79.2233	491.3301	421.2508	107.7816	151.2308	-3.01E+04	-1.8435
35	JJD	39.4032	78.6591	491.3444	421.5935	107.4992	151.0194	-3.00E+04	-1.8505
36	JJD	38.5715	76.8764	491.4604	420.7637	108.0222	151.7300	-2.95E+04	-1.7981
37	WGL	75.8555	154.0781	447.4739	391.7513	111.7892	131.9180	-3.02E+04	-2.0472
38	WGL	74.9346	151.5532	448.0361	392.3692	111.7849	132.0602	-2.97E+04	-2.0144

续表

试样	名称	均值	标准偏差	重心横坐标	重心纵坐标	X方向标准偏差	Y方向标准偏差	一阶混合中心距离	x,y相关系数
39	WGL	76.3628	154.9657	447.6135	391.6734	111.9490	132.0940	-2.99E+04	-2.0218
40	WGL	75.4035	153.2131	447.5867	393.1682	110.8655	131.0931	-2.98E+04	-2.0533
41	WGL	75.9025	153.0959	447.5956	391.1489	112.2667	132.4761	-3.04E+04	-2.0407
42	WGL	74.4716	150.5662	447.6343	392.3841	111.4569	131.6757	-3.00E+04	-2.0409
43	WGD	81.5852	201.3404	432.0987	391.9608	101.5770	116.7625	-3.13E+04	-2.6352
44	WGD	80.2677	199.9494	431.7838	390.4799	102.4981	117.4486	-3.17E+04	-2.6319
45	WGD	79.6781	196.1504	432.6485	390.9267	102.8715	118.0125	-3.12E+04	-2.5662
46	WGD	81.1886	201.6923	432.5393	391.4304	102.4366	117.3974	-3.15E+04	-2.6165
47	WGD	80.8803	200.1711	432.9506	391.2053	102.9238	117.9643	-3.12E+04	-2.5702
48	WGD	78.6558	197.8215	432.0989	389.9613	103.0137	117.8815	-3.17E+04	-2.6094
49	PZ	53.4147	151.7751	433.0435	379.0527	119.7208	134.3740	-8.41E+03	-0.5230
50	PZ	52.6602	145.8214	433.371	377.4851	121.1241	135.7065	-8.88E+03	-0.5401
51	PZ	54.4558	155.6006	433.1662	379.5005	119.4396	134.3291	-8.17E+03	-0.5092
52	PZ	53.2180	150.5272	434.3900	379.8546	119.9837	135.1669	-8.28E+03	-0.5103
53	PZ	53.1099	150.5483	433.4790	378.9484	120.2010	135.0961	-8.16E+03	-0.5026
54	PZ	52.3640	148.4371	433.5630	378.3832	120.6582	135.4168	-8.09E+03	-0.4953

解:将数据存为soysauce.xlsx,在Matlab用上述主成分投影分析程序进行分析,加上标记符号和图例,结果如图4-71所示。

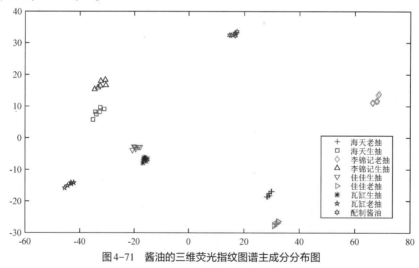

图4-71　酱油的三维荧光指纹图谱主成分分布图

X=xlsread('soysauce.xlsx','Sheet1','C3:J56');%读取数据矩阵

Xz=zscore(X);%方差标准化

Z=Xz*Xz';%求协方差

[coeff,pcs,egenvalue]=princomp(Z);%主成分分解

plot(pcs(1:6,1),pcs(1:6,2),'+',pcs(7:12,1),pcs(7:12,2),'s',pcs(13:18,1),pcs(13:18,2),'d',pcs(19:24,1),pcs(19:24,2),'^',pcs(25:30,1),pcs(25:30,2),'v',pcs(31:36,1), pcs(31:36,2),′>′,pcs(37:42,1),pcs(37:42,2),′*′,pcs(43:48,1),pcs(43:48,2),′p′,pcs(49:54,1),pcs(49:54,2),′h′);%绘制主成分得分分布图

legend(′海天老抽′,′海天生抽′,′李锦记老抽′,′李锦记生抽′,′佳佳生抽′,′佳佳老抽′,′瓦缸生抽′,′瓦缸老抽′,′配制酱油′);%图例

〔5〕判别分析法

判别分析法是在分类确定的条件下以特征变量的一个或几个线性或非线性函数作为判别准则,必要时用一组已知类别的样本作为训练集确定判别函数中的待定系数,根据分析对象的各种特征值判别其类型归属的模式识别方法。

判别分析的方法有很多,有相似度判别法、偏最小二乘判别法、分类函数判别法和高斯混合模型判别法等,这里以相似度判别法和偏最小二乘判别法为例。

相似度判别法基于"同类样本相似度高异类样本距离较远"的原理,是根据与未知样本最相似(距离最近)的标样的类别判断未知样本类别的方法。计算未知样本与所有训练集样本之间的相似度(如夹角余弦)或距离系数(如欧氏距离),相似度最大或距离最小的标样类别即为未知试样的类别。找出多个近邻标样,根据其累积类别权重判断,可提高判断的可靠性,这种方法称为K近邻法。或找出与类重心距离最近的类进行判断,采用主成分计算马氏距离可消除特征的相关性和噪声影响。

偏最小二乘判别法基于偏最小二乘回归法进行试样的识别,以样品的特征变量为自变量X(其行为样本号,列为样本特征变量),以样品的类别信息为因变量Y(行为对应样品号,列为样品类别,样品属于某类时元素为1,否则为0),进行偏最小二乘回归分析,得到回归的类别信息矩阵Y_{pls},根据回归矩阵元素接近1或0的程度(大于或小于0.5)判断未知试样属于哪一类。

[例4-13] 不同地区和品牌酱油试样的三维荧光指纹图谱的特征参数如前一例题所示,请以相似度判别法和偏最小二乘法判断各类中最后一个试样的品种(留一法,保留一个做评价,其余的作训练集)。

解:将数据存为soysauce.xlsx。

A.类重心距离判别法

```
X=xlsread(′soysauce.xlsx′,′Sheet1′,′C3:J56′);       %将数据矩阵给变量X
Xz=zscore(X);            %方差标准化
C1=mean(Xz(1:5,:));      %求HTD类重心
C2=mean(Xz(7:11,:));     %求HTL类重心
C3=mean(Xz(13:17,:));    %求LJJD类重心
C4=mean(Xz(19:23,:));    %求LJJL类重心
C5=mean(Xz(25:29,:));    %求JJL类重心
C6=mean(Xz(31:35,:));    %求JJD类重心
C7=mean(Xz(37:41,:));    %求WGL类重心
C8=mean(Xz(43:47,:));    %求WGD类重心
C9=mean(Xz(49:53,:));    %求PZ类重心
C=[C1;C2;C3;C4;C5;C6;C7;C8;C9];        %类重心矩阵
```

```
Xu=[Xz(6,:);Xz(18,:);Xz(24,:);Xz(30,:);Xz(36,:);Xz(42,:);Xz(48,:);Xz(54,:);Xz
(12,:)];                %未知样本矩阵
Cindex=[];              %初始化类别序号
for i=1:size(Xu,1)      %从第一个未知样本到最后一个未知样本
    dmin=[100,0];       %初始化最小距离及其序号
    d=sqrt(sum((C'-(ones(size(C,1),1)*Xu(i,:))').^2));  %计算欧氏距离
        for j=1:size(C,1)      %从第一类到最后一类
            if d(j)<dmin(1)         %若与第j类的距离小于最小值
                dmin(1)=d(j);           %则调修第j类的距离作为最小值
                dmin(2)=j;              %并将其序号调修为最小距离类别号
            end
        end
    Cindex=[Cindex,dmin(2)];  %试样Xu对应于类别C的类别序号
end
Cindex
```

运算结果为

Cindex =

　　1　3　4　5　6　7　8　9　2

即试样6,18,24,30,36,42,48,54,12分别为类C1,C3,C4,C5,C6,C7,C8,C9,C2,与表中所给实际类别相同,表明结果分类完全正确。

B. KNN判别法:

```
X=xlsread('soysauce.xlsx','Sheet1','C3:J56');      %将数据矩阵给变量X
Xz=zscore(X);                      %方差标准化
X2=[Xz(1:5,:);Xz(7:11,:);Xz(13:17,:);Xz(19:23,:);Xz(25:29,:);Xz(31:35,:);Xz
(37:41,:);Xz(43:47,:);Xz(49:53,:)];        %标样的特征变量矩阵
[num,Cl]= xlsread('soysauce.xlsx','Sheet1','B3:B56');%标样的类别标号
Classlabel=[Cl(1:5,:);Cl(7:11,:);Cl(13:17,:);Cl(19:23,:);Cl(25:29,:);Cl(31:35,:);
Cl(37:41,:);Cl(43:47,:);Cl(49:53,:)];        %标样的类别标号
Xu=[Xz(6,:);Xz(18,:);Xz(24,:);Xz(30,:);Xz(36,:);Xz(42,:);Xz(48,:);Xz(54,:);Xz
(12,:)];                                %未知样本特征变量矩阵
mdl=fitcknn(X2,Classlabel,'NumNeighbors',3,'Distance','cosine');%创建KNN判别模型,
K=3,可选夹角余弦距离('cosine')、欧氏距离('euclidean')、绝对距离('cityblock')、相关距离('correlation')和汉明距离('Hamming')。
Class = predict(mdl,Xu)                %预测未知试样类别
```

运行结果为:

Class =

　　'HTD'

　　'LJJD'

　　'LJJL'

'JJL'

'JJD'

'WGL'

'WGD'

'PZ'

'HTL'

可见,试样预测类别与实际类别完全一致。

C.偏最小二乘判别法

以样品的特征变量为自变量X(其行为样本号,列为样本特征变量),以样品的类别信息为因变量Y(行为对应样品号,列为样品类别,样品属于某类时元素为1,否则为0),进行偏最小二乘回归分析,得到回归的类别信息矩阵Y_{pls}。

```
X=xlsread('soysauce.xlsx','Sheet1','C3:J56');        %将数据矩阵给变量X
Xz=zscore(X);                                        %方差标准化
X2=[Xz(1:5,:);Xz(7:11,:);Xz(13:17,:);Xz(19:23,:);Xz(25:29,:);Xz(31:35,:);Xz
(37:41,:);Xz(43:47,:);Xz(49:53,:)];        %样品的标准化特征变量矩阵
Cn=size(X2,1)/5;                                     %样品类别数
Y2=[ones(5,1),zeros(5,Cn-1)];                        %前5个样本类别构造第一类
for i=1:Cn-2                                         %添加中间7类样本分类
            Y2=[Y2;zeros(5,i),ones(5,1),zeros(5, Cn-1-i)];
end
Y2=[Y2;zeros(5,Cn-1),ones(5,1)]            %添加最后5个样本分类
Xu=[Xz(6,:);Xz(18,:);Xz(24,:);Xz(30,:);Xz(36,:);Xz(42,:);Xz(48,:);Xz(54,:);Xz
(12,:)];                                        %未知样本矩阵
ncomp=input('请根据pctvar的值确定成分对的个数ncomp=');  %ncomp为最大组分数
[xl,yl,xs,ys,beta,pctvar,mse,stats]=plsregress(X2,Y2,ncomp);  %求回归系数beta
Yu=[ones(size(Xu,1),1),Xu]*beta            %计算并显示预测组分含量
```

运行结果如下:

请根据pctvar的值确定成分对的个数ncomp=8

Yu =

0.9182	0.0207	0.0080	−0.0028	−0.0287	0.0497	0.0561	−0.0196	−0.0015
0.1270	0.1283	0.9305	−0.0795	−0.0425	−0.0355	−0.0245	−0.0236	0.0197
−0.1677	**0.5780**	−0.0567	0.6115	−0.1034	0.1967	0.0108	−0.1316	0.0626
−0.1712	0.0546	0.0090	−0.1098	1.1586	0.1101	−0.0012	−0.0819	0.0319
−0.0382	0.0692	0.0191	−0.0635	0.0606	1.0109	−0.0267	−0.0420	0.0105
0.0644	0.0622	−0.0043	−0.0713	0.0542	−0.0342	0.9106	0.0124	0.0059
0.2795	−0.0913	−0.0200	0.1411	0.0398	−0.1550	−0.1939	1.0356	−0.0359
0.1552	−0.1586	0.0145	0.1119	0.0450	−0.1263	−0.0792	0.0515	0.9859
−0.0600	0.6180	0.0111	0.2355	0.1231	0.0157	0.1023	−0.0502	0.0044

根据回归矩阵元素接近1或0的程度（大于或小于0.5）判断未知试样所属类别真伪，所属类别为真的如蓝色粗体字标出，表明试样分类结果完全正确。

根据回归矩阵还可看出，第二个试样既属于第三类（李锦记生抽），也与第二类（海天生抽）有一定相似性。

〔6〕人工神经网络法

人工神经网络法（Artificial Neural Network Method, ANN）是一类简化、抽象和模拟人类大脑神经网络结构和行为对输入信号作状态响应的信息处理方法。ANN能模拟输入输出之间的复杂关系，具有并行响应性、响应非线性和容错抗噪性或自组织性、自适应性和自学习性等特征。

人工神经网络大多是由很多神经元构成的多层网络，如图4-72所示。神经元又称为神经节点，是构成人工神经网络的基本单元。神经元之间通过输入层、隐含层和输出层网络相互连接，而各层内的神经元之间互不相关。输入层为输入网络的原始数据，通过加权、求和或求极，由阈值函数与传递函数传递给隐含层，再加权、求和或求极，由阈值函数与传递函数传递给输出层，通过多层转换将输入层与输出层联系起来。

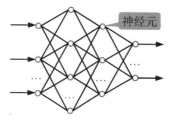

输入层｜隐含层｜输出层

图4-72　人工神经网络

人工神经网络通过神经元输入、处理和输出信息，神经元模型如图4-73所示，神经元首先接收来自其他神经元的输入信号x_i，加权得$w_j x_i$，加和得$\sum(x_i w_{ij})$（或求极），与阈值b比较，若该转换值大于阈值，则经传递函数变换产生输出值$y_j = f(\sum x_i w_{ij} - b)$，否则不产生输出。常用传递函数为Sigmoid函数$f(x) = 1/(1 + e^{-\alpha x})$，此外还有线性函数、逻辑函数、符号函数和双曲正切函数等。

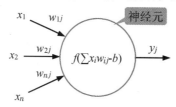

输入｜加权｜转换/求极｜比较｜输出

图4-73　神经元模型

人工神经网络通过连接权重和传递函数将输入值与输出值联系在一起。连接权重和传递函数在整个信息处理过程中起着非常重要的作用，它们决定了网络中最终的输出信号，即采用不同的连接权重或传递函数，神经元对于相同的输入信号会产生不同的输出。合适的传递函数可根据输入值与输出值的映射关系确定。有效的权重需通过大量的校正集（通常要求样本数大于变量数10倍以上）以适当的模型或算法对网络进行训练确定。

人工神经网络有很多模型和算法,分析科学中较常用的是反向传输人工神经网络法(Back Propagation Artificial Neural Network Method, BP-ANN)或称前馈网络法。其原理是,输入值从输入层经隐含层向输出层传递,每一层神经元的状态只能影响下一层神经元的状态,如果输出层不能达到期望的输出,则计算输出值与期望值的误差,反向传递并学习调整各层的权重,使输出值与期望值误差符合要求,从而使网络达到优化的目的。前馈网络可以用于任何类型的输入到输出映射。有一个隐藏层并且在隐藏层内有足够的神经元的前馈网络,可以适应任何有限的输入输出映射问题。

在 Matlab 上实现模式识别前馈网络的程序如下:

[x,t] = iris_dataset;%数据 x 及其类别真值 t(类别真值是由代表模式类别的 1 和零组成的向量)

net = patternnet(10);%返回一个前馈神经网络,隐藏层节点数为 10。完整函数为 patternnet(hiddenSizes, trainFcn, performFcn),它可以根据目标分类进行训练, hiddenSizes 为隐藏层节点数(default = 10)(通常为输入节点即输入变量的 2 倍), trainFcn 为训练函数(default = 'trainlm')(调整网络的方式, trainlm 是一个根据 Levenberg-Marquardt 优化更新权重和偏置值的网络训练函数), performFcn 为性能函数(default = 'crossentropy')(默认为交叉熵)

net = train(net,x,t);%根据试样类别训练网络,可用 view(net)查看网络,注意这里特征参数矩阵 x 为样本矩阵的转置矩阵

y = net(x);%预测标样或试样

perf = perform(net,t,y);%性能函数,验证预测误差

classes = vec2ind(y);%将向量变换为标号,给出标样或试样的类别

必须指出,人工神经网络法需要大量的标样进行模型训练才能建立稳健的网络,并且由于存在多个局部极值点,人工神经网络法的分析结果与初始权重和学习样本有关,不同的初始权重和学习样本会得到不同的学习效果,因此经常要多次学习才能够得到较好的分析结果。

[例 4-14] 一些水稻种子试样的化学振荡指纹图谱的特征参数如表 4-6 所示,请以前馈人工神经网络法进行分类或鉴别。

表4-6　一些水稻种子试样的化学振荡指纹图谱的特征参数

试样	名称	最大电势时间	最大电势	最大振荡幅度	第一波谷电势	最后波峰电势	诱导时间	振荡周期	振荡寿命
1	Y两优2号	12.7	0.845	0.745	0.677	0.587	73.0	16.9	488.2
2	Y两优2号	12.3	0.836	0.748	0.679	0.579	73.5	17.0	507.4
3	Y两优2号	12.6	0.837	0.752	0.684	0.598	76.5	17.1	489.8
4	Y两优2号	12.1	0.825	0.749	0.678	0.585	76.0	17.2	496.5
5	Y两优2号	11.5	0.828	0.752	0.677	0.598	73.3	16.9	489.5
6	Y两优2号	12.6	0.842	0.741	0.676	0.582	73.2	16.8	494.4
7	Y两优2号	12.1	0.831	0.748	0.678	0.579	72.9	17.2	505.1
8	Y两优2号	12.3	0.832	0.758	0.681	0.591	75.5	17.1	498.8
9	Y两优2号	12.1	0.828	0.748	0.680	0.590	75.9	17.3	495.6
10	Y两优2号	11.7	0.822	0.749	0.679	0.592	75.3	16.8	498.1
11	Y两优689	30.8	0.867	0.778	0.717	0.603	84.9	14.5	649.2
12	Y两优689	32.2	0.861	0.767	0.713	0.603	86.4	14.2	635.8

续表

试样	名称	最大电势时间	最大电势	最大振荡幅度	第一波谷电势	最后波峰电势	诱导时间	振荡周期	振荡寿命
13	Y两优689	33.9	0.872	0.775	0.721	0.608	85.5	14.6	625.1
14	Y两优689	33.4	0.874	0.779	0.718	0.616	85.4	14.5	630.6
15	Y两优689	33.9	0.867	0.762	0.711	0.616	87.2	14.4	628.6
16	Y两优689	31.8	0.869	0.766	0.719	0.611	85.1	14.6	618.0
17	Y两优689	32.9	0.865	0.767	0.713	0.616	87.4	14.5	615.2
18	Y两优689	29.8	0.867	0.771	0.716	0.613	85.9	14.4	628.1
19	Y两优689	31.7	0.871	0.769	0.715	0.618	86.1	14.5	623.7
20	Y两优689	32.8	0.865	0.777	0.711	0.607	85.2	14.3	630.8
21	Y两优5867	34.3	0.880	0.791	0.725	0.637	98.5	12.8	522.8
22	Y两优5867	34.7	0.878	0.792	0.727	0.632	96.4	13.0	540.5
23	Y两优5867	33.6	0.872	0.783	0.725	0.623	98.1	13.1	527.9
24	Y两优5867	33.7	0.874	0.784	0.728	0.634	98.9	13.0	545.6
25	Y两优5867	33.3	0.876	0.787	0.728	0.628	97.8	13.2	546.7
26	Y两优5867	33.6	0.878	0.784	0.727	0.629	98.1	13.2	533.3
27	Y两优5867	32.3	0.873	0.787	0.726	0.628	97.2	12.9	545.1
28	Y两优5867	34.5	0.881	0.789	0.725	0.636	99.1	12.8	523.4
29	Y两优5867	34.7	0.869	0.790	0.729	0.633	97.2	13.1	538.9
30	Y两优5867	33.1	0.871	0.784	0.722	0.627	97.6	13.0	531.4
31	春优84	22.4	0.855	0.782	0.712	0.606	67.4	20.4	610.8
32	春优84	23.1	0.850	0.781	0.707	0.610	68.0	21.8	600.1
33	春优84	23.1	0.863	0.785	0.705	0.598	68.5	21.8	601.2
34	春优84	22.9	0.856	0.782	0.702	0.604	69.1	20.3	601.3
35	春优84	22.4	0.864	0.787	0.713	0.607	69.3	20.8	613.2
36	春优84	23.3	0.863	0.785	0.706	0.604	68.4	21.9	610.5
37	春优84	22.6	0.855	0.780	0.715	0.611	68.4	21.1	602.6
38	春优84	23.4	0.861	0.782	0.711	0.599	68.5	20.8	601.7
39	春优84	23.5	0.852	0.785	0.708	0.607	69.3	21.3	607.7
40	春优84	23.2	0.857	0.782	0.707	0.596	68.8	20.8	611.5
41	广两优香66	40.2	0.876	0.799	0.734	0.606	82.4	15.3	814.8
42	广两优香66	41.4	0.878	0.803	0.733	0.613	83.5	15.7	795.4
43	广两优香66	39.5	0.876	0.803	0.730	0.605	82.5	15.5	804.5
44	广两优香66	40.7	0.878	0.810	0.745	0.619	78.6	15.5	800.4
45	广两优香66	40.4	0.882	0.810	0.737	0.617	78.5	15.6	795.8
46	广两优香66	40.3	0.879	0.812	0.741	0.606	79.4	15.5	792.6
47	广两优香66	41.2	0.877	0.811	0.735	0.611	82.4	15.8	803.7
48	广两优香66	40.6	0.880	0.797	0.731	0.605	82.9	15.7	803.4
49	广两优香66	41.1	0.872	0.808	0.732	0.619	81.8	15.5	800.1
50	广两优香66	41.2	0.879	0.807	0.743	0.618	79.6	15.4	793.8

续表

试样	名称	最大电势时间	最大电势	最大振荡幅度	第一波谷电势	最后波峰电势	诱导时间	振荡周期	振荡寿命
51	内5优8015	18.9	0.847	0.763	0.676	0.589	70.9	19.6	543.3
52	内5优8015	19.3	0.845	0.764	0.676	0.584	66.7	20.7	564.0
53	内5优8015	18.6	0.843	0.775	0.689	0.591	70.1	19.5	539.6
54	内5优8015	18.9	0.843	0.774	0.678	0.588	69.0	20.0	567.0
55	内5优8015	19.2	0.844	0.769	0.678	0.581	66.7	20.3	549.9
56	内5优8015	19.9	0.848	0.774	0.673	0.586	70.9	19.7	559.8
57	内5优8015	18.7	0.844	0.776	0.687	0.586	68.2	20.1	550.4
58	内5优8015	17.9	0.844	0.765	0.681	0.588	71.2	20.2	549.6
59	内5优8015	19.1	0.845	0.768	0.676	0.582	69.0	19.7	552.2
60	内5优8015	18.5	0.844	0.771	0.671	0.590	68.2	20.4	539.4
61	深两优5814	26.4	0.864	0.785	0.726	0.638	78.9	17.8	548.1
62	深两优5814	26.4	0.874	0.789	0.725	0.639	78.0	17.1	563.7
63	深两优5814	27.7	0.863	0.782	0.724	0.629	78.9	17.9	543.9
64	深两优5814	27.8	0.858	0.783	0.720	0.627	77.3	17.3	552.4
65	深两优5814	26.1	0.861	0.787	0.725	0.633	77.6	17.8	544.1
66	深两优5814	27.2	0.871	0.781	0.727	0.637	78.8	17.9	557.1
67	深两优5814	26.2	0.872	0.786	0.727	0.638	77.2	18.1	549.8
68	深两优5814	27.3	0.867	0.781	0.722	0.639	78.7	17.8	546.0
69	深两优5814	27.8	0.861	0.783	0.723	0.631	77.7	17.3	552.4
70	深两优5814	26.9	0.863	0.782	0.727	0.634	77.8	17.6	545.2
71	天优998	17.6	0.844	0.772	0.698	0.545	56.4	17.3	919.4
72	天优998	16.4	0.848	0.780	0.696	0.551	55.7	18.8	934.0
73	天优998	15.6	0.843	0.766	0.689	0.546	54.0	18.4	893.1
74	天优998	15.8	0.839	0.771	0.692	0.551	56.5	17.0	890.5
75	天优998	16.5	0.848	0.776	0.694	0.560	58.1	18.6	892.6
76	天优998	16.5	0.841	0.782	0.693	0.552	55.4	18.3	925.1
77	天优998	16.7	0.848	0.777	0.692	0.548	54.6	17.6	893.8
78	天优998	16.2	0.837	0.769	0.682	0.561	56.1	17.2	899.3
79	天优998	17.4	0.848	0.770	0.689	0.547	56.2	18.4	901.0
80	天优998	16.7	0.842	0.773	0.688	0.553	57.8	17.6	924.9
81	天优华占	26.1	0.868	0.782	0.724	0.596	70.2	19.4	1019.6
82	天优华占	24.9	0.865	0.786	0.726	0.597	70.8	19.7	1032.8
83	天优华占	25.6	0.868	0.804	0.719	0.596	67.0	19.9	1010.3
84	天优华占	26.6	0.866	0.794	0.718	0.590	67.2	20.0	1044.5
85	天优华占	25.0	0.868	0.806	0.717	0.590	68.4	20.0	1022.7
86	天优华占	25.3	0.863	0.801	0.723	0.592	70.3	19.7	1036.9
87	天优华占	26.2	0.867	0.792	0.720	0.593	71.2	19.8	1019.4
88	天优华占	25.1	0.868	0.803	0.717	0.602	67.1	20.0	1040.3

续表

试样	名称	最大电势时间	最大电势	最大振荡幅度	第一波谷电势	最后波峰电势	诱导时间	振荡周期	振荡寿命
89	天优华占	25.2	0.866	0.787	0.718	0.597	68.3	19.6	1020.1
90	天优华占	26.3	0.866	0.783	0.726	0.606	68.5	19.7	1016.7
91	五优1号	31.7	0.880	0.800	0.740	0.643	78.3	12.8	740.4
92	五优1号	30.5	0.873	0.793	0.743	0.638	76.6	13.3	736.0
93	五优1号	31.4	0.876	0.794	0.733	0.641	78.1	12.6	721.8
94	五优1号	30.7	0.881	0.806	0.737	0.643	77.8	12.9	734.2
95	五优1号	30.3	0.879	0.797	0.730	0.636	76.5	12.7	732.7
96	五优1号	31.2	0.882	0.802	0.743	0.643	77.2	12.7	732.5
97	五优1号	31.5	0.876	0.791	0.746	0.644	76.4	13.1	733.6
98	五优1号	31.1	0.881	0.792	0.732	0.641	77.6	12.6	723.5
99	五优1号	30.8	0.880	0.802	0.737	0.639	78.2	12.7	730.4
100	五优1号	30.2	0.872	0.798	0.738	0.637	76.9	12.4	728.8
101	五优308	119.5	0.834	0.772	0.739	0.626	154.4	9.8	684.1
102	五优308	122.5	0.842	0.787	0.746	0.636	152.2	10.0	701.7
103	五优308	122.9	0.834	0.791	0.757	0.630	151.0	10.0	686.1
104	五优308	122.2	0.835	0.785	0.741	0.626	156.5	9.8	698.5
105	五优308	121.2	0.843	0.794	0.744	0.638	154.3	10.1	696.1
106	五优308	118.4	0.834	0.781	0.744	0.633	157.1	9.9	682.3
107	五优308	121.2	0.842	0.787	0.741	0.632	153.8	10.0	697.6
108	五优308	123.1	0.834	0.793	0.752	0.630	151.9	10.1	685.6
109	五优308	122.8	0.835	0.787	0.748	0.629	152.3	9.8	691.5
110	五优308	121.7	0.843	0.790	0.741	0.631	154.6	10.1	695.7
111	扬两优6号	20.4	0.865	0.787	0.705	0.578	70.0	24.5	853.0
112	扬两优6号	20.6	0.862	0.784	0.703	0.597	70.9	24.4	841.7
113	扬两优6号	20.5	0.865	0.788	0.717	0.596	67.7	24.2	839.0
114	扬两优6号	20.4	0.862	0.781	0.695	0.589	72.4	24.6	844.8
115	扬两优6号	20.1	0.865	0.786	0.713	0.589	66.9	24.9	843.1
116	扬两优6号	19.8	0.862	0.781	0.705	0.597	68.9	24.1	846.2
117	扬两优6号	20.5	0.863	0.787	0.699	0.596	70.2	24.4	841.5
118	扬两优6号	20.4	0.865	0.787	0.713	0.591	70.8	24.2	853.5
119	扬两优6号	19.9	0.862	0.783	0.714	0.589	68.9	24.6	838.1
120	扬两优6号	20.1	0.866	0.787	0.717	0.582	72.7	24.8	852.0
121	甬优9号	70.8	0.871	0.817	0.759	0.681	113.1	11.8	483.7
122	甬优9号	69.4	0.881	0.805	0.761	0.679	111.4	12.0	495.4
123	甬优9号	66.9	0.873	0.812	0.755	0.673	103.9	11.7	502.2
124	甬优9号	69.0	0.875	0.813	0.752	0.677	106.0	11.5	497.0
125	甬优9号	66.7	0.875	0.810	0.747	0.679	105.1	11.5	462.1
126	甬优9号	70.2	0.882	0.813	0.760	0.679	103.9	11.8	492.1

试样	名称	最大电势时间	最大电势	最大振荡幅度	第一波谷电势	最后波峰电势	诱导时间	振荡周期	振荡寿命
127	甬优9号	69.7	0.873	0.815	0.754	0.674	106.2	12.4	458.2
128	甬优9号	69.2	0.874	0.813	0.752	0.679	105.1	11.7	495.3
129	甬优9号	67.8	0.875	0.808	0.751	0.675	111.1	11.9	483.9
130	甬优9号	67.1	0.877	0.812	0.757	0.682	108.3	11.2	491.2
131	甬优10号	56.2	0.875	0.792	0.729	0.678	113.3	11.4	386.2
132	甬优10号	60.0	0.874	0.795	0.735	0.681	112.8	10.9	371.4
133	甬优10号	59.2	0.874	0.784	0.731	0.677	115.5	11.2	362.1
134	甬优10号	57.9	0.877	0.794	0.730	0.682	115.1	11.0	368.9
135	甬优10号	58.6	0.874	0.785	0.729	0.681	112.5	11.3	376.3
136	甬优10号	60.2	0.875	0.784	0.732	0.679	111.1	10.9	372.3
137	甬优10号	59.3	0.869	0.794	0.733	0.672	112.2	11.2	374.5
138	甬优10号	57.2	0.877	0.785	0.727	0.680	114.5	11.3	385.7
139	甬优10号	58.1	0.871	0.792	0.728	0.677	112.9	11.1	366.7
140	甬优10号	57.8	0.872	0.795	0.731	0.679	115.2	11.2	371.1
141	甬优15号	30.7	0.889	0.796	0.734	0.665	89.7	18.1	625.3
142	甬优15号	29.2	0.888	0.789	0.736	0.668	89.2	18.8	623.5
143	甬优15号	32.3	0.883	0.789	0.736	0.664	92.9	17.3	632.3
144	甬优15号	31.6	0.885	0.789	0.735	0.667	91.1	17.6	645.8
145	甬优15号	31.9	0.882	0.784	0.738	0.660	92.8	18.6	627.2
146	甬优15号	31.8	0.883	0.789	0.729	0.671	91.3	18.2	643.4
147	甬优15号	30.4	0.885	0.790	0.731	0.669	89.7	18.8	628.1
148	甬优15号	31.2	0.882	0.789	0.736	0.662	89.5	19.1	626.7
149	甬优15号	32.1	0.889	0.787	0.735	0.661	91.9	17.8	636.0
150	甬优15号	31.2	0.888	0.792	0.737	0.665	92.6	17.7	625.5
151	株两优02	20.6	0.864	0.786	0.725	0.575	74.1	15.4	921.1
152	株两优02	20.7	0.859	0.790	0.714	0.584	72.0	15.4	920.6
153	株两优02	20.6	0.864	0.782	0.717	0.600	76.5	14.5	915.5
154	株两优02	18.8	0.860	0.779	0.714	0.586	76.9	15.8	936.7
155	株两优02	19.8	0.867	0.791	0.720	0.601	73.9	15.2	917.9
156	株两优02	19.8	0.860	0.790	0.714	0.586	74.1	15.4	922.7
157	株两优02	20.6	0.867	0.782	0.725	0.575	72.0	14.5	911.0
158	株两优02	20.7	0.864	0.779	0.717	0.586	76.5	15.8	936.3
159	株两优02	20.7	0.859	0.791	0.714	0.601	76.9	15.2	920.9
160	株两优02	20.6	0.859	0.786	0.720	0.584	73.9	15.4	920.9
161	玉香米	22.2	0.872	0.793	0.710	0.582	62.4	20.7	677.0
162	玉香米	23.3	0.871	0.789	0.708	0.586	61.3	20.8	676.7
163	玉香米	21.4	0.869	0.792	0.706	0.586	62.0	19.9	681.9

续表

试样	名称	最大电势时间	最大电势	最大振荡幅度	第一波谷电势	最后波峰电势	诱导时间	振荡周期	振荡寿命
164	玉香米	22.4	0.867	0.795	0.709	0.582	62.8	19.5	688.8
165	玉香米	21.5	0.868	0.789	0.708	0.587	62.5	19.6	687.5
166	玉香米	22.6	0.871	0.793	0.711	0.580	62.3	20.4	686.9
167	玉香米	23.1	0.870	0.799	0.707	0.587	61.3	20.3	678.7
168	玉香米	21.7	0.869	0.791	0.705	0.581	62.2	19.9	683.1
169	玉香米	22.4	0.870	0.792	0.709	0.582	62.8	19.7	683.8
170	玉香米	21.3	0.868	0.795	0.708	0.588	63.4	19.8	687.4
171	丝香米	20.7	0.854	0.774	0.703	0.587	64.8	19.0	661.1
172	丝香米	19.5	0.852	0.780	0.700	0.583	61.7	19.4	656.4
173	丝香米	20.4	0.854	0.777	0.703	0.590	62.1	18.8	666.7
174	丝香米	20.3	0.856	0.786	0.704	0.589	63.4	19.5	668.3
175	丝香米	20.3	0.859	0.784	0.705	0.582	64.2	19.2	662.5
176	丝香米	19.8	0.857	0.781	0.708	0.584	62.8	19.3	655.3
177	丝香米	20.1	0.851	0.778	0.703	0.591	62.5	18.9	664.7
178	丝香米	20.3	0.856	0.782	0.706	0.588	62.7	19.2	666.5
179	丝香米	20.8	0.853	0.781	0.707	0.586	63.8	19.1	665.4
180	丝香米	20.9	0.854	0.776	0.703	0.587	64.2	19.0	663.6
181	百香米	22.0	0.866	0.790	0.708	0.587	68.6	21.9	702.3
182	百香米	22.2	0.865	0.794	0.709	0.592	67.7	22.5	704.8
183	百香米	22.5	0.869	0.797	0.711	0.591	69.1	22.0	716.3
184	百香米	22.1	0.867	0.789	0.707	0.587	68.7	21.8	706.3
185	百香米	22.4	0.867	0.793	0.708	0.592	67.8	22.4	706.1
186	百香米	22.2	0.868	0.788	0.712	0.591	69.4	22.3	715.6
187	百香米	22.3	0.864	0.791	0.706	0.587	69.6	21.7	714.7
188	百香米	21.9	0.863	0.799	0.710	0.592	68.2	22.3	707.4
189	百香米	22.5	0.867	0.796	0.712	0.591	68.1	22.2	712.8
190	百香米	22.3	0.866	0.795	0.708	0.592	67.9	22.5	709.4

解：将数据存为 riceseeds.xlsx。

```
x = xlsread('riceseeds.xlsx','Sheet1','C3:J192');  %加载数据,赋给 x 矩阵
Cn=size(x,1)/10;                    %样品类别数
t=[ones(10,1),zeros(10,Cn-1)];      %前5个样本类别构造第一类
for i=1:Cn-2                        %添加中间17类样本分类
t=[t;zeros(10,i),ones(10,1),zeros(10,Cn-1-i)];
end
t=[t;zeros(10,Cn-1),ones(10,1)];    %添加最后5个样本分类
net = patternnet(16);              %返回前馈网络,隐藏层节点数为2倍特征变量
```

```
net = train(net, x', t');        %根据试样类别训练网络, 查看用 view(net)。
y = net(x');                      %预测标样或试样
perf = perform(net, t', y)        %性能函数, 验证预测误差
classes = vec2ind(y)              %将向量变换为标号, 给出标样或试样的类别
```

将上述程序复制到 Matlab 命令窗口, 运行结果为:

perf =

  6.5034e-06

classes =

```
 1  1  1  1  1  1  1  1  1  1  2  2  2  2  2  2  2  2  2  2
 3  3  3  3  3  3  3  3  3  3  4  4  4  4  4  4  4  4  4  4
 5  5  5  5  5  5  5  5  5  5  6  6  6  6  6  6  6  6  6  6
 7  7  7  7  7  7  7  7  7  7  8  8  8  8  8  8  8  8  8  8
 9  9  9  9  9  9  9  9  9  9  10 10 10 10 10 10 10 10 10 10
 11 11 11 11 11 11 11 11 11 11 12 12 12 12 12 12 12 12 12 12
 13 13 13 13 13 13 13 13 13 13 14 14 14 14 14 14 14 14 14 14
 15 15 15 15 15 15 15 15 15 15 16 16 16 16 16 16 16 16 16 16
 17 17 17 17 17 17 17 17 17 17 18 18 18 18 18 18 18 18 18 18
 19 19 19 19 19 19 19 19 19 19
```

可见, 所得前馈神经网络的误差很小, 训练结果分类完全正确。

4.5.4 波谱解析与结构分析*

波谱解析就是利用波谱信息与物质结构和品种的相关关系解析物质结构和确认物质品种的方法。常用的波谱解析方法有解析法和检索法。

解析法是根据波谱谱图特征归属判断化合物分子结构或晶体结构的方法。常用波谱有紫外、红外、核磁吸收波谱、质谱及色谱, 它们都能够反映物质的指纹特征。波谱和质谱与物质结构相关, 可用于纯物质结构分析和混合物产品鉴定。色谱和质谱与试样组分种类及相对含量相关, 可用于样本组成鉴定和中药、食品等产品鉴别。

用解析法进行物质结构分析, 需要掌握波谱产生机理和波谱特征与物质结构的关系, 既要采用恰当的解析策略, 综合利用多种波谱信息相互配合和印证, 还需在实践中不断积累解析经验。

检索法是将指纹图谱编码压缩并编制谱线索引及产品索引, 根据样品谱图编码检索数据库找出相似图谱并给出相似度, 最后由人工判断样本种类的方法。检索法对解析经验和波谱知识要求较低, 但对于新物质或新品种的波谱解析有局限性。

将专业知识、数据库技术及人工智能软件结合解析波谱特征并确定样本结构或类别的综合平台称为专家系统, 是波谱解析的发展趋势。

本概论性课程不再深入讨论具体的波谱解析理论, 有兴趣的同学可以参阅有关波谱解析专著。

4.6 分析结果的处理

分析结果的处理包括分析质量评价、分析质量控制、分析检测报告和分析信息共享等。

4.6.1 分析质量评价

分析质量是指分析结果的可靠性,包括可比性和溯源性,对科学研究或生产实践具有重要意义,可用精密度和准确度评价。

〔1〕可比性与精密度

可比性是指在统一计量单位的基础上,无论在何时、何地,采用何种方法,使用何种仪器,由何人测量,只要符合有关分析要求,其分析结果就应在给定的区间内具有一致性。测量结果应是可重复、可再现、可比较的,不同人员、不同实验室及不同时间的分析结果具有一致性,使国际间、区域间、行业间所得分析结果可以相互比较,测量值是确实可靠的,否则分析结果就失去了其实用意义。

可比性可用精密度来评价。精密度是指在规定的测试条件下,同一个均匀样品,多次取样测定所得结果之间的接近程度。精密度分为平行性精密度、重复性精密度、中间精密度和再现性精密度。平行性精密度是指在相同条件下,由一个分析人员同一时间内平行测定多次所得结果的精密度;重复性精密度是指在相同条件下,由一个分析人员在不同时间重复测定多次所得结果的精密度;中间精密度是指在同一个实验室,由不同分析人员于不同时间用不同分析仪器测定多次所得结果的精密度(内检精密度);再现性精密度是指在不同实验室,由不同分析人员重复测定多次所得结果的精密度(外检精密度)。

精密度一般用相对标准偏差或置信限(标准不确定度或扩展不确定度)衡量,常用 F 检验法进行比较。精密度决定于实验过程中随机误差的大小,与测定次数或自由度有关,测量精密度通常要求样品重复测量6次或在规定范围内制备3个不同浓度的样品各测定3次。

精密度反映了正常测定条件下平行或重复测定结果的再现程度,或不同方法、不同人员、不同实验室及不同时间等分析结果的一致性或可比性。

〔2〕溯源性与准确度

溯源性是指测量值通过具有规定不确定度的连续比较链与测量基准联系起来,使所有的同种量值都可以按这条比较链通过校准向测量的源头追溯,溯源到同一测量基准(国家基准或国际基准)的特性。分析结果应具有溯源性,否则,分析测量值处于多源或多头,必然会在技术上和管理上造成混乱。溯源性是国际间相互承认测量结果的前提条件,分析测试工作应满足国际规范要求,分析报告应包含溯源性和测量不确定度信息。

溯源性可用准确度来评价。准确度是指用测定值与真实值接近的程度,可用测定值与理论值、约定值或标准值等参考量值的误差来衡量,常用标准物质对照实验和标准方法对照实验来检定或校准,检定体系实现量值传递,溯源体系实现量值校准,使测量值的传递性和溯源性得到技术保证。

　　用于检测的所有分析仪器以及对检测结果的准确性和有效性有显著影响的辅助设备(例如用于测量环境条件的设备),在投入使用前都应经过测量溯源程序进行校准或计量检定,以保证检测设备能有效地溯源到国际单位基准。当测量无法溯源到SI单位时,要求测量能够溯源到有证标准物质(参考物质)、约定的方法或商定的检测标准,或能够通过实验室间比对或能力验证。

　　准确度反映了分析结果测量值与理论值、约定值或标准值等参考量值的一致性或溯源性。

　　必须指出,只有在分析试样具有完整性或代表性的前提下,分析结果的精密度和准确度才有实际意义。

　　总之,精密准确的分析结果具有可比性和溯源性,或具有可靠性和权威性,可以作为科学实践依据或法律仲裁依据。

4.6.2 分析质量控制

　　分析质量既决定于分析试样、分析方法、分析仪器、分析试剂和分析人员,也决定于分析环境、分析过程和管理措施。在进行任何一项分析测量时,只要其中一个环节发生了问题,就一定会影响到分析结果的准确性,不可避免地产生测定误差。为了把所有误差减少到预期水平,需要采取一系列减小误差的措施,对整个分析过程进行质量控制,以确保分析结果准确可靠。

　　质量保证(Quality Assurance)就是在影响数据准确性的各个方面采取一系列的有效措施,将误差控制在一定的允许范围内的过程,是一个全面的质量管理体系,包括试样质量控制、方法质量控制、仪器质量控制、环境质量控制、过程质量控制、内部质量控制和外部质量控制。

〔1〕试样质量控制

　　试样的质量控制包括样品采集、样品处理、运输以及储存的质量控制。必须保证采样的合理性、代表性和真实性,且样品分析前不能发生物理化学性质上的变化。

　　采样过程中的质量保证一般采用现场空白、运输空白、现场平行样和现场加标样或质控样及设备、材料空白等方法对采样进行跟踪控制,并防止采样器和试样容器污染(防尘、防污、防烟雾),定期对采样器的性能进行检定和校准。

　　样品的包装应坚实、牢固和洁净,应采用适当的运输工具和运输条件运送样品,保持样品状态不变。收样人应认真检查样品的包装和状态。

　　样品接收时要充分考虑到检测方法对样品的技术要求,必要时应编制操作指导书,对样品的数量、重量、形态,以及检测方法对样品的适用性、局限性做出相应的规定。

　　送样数量应视检测项目的具体情况而定,应不少于检测用量的3倍。特殊情况时送样量不足应在委托合同上注明。

　　应对接收的样品进行编号登记,加贴唯一性标识,标识的设计和使用应确保不会在样品或涉及的记录上产生混淆。样品要有清晰牢固的标识,保证不同检测状态和传递过程中样品不被混淆,并注意包装材料和标识对样品造成的潜在污染。样品标识系统应包括样品群组的细节和样品在实验室内部传递过程和向外的传递过程的控制方法。

　　应对接收到的样品进行预处理后混匀,采用适当的方法进行缩分以获取分析样品。分析样品的量一般应满足检测、复查或确证、留样的需要。需要进行测量不确定度评价的样品,应增加分析样品数量。分析样品的制备应在独立区域内进行,使用洁净的制样工具和容器,避免容器渗漏和带入污染物。分析样品应盛装在洁净的塑料袋或惰性容器中,封口,加贴样品标识,将其置于规定的温度环境中保存。

在分析样品制备过程中,应避免混入外来杂质,并防止因挥发、污染等因素改变样品所代表的总体的原始特性。分析样品的制备应确保具有代表性,以有最大的可能性检出分析物的方式处理和加工,并防止样品制备过程中被污染或者丢失分析物。

从制备的分析样品中分取出分析部分,并传递至实验室检测。检测过程中的分析部分应妥善放置,不用时应保持分析部分处于密闭状态并置于规定的温度环境中。应特别注意对检测不稳定项目的分析部分的保护。

样品在实验室内部运输和贮存过程中应相互隔离,并与其他潜在的污染源隔离。在取样、样品传递、贮存及分析过程中,避免外界污染物对样品的污染。

如果被分析物自然存在或者是由样品自身产生,那么低水平的残留就难以与自然含量相区别,报告结果时应考虑这些分析物的自然含量。

〔2〕方法质量控制

分析结果的可靠性主要决定于分析方法的可靠性,实验室应使用适当的检测方法和程序进行检测。所有与实验室检测工作有关的指导书、标准、手册和参考资料应保持现行有效。

（1）选择检测方法的基本原则

A.采用的检测方法应满足要求并适合所进行的检测工作;

B.推荐采用权威方法(国际标准、国家或区域性标准、行业标准);

C.保证采用的标准是最新有效的版本。

（2）选择检测方法的优先顺序

A.客户指定的方法;

B.法律法规规定的标准方法;

C.国际标准、国家(或区域性)标准;

D.行业标准、地方标准、标准化主管部门备案的企业标准;

E.非标准方法、允许偏离的标准方法。

选择检测方法时,在技术条件允许的前提下,应优先选择能同时测定多种成分或适用于多种样品基质的确证的检测方法。

（3）非标准方法的制定

实验室需要研制非标准方法时,应经过试验、优化、验证、方法编制、审核和批准程序。

实验室应指定具有相应技术资格的人员研制和编制非标准方法,并经过其他技术人员技术验证和审核。

实验室引用权威技术组织发布的方法、科学文献公布的方法、仪器生产厂商提供的参考方法时,应对方法的技术要素进行验证。在引用方法的原文中,对检测结果有影响却未详细叙述的内容,实验室应做出详细说明。

实验室需要研制新方法时,应检索国内外文献,设计技术路线,明确预期达到的目标,制订工作计划,提出书面申请,报经批准。实验室应对建立的新方法进行技术要素的验证。

实验室应将非标准方法的详细操作步骤和规范格式编写成操作指导书,经批准的非标准方法应受控管理,材料应归档保管。

使用非标准方法需征得客户同意。

（4）允许偏离的标准方法

在满足能够保证检测结果准确度的前提下，以下情况发生时，标准方法允许偏离：

A.适当放宽试验条件或者适当简化操作步骤，以便提高方法的效率，并且能够证实这种偏离对结果的影响是在标准允许的范围之内；

B.对标准方法中的某一步骤采用新的技术，提高效率或者提高原标准方法的灵敏度和准确度；

C.由于实验室条件的限制，无法严格按照标准方法中所述的要求进行检测，不得不偏离，但是可以使用标准物质或者参考物质进行对照以抵消条件变化带来影响。

使用允许偏离的标准方法前，需要进行技术要素的验证，编制偏离标准的操作指导书，经审核批准后方可使用。

（5）分析方法的确认

方法确认是验证方法是否符合预期目的的过程。方法确认既是认可体系的要求，实验室内部应进行方法确认，以验证方法的适用性。

分析人员应根据所要求的准确度决定检测方法是否满足预期目的，并应得到相应的确认数据。方法中采用的所有步骤在可能的情况下都应被确认，且测定必须在检测系统校准范围内进行。

标准方法、非标准方法、允许偏离的标准方法在应用于样品检测前，应对方法的性能进行验证。

如果验证发现标准方法中有未能详述但会影响检测结果的操作步骤，应将详细操作步骤编写成操作指导书，经审核批准后作为标准方法的补充。

对于定性检测方法，应当确保能够对一定浓度水平的分析物进行检测。定性方法确认的关键在于其检测水平的能力。对分析物的检测至少要在检出限浓度水平下确保95%的检出正确率，确认的样品应当在方法基质范围中选择。

方法确认时，可以对方法适用的全部基质和分析物进行验证，也可以采用具有代表性的样品基质进行验证。通常，某类样品的个别品种可以代表其他同类样品，但是，当因特殊变异性而使个别样品不同于同类其他样品时，需要对该样品进行单独确认。

方法确认时，应采用加标回收实验确认方法的准确度，因此分析物的加标回收水平应包括方法的检出限和至少另一个较高的浓度水平，通常已知残留参量水平更具有实际的意义。应采用加标回收平行实验确认方法的精密度，同一水平下至少需要5个平行实验测定。

方法确定后应制定分析方法的控制程序，重复多次实验，熟练掌握实验技能和操作条件，确保方法受控。

实验室应明确规定，经考核核准的人员才能进行检测、数据记录、结果计算和校对核准等。

实验室应定期核查方法的时效性，确保实验室使用的方法现行有效。非标准方法和允许偏离的标准方法应经过验证、编制偏离标准的操作指导书，经过审核批准后方可使用。

如果最初的确认程序包括所有分析物和样品基质，之后定期核查就可以通过代表性基质和代表性分析物进行核查。

〔3〕仪器质量控制

分析仪器的检测参数(灵敏度、精密度、准确度、线性度、检测限、选择性和分辨率等)必须满足分析方法的要求。

对检测的准确性或者有效性有显著影响的所有设备,包括辅助测量设备、器具,在投入使用之前应进行检定(校准),应根据仪器设备的特性和使用频率制定核查周期。

关键设备(包括校准的参考标准、基准、传递标准以及标准物质/参考物质)需要进行期间核查,做好记录,保持仪器处于良好状态,授权签字人应对组织期间核查的结果进行评审。

仪器设备应标注校准状态标识和使用状态标识。绿色:满足或符合使用要求,标明校准日期和有关参数;黄色:限制使用,要求给出限制范围;红色:停止使用。

应加强仪器的使用管理。要求操作人员按照操作指导书的要求规范操作,严禁超量程使用,大型精密仪器应安排专人专业负责仪器设备的维护保养。校准状态的检测设备的硬件和软件应得到保护,任何人不得进行错误的调整,以免导致检测结果错误。

定容器具特别是重复使用的器具必须彻底清洗。如果条件允许,标准品和提取样品用的玻璃容器应分开使用,避免交叉污染。避免使用过度刮擦或者蚀刻的玻璃容器。所有的玻璃器具、试剂、溶剂和水在使用前都应通过空白实验,检查是否有可能的干扰性污染物。

应正确使用校准因子。当校准产生一组修正因子时,应确保其所有备份(包括测量软件)得到正确更新。

〔4〕环境质量控制

实验环境条件对仪器设备使用、仪器精度和测试结果影响较大,因此必须对实验室的环境条件进行确认和控制,使实验室环境条件满足检测工作的需要。应采取措施确保实验室的环境温度、湿度、粉尘、振动、辐射、电流电压等内务良好。应对影响化学分析检测质量的区域加以控制,限制进入或使用上述区域,并根据其特定情况确定控制的程度。应将不相容活动的相邻区域进行有效隔离,防止污染源的带入。

化学分析、试样制备及前处理等场所应具有采光良好、有效通风和适宜的室内温度,应采取相应的措施防止溅出物或挥发物引起的交叉污染。样品、标准品、试剂存放区应满足其所需的保存条件,在冷藏和冷冻区域保存时,应定期对温度进行监控并做好记录。当需要在实验室外部场所进行取样或检测时,要特别注意工作环境条件,并做好现场记录。相关的规范、方法和程序对环境条件有要求,或者环境条件对检测结果质量有影响时,应监测、控制和记录环境条件。

痕量分析与常量分析必须分别在独立的房间进行,使用完全独立的实验室设施。避免常量分析对痕量分析的污染,产生假阳性、假阴性结果或检测灵敏度降低。对于实验室内部或附近的有害生物进行控制时,必须使用那些被认为不会对检测产生影响的药物。

〔5〕过程质量控制

过程质量控制主要包括准备过程质量控制、试样制备过程质量控制、分析检测过程质量控制、原始记录过程质量控制和数据处理过程质量控制。

(1)准备工作过程质量控制

A.核对样品标签、检测项目和相应的检测方法;

B.按检测方法的要求准备仪器和量器,使用符合分析要求的药品,按检测方法配制试剂和标准溶液等;

C.检查检测现场清洁、温度、湿度等可能影响测试质量的环境条件;

D.采用规范的原始记录表。

(2)试样制备过程质量控制

确保样品在制备过程中不损失,不被污染。

(3)分析检测过程质量控制

检测过程需按检测方法和操作指导书操作,当测试过程出现异常现象时应详细记录并及时采取措施处置。

需要时,随同样品测试做空白试验、标准物质测试和控制样品的回收率试验。

常规样品的检测至少应做双实验。样品的有效成分测定、常量分析、新开项目、复测或疑难项目的检测应做双试验或多试验。做单试验的样品和项目需评估后才可进行。

(4)原始记录过程质量控制

检测人员应在原始记录表上如实记录测试情况及结果,字迹清楚,划改规范,保证记录的原始性、真实性、准确性和完整性。

原始记录及计算结果由检测人员自校、审核人员复核和授权签字人审核。

(5)数据处理过程质量控制

检测人员对检测方法中的计算公式应理解正确,保证检测数据的计算和转换不出差错,计算结果应进行自校和复核。如果检测结果用回收率进行校准,应在最终结果中明确说明并描述校准公式。

检测结果的有效位数应与检测方法的规定相符,计算过程所得数据应多保留一位安全数字。检测结果应使用法定计量单位。

〔6〕内部质量控制

常用内部质量控制方法有随试样检测质量控制样品、绘制质量控制图和进行对照试验等方法。

(1)随试样检测质量控制样品

每一次试样检测都同时检测质量控制样品以控制试样检测质量,包括空白试验和样品、实物标样或添加样品检测。

A.随样品检测同时进行空白试验

a)若空白值在控制限内,则可忽略不计;

b)若空白值比较稳定,则可重复测定空白值10次以上,计算出空白值的平均值,在样品测定值中扣除;

c)若空白试验显示超过正常值,则表明测试过程有严重污染,样品测定结果不可靠。

B.随样品检测同时进行的控制样品测试

a)选择与被测样品基质相同或者相近的实物标样作为控制样品,或者采用添加样品作为控制样品;

b)控制样品中分析物的含量应与被测样品相近,若被测样品为未检出,则控制样品中分析物含量应在方法检出限(或定量限)附近;

c)控制样品测定结果的回收率应符合要求。

（2）绘制质量控制图

绘制测定结果随测定顺序的散点图及趋势线($\bar{x}$)、警告线($\bar{x} \pm 2s$)和行动线($\bar{x} \pm 3s$),考察结果的稳定性、系统偏差及其趋势,及时发现异常现象。

（3）对照试验

实验室应根据实际工作的需要制订内部对照试验计划,计划应尽可能覆盖所有常规项目和全体检测人员,应将对照试验的结果进行汇总、分析和评价,判断是否满足对检测有效性和结果准确性的质量控制要求,采取相应的改进措施。

对照试验的具体方式:

①使用标准物质或实物标样对照;

②保留样品的重复试验;

③不同人员用相同方法对同一样品的测试;

④不同方法对同一样品的测试;

⑤某样品不同特性结果的相关性分析。

〔7〕外部质量控制

实验室应参加国内外实验室认可机构组织的能力验证活动和实验室主管机构组织的比对活动,参加国际间、国内同行间的实验室比对试验。

外部质量控制活动一般包括:

①中国合格评定国家认可中心(CNAS),亚太地区实验室认可协会(APLAC)等实验室认可机构组织的能力验证;

②国际专业技术协会组织的协同试验;

③国内行业主管部门组织的能力验证;

④能力验证提供者组织的能力验证试验;

⑤与其他同行实验室进行分割样品(子样)的对照试验;

⑥与其他同行实验室进行标准溶液的对照试验。

实验室应完成试验并及时递交试验结果和相关记录。应根据外部评审、能力验证、考核、对照等结果来评估实验室的工作质量并采取相应的改进措施。

总之,为了保证获得高质量的分析结果,应有完善的组织机构、科学的程序管理、严格的过程控制和合理的资源配置,对可能影响结果的各种因素和测量环节进行全面的控制。

4.6.3 分析检测报告

分析检测结果应准确、清晰、明确、客观地做出书面报告。

检测报告的内容应符合检测方法中规定的要求和相关法律、法规的要求。应掌握分析报告的编制方法和格式,尽量降低被误解或误用的可能性。

分析检测报告一般应包含下列信息：

①检测报告的标题。

②实验室/检测站的名称和地址。

③检测报告的唯一性编号，每一页的标识及结束标识(或页码/总页码)。

④客户名称和地址。

⑤检测样品描述、状态、标识。

⑥样品接收日期及检测日期。

⑦采样信息，包括采样日期、采集产品的清晰标识、采样计划和程序、采样过程中的环境条件、采样方法(如有必要)。

⑧检测结果(带有测量单位)。

⑨报告批准人的姓名、职务、签字或等效标识。

⑩相关时，检测结果仅与被测样品有关的声明。

⑪所用检测方法，包括标准号、颁布号、第几法。

⑫对检测方法的偏离、增删以及特殊条件的说明(如环境条件等)。

⑬需要时给出符合/不符合要求或规范(标准)的结论或声明(相关时)。

⑭评定测量不确定度的声明，不确定度信息(适用时)。

⑮需要时给出意见和解释，一般包括结果符合/不符合要求的意见、履行合同(委托书)内容及要求、理解及使用检测结果的建议和用于改进的指导性建议。给出的意见和解释应有文件性依据，应将意见和解释的依据文件化，并应将这部分内容与检测结果分别标注。如口头提供意见和解释，也应将有关内容记录存档。

⑯特定方法、客户、客户群体或有关部门要求的附加信息。

当检测报告发出后需要补充内容时，应编制补充报告，并且补充报告应有唯一性标识。

4.6.4 分析信息共享

除涉及隐私情况需要保密以外，通常分析信息应该公开共享。分析信息共享是基于网络的资源分享，通过一些组织机构部门的共享网络平台将自有检测资源或分析信息公开共享给其他部门或社会大众，为科研创新、产品研发、质量评定、综合利用、政府决策、消费选择及社会安定等提供检测资讯。分析信息共享的关键是分析信息的入库及分析信息的预警。

分析信息入库就是将分析信息分类录入分析信息数据库，是分析信息共享的基础。分析信息数据库可分为分析文献数据库、标准方法数据库、标准物质信息库、标准谱图数据库、专家系统数据库、食品安全数据库、农药残留数据库、药物成分数据库、疾病诊断数据库、人发成分数据库、血液成分数据库、尿液成分数据库、环境背景值数据库和环境监测数据库，等等。

例如，分析文献数据库主要有SCI科学引文数据库、STN科学技术网络数据库、DIALOG在线信息库等。SCI是全球最权威的自然科学引文数据库，目前收录8200余种国际性、高影响力的学术期刊：http://www.webofknowledge.com/。STN是由美国化学文摘社CAS、德国卡尔斯鲁厄专业信息中心FIZ-Karlsruhe和日本科技情报中心JST合作经营的跨国网络数据库，提供科技信息在线检索服务：https://stnweb.cas.org/。DIALOG是目前世界上最大的国际联机情报检索系统，覆盖各行业的900多个数据库：http://www.dialog.com。

再如,标准图谱数据库主要有Sadtler光谱数据库和SDBS有机化合物谱图库等,是定性鉴别、波谱解析和结构分析的重要数据库。Sadtler光谱数据库是世界上最大的商业谱图数据库,包括红外光谱、拉曼光谱、核磁共振光谱、近红外光谱、质谱、紫外–可见光谱及气相色谱数据库,其网址为http://www.bio-rad.com/en-us/spectroscopy。SDBS有机化合物谱图库是由日本国立高级工业科学与技术研究院建立和提供的可免费查询的谱图数据库,包括EI-MS、FT-IR、1H NMR、13C NMR、Raman和ESR,其网址为http://www.aist.go.jp/RIODB/SDBS/。

目前我国共享的分析信息库主要有中国知网数据库、中国科学院科学数据库、中国检测资源平台和中国科技资源共享网等。

中国知网是由清华大学和清华同方开发的集期刊、博士论文、硕士论文、会议论文、报纸、工具书、年鉴、专利、标准、国学、海外文献资源为一体的、综合网络出版平台:http://www.cnki.net/。

中国科学院科学数据库包括化学、生物、材料、自然资源、生态环境等25个学科数据库:http://www.cas.cn/ky/kycc/kxsjk/。

中国检测资源平台是由国家质检总局和国家认监委牵头,以2万多家检测机构为核心整合建立的检测资源公开共用平台:http://www.testingdb.cn/。

中国科技资源共享网是以研究实验基地和大型科学仪器设备、自然科技资源、科学数据、科技文献等六大领域为基本框架的国家科技基础条件共享平台:http://www.escience.gov.cn/develop/。

分析信息预警是指通过分析监测在灾害、灾难以及其他需要提防的危险发生之前,根据以往总结的规律或观测得到的可能性前兆,向相关部门或社会大众发出紧急信号,报告危险情况,以避免危害在不知情或准备不足的情况下发生,从而最大程度地采取措施以降低危害损失的行为。

预警信息应包括突发公共事件的类别、预警级别、起始时间、可能影响范围、警示事项、应采取的措施和发布机关等。依据突发事件即将造成的危害程度、发展情况和紧迫性等因素,通常将突发事件由低到高划分为一般(IV级)、较大(III级)、严重(II级)、特别严重(I级)四个预警级别,并依次采用蓝色、黄色、橙色和红色来表示。

目前与分析检测有关的信息预警有大气污染信息及预警、水体污染信息及预警、农药残留信息及预警和食品药品安全信息及预警等。

习 题

4-1. 试样的采集原则是什么?

4-2. 有哪几种采样方法? 采样原理是什么?

4-3. 试样制备目的是什么? 试样制备原则是什么?

4-4. 常用制样方法有哪些? 各有何特点或适用范围?

4-5. 分析信号的激发方法有哪些? 其激发原理是什么? 有何作用?

4-6. 紫外–可见吸收光谱是如何产生的?

4-7. 已知丙酮的正己烷溶液的两个吸收峰138 nm和279 nm,分别属于n→π*和π→π*,请计算其能级差。

4-8.吸收光谱法的定性分析和定量分析依据是什么？

4-9.吸收光谱法中参比溶液有什么作用？

4-10.简述色谱的产生原理和过程。

4-11.色谱法的定性依据是什么？色谱法的定量依据是什么？

4-12.简述离子选择性膜电极的组成结构和响应机理。

4-13.电位法的定量分析依据是什么？对指示电极和参比电极有何要求？

4-14.参比电极的作用是什么？

4-15.分析信号的检测方法有哪些？

4-16.光电管的检测原理是什么？它不能检测红外光的原因是什么？

4-17.如何检测吸光度和吸收光谱？

4-18.能否用数字万用表直接检测电池电动势？为什么？

4-19.什么是分析信号的响应关系？有何意义或作用？

4-20.请总结分析科学主要有哪些响应关系，各有何特点或作用？

4-21.线性响应关系的衡量指标有哪些？其意义或作用是什么？

4-22.为什么膜电极对特定离子的响应具有选择性？选择性系数有何意义？

4-23.称取维生素C试样0.0506 g溶于100 mL 5 mmol/L H_2SO_4溶液中，再准确量取此溶液2.00 mL稀释到100 mL，装入1.00 cm吸收池在其最大吸收波长245 nm处测得其吸光度为0.434，吸光系数k_{245nm}=560$(g/L)^{-1} \cdot cm^{-1}$，计算试样中维生素C的含量。(76.6%)

4-24.以气相色谱法分析肉类试样，称取试样3.85 g，用有机溶剂苯取其中的六氯化苯，提取液稀释到1000 mL。取5 μL进样得到六氯化苯的峰面积为428。同时进5 μL六氯化苯的标准样，其浓度为0.0500 μg/mL，得峰面积为586，计算该肉类试样中六氯化苯的含量。(9.49 μg/g)

4-25.用内标法测定乙醛中水分的含量时，用甲醇作内标。称取0.0213 g甲醇加到4.856 g乙醛试样中进行色谱分析，测得水分和甲醇的峰面积分别为150和174，已知水和甲醇的相对校正因子为0.55/0.58，请计算乙醛试样中水分的含量。(0.38%)

4-26.用原子吸收法测定水中镁离子，测得某水样中镁离子的吸光度为0.435，取该水样9.00 mL，加入100 mg/L Mg^{2+}标准溶液1.00 mL，混合后测得其中镁离子的吸光度为0.835。求该水样中镁离子的含量。(9.81 mg/L)

4-27.取10.00 mL含氯离子水样，插入氯离子电极和参比电极，测得电动势为200 mV，加入0.100 mL 0.100 mol/L NaCl标液后电动势为185 mV，再加入10.00 mL纯水测得电动势为202 mV，求水样中氯离子的含量。(1.2×10^{-3} mol/L)

4-28.用离子选择电极测定海水中的Ca^{2+}，由于大量Mg^{2+}存在，会引起测量误差。若海水中含有的Mg^{2+}为1150 μg/mL，含有的Ca^{2+}为450 μg/mL，电极的选择性系数为$K_{Ca^{2+},Mg^{2+}} = 1.4 \times 10^{-2}$，计算用电位分析法测定海水中$Ca^{2+}$浓度时，其方法误差为多大？(已知$M_{Ca^{2+}}$=40.08 g/mol，$M_{Mg^{2+}}$=24.305 g/mol)(6%)

4-29.举例说明分析信号有哪些类型，其表示方法有哪些，有何特点。

4-30.什么是标量、向量或矩阵？何为试样数据矩阵？如何表示？

4-31.简述分析信号的变换方法和作用。

4-32.简述相关分析的方法和作用。

4-33.什么是相关关系？如何衡量？

4-34.什么是主成分？有何特点？什么是主成分分析？有何作用？

4-35.什么是主成分得分和贡献率？如何确定主成分数和主成分变量？

4-36.什么是主成分载荷？有何作用或意义？

4-37.什么是信号校正？信号校正的目的和作用是什么？

4-38.常用信号校正方法有哪些？

4-39.什么叫回归分析？简述回归分析的一般原理和步骤。

4-40.一元线性回归系数有何意义？简述用 Excel 和 Matlab 计算回归系数的方法。

4-41.什么是 P 矩阵法？

4-42.简述主成分回归法和主成分投影法的意义以及 Matlab 实现方法。

4-43.什么是模式识别？其目的是什么？其基本原理是什么？

4-44.什么是特征值和特征向量？简述模式识别特征选择方法。

4-45.什么是相似度？什么是欧氏距离？

4-46.什么是聚类分析？

4-47.什么是判别分析？

4-48.什么是反向误差传输人工神经网络法（BP-ANN）？

4-49.用吸光光度法测定 0.200,0.400,0.600,0.800,1.00 $\mu g/mL$ 磷标液和待测含量磷试液的吸光度分别为 0.158,0.317,0.471,0.625,0.788 和 0.437,请计算吸光度与磷含量的线性相关系数和回归直线方程,预测试液中磷的含量并求出其包含区间。($r^2=0.9999$,$y=0.785x+0.0007$,0.56±0.01 $\mu g/mL$)

4-50.用液相色谱法测定试液中柴胡皂苷 a 的含量,精密吸取待测样品溶液 10.00 μL 及 0.518 mg/mL 柴胡皂苷 a 对照品溶液 1.00,5.00,10.00,15.00 和 20.00μL,注入色谱柱,在标准方法规定的色谱条件下得到柴胡皂苷 a 的色谱峰面积分别为 2000,157.0,939.3,1662.4,2549.7 和 3291.8。请计算柴胡皂苷 a 的色谱峰面积与其进样量的线性相关系数和回归直线方程,求出待测样品溶液中柴胡皂苷 a 的含量及包含区间。($r^2=0.9992$,$y=3189.6x+28.987$,0.62±0.07 mg/mL)

4-51.精密称量黄连药材粉末（过 40 目筛）试样 0.100 g 两份,分别加盐酸-甲醇（1:100）溶液约 45 mL,60 ℃水浴锅中温浸 15 min,超声处理 30 min,冷却至室温,转入 50 mL 容量瓶,其中一份直接加盐酸-甲醇（1:100）溶液至刻度,另一份加入 5.00 mg 小檗碱纯品后再加盐酸-甲醇（1:100）溶液至刻度,分别过滤后再过 0.45 μm 滤膜,取 5 μL 进样分离分析,色谱柱为 C18（4.6 mm×250 mm,5 μm）,流动相为乙腈-0.05 mol 磷酸二氢钠水溶液（磷酸调 pH=2.5）（30:70）,流速 0.8 mL·min^{-1},柱温 30 ℃,检测波长 345 nm。检测得试样中小檗碱峰面积为 5615,试样加标样中小檗碱峰面积为 9192,请计算该黄连药材粉末试样中小檗碱的含量。(7.85%)

4-52.用反相液相色谱法测定芦丁试样中芦丁含量,选取对氨基苯甲酸为内标。准确配制 1.00 mg/mL 浓度的芦丁标准溶液和对氨基苯甲酸标准溶液,移取芦丁标准溶液 5.00 mL 到 25 mL 容量瓶中,加入 2.00 mL 内标溶液,定容,每次进样量 10 μL,得芦丁色谱峰面积与内标物色谱峰面积之比值为 3.58。称量芦丁试样 0.2070 g,定容于 100 mL 容量瓶中,移取 10.00 mL 于 25 mL 容量瓶中,加入 2.00 mL 内标溶液,定容,每次进样量 10 μL,得芦丁色谱峰面积与内标物色谱峰面积之比值为 5.10。请计算芦丁试样中芦丁的含量。(34.4%)

4-53.有一混合样品,含有x_1和x_2两个组分,在260~300 nm之间,每隔5 nm测定一次吸光度,结果为

$$A=[0.254;0.582;0.744;0.704;0.682;0.565;0.416;0.220;0.146]$$

x_1和y_2两组分在各波长下的吸光系数分别为

$$k_{x_1}=[0.001,0.021,0.095,0.223,0.463,0.502,0.408,0.187,0.102]$$

$$k_{x_2}=[0.211,0.475,0.573,0.473,0.342,0.220,0.139,0.087,0.072]$$

请计算样品中x_1和x_2组分的浓度。($x_1=0.6004;x_2=1.1991$)

4-54.在440 nm和545 nm波长检测$KMnO_4$与$K_2Cr_2O_7$混合标液的浓度和吸光度如下表所示,其混合试液的吸光度分别为0.612和0.561,请分别以K矩阵法、P矩阵法和主成分分析法求解该混合试液中$KMnO_4$与$K_2Cr_2O_7$的含量。(2.14 mmol/L,63.6 mmol/L)

序号	c_{Mn}(mmol/L)	c_{Cr}(mmol/L)	A_{440}	A_{545}
1	2.0	30.0	0.313	0.539
2	2.4	60.0	0.603	0.645
3	2.8	30.0	0.311	0.755
4	3.0	30.0	0.313	0.790
5	2.4	30.0	0.320	0.635
6	1.6	75.0	0.710	0.453
7	3.6	30.0	0.336	0.940
8	2.0	60.0	0.555	0.527
9	2.4	75.0	0.720	0.651
10	2.2	75.0	0.710	0.648

4-55.几种中国茶叶的电化学指纹图谱特征参数如下表,请将其分类或聚类。

名称	简称	E_{min}/V	t_{max}/s	E_{max}/V	t_{ind}/s	ΔE_{max}/V	τ_{osc}/s	t_{oe}/s	E_{oe}/V
龙井	LJ	0.331	46.0	0.903	81.4	0.076	11.3	684.2	0.718
版纳银毫	BNYH	0.335	49.1	0.896	89.7	0.077	12.0	822.6	0.705
碧螺春	BLC	0.330	45.2	0.905	93.8	0.082	11.3	794.3	0.706
五峰毛尖	WFMJ	0.318	45.9	0.905	83.8	0.083	10.9	842.2	0.732
都匀毛尖	DYMJ	0.312	40.2	0.896	80.7	0.081	12.8	734.7	0.698
西农毛尖	XNMJ	0.310	44.2	0.894	80.3	0.071	12.8	707.1	0.715
信阳毛尖	XYMJ	0.319	52.0	0.876	91.6	0.088	12.3	725.5	0.701
紫阳毛尖	ZYMJ	0.309	41.1	0.894	83.4	0.081	11.1	923.1	0.709
铁观音	TGY	0.316	40.4	0.894	81.1	0.080	9.8	1127.2	0.667
大红袍	DHP	0.302	37.7	0.891	83.7	0.088	10.5	1172.7	0.664
滇红	DH	0.333	40.2	0.896	95.3	0.076	10.8	1036.0	0.695
金骏眉	JJM	0.301	36.9	0.904	95.7	0.072	8.3	1042.6	0.697
普洱1	PE1	0.320	35.3	0.925	87.7	0.088	8.8	1210.9	0.705

续表

名称	简称	E_{min}/V	t_{max}/s	E_{max}/V	t_{ind}/s	$\Delta E_{max}/V$	τ_{osc}/s	t_{oe}/s	E_{oe}/V
普洱2	PE2	0.338	38.3	0.929	90.4	0.085	8.6	1238.1	0.711
普洱3	PE3	0.336	39.2	0.922	98.7	0.079	8.4	1270.6	0.709
普洱4	PE4	0.346	38.2	0.911	100.0	0.076	8.2	1300.6	0.695
普洱5	PE5	0.342	39.0	0.927	102.6	0.073	8.0	1325.7	0.718

4-56. 用HPLC法测得中药枳实样品中38个枳实样本(12个真实样本,26个市场样本)中5个主要色谱峰的峰面积如下表所示,请鉴别各地市场枳实样本的产地类别。

序号	试样来源	产地	P1	P2	P3	P4	P5
1	真实	江西新余	5212	317	24445	636	1419
2	真实	江西新余	3254	243	19274	374	1080
3	真实	江西清江	9243	279	32835	484	1637
4	真实	江西清江	7144	698	30171	1278	1301
5	真实	四川德阳	1154	9960	4934	24693	146
6	真实	四川德阳	1751	17236	4163	27926	275
7	真实	云南华宁	4159	2165	21921	1808	1038
8	真实	云南华宁	2842	9707	16103	27745	583
9	真实	湖南益阳	3673	510	24431	636	1419
10	真实	湖南益阳	5582	131	22923	137	1211
11	真实	湖南沅江	5947	83	24057	249	1224
12	真实	湖南沅江	6609	109	26251	213	1458
13	西安	江西	2741	13134	8840	8936	1237
14	武汉	江西	6254	807	27313	1866	1287
15	西安	江西	2035	20967	4999	28442	209
16	临沂	江西	2263	22439	5066	34681	147
17	昆明	云南	1633	249	7698	723	378
18	南宁	湖南	6161	103	24246	173	1279
19	桂林	湖南	4569	1489	23844	690	1216
20	沈阳	湖南	6880	3112	16031	1914	1860
21	桂林	湖南	3691	10300	18319	16652	698
22	怀化	湖南	3982	16829	19451	34989	716
23	东莞	湖南	2281	9468	8844	21496	425
24	益阳	湖南	4712	664	25296	758	1054
25	北京	不明	5810	439	28374	864	1571
26	安徽	不明	5590	729	23008	906	1231
27	山西	不明	5007	116	22607	108	1200
28	海口	不明	1857	13080	6871	27269	354
29	哈尔滨	不明	1956	16849	6085	21494	222
30	衡阳	不明	4485	2253	26622	2872	1785

续表

序号	试样来源	产地	P1	P2	P3	P4	P5
31	益阳	不明	4981	50	22254	81	1039
32	郴州	不明	2111	21285	4273	30779	122
33	郴州	不明	7956	121	27389	166	1317
34	诸暨	不明	3813	11838	21331	32036	822
35	西宁	不明	3793	185	9682	318	640
36	新疆	不明	2710	10819	17185	24863	531
37	兰州	不明	2223	11780	12463	28296	478
38	昆明	不明	7746	336	27610	718	1714

4-57.大豆种子试样的化学振荡指纹图谱的特征参数如例4-11所示,请以主成分分析法进行分类或鉴别,并请分析特征变量对主成分的贡献(绘制主成分权重系数图)。

4-58.请用系统聚类法、主成分投影法、偏最小二乘判别法求解例4-14。

4-59.波谱解析或结构分析的方法有哪些?

4-60.分析结果评价的主要指标是什么?什么是可比性和溯源性?

4-61.分析质量控制的关键环节有哪些?各环节质量控制的主要措施是什么?

4-62.分析检测报告一般应包括哪些内容?

4-63.分析信息共享的目的和意义是什么?

4-64.请设计合适的分析方法:

a.植株中微量铁和锰含量的测定;b.土壤中氮磷钾含量的测定;c.污水中 Cr^{3+}、Pb^{2+}、Cd^{2+}、Hg^{2+} 含量的测定;d.饮料中苯甲酸钠防腐剂的测定;e.奶粉中蛋白质含量的测定;f.蔬菜中含氯农药残留分析;g.黄连口服液中黄连碱组分分析;h.食用油品种的鉴别。

4-65.请设计一种新的激发方法和检测方法。

5 分析仪器概论

分析科学是研究试样的化学组成本质、含量及结构分布信息和获取这些信息的最优策略、方法和仪器的科学,其发展过程是一个吸取众多学科特别是新学科的原理、方法和技术形成新分析方法或新分析仪器的过程,分析仪器的基本构造、典型系统及应用和发展趋势是分析科学课程的重要内容。

5.1 分析仪器的基本构造

分析方法的多样性决定了分析仪器也具有多样性,现代分析仪器原理多样、构造复杂、自动化智能化程度等差别很大,但各种分析仪器的基本组成也具有共通性。现代分析仪器一般由进样器、装样器、激发源、检测器和信息站构成,如图5-1所示。

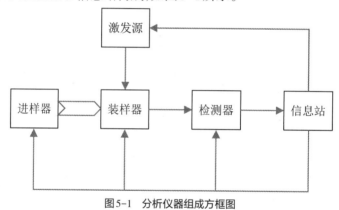

图5-1 分析仪器组成方框图

5.1.1 进样器

进样器是将分析试样或试剂引进或置于装样器的装置。常用进样器有移液器、注射器、六通阀、注射泵、蠕动泵、气动泵和顶空器等。

移液器又称移液枪,如图5-2所示,是一种用于定量转移液体的仪器。移液器有手动移液器和电动移液器、单道移液器和多道移液器,以及固定移液器和可调移液器,容积规格为0.1 μL~5mL,精密度或准确度为0.5%~1%,能够满足常规分析需要,操作简便,价格便宜,应用非常广泛。例如,电位分析仪常用移液器将试样定量加入样品池(小烧杯),石墨炉原子吸收光谱仪常用移液器将液体试样加入石墨管中。

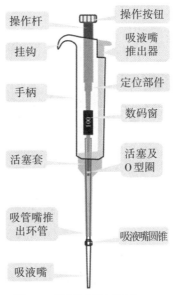

操作杆　　操作按钮

挂钩　　吸液嘴
推出器

手柄　　定位部件

数码窗

活塞套　　活塞及
O型圈

吸管嘴推
出环管　　吸液嘴圆锥

吸液嘴

图5-2　移液器构造示意图

　　注射器也有手动注射进样器和自动注射进样器。色谱仪器中,常用微量注射器手动将微量定量气体或液体通过隔膜定量注入气相色谱柱或液相色谱六通阀定量环内。自动注射进样器由于重现性好和自动化程度高,因此应用日益广泛。自动注射进样器由注射器和步进电机及其控制器构成,具有往复移动的丝杆、螺母,因此也称为丝杆泵或注射泵,螺母与注射器的活塞相连,吸入或排出试液,实现平稳无脉动的高精度进样,如图5-3所示,有圆盘构型和三轴构型,其结构十分复杂,因此价格特别昂贵。

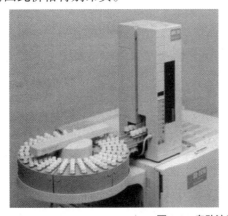
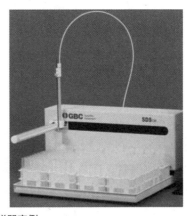

图5-3　自动注射进样器实例

　　六通阀是由圆形密封垫(转子)和固定底座(定子)组成的进样器,六通管固定在定子上,转子上有三个槽口,转子槽口位置由手柄或电机控制,可来回转动60度。如图5-4所示,转子位于取样(Load)位置时,样品从进样孔注射进定量环,定量环充满后,多余样品从放空孔排出;转子转动至进样(Inject)位置时,阀与液相流路接通,由泵输送的流动相或载流液冲洗定量环,推动样品进入装样器、色谱柱、扩散器、反应器或检测器。

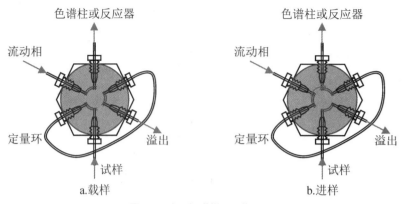

图5-4 六通阀进样器工作原理

蠕动泵由弹性泵管、层状压盖、调压螺丝、蠕动泵头及驱动电机五部分组成,如图5-5所示,由电机驱动滚轮(辊子)交替挤压和释放软管,就像用两根手指夹挤软管一样,随着滚轮(转子)的移动,管内形成负压,使试液在软管中移动,在两个滚轮之间的一段流体呈"枕"形,枕的体积取决于泵管的内径和滚轮的几何特征。流量取决于泵头的转速与枕的尺寸和转子每转一圈产生的枕的个数之乘积。产生较大枕体积的泵,其转子每转一圈所输送的流体体积也较大,但产生的脉动也较大。产生较小枕体积的泵,快速、连续地形成的小枕的流动较为平稳。

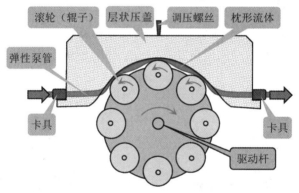

图5-5 蠕动泵构造原理

气动泵是指利用载气、助燃气或雾化气等气体,通过共轴喷嘴产生负压将试液吸入雾化器、原子化器、离子化器、等离子炬等。例如,电喷雾离子化质谱,试样组分通过毛细管与其外层同轴套管中的辅助电离液被雾化气带入雾化器产生带电雾化液珠,带电雾珠被干燥气热气流蒸发干燥,在喷雾口与质谱样品引入口之间施加的负高压电场(-4 kV)作用下,液珠表面电荷密度越来越大,产生静电排斥作用使液珠爆炸破裂,荷电小液珠进一步蒸发破碎,直至形成含有单个或多个电荷的单个分子离子,然后离子流通过毛细管进入真空电磁系统进行分离分析,如图5-6所示。又如火焰原子吸收光谱仪,用助燃气抽吸试液进入雾化器和原子化器。再如,等离子体发射光谱仪和原子荧光光谱仪,也用辅助气体将试液直接喷雾进样。

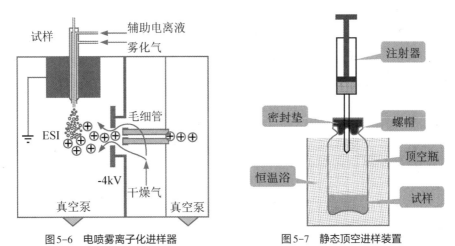

图5-6 电喷雾离子化进样器　　　　图5-7 静态顶空进样装置

　　顶空进样器是由密闭容器、加热器和取样针组成的挥发性物质进样装置,如图5-7所示。在气相色谱仪中用于分析挥发性组分进样,其原理是将待测样品置入一密闭的容器中,通过加热升温使挥发性组分从样品基体中挥发出来,在气液(或气固)两相中达到平衡,直接抽取顶部气体进行分析,从而检验样品中挥发性组分的成分和含量。使用顶空进样技术可以免除冗长烦琐的样品前处理过程,避免有机溶剂对分析造成的干扰,减少对色谱柱及进样口的污染。

　　应该指出,紫外可见光谱仪、分子荧光光谱仪、化学发光光谱仪等常将液体样品手动注入透光样品池,并利用池架拉杆置入检测光路;红外光谱仪常用试样薄膜夹或压片夹将薄膜样品,或透明KBr压片样品手动置入检测光路。

　　还应指出,有些现场分析仪器不需进样器,只需将检测器置入分析对象中进行直接检测即可。

5.1.2 装样器

　　装样器是盛装分析试样或控制其排布、形状、厚度、浓度、用量或位置以便激发和检测分析信号的装置。根据样品的物理形态分为液体装样器、固体装样器和气体装样器。

　　液体装样器是容纳液体样品的装置,又称为样品池,常用的有吸收池(比色杯)、荧光池、流通池、可拆池、样品管、原电池、电解池、电导池等,如图5-8所示。吸收池只有一个对面(入射面和透射面)透光,分为紫外吸收池(石英吸收池)、可见吸收池(玻璃吸收池或玻璃比色杯)、红外吸收池(由透射红外光的KBr等盐片与空心聚四氟乙烯间隔薄片与池架构成),分别适用于紫外、可见或红外吸收光谱法装样。荧光池通常为四面透光的石英玻璃杯,适用于荧光分析法装样。流通池是可流通样品进行动态分析的样品池,常用于流控分析和色谱流出组分分析。可拆池是指在红外光谱分析中常用的液体吸收池,其池窗是可拆卸的,以便保护窗片防止吸潮损坏和便于更换不同厚度的间隔片。样品管通常为壁厚均匀同轴的玻璃管,适用于核磁共振法装样。原电池由玻璃杯或塑料杯与指示电极和参比电极构成,适用于电位分析装样。电解池由玻璃杯与工作电极、参比电极和辅助电极构成,适用于伏安分析装样。电导池由玻璃或塑料杯与电导电极构成,适用于电导分析法装样。

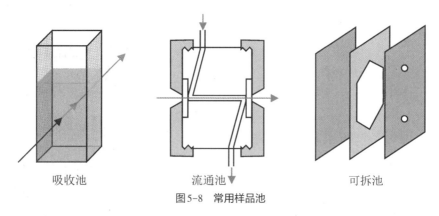

吸收池　　　　　　流通池　　　　　　可拆池

图5-8　常用样品池

气体装样器是容纳气体样品的装置,常用的有气体样品室、气体池、燃烧器、石墨炉、等离子炬管等。

固体装样器是容纳固体样品的装置,常用的有压片夹、薄膜夹、油糊夹、样品夹和载玻片等。

5.1.3　激发源

激发源又称激励源,提供与试样组分发生作用产生分析信号所需的能源,包括辐射能、电场能、磁场能、机械能、势能、动能、核能或化学能等。常用的激发源有光源、电源、磁源、热源、色谱柱与洗脱剂、指示电极、化学试剂和生化试剂等。

光源用于提供具有一定能量或波长的电磁波,与试样作用产生分析信号。常用辐射光源大多为电光源,可分为线光源、连续光源及调制光源三大类。线光源是提供特定波长(单色光、激光或窄带光)的光源(发射几条不连续谱线)。常用线光源有空心阴极灯(空心阴极辐射元素电子能级跃迁谱线,如 Na 元素空心阴极灯发射 589.00 nm 和 330.30 nm 等谱线,Ca 元素空心阴极灯发射 422.67 nm 和 239.86 nm 等谱线)、半导体发光二极管(可发射红、黄、绿、蓝等窄带光)、激光光源(原子或分子受激发射特定波长单色光)、射频发生器(高频交变电流流过导体发射相应频率电磁波)及微波发生器(电子在垂直的磁场和电场作用下发射特定频率微波)等。连续光源是在较大波长范围提供波长连续的光源,需要通过色散分光和狭缝扫描得到单色光或窄带光。常用连续光源有气体放电灯(如氘灯可辐射 160~350 nm 紫外光,氙灯可辐射 200~2000 nm 紫外可见和近

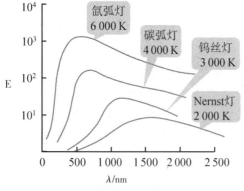

图5-9　连续光源光辐射能量分布范围

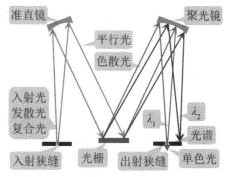

图5-10　光栅单色器色散扫描分光示意图

红外光)和热辐射光源(如卤钨灯可辐射320~2500 nm可见光,硅碳棒可辐射红外光)等,其光辐射能量分布范围如图5-9所示,分出各种单色光的方法如图5-10所示。调制光源是根据需要控制光源输出能量、频率、相位或带宽等参数的光源。例如,可用电信号(数字信号)来控制半导体激光器或发光二极管光源或空心阴极灯的光强输出光脉冲。再如,可用机械斩波器调制光源交替通过样品或参比等。

电源通过电极(输入或导出电流的两个端)提供具有一定波形的电解电压、稳恒可调的电泳电场或持续不变的电导电流,与试样组分分子作用产生分析信号。例如,质谱仪常用电源加速电子撞击试样分子产生碎片离子并控制其运动方向、速度和选择荷电分子离子。常用电源有市电电源和电池电源。实验室分析仪器通常使用的是市电电源,包括变压电源、开关电源和信号发生器,可提供直流电源和交流电源,稳压电源和恒流电源,低压电源和高压电源,锯齿波电源、三角波电源、方波电源和脉冲电源及阶跃电源等。干电池常用作野外便携式分析仪器的电源和激发源,例如溶解氧测定仪和血糖测定仪都常用干电池做激发源及电源。

磁源又称磁体,是能够产生磁场的物质或材料,具有势能,可提供波粒辐射并能对外表现出磁性,能对运动电荷施加作用力,与试样组分分子作用产生分析信号。常用磁源有永磁体(如铁氧体磁铁和钕铁硼磁体,在相当长的时间内不发生变化)、电磁体(是由交流电流或交变电场产生的磁体)和超导磁体(用超导导线作励磁线圈的磁体)。

热源用于提供能量使试样组分分解原子化或裂解离子化,有火焰法(常用乙炔燃烧火焰和氢气燃烧火焰)与非火焰法(常用电热石墨炉)等。原子吸收光谱法中,火焰原子化法是通过助燃气(空气)将试样溶液抽吸进入雾化器,撞击雾化小球而雾化,然后进入混合室与燃气(乙炔)混合,再通过燃烧器在燃气燃烧火焰中(2300 ℃)获得能量,从而干燥(脱溶剂)、蒸发(气态分子)、原子化(分解为气态原子)。原子吸收光谱法中,石墨炉原子化法是,将试样加入石墨炉,在外循环水和惰性气体保护下,试样组分获得电热石墨炉(3000 ℃)的能量而干燥(加热到约100 ℃时样品中的水完全蒸发)、灰化(加热到400~1000 ℃时有机物质和其他共存物质分解和蒸发)和原子化(加热到1400~3000 ℃时留在管中的金属盐类原子化)。气相色谱法中,经过色谱分离的试样组分,被氢气载入燃烧器,在氢气燃烧火焰中获得能量从而裂解产生自由离子或自由电子。

色谱柱由柱管和固定相组成,如图5-11所示。洗脱剂为高压气体、高压泵输送的溶剂或超临界流体。洗脱剂装载样品被高压泵或高压气瓶压入色谱柱中,试样各组分在固定相和洗脱剂(流动相)之间发生不同的分配作用导致差速移动而分离,按组分极性大小或相对分子质量大小依次流出色谱柱。

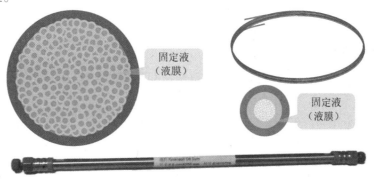

固定液
(液膜)

固定液
(液膜)

图5-11 色谱柱和固定相

指示电极是可指示敏感物质活度或浓度大小的电极,常用指示电极有惰性电极和离子选择性敏感膜电极(修饰电极)。惰性电极是由铂、金或碳等惰性材料与氧化还原电对溶液组成。惰性电极不发生氧化还原反应,只起传递电子的作用。氧化还原电对得失电子产生电极电位,电极电位等于溶液中氧化还原电对的电位。离子选择性敏感膜电极是对特定离子有选择性响应的薄膜电极,其电极电位与敏感离子的活度或浓度的对数具有线性关系,符合能斯特方程。

化学试剂与试样组分发生化学作用产生分析信号,常用化学试剂的有中和剂、沉淀剂、氧化剂、还原剂、配位剂、显色剂、指示剂、荧光剂、发光剂和催化剂等。

5.1.4 检测器

检测器是分析信号的接收装置,将激发源与试样作用产生的电信号、电磁波、核辐射、电子流、热能、压力、粒子或分子等分析信号转换为电信号,指示或记录试样组分的变化,对不同物质的响应有规律性及可预测性,要求灵敏度高、检测限低、线性度好、重现性好、稳定性高、响应速度快。

检测器既可根据检测信号类型分为电信号检测器、光信号检测器、粒子信号检测器和成像信号检测器,还可根据检测信号的理化性质分为物理传感器、化学传感器及生物传感器等。

物理传感器是将产生的光、电、磁、热、声、力等物理信号转化为电信号的器件,用于区分、记录或指示某一物理变量的变化。常用物理传感器有光电池、光电倍增管、光电二极管阵列、红外热电偶、温度传感器、电导检测器、热导检测器、电流检测器、电位检测器、微库仑检测器、电子捕获检测器和压力检测器等。

化学传感器是对各种化学物质敏感并将其浓度转换为电信号的器件。将分析信号的激发方法和检测方法集成一体,有利于微型化,可得到有关试样组分的本质、含量,以及结构分布信息的光谱、色谱、质谱、极谱、热谱、成像或特性等。常用化学传感器有电化学传感器、光化学传感器、火焰离子化检测器、火焰光度检测器、光离子化检测器、蒸发光散射检测器等,用于色谱流出组分检测、流动注射及微流控分析、生产流程分析和环境污染监测等。

生物传感器是对生物物质敏感并将其浓度转换为电信号的器件(生物敏感材料包括酶、抗体、抗原、微生物、细胞、组织、核酸等生物活性物质修饰在氧电极、光敏管、场效应管、压电晶体等物理传感器上),对生物物质具有分子结构的选择识别功能。

必须指出,检测器既包括分析信号检测器,还包括分析条件检测器。分析条件检测器是指监测分析条件和仪器工作状况的温度传感器、压力传感器、位移传感器、流量传感器、位置传感器和激发源参数检测器等。

5.1.5 信息站

信息站是采集分析信号、调控分析条件和处理分析数据的装置,由早期的显示器或现代的计算机构成。

显示器是指显示检测信号、控制信号和检测结果的指针表、数码管、LED屏、液晶屏、荧光屏、照相机和记录仪等。

计算机(Computer)俗称电脑,是一种用于高速计算或信息处理的现代电子设备,可以进行数值计算和逻辑计算,还具有存储记忆功能,能够按照程序运行,自动、高速处理海量数据,其作用是获取分析数据、存储分析数据、解析分析信息和处理分析结果,由硬件系统和软件系统所组成。

硬件系统包括电脑主机(由CPU、内存、主板、硬盘、扩展卡、连接线、电源等构成)和外部设备(有鼠标、键盘、显示器、打印机及外部传感器和执行器等)。

分析仪器用扩展卡就是数据采集控制卡,可将模拟量转换为数字量(A/D转换)、将数字量转换为模拟量(D/A转换)、输入检测的开关量与脉冲量、输出控制的开关量与脉冲量等,是采集外部传感器(分析信号检测器和分析条件检测器)检测分析信号、控制外部执行器(报警器、继电器、电磁阀、单向阀、蠕动泵、注射泵、高压泵、加热器、电动机)调控分析条件的计算机总线或无线通信设备,根据接口类型分为PCI卡、USB卡、以太网卡和Wifi网卡等。

软件系统包括操作系统、驱动程序、应用程序和应用数据库(图谱库、方法库、知识库)。

操作系统(Operating System,简称OS)是管理和控制计算机硬件与软件资源的计算机程序,是直接运行在"裸机"(没有安装任何软件的计算机)上的最基本的系统软件,任何其他软件都必须在操作系统的支持下才能运行。操作系统的功能包括管理计算机系统的硬件、软件及数据资源,控制程序运行,改善人机界面,为其他应用软件提供支持,让计算机系统所有资源最大限度地发挥作用,提供各种形式的用户界面,使用户有一个好的工作环境,为其他软件的开发提供必要的服务和相应的接口等。分析仪器常用操作系统为Windows系统,有很多不同的版本。

设备驱动程序(Device Driver)简称驱动程序,是控制设备和计算机相互通信的接口程序,应用程序软件通过这个接口控制硬件设备的工作,设备工作结果通过驱动程序传递给应用程序软件。操作系统不同,硬件的驱动程序也不同。

应用程序是为解决各类实际问题而设计的软件,例如网络浏览器、Powerpoint、Excel、Matlab和红外光谱软件、色谱分析软件等,可分为通用软件和专用软件两类。分析仪器专用应用软件,可实现信号获取、信号变换、信号分辨、信号校正、模式识别、波谱解析、质量评价、质量保证、数据存储、结果报告和信息共享等。

数据库是指按照一定联系存储的数据集合,可为多种应用共享。通过数据库管理程序可建立、消除、维护数据库及对库中数据进行各种操作,不但能够存放大量的数据,更重要的是能迅速、自动地对数据进行检索、修改、统计、排序、合并等操作,得到所需的信息。

总之,分析方法和仪器部件很多,利用各种进样器、装样器、激发源、检测器和信息站,可设计、代工和组装很多具有各种用途和性能的分析仪器,满足科学研究和生产实践需要。在实验室自组装分析仪器,不仅具有机动、灵活、实用和成本低等特点,也是发展新型分析仪器的重要途径。

5.2　典型分析仪器及应用

分析仪器的类型很多,可分为通用分析仪器和专用分析仪器两大类。通用分析仪器有光谱仪、电分析仪、色谱分析仪、质谱分析仪、核磁分析仪、热分析仪、流控分析仪或分子分析仪、原子分析仪、分离分析仪、联用分析仪及试样预处理仪器和数据处理仪器等。专用仪器有生态环境分析仪、生物医学分析仪、生产过程分析仪等。这里介绍几种应用广泛的典型通用分析仪器。

5.2.1 吸收光谱仪及应用

吸收光谱仪是基于物质分子对光的选择性吸收特性设计的光谱分析仪器,有原子吸收、分子紫外可见红外吸收、磁共振和电子顺磁共振等分析仪器,广泛应用于各种物质的定量分析、定性分析和结构分析,这里介绍紫外可见吸收光谱仪及其典型应用。

〔1〕紫外可见吸收光谱仪的构造

紫外可见吸收光谱仪的类型很多,配置的进样器、装样器、激发源、检测器和信息站各有特色,有手动进样吸收光谱仪和自动进样吸收光谱仪,有固定吸收池吸收光谱仪、流通吸收池吸收光谱仪和光度探头吸光光度计,有单色光吸光光度计和复合光分光光度计,有分光光度计、扫描光谱仪和傅里叶变换光谱仪,有光电池光度计、光电管光度计、光电倍增管光度计和光电二极管阵列光谱仪,有指针式光度计、数字式光度计和微机化光谱仪等,通常根据激发和检测方式分为单道或单光束分光光度计、双道或双光束光谱仪和多道光谱仪。

①单光束分光光度计

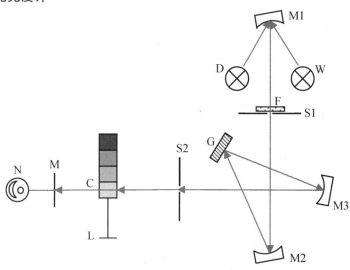

图5-12　单光束分光光度计结构

D.氘灯;W.钨灯;S1,S2.狭缝;F.滤色片;G.光栅;M1—M3.聚光镜或准直镜;
C.样品池(玻璃或石英);L.样品池架拉杆;M.光门;N.光电管或光电倍增管

单光束分光光度计的基本结构如图5-12所示,采用复合光源(卤钨灯或氘灯)发射复合光,通过单色器(由光栅、聚光镜和狭缝构成)分光,获得一束可任意调节波长的单色光做激发光,手动置入参比池,关闭光门,调节透光度为0%,再打开光门,调节灯电压使透过参比溶液的光强度为100%,然后更换样品池,检测透过样品溶液的光强度,通过电路进行对数变换,得到待测组分吸光度。

$$A_x = A_s - A_r = \lg \frac{P_0}{P_s} - \lg \frac{P_0}{P_r} = \lg \frac{P_r}{P_s} \tag{5-1}$$

$$P_r = 100\% \text{ 时}, A_x = \lg \frac{1}{P_s} \text{ 或 } T_x = P_s \tag{5-2}$$

单光束分光光度计结构简单、价格低廉、维护维修也比较容易,所以广泛应用于微量组分的常规定量分析,但由于每换一个激发光波长都必须用参比溶液调节透光度为100%(或吸光度为0),因此不便于测定吸收光谱。

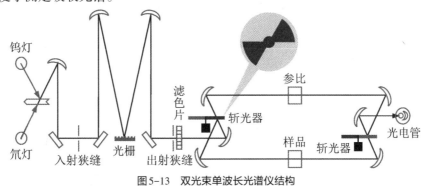

图5-13　双光束单波长光谱仪结构

②双光束单波长光谱仪

双光束单波长光谱仪的基本结构如5-13所示,利用斩光器(扇面镜)将一束单色光分时分成两束,一束一个时刻通过试样,另一束另一时刻通过参比,通过电机转动光栅自动进行波长扫描,利用同步斩光器(扇面镜)使试样光束和参比光束交替被光电检测器检测,自动比较透过参比和试样的光束能量,此比值即为待测组分的透光度,把它作为波长的函数记录下来就能自动地迅速得到试样的透射光谱(或吸收光谱),便于进行试样的定性分析和结构分析。

双光束单波长光谱仪的优点是,既能自动扫描吸收光谱,又能自动消除电源电压波动的影响,减小仪器的零点漂移。但是其结构复杂,价格较高。

③多通道紫外可见光谱仪

多通道紫外可见光谱仪的结构如图4-53所示,这里不再赘述。其优点是光谱分析速度很快,不到1 s甚至1 ms即可扫描整个光谱,可用于化学反应过程跟踪和机理的研究,也能直接对经液相色谱柱和毛细管电泳分离的试样进行定性和定量分析,其缺点是检测灵敏度比光电倍增管低。

〔2〕紫外可见吸收光谱仪的应用

紫外可见吸收光谱仪,既可直接选择适当激发光波测定各种试样中具有共轭双键的有机化合物或有色物质,如赖氨酸、色氨酸、蛋白质、DNA、叶绿素、维生素、单宁、黄酮、香豆素、小檗碱、百草枯、苯甲酸、山梨酸、腐殖酸等,又能通过显色反应间接测定大量对紫外可见光没有吸收或吸收较弱的物质,如氮、磷、钾、硼、钼、锌、钴、铜、铁、铝、铬、汞、砷、锰等元素,还可检验某些有机官能团如羧基、芳环、硝基、共轭双键等是否存在,测定有机化合物的构型和构象,检验核酸是否变性,测定氢键的强度、酸度常数和配合物的组成等。

①药片中盐酸二甲双胍含量的测定

盐酸二甲双胍是一种用于治疗糖尿病的药物,其紫外吸收光谱如图5-14所示,其最大吸收光波长为233 nm,吸光系数为798(g/100mL)$^{-1}$·cm^{-1},配制成约0.5 mg/100 mL的水溶液,用溶剂水作参比液,即可用紫外光谱仪器法直接测定药片中盐酸二甲双胍的含量。

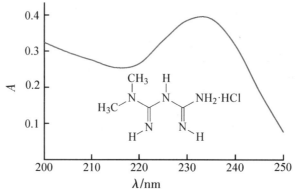

图5-14　盐酸二甲双胍的吸收光谱曲线

②土壤中水溶性磷含量的测定

土壤中水溶性磷含量是土壤有效磷的常规分析指标,常以40∶1水土比振荡1 h连续两次提取土壤中水溶性磷酸根,用钼锑抗显色光度法测定。

土壤浸提液中磷酸根离子,在0.45~0.65 mol/L H^+溶液中,与钼酸铵形成磷钼杂多酸,它在10~60 ℃中Sb^{3+}的催化作用下,可在30~60 min内被抗坏血酸还原为磷钼蓝,颜色可稳定24 h,其吸收光谱如图5-15所示,最大吸收峰吸收光波长为882 nm,吸光系数约为$1.6×10^5$ L/(mol·cm),肩峰吸收光波长为712 nm,吸光系数约为$1.0×10^5$ L/(mol·cm),可用882 nm单色近红外光或712 nm单色可见光激发显色液磷钼蓝产生吸收信号,用紫外可见吸收光谱仪检测其吸光度,用标准曲线法或一元线性回归法测定其PO_4^{3-}含量。

$$H_3PO_4+12MoO_4^{2-}+21H^+ = [PO_4(MoO_3)_{12}]^{3-}+12H_2O$$

$$[PO_4(MoO_3)_{12}]^{3-}+2C_6H_8O_6 = [PO_4·2Mo_2O_5·8MoO_3]^{3-}+2C_6H_6O_6+2H_2O$$

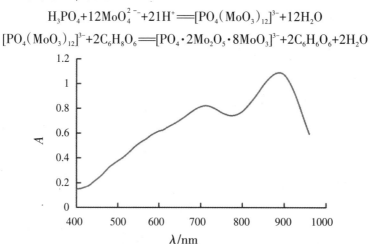

图5-15　磷钼蓝的吸收光谱曲线

③植株中微量铁含量的测定

植株中铁以有机化合物的形式存在,试样需要用混合酸进行消解,或进行干灰化后溶于稀盐酸,转入溶液后再用还原剂(如盐酸羟胺)先将Fe^{3+}还原为Fe^{2+},然后在pH3.5~5时用邻二氮菲与亚铁反应显色,生成稳定的红色邻二氮菲亚铁配合物:

$$2Fe^{3+}+2NH_2OH = 2Fe^{2+}+2H^++N_2\uparrow+2H_2O$$

$$Fe^{2+}+3C_{12}H_8N_2 = [Fe(C_{12}H_8N_2)_3]^{2+}$$

邻二氮菲亚铁的吸收光谱如图5-16所示,最大吸收波长为510 nm,吸光系数为$1.1×10^4 L/(mol·cm)$。显色反应通常在醋酸或柠檬酸盐的缓冲溶液中进行。许多二价金属离子与显色剂反应生成无色的配合物,其中Zn^{2+}和Cd^{2+}的配合物比Fe^{2+}的配合物更稳定,常用EDTA来掩蔽。

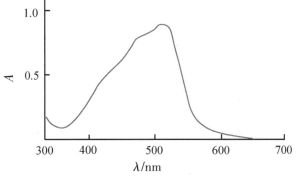

图5-16　邻二氮菲亚铁的吸收光谱曲线

④**安痛定注射液中三组分含量的测定***

安痛定注射液是一种解热镇痛药,临床上用于治疗发热、头痛、神经痛、风湿痛与月经痛。安痛定是氨基比林、安替比林和巴比妥的复方制剂,易溶于水、酸或碱,如图5-17所示,三组分的紫外可见吸收光谱的吸收谱带相互重叠较严重,难以选择性分别测定各组分含量,但各组分在220~280 nm的吸收光谱都有显著的差异或特征,因此可以用多波长多元线性回归P矩阵法或主成分分析法进行三组分同时测定。

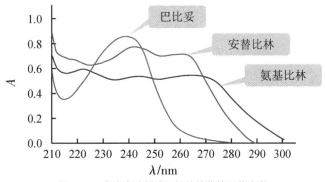

图5-17　安痛定注射液三组分的紫外吸收光谱
（pH 9.0 NH_3–NH_4Cl溶液）

由于在酸性条件下巴比妥的吸收光谱只有末端吸收,而在碱性条件下巴比妥的吸收增强并向长波长方向位移,因此通常在碱性条件下进行测定,在0.1 mol/L NaOH和pH 9.0 NH_3–NH_4Cl缓冲溶液中在220~280 nm波长范围内测定都可获得较准确的分析结果,标样数应多于激发光波长通道数,为适当减少标样数量可每隔5 nm或10 nm取一个检测数据进行计算。

试样制备和测定:精密吸取安痛定注射液1.00 mL于100 mL容量瓶中,加水稀释至刻度混匀,移取1.00 mL该稀释液放入50 mL容量瓶中,加入1.0 mol/L pH 9.0 NH_3–NH_4Cl溶液5.00 mL,加入纯水稀释至刻度,摇匀,以选定的激发光波长范围的系列激发光测定吸收度。标准系列配制和测定:分别移取100 μg/mL三组分标液2,4,6,8 mL于50 mL容量瓶中,以配制三组分标准系列混合溶液,加入1.0 mol/L pH 9.0 NH_3–NH_4Cl溶液5.00 mL,加纯水稀释至刻度并摇匀,以相同波长系列的激发光测定吸收度。

5.2.2 色谱分析仪及应用

色谱分析仪是基于组分在两相的连续分配作用设计的分析仪器,可用于各种复杂试样的多组分分离分析。

〔1〕色谱分析仪的构造

常用色谱分析仪有气相色谱仪和液相色谱仪。

（1）气相色谱仪

气相色谱仪由进样系统(进样器和进样口)、气化系统(气化室和加热器)、分离系统(色谱柱、载气源和恒温箱)、检测系统(热导检测器、氢火焰离子化检测器或质谱检测器等)和信息系统(载气压力流量监控器、气化分离检测温度监控器、信号采集控制卡和数据处理计算机)组成,如图5-18所示。

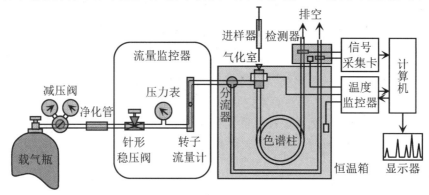

图5-18　气相色谱仪结构示意图

进样系统的作用是通过进样器从进样口把试样快速准确地加到气化室,要求在线进样、进样迅速、用量适当,避免谱峰变宽。常用进样器有注射器、六通阀和分流进样器等。分流进样器用于毛细管色谱,毛细管柱容量小,进样量不超过 1 μL,需用分流器从较大的进样量中分出少部分进入毛细管色谱柱。

气化系统的作用是通过加热器将进入气化室的液体试样(或固体试样的溶液)瞬间气化,要求气化室温度可根据样品的气化温度按程序升温控制。

分离系统的作用是利用高纯载气(流动相)将试样组分迅速载入色谱柱、与柱内固定相竞争分配、使试样组分分离并完全流出色谱柱,要求色谱柱内固定相极性适当、流动相流量稳定和恒温箱可程序控制温度,使组分分离完全、峰形对称狭窄。色谱柱有填充柱和开管毛细管柱两类。毛细管柱制成螺旋型,内径有 0.53 mm、0.32 mm、0.25 mm 等几种规格,长度一般为 10~30 m,固定液直接涂渍或交联键合在管壁上,其渗透性好、分离效能高,应用越来越广泛。固定相选择是否适当是各组分能否分离的关键。载气源有高压气体钢瓶和气体发生器,通过减压阀、净化管、稳压阀、压力表和流量计提供所需准确流速且流量稳定的高纯载气。要求载气(常用氮气和氢气,氦气因价格太高而不常用)纯度为99.999%、压力为 0.2~0.4 MPa、流量精密度优于 0.5%,毛细管色谱载气流速为 1~25 mL/min,填充柱色谱载气流速为 25~100 mL/min。

检测系统的作用是将各分离组分的浓度或质量转变为相应的电信号,常用的检测器有检测组分浓度变化的热导检测器和质谱检测器以及检测组分质量变化的氢火焰离子化检测器和火焰光度检测器等。

信息系统的作用是利用色谱分析软件设置色谱分析方法,监控气化室、恒温箱和检测器温度及载气压力和流量等色谱分析条件,采集检测器响应信号输入计算机绘制色谱图,对色谱图中有关各峰的基本参数如保留时间、峰高、峰面积及其百分比等数据进行分析处理,自动完成色谱分析任务并报告各种色谱参数和分析结果。

温度是气相色谱法最重要的操作条件,它直接影响样品的气化程度、色谱柱的选择性、色谱峰的展宽程度和分离分析速度,并影响检测器的灵敏度和稳定性等,而且气化室、色谱柱和检测器都有各不相同的温度要求,因此应对它们的温度分别进行控制。柱温的选择原则是使最难分离的组分得到尽可能好的分离度的前提下,应选用较低的柱温;以保留时间适宜、峰形不拖尾为度。柱温控制有恒温和程序升温两种方法,程序升温法可使沸点不同的组分在各自最佳的条件下分离从而改善分离效果和提高分离速度。气化室温度一般选在试样沸点附近,或稍高于试样沸点,以保证试样快速、完全气化后进入色谱柱进行分离,通常选择气化室温度比柱温高 $30 \sim 70\ ^\circ\mathrm{C}$ 为宜。检测器温度一般与气化室温度接近,若柱温是程序升温,则把检测温度控制在最高柱温即可。当用火焰离子化检测器和火焰光度检测器时,检测室的温度应高于 $100\ ^\circ\mathrm{C}$,以免积水。

（2）液相色谱仪

液相色谱仪由进样系统(注射器和六通阀或自动进样器)、分离系统(色谱柱及固定相、储液瓶及流动相、脱气机、高压泵)、检测系统(紫外可见检测器、蒸发光散射检测器或质谱检测器等)和信息系统(信号采集控制器和数据处理计算机等)组成,如图5-19所示。

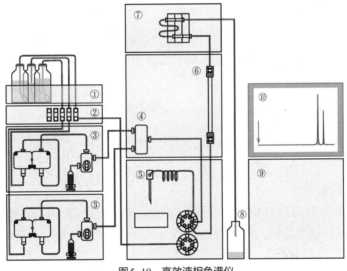

图5-19 高效液相色谱仪

①储液瓶及流动相;②脱气机;③高压泵;④混合器;⑤进样器;
⑥色谱柱及固定相;⑦检测器;⑧废液瓶;⑨控制器;⑩信息站。

进样系统常用注射器将试样注入六通阀的定量管内,通过手动切换六通阀通道用流动相载入色谱柱。或用自动进样器由计算机按程序控制定量阀进行取样、进样、复位、管路清洗和样品盘的转动和取样针的移动等操作,无须人员值守但装置价格昂贵,适合大量样品自动分析。

分离系统由色谱柱和流动相(洗脱剂)及高压泵等组成。色谱柱为填充有固定相颗粒的不锈钢管(内径为3.9 mm或4.6 mm,长度为5~30 cm),常用固定相为极性较小的键合固定相如硅胶-C_{18}或C_8烷基的非极性载体固定相(粒度约为5 μm),而以极性强的水加入经优选的溶剂甲醇、乙腈及四氢呋喃等作流动相调控分离洗脱能力。流动相组成的选择和配比或梯度的调控是分离成败的关键。流动相经过过滤和脱气等用高压泵输送，要求流量稳定，组成流速可程序控制。

液相色谱输液泵很贵重，常用输液泵为柱塞往复式恒流泵，由宝石柱塞往复运动与单向阀配合将流动相输送到色谱柱中，流量与色谱柱等引起的阻力变化无关，如图5-20所示。在活塞柱的一端有一偏心轮，偏心轮连在电动机上，电动机带动偏心轮转动时，活塞柱则随之左右移动。在活塞的另一端有上下两个单向阀，各有1~2个蓝宝石或陶瓷球，起阀门作用：下面的单向阀与流动相连通，为活塞的溶液入口；上面的单向阀与色谱柱相连，为活塞的溶液出口。活塞柱与活塞缸壁之间是由耐腐蚀材料制造的活塞垫，以防漏液。活塞向外移动时，出口单向阀关闭，入口单向阀打开，溶液（流动相）抽入活塞缸。活塞向里移动时，入口单向阀关闭，出口单向阀打开，流动相被压出活塞缸，流向色谱柱。用双泵串联克服其脉动性，其输液流量稳定、流动相更换方便、流量调节简单。可控制流速为0.1~10 mL/min，流动相压力为20~50 MPa。流动相溶剂在使用前应过滤和脱气，防止微粒和气泡进入流路。由于液相色谱中使用较短的色谱柱，进样系统、连接管道和检测器的死体积较大，因此柱外谱带展宽效应较为明显，这一点与气相色谱不同，应尽量减小连接管道长度等死体积。

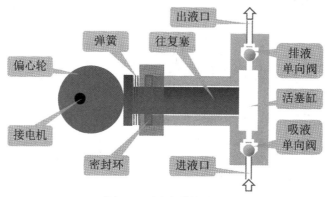

图5-20　高压恒流输液泵

一般情况下对高效液相色谱（HPLC）柱温没有特殊要求，可在室温下进行，某些仪器可在10~80 ℃范围内进行调控。

高效液相色谱常用检测器有紫外可见光谱检测器、荧光检测器、电导检测器、折光检测器、蒸发光散射检测器和质谱检测器等，前三种检测器只对部分组分有响应，为选择性检测器，后三种检测器几乎对所有组分都有响应，为通用性检测器。蒸发光散射检测器和质谱检测器由于灵敏度高、通用性好，质谱检测器还能进行定性分析和结构分析，因此受到极大关注，对于天然药物、药物代谢和生物大分子等的分离分析具有重要意义。

信息系统通过方法选择和参数设置，自动监测和控制整个色谱分析过程，如仪器的在线故障诊断，吸收波长校正，柱温、流动相流量、梯度洗脱程序、自动进样程序、检测器的灵敏度、波长等参数的设定与控制，色谱柱使用历史记录，对各种保留值进行智能化处理、加工、储存与打印等。

〔2〕色谱分析仪的应用

色谱分析仪的分离模式多、检测方法多、指纹特征强、分析速度快，既可用于多组分同时测定，也可用于复杂试样整体定性，应用特别广泛。

①果蔬中农药残留量的分离分析

可用毛细管气相色谱法分离分析果蔬中农药残留量,如图5-21所示。

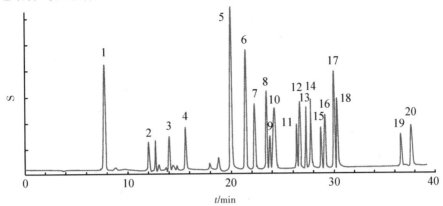

图5-21　有机磷农药残留分析色谱图

1.敌百虫;2.治螟灵;3.敌敌畏;4.甲胺磷;5.甲拌磷;6.二嗪农;7.乙拌磷;8.异稻瘟净;9.久效磷;10.乐果;11.毒死蜱;12.甲基对硫磷;13.马拉硫磷;14.杀螟硫磷;15.乙基对硫磷;16.甲基异硫磷;17.水胺硫磷;18.稻丰散;19.乙硫磷;20.三硫磷。

采用毛细管柱规格为15 m×0.22 mm×0.35 mm,固定相为OV1701即7%氰甲基+7%苯基+86%甲基聚硅氧烷;流动相(载气)为高纯氮气,流量35 mL/min,线速度17 cm/s;检测器为FPD检测器(P滤光片),燃气(H_2)40 mL/min,助燃气(空气)120 mL/min;进样方式为不分流进样,进样口温度为270 ℃,检测器温度为270 ℃;色谱柱升温程序为:起始温度60 ℃,保持2 min,以10 ℃/min速度升温至200 ℃,保持0.2 min,再以2 ℃/min升温至250 ℃,保持1 min。

样品处理:称取50 g果蔬(可食部分)置于组织捣碎机中,加入50 g无水硫酸钠,10 mL乙酸乙脂,快速匀浆1 min,经铺有石英玻璃棉的漏斗过滤,滤液置于旋转蒸发仪浓缩(45 ℃),再定容至适当体积。

标液配制:有机磷农药标样用少量丙酮溶解后,再用乙酸乙脂(AR级,重蒸)配制成适当浓度的混合标准溶液。

②土壤中多环芳烃的分离分析

可用反相液相色谱法分离分析土壤中多环芳烃,并测定含量,如图5-22所示。

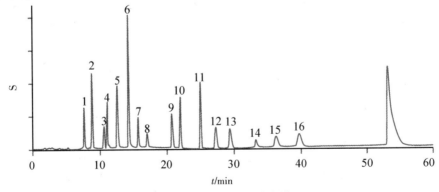

图5-22　多环芳烃的液相色谱

1.萘;2.苊烯;3.苊;4.芴;5.菲;6.蒽;7.荧蒽;8.芘;9.苯并(a)蒽;10.苯并菲;11.苯并(b)荧蒽;12.苯并(k)荧蒽;13.苯并(a)芘;14.二苯并(a,h)荧蒽;15.苯并(g,h,i)苝;16.茚并(1,2,3)芘。

采用色谱柱规格为250 mm×4.60 mm,固定相为5 μm ODS,流动相为纯水+乙腈(二元梯度),流速1 mL/min。检测器可用紫外检测器,激发光波长为254 nm,也可用荧光检测器,荧光检测波长为389 nm,激发光波长为280 nm。柱温为20 ℃。梯度程序:0~1 min时,40% 纯水+60% 乙腈;1~20 min时,60%~100% 乙腈;20~42 min时,100% 乙腈;42~50 min时,100%~60% 乙腈;50~60 min时,保持40% 纯水+60% 乙腈为下次进样准备条件。进样量为10 μL,混合标液各组分浓度2 μg/L(溶于环己烷后用乙腈稀释)。

样品制备:取土样5.0 g放在锥形瓶中,加入25 mL正己烷与丙酮的混合液(1:1),用超声波提取30 min后过滤,反复提取3次,合并提取液,旋转蒸干,再加入2.00 mL环己烷溶解,吸取0.50 mL过硅胶柱,用正己烷与二氯甲烷的1:1体积比混合溶液洗脱,弃去前1 mL洗脱液后,收集2.00 mL洗脱液,用纯氮吹干,再用乙腈溶解并定容至1.00 mL,经微孔滤膜过滤。除苊烯灵敏度较低外其他15种PAH荧光检测限达1 ng/g。

③中药成分的指纹特征分析*

中药的药效是多种活性组分的共同作用,中药的质量需要用多组分特征指纹图谱来评价。色谱指纹图谱等既可反映药效成分的多组分特征又可反映药效组分的相对含量特征,中国药典(2015版)主要采用高效液相色谱和气相色谱指纹图谱。例如:三七通舒胶囊采用HPLC-UV指纹图谱;抗宫炎片采用HPLC-DAD指纹图谱;鱼腥草滴眼液采用测定鲜鱼腥草中挥发性成分的GC特征图谱。

色谱指纹图谱的特征参数主要有相对保留时间和相对峰面积以及共有峰和差异峰。指纹图谱的评价主要有随行对照评价和相似度评价两种方法。随行对照评价就是比较对照品图谱与待测样品图谱是否包含若干具有鉴别属性的特征峰(共有峰)的特征性评价,主要用于鉴别中药品质的真伪。相似度评价就是计算样品图谱和对照品图谱的全谱相似度是否≥0.90的整体性评价,主要用于评价中药质量的一致性或稳定性。对照指纹图谱是指建立在10批以上样品中的任意一批较有代表性的样品的指纹图谱。

例如,夏桑菊颗粒的液相色谱指纹图谱如图5-23所示。其色谱条件为:色谱柱为C18分析柱(150 mm×3.9 mm,5 μm);流动相为1%醋酸溶液→甲醇;柱温为30 ℃;流速1.0 mL·min⁻¹;检

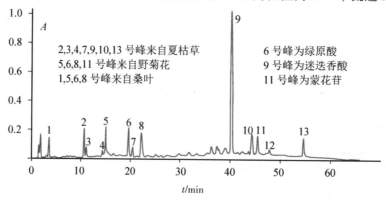

2,3,4,7,9,10,13 号峰来自夏枯草
5,6,8,11 号峰来自野菊花
1,5,6,8 号峰来自桑叶

6 号峰为绿原酸
9 号峰为迷迭香酸
11 号峰为蒙花苷

图5-23 夏桑菊颗粒的液相色谱指纹图谱

测波长为290 nm;进样量10 μL;制样方法为称量夏桑菊颗粒2.0 g,加入甲醇20 mL,浸泡30 min,

超声30 min,放至室温,摇匀过滤,滤液蒸干,残渣用甲醇溶解定容于2 mL 容量瓶中,用微孔滤膜过滤。夏桑菊颗粒由夏枯草、野菊花、桑叶组成:2,3,4,7,9,10,13 号峰来自夏枯草;5,6,8,11 号峰来自野菊花;1,5,6,8 号峰来自桑叶;6 号峰为绿原酸;9 号峰为迷迭香酸;11 号峰为蒙花苷。供试品色谱图与对照指纹图谱比较,要求相似度≥0.9,不仅反映出样品的特征性与整体性,而且不同厂家相同品种样品具有一致性与稳定性,保证相同品种产品的质量和疗效基本一致。

5.2.3 电化学工作站及应用*

电化学工作站是基于试样组分的电化学特性设计的分析仪器,可用于氧化还原活性物质和电极敏感物质的定量分析、指纹分析和电极反应机理研究。

[1]电化学工作站的构造

电化学工作站是由手动或自动进样器、电解池(装样器、工作电极、参比电极和辅助电极)、原电池(装样器、指示电极和参比电极)、快速数字信号发生器、恒电位仪、恒电流仪、电流跟随器、电位跟随器和高速数据采集卡及计算机等构成的集成电化学测量系统,其基本构造如图5-24所示,可进行各种伏安法、电位法、电流法、电量法及阻抗法等测量。

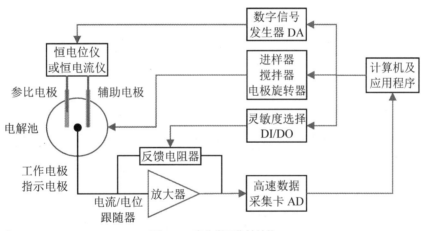

图5-24　电化学工作站结构

通过计算机应用程序设置分析方法,通过数字信号发生器产生所需波形的数字电压信号(数字信号发生器可产生恒电位、恒电流、电位扫描、电流扫描、电位阶跃、电流阶跃、三角波、脉冲、方波、交流等波形激发电压或电流)并进行DA变换输出模拟电压信号,通过恒电位器输出到参比电极与工作电极之间,氧化还原组分在工作电极与辅助电极上被电解,产生电解电流,通过电流跟随器放大信号,或试液中电活性物质在指示电极作用下产生双电层并与参比电极构成原电池,产生电动势,通过电位跟随器变换阻抗,被高速数据采集卡采集并进行AD变换输入计算机,采集、显示、分析和储存分析数据,通过多功能数据采集控制卡控制分析条件,包括进样、搅拌和电极旋转及检测灵敏度等。多通道高速DA输出和AD同步采样可提高测量速度,高精度DA和AD变换可提高测量精度。

工作电极(Working Electrode，WE)的作用是在测试过程中可引起试液中待测组分浓度明显变化和产生电解电流,常用工作电极有金属材料制成的金电极、银电极、悬汞电极或汞膜电极等,有碳材料制成的玻璃碳电极、热解石墨电极、碳糊电极、碳纤维电极等,还有在固体电极上修饰具有各种特殊功能团的化学修饰电极(化学传感器、生物传感器和纳米传感器等)。

参比电极(Reference Electrode，RE)的作用是提供恒定参比电位(或相对电位基准),要求其电极电位不受试液组成变化的影响,在测定过程中保持恒定,并且可逆性好、重现性佳和稳定性高。因此参比电极应有较大的表面积,并且通常接到放大器的输入端,以防止大电流流过参比电极产生极化。常用参比电极为银/氯化银电极和汞/甘汞电极,其电极电位决定于内充参比溶液的浓度。

辅助电极(Counter Electrode，CE)也叫对电极。其作用是通过电流以实现工作电极的极化(发生电解反应)。辅助电极的面积一般比工作电极大,以降低辅助电极的电流密度使其在测量过程中基本上不被极化,常用大面积惰性电极作辅助电极。

指示电极(Indicator Electrode，IE)的作用是指示敏感物质活度或浓度。指示电极与参比电极和待测试液构成原电池,电池电动势与试液中电极敏感物质的活度或浓度的对数具有线性响应关系,符合能斯特方程。常用的指示电极有惰性电极和离子选择性敏感膜电极及敏化膜电极。

恒电位仪的作用是将波形发生器产生的激发电压加在参比电极与工作电极之间并消除试液电阻的影响,如图5-25所示。A1为反相放大器,A2为高阻电压跟随器,参比电极电位跟随输入波形的变化而反相变化,而工作电极接在电流放大器A3的虚地端(其同相输入端接地,反相输入端为虚地),因此工作电极和参比电极之间的电压受输入波形控制。工作电极与参比电极之间的电压达到待测物质的分解电压时,待测物质在工作电极上发生电解产生电解电流,该电流通过A3的反馈电阻R_f转化为电压信号。改变反馈电阻R_f可调节电流测量的灵敏度。由于参比电极连接于高阻运放A2的同相输入端,因此该电流不会流过参比电极而是流过辅助电极。

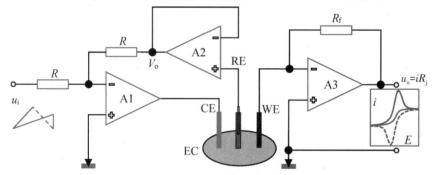

图5-25　恒电位仪和电流跟随器电路

恒电流仪的作用是控制流过工作电极和辅助电极间的电流大小,同时记录工作电极和参比电极之间的电位随时间的变化。图5-26为典型的恒电流仪电路示意图。其A1为控制放大器,工作电极接在A1的反相端(虚地端),流过工作电极和辅助电极间的电流等于u_i/R,其大小可通过改变输入电压u_i或输入电阻R来调节。A2是高输入阻抗电位跟随器,以防止参比电极流过电流而造成极化,并输出参比电极与工作电极间的电位差。

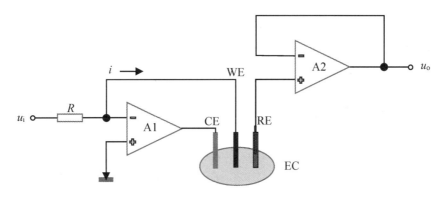

图5-26　恒电流仪和电位跟随器电路

　　电位跟随器还用于检测电活性物质在指示电极上产生的电极电位与参比电极构成的原电池的电池电动势。除单高阻电位跟随器外,还常用双高阻电位跟随器。双高阻电位跟随器电路如图5-27所示。双高阻电位跟随器A1和A2跟随指示电极和参比电极电位变化并实现阻抗变换,A3接成减法器,其输出电压就是放大的敏感膜电极与参比电极的电位差,即电池电动势。由于R_3、R_4、R_5为电路引入深度电压串联负反馈,使得运放A1、A2的输入端具有"虚短"和"虚断"的特征,而流过R_3、R_4、R_5的电流相等,因此

$$u_{o1} - u_{o2} = \left(1 + \frac{R_3 + R_5}{R_4}\right)\left(\varphi_{IE} - \varphi_{RE}\right) = \left(1 + \frac{R_3 + R_5}{R_4}\right)E \tag{5-3}$$

又因$u_{o1}-u_{o2}$通过两相等的输入电阻R_1和R_2输入差分放大器A3,所以

$$u_o = -\frac{R_6}{R_1}\left(u_{o1} - u_{o2}\right) = -\frac{R_6}{R_1}\left(1 + \frac{R_3 + R_5}{R_4}\right)E \tag{5-4}$$

　　这表明总放大增益是电位跟随器和差分放大器的放大增益的乘积,取决于其外部电阻的比值,可采用合适的电阻调节放大增益,使输出电压u_o达到模数转换所需的电压范围,从而输入高速数据采集卡,送入计算机进行数据处理。

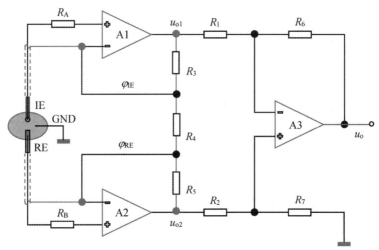

图5-27　双高阻电位跟随器

应该指出,市场上还有多种廉价的或便携的库仑滴定仪、pH/pX/mV计(酸度计或离子活度计)以及血糖仪和溶氧仪等专用电化学分析仪器。

〔2〕电化学工作站的应用

电化学工作站既可用于氧化还原性物质或电极敏感物质的直接测定,也可用于库仑滴定、电导分析或阻抗分析、电化学指纹图谱检测和电极反应机理研究。

①水果和蔬菜中维生素C的测定(线性扫描或差分脉冲伏安法)

维生素C是生命不可缺少的物质,可利用其在玻碳电极上的阳极氧化波线性扫描伏安法或微分脉冲伏安法直接测定。

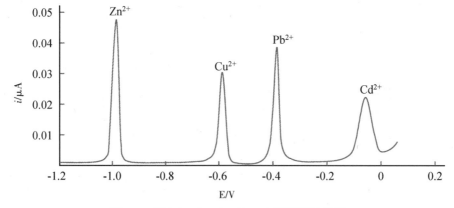

将水果或蔬菜捣碎,多汁水果和蔬菜(如柑桔、西瓜、醋栗和番茄等)只需压榨一下,将收集的液汁与去氧的pH4.7 HAc-NaAc缓冲溶液混合,即可在$-0.2 \sim +0.8$ V范围内记录其伏安曲线。

谷胱甘肽之类的生物硫醇对滴定法有干扰或使之复杂化,但不会影响伏安分析法。

②污水中锌、镉、铅和铜的同时测定(差分脉冲或溶出伏安法)

污水中痕量的锌、镉、铅和铜可用玻碳电极作工作电极以微分脉冲伏安法测定,也可用汞膜电极作工作电极以阳极溶出伏安法测定。

用pH5.6 HAc-NaAc缓冲溶液和$1×10^{-5}$ mol/L $HgCl_2$溶液作底液,采用汞膜电极、甘汞电极和铂片电极体系,通氮除氧后,于-1.3 V电解富集60 s,静置30 s,以100 mV/s的扫描速度从-1.2 V扫描到0.1 V,富集到汞膜中的锌、镉、铅和铜依次氧化溶出,锌、镉、铅和铜的溶出峰分别出现在-1.0 V、-0.6 V、-0.4 V和-0.1 V左右,如图5-28所示,可用标准加入法进行测定。

图5-28　污水中Zn^{2+}、Cu^{2+}、Pb^{2+}、Cd^{2+}的溶出伏安曲线

③盐酸氯丙嗪和盐酸异丙嗪复方药物组分分析(多元校正伏安法)

盐酸氯丙嗪   盐酸异丙嗪

盐酸氯丙嗪(Chlorpromazine)和盐酸异丙嗪(Promethazine)是常用的抗精神病药物,它们的化学结构及物理化学性质都很相似,两者的吸收光谱严重重叠难以采用吸收光谱法进行同时测定。

但是,盐酸氯丙嗪和盐酸异丙嗪在pH9.0 Britton-Robinson缓冲溶液(H_3PO_4-HAc-H_3BO_3)中的微分脉冲伏安曲线在0.4~0.8 V之间只有部分重叠,如图5-29所示,因此可用微分脉冲伏安法结合多元校正方法分辨两组分的重叠伏安曲线,实现两组分的同时测定。标样数应多于检测通道数,为适当减少标样数量可在0.4~0.8 V之间每隔0.1 V或0.05 V取一个检测数据进行计算。

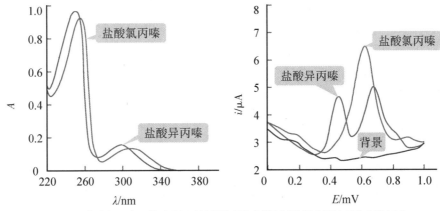

图5-29 盐酸氯丙嗪和盐酸异丙嗪的紫外吸收光谱(左)和微分脉冲伏安曲线(右)

④电极反应机理的研究(循环伏安法)

采用循环伏安法可以研究电极氧化还原过程,例如铁氰化钾的循环伏安曲线如图4-20所示。

极化电压减小进行阴极化扫描时铁氰化钾被还原为亚铁氰化钾,产生还原电流峰,而极化电压增加进行阳极化扫描时电极表面的亚铁氰化钾被氧化为铁氰化钾,产生氧化电流峰。铁氰化钾与亚铁氰化钾的电极反应机理为

$$[Fe(CN)_6]^{3-} + e^- \rightleftharpoons [Fe(CN)_6]^{4-}$$

改变极化电压扫描速度和铁氰化钾浓度可研究它们与峰电流的关系,其峰电流的Randles-Savcik方程为

$$i_p = 2.69 \times 10^5 n^{3/2} A D^{1/2} v^{1/2} c$$

式中,n为电极反应转移的电子数,这里$n=1$;A为电极面积;D为扩散系数;v为极化电压扫描速度;c为组分浓度。

若电极反应为可逆反应(电极反应速度快,符合能斯特方程),则阳极峰电流 i_{pa} 和阴极峰电流 i_{pc} 的关系为

$$i_{pc}/i_{pa} \approx 1$$

并且在实验温度为298 K时,阳极峰电位 E_{pa} 和阴极峰电位 E_{pc} 的关系为

$$\Delta U_p = U_{pa} - U_{pc} \approx 56/n \text{ mV}$$

从循环伏安图得出 $\Delta U_p /\text{mV} = 55/n \sim 65/n$,即可认为电极反应是可逆的。铁氰化钾和亚铁氰化钾的氧化还原电极反应同时满足上述两个关系,表明其反应过程是可逆的。

⑤**血糖含量的测定(血糖仪速测法)**

人体内胰腺分泌胰岛素缺乏,或因胰岛素功能失调,会导致血液中葡萄糖浓度增高,患终身性糖尿病,可引起一系列慢性并发症,需要每天监测和控制血糖含量,常用便携式血糖仪进行日常监测。

血液中的葡萄糖经葡萄糖氧化酶(GOD)氧化,产生葡萄糖酸和过氧化氢。采用一次性使用的葡萄糖氧化酶印刷电极(称为血糖试条)作为传感器,如图5-30所示,将被测血样滴在试条上,电极上的葡萄糖氧化酶催化氧化血样中的葡萄糖产生葡萄糖酸和过氧化氢。

葡萄糖+O_2+H_2O ⇌ 葡萄糖酸+H_2O_2

印刷电极　电极底片　葡萄糖氧化酶及固体保护层

图5-30　葡萄糖氧化酶电极(试条)的结构

电极在 0.5 V 恒定电压作用下电解 H_2O_2 产生电解电流,经过5~30 s,电流值的大小与血样中葡萄糖浓度呈一定的线性关系,如图5-31所示。通过标样系列检测即可拟合校正曲线,确定响应斜率和空白值,得到血糖值和电流值之间的线性关系,从而用于血样响应信号的校正,获得血糖含量。

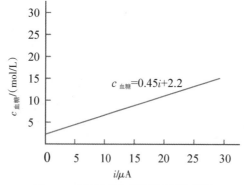

$c_{血糖}=0.45i+2.2$

图5-31　响应电流与葡萄糖含量的关系

应该指出,血糖响应电流会随着时间的变化而变化,一般会随着时间的增加而增加并逐渐趋向稳定,而且电流值与血糖浓度并非简单的线性关系,而是受所加电压大小、试条生产批次及血液试样用量的影响,因此便携式血糖仪分析误差较大,根据美国糖尿病协会的标准,相对误差低于15%即为合格。

⑥土壤酸度的测定(电位法)

酸度是土壤的基本性质,它直接影响土壤养分的存在状态、转化和有效性,各种植物都有其适宜的 pH 范围,超过范围即抑制生长。了解土壤的 pH 对改良利用土壤,指导土壤的施肥有重要的实际意义。

土壤的酸度分为活性酸度和潜在酸度。活性酸度是指土壤的纯水浸提液的 pH,潜在酸度是指土壤的 1 mol/L KCl 浸提液的 pH。土壤胶体表面吸附的 H^+ 与 KCl 溶液中 K^+ 起交换作用,使 H^+ 交换到溶液中来,故潜在酸度 pH 较活性酸度 pH 低。通过活性酸度和潜在酸度的测定,可大致了解土壤交换性酸度的大小。在制备土壤浸提液时,水土比不同其 pH 也不同,为能进行相互比较一般规定水土比为 1:1。

溶液酸度常用 pH 敏感玻璃膜电极和参比电极与试液组成原电池进行电位分析。可用电化学工作站记录开路电位–时间曲线,通过比较试液开路电位与标准缓冲溶液开路电位计算试液酸度。更常用酸度计或离子计检测电池电动势,以标准缓冲溶液进行斜率补偿和定位校正,然后直接指示试液 pH。

由于
$$E=E^0-S\text{pH}$$
因此
$$-(E-E^0)/S=\text{pH}$$
所以测得电动势 E,经定位补偿使 $E_{补偿}=E^0$ 后,再放大 $1/S$ 倍并反相即得 pX。

⑦植株中 K^+ 含量的测定(电位法)

植株试样经捣碎后用适当浓度的盐溶液提取其中 K^+,用钾离子选择性电极进行电位分析。

试样制备:将新鲜植株的茎或叶,用捣碎机充分捣碎,取一定质量,加 1.0 mol/L $CaCl_2$ 和纯水,煮沸并保持微沸 20~30 min,趁热过滤,用纯水定容。

试液检测:取一定体积植株试液于小烧杯内,放入缬氨霉素钾离子液膜电极或二叔丁基二苯并 30-冠-10 钾离子液膜电极和双盐桥参比电极(用 0.1 mol/L LiAc 作参比电极外盐桥溶液),测定电池电动势 E_1;再加入 KCl 标液,测定其电池电动势 E_2;而后将溶液稀释一倍,测量电池电动势 E_3。

由于
$$E_1=E^0+S\lg c_x$$
$$E_2=E^0+S\lg\frac{c_x+c_s}{V_x+V_s}$$
$$E_3=E^0+S\lg\frac{c_x+c_s}{2V_x+V_s}$$

因此
$$c_x=\frac{c_sV_s}{(V_x+V_s)10^{\frac{E_2-E_1}{S}}-V_x}$$

式中
$$S=\frac{E_2-E_3}{\lg 2}$$

⑧污水中痕量砷的测定（库仑滴定法）

砷的毒性很强，水中砷污染将严重影响人类的身体健康，因此检测水中砷含量具有重要意义。

将适量污水试样加入碳酸氢钠缓冲溶液（pH 8.0）和KI辅助电解质混合溶液中，用铂片电极或石墨电极为发生电极（正极）电解KI产生I_3^-，立即氧化水样中As(III)，电解反应和滴定反应分别为

$$2I^- + 2e^- \Longrightarrow I_2$$

$$I_2 + AsO_3^{3-} + H_2O \Longrightarrow 2I_2 + AsO_4^{3-} + 2H^+$$

可用电位法或电流法自动判定滴定反应的计量点和控制滴定终点，也可用淀粉作计量点指示剂，终点时淀粉溶液变为微红紫色。

滴定As(III)所用电生I_2的量为

$$n_{I_2} = \frac{it_{ep}}{nF}$$

式中，i为电解电流（A）；t_{ep}为电解进行的时间（s）；n为电极反应转移的电子数（这里$n=2$）；F为法拉第常数，为1 mol电子的电量，$F=96485.31(3)$C/mol。

污水试样中As(III)的含量为

$$\rho_{As(III)} = \frac{n_{I_2}M_{As(III)}}{V_s}$$

5.2.4 流控分析仪及应用*

流控分析仪是通过控制注入载流溶液的试样在非平衡条件下重现流动扩散混合反应区带特性设计的分析仪器，广泛应用于各种化学分析方法的自动化分析。

[1]流控分析仪的构造

流控分析仪主要有流动注射分析仪、顺序注射分析仪及微流控芯片分析仪。

①流动注射分析仪

流动注射分析仪主要由蠕动泵、进样器、混合反应器、流通池检测器和信息站等部分组成，典型构造如图5-32所示。

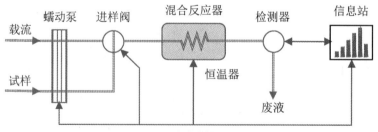

图5-32　流动注射分析仪

蠕动泵的作用是通过挤压弹性良好的泵管，将试剂、试样等溶液输送到分析体系中。蠕动泵由弹性泵管、层状压盖、调压螺丝、蠕动泵头及驱动电机五部分组成。蠕动泵头由8~12根平行均匀排列于同一圆周上的轴辊组成，压盖将弹性泵管压在蠕动泵头的多根轴辊上，每块压盖挤压一

根泵管,其压紧程度可通过微调螺丝单独调节(如压力过小,液体不能形成连续流,压力过大则加大泵管磨损),驱动电机驱动蠕动泵头上的轴辊滚动,轴辊挤压弹性泵管产生负压提升并推动各管内流体形成连续的载流(使用采样阀进样时,蠕动泵可将试液抽入采样环内),其流速可通过改变马达转速或弹性塑料管内径进行控制和调节。用来输送液流的蠕动泵管材应具有一定的弹性、耐磨性、抗腐蚀性以及对温度的不敏感性等,各种材质的泵管都有其适用输送液体的种类范围。输送水溶液一般用添加增塑剂的PE管或PVC管,输送强酸或有机溶剂时需采用催化异构管或硅橡胶管等。泵管是一种消耗性材料,泵管长时间运转会疲劳或磨损,导致流量改变,需定时更换并时常检查泵管的流量。

进样器的作用是以较高重现性将一定体积(通常10~30 μL)的试样(S)以"塞子"或"脉冲"的形式快速、不受载流干扰地注入流路中。过去采用注射器进样,现在多采用具有采样环的进样阀(V)进样。当进样阀处于进样位置时,试样溶液被蠕动泵吸入到采样环中,此时载流从进样阀的"旁路管"(BP)中流过。采样完成后,快速转动进样阀,将采样环接入载流管道,同时断开旁路管,试样以塞子形式进入载流。采用十六孔八通道多功能旋转阀不但可完成简单的采样和注样,还可完成多种流路的同时转换。也可采用定时进样法,定时进样不用采样环,进样体积决定于注样的流速与时间,其优点是便于随机改变进样体积或大体积进样,缺点是换样时因试样间的交叉携出严重而较定容进样消耗试样更多,并且对泵速稳定性要求更高。

混合反应器的作用是实现经三通汇合的两个或多个流体的重现性径向混合及混合过程中的试剂与试样的化学反应。反应器种类很多,大致可分为开管式反应器和填充式反应器两大类。开管式反应器包括直管反应器和盘管反应器。填充式反应器包括填充玻珠、树脂或固定酶等。盘管式反应器和填充式反应器可降低"试样塞"的变宽程度,从而可提高进样频率。有些FIA系统还根据反应体系情况,引入了相应的恒温加热装置和脱气装置。

检测器的作用是将经过流通池的试样组分的物理化学特性转化为电信号,其组成与HPLC分析所使用的检测器类似,主要由流通池(Flow-cell)和传感器组成。电化学传感器(指示电极、电解电极和电导电极等)、分光光度计(紫外可见分光光度计、荧光分光光度计和原子吸收分光光度计等)、化学发光分析仪及折光检测器等都可用于流动注射分析混合反应扩散过程的检测,分光光度计应用最为广泛。

信息站的作用是采集分析信号,调控蠕动泵、进样阀和温控器等分析条件,以及处理分析数据。

②顺序注射分析仪

顺序注射分析仪由注射泵、多位阀(多通道选择阀)、储液管(混合反应器)、流通池检测器和信息站组成,典型构造如图5-33所示。

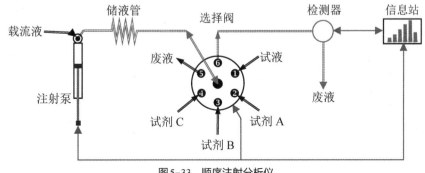

图5-33　顺序注射分析仪

　　顺序注射分析仪采用多通道选择阀与双向注射泵,多通道选择阀的各个通道分别与试样、试剂、检测器等连接,公共通道与双向泵连接,通过注射泵按顺序吸入试样、试剂及载流溶液至储存管中,试样和试剂在管中进行分散、混合和反应,生成可检测反应物,然后由注射泵改变流向推送至流通池检测器进行检测。

　　顺序注射分析仪器硬件简单可靠,微机控制简便,实现单道分析,容易集成化和微型化,试样和试剂消耗小,适合长时间监测,无需改变流路便能对多种样品进行分析,能够实现样品在线稀释、单标准或多标准自动校正及管道和检测器自动清洗,更适合过程分析和多组分同时检测,实现真正意义的自动分析。

〔2〕流控分析仪的应用

　　流控分析仪可广泛应用于各种化学分析、光化学分析、电化学分析和质谱分析或生产过程分析及现场实时分析等分析过程,以实现自动分析。

①氯离子流动注射分析

　　Cl^-与$Hg(SCN)_2$反应可释放出SCN^-,SCN^-与Fe^{3+}发生显色反应生产红色$Fe(SCN)^{2+}$,可选择性吸收480 nm可见光。

$$2Cl^-+Hg(SCN)_2=HgCl_2+2SCN^-$$

$$Fe^{3+}+SCN^-=Fe(SCN)^{2+}$$

　　用蠕动泵将适当浓度的$Hg(SCN)_2$和$Fe(NO_3)_3$混合溶液以0.8 mL/min的流速直接泵入管路中形成试剂载流,通过进样器注入含有5~75 μg/mL Cl^-试样30 μL到载流中,试样与混合试剂在混合反应器管道(长50 cm×内径0.5 mm)中反应产生$Fe(SCN)^{2+}$红色配合物,进入流通池检测器,以480 nm可见光激发产生光吸收并连续检测吸光度,记录流出曲线,每分钟可进样2次。

②COD流动注射分析

　　我国规定天然水化学耗氧量(COD)用高锰酸钾氧化法测定,废水化学耗氧量用重铬酸钾氧化法测定。MnO_4^-的最大吸收波长为525 nm,$Cr_2O_7^{2-}$的最大吸收波长为440 nm,氧化水中还原性物质所消耗的MnO_4^-或$Cr_2O_7^{2-}$可用分光光度法检测。

　　用蠕动泵输送高锰酸钾或重铬酸钾和硫酸混合消解液作载流液,通过进样阀(六通阀)定量管注入适量水样,进入混合反应器,在高温下水样中还原性物质被氧化同时MnO_4^-被还原为Mn^{2+}或$Cr_2O_7^{2-}$被还原为Cr^{3+},可通过光度计检测载流中MnO_4^-对525 nm光的吸光度或$Cr_2O_7^{2-}$对440 nm光的吸光度。仅有载流通过流通池时,MnO_4^-或$Cr_2O_7^{2-}$含量最高,透光度和光电流最低,响应为基线。当有水样进入载流形成混合反应带,MnO_4^-或$Cr_2O_7^{2-}$被还原性物质消耗一部分,通过流通池时其浓度和吸光度均降低,光电流增大,其峰高与水样COD成正比,可用标样校正求得水样COD。

　　也可用氧化还原惰性电极电位法检测载流液MnO_4^-或$Cr_2O_7^{2-}$流出曲线。

③磷酸根顺序注射分析

　　在强酸性条件下,磷酸根(PO_4^{3-})可与钼酸铵、酒石酸氧锑钾反应生成磷钼杂多酸,再被抗坏血酸还原生成蓝色配合物磷钼蓝,磷钼蓝的最大吸收光波长为882 nm,肩峰吸光波长为712 nm,可用分光光度法检测。

用注射泵吸取抗坏血酸作载流液,按顺序吸取稀硫酸、钼酸铵和酒石酸氧锑钾及含磷试液到储液管,在高温高压下混合反应,然后改变注射泵载流方向,将反应液恒速推过流通池检测器检测透过 882 nm 或 712 nm 光电流变化,可根据其相对峰高求得样品中磷的含量。

5.3　分析仪器的发展趋势

科学仪器的创新是知识创新和技术创新的重要内容。发展科学仪器应当视为国家战略。分析仪器是科学仪器的重要组成部分。分析仪器工业是高技术信息产业。分析仪器的发展是现代科学、经济和社会发展的重要基础和推动力。

5.4.1 自动化智能化

在计算机控制下,分析仪器能快速完成大量数据采集、归整、变换和处理,包括信号的平均、平滑、微分、换算、线性化、比较并求差等基本数据处理和各种定性、定量数据,谱图库和检索,各种变换仪器的傅里叶变换等复杂的数据处理。计算机化的分析仪器,结合化学计量学方法,可以解决一般仪器分析不能或很难解决的分析问题,如谱图识别、实验条件优化、多组分同时测定、干扰校正、多变量拟合、多指标综合评价等,并极大提高仪器性能指标和分析结果的准确性。

分析仪器的自动化和智能化是信息技术的最高水平,目前智能分析仪器仍处于仪器智能化的低级阶段,处在手工操作向自动化过渡之中,目前分析仪器正向着智能化方向发展。通过计算机控制器和数字模型进行数据采集、运算、统计、处理,提高分析仪器数据处理能力,运用人工智能技术建立各种分析条件优化、化学谱图识别与解释、化学模式识别等专家系统,已成为现代分析仪器智能化的研究前沿。

5.4.2 小型化微型化

常规分析仪器体积庞大,结构复杂,能源消耗大,维持仪器正常运转费用高,移动性和便携性差。色谱仪和质谱仪等大型精密仪器的小型化已成为研究焦点。穿戴式血糖仪和智能健康手表也已初现端倪。分析仪器的应用将越来越大众化、个性化和日用品化。

随着计算机技术、微制造技术、纳米技术、新功能材料和新微型器件等高新技术的发展,分析仪器不但会具有越来越强大的"智能",而且正沿着大型落地式→台式→移动式→便携式→手持式→芯片实验室的方向发展,越来越小型化、微型化、智能化,以至出现可穿戴式或甚至不需外界供电的植入式或埋入式智能仪器,就是因为计算机技术正经历着翻天覆地的变化。随着分子计算机、DNA 计算机、光子计算机、量子计算机等的不断推出,计算机也将越来越微型化。而分析仪器和专用计算机的界限也将变得模糊,许多分析仪器实际上就是具有某种分析检测功能的计算机。

随着分析仪器的智能化和微型化,分析仪器(计算机、电脑)与人脑的结合将不再是一个梦,带有植入式电脑的人的智能将大大超过"自然人"。

5.4.3 虚拟化网络化

利用现有的计算机,加上适当设计的仪器硬件和专门的应用软件,可构成虚拟仪器,使其既具有传统仪器的基本功能,又能由用户根据自己的需求变化,通过软件设置或更新,随时扩展仪器功能,满足多种多样的应用要求。

仪器=计算机硬件+数据采集控制卡+传感器+执行器+软件

虚拟仪器功能的灵活变化和扩展可通过软件完成,因此"软件就是仪器",这就是虚拟仪器。虚拟仪器不但灵活可变、功能强大,而且便于技术升级更新,仪器价格和使用维护费用也非常低廉。

随着经济全球化和全球网络化,贵重分析仪器将需要网络化共享,大型实验室的数量将减少,但其资源(特别是其精密贵重仪器)将通过网络化得到更充分的利用,它可以面向全世界为所有"网民"服务,实际上,现在就已有人在建立利用全球主要实验室资源的"网络实验室"了。

分析仪器网络化将进一步促进虚拟分析仪器的发展,将会改变世界分析仪器面貌!谁醒悟得早、动手得快,谁就会占尽先机。

5.4.4 新原理新技术

分析仪器是人们感觉器官的延伸,它所测量或所获取的主要是物质的质和量的信息。以一切可能的(化学的、物理的、生物医学的、数学的等等)方法和技术,利用一切可以利用的物质属性,对一切需要加以表征、鉴别或测定的物质组分及其形态、状态(以及能态)、结构、分布(时、空)等进行表征、鉴别和测定,以求对样品所代表的问题有一个基本的了解。这是当今分析科学也是分析仪器发展所面临的任务。

分析仪器的主要应用领域正向着生物医学领域转移。分析仪器在保障人类健康生活、监控病人病情、预防灾害发生等方面也都起着重大的作用。没有新型DNA分析仪的进一步发展,人类也很难在防病、治病特别是在防治癌症和各种遗传病方面对现有基因图谱加以利用。

经典的分析仪器主要是为现代产业大生产服务的,其发展也是为适应分析监控工农业生产、保证产品质量、保障大生产流程安全高效的要求。当前,分析仪器的应用已经拓展到生物、环保、医学等有关人的生存发展领域,由"物"到"人"的拓展趋势日益显著。

新的样品处理技术、激发方法、传感技术、测量电路、信号处理方法或分析计量学和计算机相互交叉渗透,将促进各种分析仪器总体设计、结构、功能和操作技术的根本性变革。图像处理技术、图像信号校正和指纹图谱识别将成为分析仪器的重要组成部分。生命过程、科研生产和社会活动监控需要在线、非侵入、非损坏、原位、实时、灵敏、准确、多维的分析仪器。

习 题

5-1.分析仪器一般由哪几个部分构成?各部分的作用是什么?

5-2.请画出单光束分光光度计的光路结构示意图。

5-3.吸收光谱法的主要分析条件有哪些？应如何控制？

5-4.简述气相色谱仪的工作流程。

5-5.简述液相色谱仪的组成部件及其作用。

5-6.请分析比较气相色谱仪和液相色谱仪的特点和应用范围。

5-7.请画出恒电位仪和恒电流仪的电路图,简述其工作原理。

5-8.简述流控分析仪的组成部件及其作用和意义。

5-9.请设计一种恒电流库仑滴定装置,简述其工作原理。

5-10.请设计一种离子酸度活度计,它由哪几个部分组成？其作用分别是什么？

5-11.请设计一种检测氧化还原性物质的流动注射分析装置。

5-12.请预测分析仪器的发展趋势。

1. 标准原子质量(2019)

Z	Symbol	Element	Standard Atomic Weight
1	H	hydrogen	[1.007 84, 1.008 11]
2	He	helium	4.002 602(2)
3	Li	lithium	[6.938, 6.997]
4	Be	beryllium	9.012 1831(5)
5	B	boron	[10.806, 10.821]
6	C	carbon	[12.0096, 12.0116]
7	N	nitrogen	[14.006 43, 14.007 28]
8	O	oxygen	[15.999 03, 15.999 77]
9	F	fluorine	18.998 403 163(6)
10	Ne	neon	20.1797(6)
11	Na	sodium	22.989 769 28(2)
12	Mg	magnesium	[24.304, 24.307]
13	Al	aluminium	26.981 5384(3)
14	Si	silicon	[28.084, 28.086]
15	P	phosphorus	30.973 761 998(5)
16	S	sulfur	[32.059, 32.076]
17	Cl	chlorine	[35.446, 35.457]
18	Ar	argon	[39.792, 39.963]
19	K	potassium	39.0983(1)
20	Ca	calcium	40.078(4)
21	Sc	scandium	44.955 908(5)
22	Ti	titanium	47.867(1)
23	V	vanadium	50.9415(1)
24	Cr	chromium	51.9961(6)
25	Mn	manganese	54.938 043(2)
26	Fe	iron	55.845(2)
27	Co	cobalt	58.933 194(3)
28	Ni	nickel	58.6934(4)
29	Cu	copper	63.546(3)

Z	Symbol	Element	Standard Atomic Weight
30	Zn	zinc	65.38(2)
31	Ga	gallium	69.723(1)
32	Ge	germanium	72.630(8)
33	As	arsenic	74.921 595(6)
34	Se	selenium	78.971(8)
35	Br	bromine	[79.901, 79.907]
36	Kr	krypton	83.798(2)
37	Rb	rubidium	85.4678(3)
38	Sr	strontium	87.62(1)
39	Y	yttrium	88.905 84(1)
40	Zr	zirconium	91.224(2)
41	Nb	niobium	92.906 37(1)
42	Mo	molybdenum	95.95(1)
43	Tc	technetium	—
44	Ru	ruthenium	101.07(2)
45	Rh	rhodium	102.905 49(2)
46	Pd	palladium	106.42(1)
47	Ag	silver	107.8682(2)
48	Cd	cadmium	112.414(4)
49	In	indium	114.818(1)
50	Sn	tin	118.710(7)
51	Sb	antimony	121.760(1)
52	Te	tellurium	127.60(3)
53	I	iodine	126.904 47(3)
54	Xe	xenon	131.293(6)
55	Cs	caesium	132.905 451 96(6)
56	Ba	barium	137.327(7)
57	La	lanthanum	138.905 47(7)
58	Ce	cerium	140.116(1)
59	Pr	praseodymium	140.907 66(1)
60	Nd	neodymium	144.242(3)
61	Pm	promethium	—
62	Sm	samarium	150.36(2)
63	Eu	europium	151.964(1)
64	Gd	gadolinium	157.25(3)
65	Tb	terbium	158.925 354(8)
66	Dy	dysprosium	162.500(1)
67	Ho	holmium	164.930 328(7)
68	Er	erbium	167.259(3)

续表

Z	Symbol	Element	Standard Atomic Weight
69	Tm	thulium	168.934 218(6)
70	Yb	ytterbium	173.045(10)
71	Lu	lutetium	174.9668(1)
72	Hf	hafnium	178.486(6)
73	Ta	tantalum	180.947 88(2)
74	W	tungsten	183.84(1)
75	Re	rhenium	186.207(1)
76	Os	osmium	190.23(3)
77	Ir	iridium	192.217(2)
78	Pt	platinum	195.084(9)
79	Au	gold	196.966 570(4)
80	Hg	mercury	200.592(3)
81	Tl	thallium	[204.382, 204.385]
82	Pb	lead	207.2(1)
83	Bi	bismuth	208.980 40(1)
84	Po	polonium	—
85	At	astatine	—
86	Rn	radon	—
87	Fr	francium	—
88	Ra	radium	—
89	Ac	actinium	—
90	Th	thorium	232.0377(4)
91	Pa	protactinium	231.035 88(1)
92	U	uranium	238.028 91(3)

http://www.ciaaw.org/atomic-weights.htm

2. 常用化合物的摩尔质量(四位)

名称	摩尔质量	名称	摩尔质量	名称	摩尔质量
$AgBr$	187.8	$FeSO_4(NH_4)2SO_4 \cdot 6H_2O$	392.1	$Mg_2P_2O_7$	222.6
$AgCl$	143.4	HCl	36.46	$MgSO_4 \cdot 7H_2O$	246.5
AgI	234.8	HNO_3	63.01	MnO_2	86.94
$AgCN$	133.9	H_3PO_4	97.99	$Na_2H_2Y \cdot 2H_2O(EDTA)$	372.2
Ag_2CrO_4	331.7	H_2SO_4	98.09	$NaCl$	58.44
$AgNO_3$	169.9	H_2SO_3	82.09	$NaCN$	49.01
$AgSCN$	166.0	$H_2C_2O_4 \cdot 2H_2O$	126.1	Na_2CO_3	106.0
Al_2O_3	102.0	$HC_2H_3O_2(HAc)$	60.05	$Na_2CO_3 \cdot 10H_2O$	286.2
$Al(OH)_3$	78.00	H_2O	18.02	$Na_2C_2O_4$	134.0
As_2O_3	197.8	H_2O_2	34.02	$NaHCO_3$	84.01
As_2O_5	229.8	$HgCl_2$	271.5	$NaC_2H_3O_2(NaAc)$	82.03
$BaCl_2$	208.2	KBr	119.0	$NaNO_3$	85.00
$BaCl_2 \cdot 2H_2O$	244.3	$KBrO_3$	167.0	$NaOH$	40.00
$Ba(OH)_2$	171.3	K_2CO_3	138.2	$Na_2S_2O_3 \cdot 5H_2O$	248.2
$BaSO_4$	233.4	KCl	74.55	$Na_2B_4O_7 \cdot 10H_2O$	381.4
$CaCl_2$	111.0	KCN	65.12	NH_3	17.03
$CaCO_3$	100.1	K_2CrO_4	194.2	NH_4Cl	53.49
CaC_2O_4	128.1	$K_2Cr_2O_7$	294.2	$(NH4)_2C_2O_4 \cdot H_2O$	142.1
CaO	56.08	$KHC_2O_4 \cdot H_2O$	146.2	NH_4Ac	77.08
$Ca(OH)_2$	74.10	$KHC_2O_4 \cdot H_2C_2O_4 \cdot 2H_2O$	254.2	NH_4HCO_3	79.06
$Ca_3(PO_4)_2$	310.2	$KHC_8H_4O_4(KHA)$	204.2	NH_4NO_3	80.04
$CaSO_4$	136.1	KH_2PO_4	136.1	NH_3H_2O	35.05
$C_6H_8O_6(抗坏血酸)$	176.1	KI	166.0	$(NH_4)_2MoO_4$	196.0
$CO(NH_2)_2$	60.05	KIO_3	214.0	$NH_4H_2PO_4$	115.0
CO_2	44.01	$KHSO_4$	136.2	$(NH_4)_2HPO_4$	132.1
CuO	79.54	$KMnO_4$	158.0	$(NH_4)_2SO_4$	132.2
CuS	95.60	KNO_3	101.1	NH_4SCN	76.12
$CuSO_4$	159.6	K_2O	94.20	$PbCl_2$	278.1
$CuSO_4 \cdot 5H_2O$	249.7	K_2SO_4	174.3	P_2O_5	141.9
$FeCl_3$	162.2	KOH	56.11	SiO_2	60.08
FeO	71.85	$KSCN$	97.18	$SnCl_2$	189.6
Fe_2O_3	159.7	$MgCl_2$	95.22	SO_2	64.07
$Fe(OH)_3$	106.9	$MgNH_4PO_4$	137.3	SO_3	80.07
$FeSO_4 \cdot 7H_2O$	278.0	MgO	40.31	$ZnSO_4$	161.5
$NH_4Fe(SO_4)_2 \cdot 12H_2O$	482.2	$Mg(OH)_2$	58.33	$ZnSO_4 \cdot 7H_2O$	287.6

3. t分布表

v	p /%					
	68.3[a]	90	95	95.4[a]	99	99.7[a]
1	1.84	6.31	12.7	14.0	63.7	236
2	1.32	2.92	4.30	4.53	9.92	19.2
3	1.20	2.35	3.18	3.31	5.84	9.22
4	1.14	2.13	2.78	2.87	4.60	6.62
5	1.11	2.02	2.57	2.65	4.03	5.51
6	1.09	1.94	2.45	2.52	3.71	4.90
7	1.08	1.89	2.36	2.43	3.50	4.53
8	1.07	1.86	2.31	2.37	3.36	4.28
9	1.06	1.93	2.26	2.32	3.25	4.09
10	1.05	1.81	2.23	2.28	3.17	3.96
11	1.05	1.80	2.20	2.25	3.11	3.85
12	1.04	1.78	2.18	2.23	3.05	3.76
13	1.04	1.77	2.16	2.21	3.01	3.69
14	1.04	1.76	2.14	2.20	2.98	3.64
15	1.03	1.75	2.13	2.18	2.95	3.59
16	1.03	1.75	2.12	2.17	2.92	3.54
17	1.03	1.74	2.11	2.16	2.90	3.51
18	1.03	1.73	2.10	2.15	2.88	2.48
19	1.03	1.73	2.09	2.14	2.86	3.45
20	1.03	1.72	2.09	2.13	2.85	3.42
25	1.02	1.71	2.06	2.11	2.79	3.33
30	1.02	1.70	2.04	2.09	2.75	3.27
35	1.01	1.70	2.03	2.07	2.72	3.23
40	1.01	1.68	2.02	2.06	2.70	3.20
45	1.01	1.68	2.01	2.06	2.69	3.18
50	1.01	1.68	2.01	2.05	268	3.16
100	1.00	1.66	1.98	2.02	2.63	3.08
∞	1.00	1.64	1.96	2.00	2.58	3.00

a：对期望μ，总体标准偏差σ的正态分布描述某量z，当$k=1,2,3$时，区间$\mu\pm k\sigma$分别包含分布的68.3%，95.4%，99.7%。

4. Q 检验临界值

v	2	3	4	5	6
$\alpha=0.10$	0.94	0.76	0.64	0.56	0.51
$\alpha=0.05$	0.97	0.83	0.71	0.63	0.57
$\alpha=0.01$	0.99	0.93	0.82	0.74	0.68

5. G 检验临界值

n	3	4	5	6	7	8	9	10	11	12	13	14	15
$\alpha=0.10$	1.15	1.43	1.60	1.73	1.83	1.91	1.98	2.04	2.09	2.13	2.18	2.21	2.25
$\alpha=0.05$	1.15	1.46	1.67	1.82	1.94	2.03	2.11	2.18	2.23	2.29	2.33	2.37	2.41
$\alpha=0.01$	1.16	1.49	1.75	1.94	2.10	2.22	2.32	2.41	2.49	2.55	2.61	2.66	2.71

6. σ 检验临界值

v	1	2	3	4	5	6	7	8	9	10	11	12	13	14	15
B_u	18	4.9	3.2	2.6	2.3	2.1	1.9	1.8	1.7	1.7	1.6	1.6	1.6	1.5	1.5
B_l	0.36	0.46	0.52	0.56	0.59	0.61	0.63	0.65	0.67	0.68	0.69	0.70	0.71	0.72	0.72

$B_l S \leqslant \sigma \leqslant B_u S$

7. F 检验临界值

$v_{较小方差}$	$v_{较大方差}$（单边检验，$p=95\%$）										$v_{较大方差}$（双边检验，$p=95\%$）									
	1	2	3	4	5	6	7	8	9	10	1	2	3	4	5	6	7	8	9	10
1	160	200	216	225	230	234	237	239	240	242	648	800	864	900	922	937	948	957	963	969
2	18.5	19.0	19.2	19.2	19.3	19.3	19.4	19.4	19.4	19.4	38.5	39.0	39.2	39.2	39.3	39.3	39.4	39.4	39.4	39.4
3	10.1	9.55	9.28	9.12	9.01	8.94	8.89	8.84	8.81	8.79	17.4	16.0	15.4	15.1	14.9	14.7	14.6	14.5	14.5	14.4
4	7.71	6.94	6.59	6.39	6.26	6.16	6.09	6.04	6.00	5.96	12.2	10.6	9.98	9.60	9.36	9.20	9.07	8.98	8.90	8.84
5	6.61	5.79	5.41	5.19	5.05	4.95	4.88	4.82	4.77	4.74	10.0	8.43	7.76	7.39	7.15	6.98	6.85	6.76	6.68	6.62
6	5.99	5.14	4.76	4.53	4.39	4.28	4.21	4.15	4.10	4.06	8.81	7.26	6.60	6.23	5.99	5.82	5.70	5.60	5.52	5.46
7	5.59	4.74	4.45	4.12	3.97	3.87	3.79	3.73	3.68	3.64	8.07	6.54	5.89	5.52	5.28	5.12	5.00	4.90	4.82	4.76
8	5.32	4.46	4.07	3.84	3.69	3.58	3.50	3.44	3.39	3.35	7.57	6.06	5.42	5.05	4.82	4.65	4.53	4.43	4.36	4.30
9	5.12	4.26	3.86	3.63	3.48	3.37	3.29	3.23	3.18	4.14	7.21	5.72	5.08	4.72	4.48	4.32	4.20	4.10	4.03	3.96
10	4.96	4.10	3.71	3.48	3.33	3.22	3.14	3.07	3.02	2.98	6.94	5.46	4.83	4.47	4.24	4.07	3.95	3.86	3.78	3.72

8. 水的离子积

$t/^\circ C$	pK_W	K_W	$t/^\circ C$	pK_W	K_W
0	14.9435	1.139×10^{-15}	50	13.2617	5.474×10^{-14}
5	14.7338	1.846×10^{-15}	55	13.1369	7.296×10^{-14}
10	14.5346	2.920×10^{-15}	60	13.0171	9.614×10^{-14}
15	14.3463	4.505×10^{-15}	65	12.90	1.26×10^{-13}
20	14.1669	6.809×10^{-15}	70	12.80	1.58×10^{-13}
24	14.0000	1.000×10^{-14}	75	12.69	2.0×10^{-13}
25	13.9965	1.008×10^{-14}	80	12.60	2.5×10^{-13}
30	13.8330	1.469×10^{-14}	85	12.51	3.1×10^{-13}
35	13.6801	2.089×10^{-14}	90	12.42	3.8×10^{-13}
40	13.5348	2.919×10^{-14}	95	12.34	4.6×10^{-13}
45	13.3960	4.018×10^{-14}	100	12.26	5.5×10^{-13}

9. 弱酸在水中的酸度常数

弱酸	分子式	K_a	pK_a
砷酸	H_3AsO_4	$6.3\times10^{-3}(K_{a1})$	2.20
		$1.0\times10^{-7}(K_{a2})$	7.00
		$3.2\times10^{-12}(K_{a3})$	11.50
亚砷酸	$HAsO_2$	6.0×10^{-10}	9.22
硼酸	H_3BO_3	$5.8\times10^{-10}(K_{a1})$	9.24
		$1.8\times10^{-13}(K_{a2})$	12.74
		$1.6\times10^{-14}(K_{a3})$	13.80
焦硼酸	$H_2B_4O_7$	$1\times10^{-4}(K_{a1})$	4.0
		$1\times10^{-9}(K_{a2})$	9.0
碳酸	$H_2CO_3(CO_2+H_2O)$[①]	$4.2\times10^{-7}(K_{a1})$	6.38
		$5.6\times10^{-11}(K_{a2})$	10.25
氢氰酸	HCN	6.2×10^{-10}	9.21
铬酸	H_2CrO_4	$1.8\times10^{-1}(K_{a1})$	0.74
		$3.2\times10^{-7}(K_{a2})$	6.50
氢氟酸	HF	6.6×10^{-4}	3.18
亚硝酸	HNO_2	5.1×10^{-4}	3.29

① 如不计水合 CO_2，H_2CO_3 的 pKa1=3.76。

续表

弱酸	分子式	K_a	pK_a
过氧化氢	H_2O_2	1.8×10^{-12}	11.75
磷酸	H_3PO_4	$7.6\times10^{-3}(K_{a1})$	2.12
		$6.3\times10^{-8}(K_{a2})$	7.20
		$4.4\times10^{-13}(K_{a3})$	12.36
焦磷酸	$H_2P_2O_7$	$3.0\times10^{-2}(K_{a1})$	1.52
		$4.4\times10^{-3}(K_{a2})$	2.36
		$2.5\times10^{-7}(K_{a3})$	6.60
		$5.6\times10^{-10}(K_{a4})$	9.25
亚磷酸	H_3PO_3	$5.0\times10^{-2}(K_{a1})$	1.30
		$2.5\times10^{-7}(K_{a2})$	6.60
氢硫酸	H_2S	$1.3\times10^{-7}(K_{a1})$	6.88
		$7.1\times10^{-15}(K_{a2})$	14.15
硫酸	H_2SO_4	$1\times10^{3}(K_{a1})$	3.0
		$1.0\times10^{-2}(K_{a2})$	1.99
亚硫酸	$H_2SO_3(SO_2+H_2O)$	$1.3\times10^{-2}(K_{a1})$	1.90
		$6.3\times10^{-8}(K_{a2})$	7.20
偏硅酸	H_2SiO_3	$1.7\times10^{-10}(K_{a1})$	9.77
		$1.6\times10^{-12}(K_{a2})$	11.8
甲酸	HCOOH	1.8×10^{-4}	3.74
乙酸	CH_3COOH	1.8×10^{-5}	4.74
一氯乙酸	$CH_2ClCOOH$	1.4×10^{-3}	2.86
二氯乙酸	$CHCl_2COOH$	5.0×10^{-2}	1.30
三氯乙酸	CCl_3COOH	0.23	0.64
氨基乙酸盐	$^+NH_3CH_2COOH$	$4.5\times10^{-3}(K_{a1})$	2.35
		$2.5\times10^{-10}(K_{a2})$	9.60
抗坏血酸	$C_6H_8O_6$	$5.0\times10^{-5}(K_{a1})$	4.30
		$1.5\times10^{-10}(K_{a2})$	9.82
乳酸	$CH_3CHOHCOOH$	1.4×10^{-4}	3.86
苯甲酸	C_6H_5COOH	6.2×10^{-5}	4.21
草酸	$H_2C_2O_4$	$5.9\times10^{-2}(K_{a1})$	1.22
		$6.4\times10^{-5}(K_{a2})$	4.19
d-酒石酸	HOOCCH(OH)CH(OH)COOH	$9.1\times10^{-4}(K_{a1})$	3.04
		$4.3\times10^{-5}(K_{a2})$	4.37
邻苯二甲酸	$HOOCC_6H_4COOH$	$1.1\times10^{-3}(K_{a1})$	2.95
		$3.9\times10^{-6}(K_{a2})$	5.41

续表

弱酸	分子式	K_a	pK_a
柠檬酸	$C(CH_2COOH)_2(OH)(COOH)$	$7.4 \times 10^{-4}(K_{a1})$	3.13
		$1.7 \times 10^{-5}(K_{a2})$	4.76
		$4.0 \times 10^{-7}(K_{a3})$	6.40
苯酚	C_6H_5OH	1.1×10^{-10}	9.95
乙二胺四乙酸	H_6Y^{2+}	$0.13(K_{a1})$	0.9
		$3 \times 10^{-2}(K_{a2})$	1.6
		$1 \times 10^{-2}(K_{a3})$	2.0
		$2.1 \times 10^{-3}(K_{a4})$	2.67
		$6.9 \times 10^{-7}(K_{a5})$	6.16
		$5.5 \times 10^{-11}(K_{a6})$	10.26

10. 弱碱在水中的碱度常数

弱碱	分子式	K_b	pK_b
氨水	NH_3	1.8×10^{-5}	4.74
联氨	H_2NNH_2	$3.0 \times 10^{-6}(K_{b1})$	5.52
		$7.6 \times 10^{-15}(K_{b2})$	14.12
羟氨	NH_2OH	9.1×10^{-9}	8.04
甲胺	CH_3NH_2	4.2×10^{-4}	3.38
乙胺	$C_2H_5NH_2$	5.6×10^{-4}	3.25
二甲胺	$(CH_3)_2NH$	1.2×10^{-4}	3.93
二乙胺	$(C_2H_5)_2NH$	1.3×10^{-3}	2.89
乙醇胺	$HOCH_2CH_2NH_2$	3.2×10^{-5}	4.50
三乙醇胺	$(HOCH_2CH_2)_3N$	5.8×10^{-7}	6.24
六亚甲基四胺	$(CH_2)_6N_4$	1.4×10^{-9}	8.85
乙二胺	$H_2NCH_2CH_2NH_2$	$8.5 \times 10^{-5}(K_{b1})$	4.07
吡啶	C_5H_5N	$7.1 \times 10^{-3}(K_{b1})$	7.15
		$1.7 \times 10^{-9}(K_{b2})$	8.77

11. 金属配合物的稳定常数

配位体	金属离子	离子强度	n	$\lg\beta_n$
NH₃	Ag⁺	0.1	1,2	3.40,7.40
	Cd²⁺	0.1	1–6	2.60,4.65,6.04,6.92,6.6,4.9
	Co²⁺	0.1	1–6	2.05,3.62,4.61,5.31,5.43,4.75
	Cu²⁺	2	1–4	4.13,7.61,10.48,12.59
	Ni²⁺	0.1	1–6	2.75,4.95,6.64,7.79,8.50,8.49
	Zn²⁺	0.1	1–4	2.27,4.61,7.01,9.06
F⁻	Al³⁺	0.53	1–6	6.1,11.15,15.0,17.7,19.4,19.7
	Fe³⁺	0.5	1–3	5.2,9.2,11.9
	Th⁴⁺	0.5	1–3	7.7,13.5,18.0
	TiO²⁺	3	1–4	5.4,9.8,13.7,17.4
	Sn⁴⁺	*	6	25
	Zr⁴⁺	2	1–3	8.8,16.1,21.9
Cl⁻	Ag⁺	0.2	1–4	2.9,4.7,5.0,5.9
	Hg²⁺	0.5	1–4	6.7,13.2,14.1,15.1
I⁻	Cd²⁺	*	1–4	2.4,3.4,5.0,6.15
	Hg²⁺	0.5	1–4	12.9,23.8,27.6,29.8
CN⁻	Ag⁺	0–0.3	1–4	−,21.1,21.8,20.7
	Cd²⁺	3	1–4	5.5,10.6,15.3,18.9
	Cu⁺	0	1–4	−,24.0,28.6,30.3
	Fe²⁺	0	6	35.4
	Fe³⁺	0	6	43.6
	Hg²⁺	0.1	1–4	18.0,34.7,38.5,41.5
	Ni²⁺	0.1	4	31.3
	Zn²⁺	0.1	4	16.7
SCN⁻	Fe³⁺	*	1–5	2.3,4.2,5.6,6.4,6.4
	Hg²⁺	1	1–4	−,16.1,19.0,20.9
S₂O₃²⁻	Ag⁺	0	1,2	8.82,13.5
	Hg²⁺	0	1,2	29.86,32.26
柠檬酸根	Al³⁺	0.5	1	20.0
	Cu²⁺	0.5	1	18
	Fe³⁺	0.5	1	25
	Ni²⁺	0.5	1	14.3
	Pb²⁺	0.5	1	12.3
	Zn²⁺	0.5	1	11.4
磺基水杨酸根	Al³⁺	0.1	1–3	12.9,22.9,29.0
	Fe³⁺	3	1–3	14.4,25.2,32.2
乙酰丙酮	Al³⁺	0.1	1–3	8.1,18.7,21.2
	Cu²⁺	0.1	1,2	7.8,14.3

续表

配位体	金属离子	离子强度	n	$\lg\beta_n$
	Fe^{3+}	0.1	1−3	9.3,17.9,25.1
	Ag^+	0.1	1,2	5.02,12.07
	Cd^{2+}	0.1	1−3	6.4,11.6,15.8
	Co^{2+}	0.1	1−3	7.0,13.7,20.1
邻二氮菲	Cu^{2+}	0.1	1−3	9.1,15.8,21.0
	Fe^{2+}	0.1	1−3	5.9,11.1,21.3
	Hg^{2+}	0.1	1−3	−,19.65,23.35
	Ni^{2+}	0.1	1−3	8.8,17.1,24.8
	Zn^{2+}	0.1	1−3	6.4,12.15,17
	Ag^+	0.1	1,2	4.7,7.7
	Cd^{2+}	0.1	1,2	5.47,10.02
	Cu^{2+}	0.1	1,2	10.55,19.60
乙二胺	Co^{2+}	0.1	1−3	5.89,10.72,13.82
	Hg^{2+}	0.1	2	23.42
	Ni^{2+}	0.1	1−3	7.66,14.06,18.59
	Zn^{2+}	0.1	1−3	5.71,10.37,12.08
	Ag^+	0	1−3	2.3,3.6,4.8
	Al^{3+}	2	4	33.3
	Bi^{3+}	3	1	12.4
	Cd^{2+}	3	4	4.3,7.7,10.3,12.0
	Cr^{3+}	0.1	1−3	5.1,−,10.2
	Cu^{2+}	0	1,2	10.2,18.3
	Fe^{2+}	1	1	4.5
	Fe^{3+}	3	1,2	11.0,21.7
	Hg^{2+}	0.5	2	21.7
OH^-	La^{3+}	3	1	2.6
	Mg^{2+}	0	1	3.4
	Ni^{2+}	0.1	1	4.6
	Pb^{2+}	0.3	1−3	6.2,10.3,13.3
	Sn^{2+}	3	1	10.1
	Th^{4+}	1	1	9.7
	Ti^{3+}	0.5	1	11.8
	TiO^{2+}	1	1	13.7
	Zn^{2+}	0	1−4	4.4,10.1,14.2,15.5

配位体	金属离子	离子强度	n	$\lg\beta_n$
	Ag^+	0.1	1	7.32
	Al^{3+}	0.1	1	16.3
	Ba^{2+}	0.1	1	7.86
	Be^{2+}	0.1	1	9.2
	Bi^{3+}	0.1	1	27.94
	Ca^{2+}	0.1	1	10.69
	Cd^{2+}	0.1	1	16.46
	Co^{2+}	0.1	1	16.31
	Co^{3+}	0.1	1	36
	Cr^{3+}	0.1	1	23.4
	Cu^{2+}	0.1	1	18.80
	Fe^{2+}	0.1	1	14.32
	Fe^{3+}	0.1	1	25.1
	Ga^{2+}	0.1	1	20.3
	Hg^{2+}	0.1	1	21.7
	In^{3+}	0.1	1	25.0
	Li^+	0.1	1	2.79
	Mg^{2+}	0.1	1	8.7
	Mn^{2+}	0.1	1	13.87
	$Mo(V)$	0.1	1	~28
乙二胺四乙酸根	Na^+	0.1	1	1.66
	Ni^{2+}	0.1	1	18.62
	Pb^{2+}	0.1	1	18.04
	Pd^{2+}	0.1	1	18.5
	Sc^{3+}	0.1	1	23.1
	Sn^{2+}	0.1	1	22.11
	Sr^{2+}	0.1	1	8.73
	Th^{4+}	0.1	1	23.2
	TiO^{2+}	0.1	1	17.3
	Tl^{3+}	0.1	1	37.8
	U^{4+}	0.1	1	25.8
	VO^{2+}	0.1	1	18.8
	Y^{3+}	0.1	1	18.09
	Zn^{2+}	0.1	1	16.50
	Zr^{4+}	0.1	1	29.5
	稀土	0.1	1	16~20

12. EDTA的酸效应系数

pH	lg$\alpha_{Y(H)}$	pH	lg$\alpha_{Y(H)}$	pH	lg$\alpha_{Y(H)}$	pH	lg$\alpha_{Y(H)}$
0.0	23.64	3.0	10.60	6.0	4.65	9.1	1.19
0.1	23.06	3.1	10.37	6.1	4.49	9.2	1.10
0.2	22.47	3.2	10.14	6.2	4.34	9.3	1.01
0.3	21.89	3.3	9.92	6.3	4.20	9.4	0.92
0.4	21.32	3.4	9.70	6.5	3.92	9.5	0.83
0.5	20.75	3.5	9.48	6.6	3.79	9.6	0.75
0.6	20.18	3.6	9.27	6.7	3.67	9.7	0.67
0.7	19.62	3.7	9.06	6.8	3.55	9.8	0.59
0.8	19.08	3.8	8.85	6.9	3.43	9.9	0.52
0.9	18.54	3.9	8.65	7.0	3.32	10.0	0.45
1.0	18.01	4.0	8.44	7.1	3.21	10.1	0.39
1.1	17.49	4.1	8.24	7.2	3.10	10.2	0.33
1.2	16.98	4.2	8.04	7.3	2.99	10.3	0.28
1.3	16.49	4.3	7.84	7.4	2.88	10.4	0.24
1.4	16.02	4.4	7.64	7.5	2.78	10.5	0.20
1.5	15.55	4.5	7.44	7.6	2.68	10.6	0.16
1.6	15.11	4.6	7.24	7.7	2.57	10.7	0.13
1.7	14.68	4.7	7.04	7.8	2.47	10.8	0.11
1.8	14.27	4.8	6.84	7.9	2.37	10.9	0.09
1.9	13.88	4.9	6.65	8.0	2.27	11.0	0.07
2.0	13.51	5.0	6.45	8.1	2.17	11.1	0.06
2.1	13.16	5.1	6.26	8.2	2.07	11.2	0.05
2.2	12.82	5.2	6.07	8.3	1.97	11.3	0.04
2.3	12.50	5.3	5.88	8.4	1.87	11.4	0.03
2.4	12.19	5.4	5.69	8.5	1.77	11.5	0.02
2.5	11.90	5.5	5.51	8.6	1.67	11.6	0.02
2.6	11.62	5.6	5.33	8.7	1.57	11.7	0.02
2.7	11.35	5.7	5.15	8.8	1.48	11.8	0.01
2.8	11.09	5.8	4.98	8.9	1.38	11.9	0.01
2.9	10.84	5.9	4.81	9.0	1.28	12.0	0.01

13. 常见酸效应系数和羟基配位效应系数的对数

	pH	1	2	3	4	5	6	7	8	9	10	11	12	13
配位剂	NH_3	8.4	7.4	6.4	5.4	4.4	3.4	2.4	1.4	0.5	0.1			
	CN^-	8.2	7.2	6.2	5.2	4.2	3.2	2.2	1.2	0.4	0.1			
	F^-	3.05	2.05	1.1	0.3	0.05								
	乙酰丙酮	8.0	7.0	6.0	5.0	4.0	3.0	2.0	1.04	0.30	0.04			
	草酸根	3.62	2.26	1.23	0.41	0.06								
金属离子	Al^{3+}				0.4	1.3	5.3	9.3	13.3	17.3	21.3	25.3	29.3	
	Bi^{3+}	0.1	0.5	1.4	2.4	3.4	4.4	5.4						
	Ca^{2+}													0.3
	Cd^{2+}									0.1	0.5	2.0	4.5	8.1
	Co^{2+}								0.1	0.4	1.1	2.2	4.2	7.2
	Cu^{2+}								0.2	0.8	1.7	2.7	3.7	4.7
	Fe^{2+}									0.1	0.6	1.5	2.5	3.5
	Fe^{3+}			0.4	1.8	3.7	5.7	7.7	9.7	11.7	13.7	15.7	17.7	19.7
	Hg^{2+}			0.5	1.9	3.9	5.9	7.9	9.9	11.9	13.9	15.9	17.9	19.9
	La^{3+}										0.3	1.0	1.9	2.0
	Mg^{2+}											0.1	0.5	1.3
	Mn^{2+}										0.1	0.5	1.4	2.4
	Ni^{2+}									0.1	0.7	1.6		
	Pb^{2+}							0.1	0.5	1.4	2.7	4.7	7.4	10.4
	Th^{4+}			0.2	0.8	1.7	2.7	3.7	4.7	5.7	6.7	7.7	8.7	
	Zn^{2+}									0.2	2.4	5.4	8.5	11.8

14. 常见金属离子的副反应系数对数

金属离子	配位体 mol/L	离子强度	pH											
			2	3	4	5	6	7	8	9	10	11	12	13
Al^{3+}	$L_1(0.01)$	0.1	0.1	0.1	0.6	2.2	4.3	6.8	9.8	12.5	14.6	17.3	21.3	25.3	29.3
	$F^-(0.1)$	0.5	10.0	12.9	14.3	14.5	14.5	14.5	14.5	14.5	17.7	21.3	25.3	29.3
Fe^{3+}	$L_2(0.1)$	0.1									24.2	28.2	32.2	36.2
	$F^-(0.1)$	0.1	5.7	7.9	8.7	8.9	8.9	8.9	9.7	11.7	13.7	15.7	17.7	19.7
Cu^{2+}	$NH_3(0.1)$	0.1					0.2	1.2	3.6	6.7	8.2	8.6	8.6	8.6
Pb^{2+}	$Ac^-(0.5)$	0.5		0.1	0.6	1.2	1.5	1.5	1.5	1.8	3.7	4.7	7.4	10.4
Zn^{2+}	$CN^-(0.1)$	0.1					0.1	3.5	7.5	10.7	12.3	12.7	12.7	12.8
	$NH_3(0.1)$	0.1							2.4	3.2	4.7	5.6	8.5	11.8

注:L_1为乙酰丙酮,L_2为三乙醇胺。

15. 常见EDTA配合物的条件常数对数

pH	0	1	2	3	4	5	6	7	8	9	10	11	12	13	14
Ag^+					0.7	1.7	2.8	3.9	5.0	5.9	6.8	7.1	6.8	5.0	2.2
Al^{3+}			3.0	5.4	7.5	9.6	10.4	8.5	6.6	4.5	2.4				
Ba^{2+}						1.3	3.0	4.4	5.5	6.4	7.3	7.7	7.8	7.7	7.3
Bi^{3+}	1.4	5.3	8.6	10.6	11.8	12.8	13.6	14.0	14.1	14.0	13.9	13.3	12.4	11.4	10.4
Ca^{2+}					2.2	4.1	5.9	7.3	8.4	9.3	10.2	10.6	10.7	10.4	9.7
Cd^{2+}		1.0	3.8	6.0	7.9	9.9	11.7	13.1	14.2	15.0	15.5	14.4	12.0	8.4	4.5
Co^{2+}		1.0	3.7	5.9	7.8	9.7	11.5	12.9	13.9	14.5	14.7	14.1	12.1		
Cu^{2+}		3.4	6.1	8.3	10.2	12.2	14.0	15.4	16.3	16.6	16.6	16.1	15.7	15.6	15.6
Fe^{2+}			1.5	3.7	5.7	7.7	9.5	10.9	12.0	12.8	13.2	12.7	11.8	10.8	9.8
Fe^{3+}	5.1	8.2	11.5	13.9	14.7	14.8	14.6	14.1	13.7	13.6	14.0	14.3	14.4	14.4	14.4
Hg^{2+}	3.5	6.5	9.2	11.1	11.3	11.3	11.1	10.5	9.6	8.8	8.4	7.7	6.8	5.8	4.8
La^{3+}			1.7	4.6	6.8	8.8	10.6	12.0	13.1	14.0	14.6	14.3	13.5	12.5	11.5
Mg^{2+}						2.1	3.9	5.3	6.4	7.3	8.2	8.5	8.2	7.4	
Mn^{2+}			1.4	3.6	5.5	7.4	9.2	10.6	11.7	12.6	13.4	13.4	12.6	11.6	10.6
Ni^{2+}		3.4	6.1	8.2	10.1	12.0	13.8	15.2	16.3	17.1	17.4	16.9			
Pb^{2+}		2.4	5.2	7.4	9.4	11.4	13.2	14.5	15.2	15.2	14.8	13.9	10.6	7.6	4.6
Sr^{2+}						2.0	3.8	5.2	6.3	7.2	8.1	8.5	8.6	8.5	8.0
Th^{4+}		5.8	9.5	12.4	14.5	15.8	16.7	17.4	18.2	19.1	20.0	20.4	20.5	20.5	20.5
Zn^{2+}		1.1	3.8	6.0	7.9	9.9	11.7	13.1	14.2	14.9	13.6	11.0	8.0	4.7	1.0

16. 常见电对的条件电位

半反应	$\varphi^{0\prime}$ /V	介质
$Ag(Ⅱ)+e^-=Ag^+$	1.927	4 mol/L HNO_3
$Ce(Ⅳ)+e^-=Ce(Ⅲ)$	0.74	1 mol/L $HClO_4$
	0.44	0.5 mol/L H_2SO_4
	1.28	1 mol/L HCl

半反应	$\varphi^{0'}$ /V	介质
$Co^{3+}+e^-=Co^{2+}$	1.84	3mol/L HNO_3
$Co(乙二胺)_3^{3+}+e^-=Co(乙二胺)_3^{2+}$	−0.2	0.1mol/L KNO_3+0.1mol/L 乙二胺
$Cr(Ⅲ)+e^-=Cr(Ⅱ)$	−0.40	5mol/L HCl
$Cr_2O_7^{2-}+14H^++6e^-=2Cr^{3+}+7H_2O$	0.08	3mol/L HCl
	0.15	4mol/L H_2SO_4
	1.025	1mol/L $HClO_4$
$CrO_4^{2-}+2H_2O+3e^-=CrO_2^-+4OH^-$	−0.12	1mol/L NaOH
$Fe(Ⅲ)+e=Fe^{2+}$	0.767	1mol/L $HClO_4$
	0.71	0.5mol/L HCl
	0.68	1mol/L H_2SO_4
	0.68	1mol/L HCl
	0.46	2mol/L H_3PO_4
	0.51	1mol/L HCl + 0.25mol/L H_3PO_4
$Fe(EDTA)^-+e^-=Fe(EDTA)^{2-}$	0.12	0.1mol/L EDTA pH=4 ~ 6
$Fe(CN)_6^{3-}+e^-=Fe(CN)_6^{4-}$	0.56	0.1mol/L HCl
$FeO_4^{2-}+2H_2O+3e^-=FeO_2^-+4OH^-$	0.55	10mol/L NaOH
$I_3^-+2e^-=3I^-$	0.5446	0.5mol/L H_2SO_4
$I_2(水)+2e^-=2I^-$	0.6276	0.5mol/L H_2SO_4
$MnO_4^-+8H^++5e^-=Mn^{2+}+4H_2O$	1.45	1mol/L $HClO_4$
$SnCl_6^{2-}+2e^-=SnCl_4^{2-}+2Cl^-$	0.14	1mol/L HCl
$Sb(Ⅴ)+2e^-=Sb(Ⅲ)$	0.75	3.5mol/L HCl
$Ti(Ⅳ)+e^-=Ti(Ⅲ)$	−0.01	0.2mol/L H_2SO_4
	0.12	2mol/L H_2SO_4
	−0.04	1mol/L HCl
	−0.05	1mol/L H_3PO_4
$Pb(Ⅱ)+2e^-=Pb$	−0.32	1mol/L NaAc

17. 微溶化合物的溶度积

微溶化合物	K_{sp}	pK_{sp}	微溶化合物	K_{sp}	pK_{sp}
Ag_3AsO_4	1×10^{-22}	22.0	As_2S_3[①]	2.1×10^{-22}	21.68
$AgBr$	5.0×10^{-13}	12.30	$BaCO_3$	5.1×10^{-9}	8.29
Ag_2CO_3	8.1×10^{-12}	11.09	$BaCrO_4$	1.2×10^{-10}	9.93
$AgCl$	1.80×10^{-10}	9.75	BaF_2	1×10^{-6}	6.0
Ag_2CrO_4	2.0×10^{-12}	11.71	$BaC_2O_4 \cdot H_2O$	2.3×10^{-8}	7.64
$AgCN$	1.2×10^{-16}	15.92	$BaSO_4$	1.1×10^{-10}	9.96
$AgOH$	2.0×10^{-8}	7.71	$Bi(OH)_3$	4×10^{-31}	30.4
AgI	9.3×10^{-17}	16.03	$BiOOH$[②]	4×10^{-10}	9.4
$Ag_2C_2O_4$	3.5×10^{-11}	10.46	BiI_3	8.1×10^{-19}	18.09
Ag_3PO_4	1.4×10^{-16}	15.84	$BiOCl$	1.8×10^{-31}	30.75
Ag_2SO_4	1.4×10^{-5}	4.84	$BiPO_4$	1.3×10^{-23}	22.89
Ag_2S	2×10^{-49}	48.7	Bi_2S_3	1×10^{-97}	97.0
$AgSCN$	1.0×10^{-12}	12.00	$CaCO_3$	2.9×10^{-9}	8.54
$Al(OH)_3(无定形)$	1.3×10^{-33}	32.9	CaF_2	2.7×10^{-11}	10.57
$CaC_2O_4 \cdot H_2O$	2.0×10^{-9}	8.70	$Hg_2(OH)_2$	2×10^{-24}	23.7
$Ca(OH)_2$	5.5×10^{-6}	5.26	Hg_2I_2	4.5×10^{-29}	28.35
$Ca_3(PO_4)_2$	2.0×10^{-29}	28.70	Hg_2SO_4	7.4×10^{-7}	6.13
$CaSO_4$	9.1×10^{-6}	5.04	Hg_2S	1×10^{-47}	47.0
$CaWO_4$	8.7×10^{-9}	8.06	$HgS(红色)$	4×10^{-53}	52.4
$CdCO_3$	5.2×10^{-12}	11.28	$HgS(黑色)$	2×10^{-52}	51.7
$Cd_2[Fe(CN)_6]$	3.2×10^{-17}	16.49	$MgNH_4PO_4$	2×10^{-13}	12.7
$Cd(OH)_2(新析出)$	2.5×10^{-14}	13.60	$MgCO_3$	1×10^{-5}	5.0
$CdC_2O_4 \cdot 3H_2O$	9.1×10^{-8}	7.04	MgF_2	6.4×10^{-9}	8.19
CdS	8×10^{-27}	26.1	$Mg(OH)_2$	1.8×10^{-11}	10.74
$CoCO_3$	1.4×10^{-13}	12.84	$MnCO_3$	1.8×10^{-11}	10.74
$Co_2[Fe(CN)_6]$	1.8×10^{-15}	14.74	$Mn(OH)_2$	1.9×10^{-13}	12.72
$Co(OH)_2(新析出)$	2×10^{-15}	14.7	$MnS(晶形)$	2×10^{-13}	12.7
$Co(OH)_3$	2×10^{-44}	43.7	$MnS(无定形)$	2×10^{-10}	9.7
$Co[Hg(SCN)_4]$	1.5×10^{-6}	5.82	$NiCO_3$	6.6×10^{-9}	8.18
$\alpha-CoS$	4×10^{-21}	20.4	$Ni(OH)_2(新析出)$	2×10^{-15}	14.7
$\beta-CoS$	2×10^{-25}	24.7	$Ni_3(PO4)_2$	5×10^{-31}	30.3
$Co_3(PO_4)_2$	2×10^{-35}	34.7	$\beta-NiS$	1×10^{-24}	24.0
$Cr(OH)_3$	6×10^{-31}	30.2	$\alpha-NiS$	3×10^{-19}	18.5
$CuBr$	5.2×10^{-9}	8.28	$\gamma-NiS$	2×10^{-26}	25.7
$CuCl$	1.2×10^{-8}	5.92	$PbCl_2$	1.6×10^{-5}	4.79
$CuCN$	3.2×10^{-20}	19.49	$PbCrO_4$	2.8×10^{-13}	12.55

微溶化合物	K_{sp}	pK_{sp}
CuI	1.1×10^{-12}	11.96
CuOH	1×10^{-14}	14.0
Cu_2S	2×10^{-48}	47.7
CuSCN	4.8×10^{-15}	14.32
$CuCO_3$	1.4×10^{-10}	9.86
$Cu(OH)_2$	2.2×10^{-20}	19.66
CuS	6×10^{-36}	35.2
$FeCO_3$	3.2×10^{-11}	10.50
$Fe(OH)_2$	8×10^{-16}	15.1
FeS	6×10^{-18}	17.2
$Fe(OH)_3$	4×10^{-38}	37.4
$FePO_4$	1.3×10^{-22}	21.89
$Hg_2Br_2$③	5.8×10^{-23}	22.24
Hg_2CO_3	8.9×10^{-17}	16.05
Hg_2Cl_2	1.3×10^{-18}	17.88
SnS_2	2×10^{-27}	26.7
$SrCO_3$	1.1×10^{-10}	9.96
$SrCrO_4$	2.2×10^{-5}	4.65
SrF_2	2.4×10^{-9}	8.61
$SrC_2O_4 \cdot H_2O$	1.6×10^{-7}	6.80
$Sr_3(PO)_2$	4.1×10^{-28}	27.39
$SrSO_4$	3.2×10^{-7}	6.49

微溶化合物	K_{sp}	pK_{sp}
$PbCO_3$	7.4×10^{-14}	13.13
PbClF	2.4×10^{-9}	8.62
PbF_2	2.7×10^{-8}	7.57
PbI_2	7.1×10^{-9}	8.15
$PbMoO_4$	1×10^{-13}	13.0
$Pb(OH)_2$	1.2×10^{-15}	14.93
$Pb(OH)_4$	3×10^{-66}	65.5
$Pb_3(PO_4)_2$	8.0×10^{-43}	42.10
PbS	8×10^{-28}	27.9
$PbSO_4$	1.6×10^{-8}	7.79
$Sb(OH)_3$	4×10^{-42}	41.4
Sb_2S_3	2×10^{-93}	92.8
$Sn(OH)_2$	1.4×10^{-28}	27.85
SnS	1×10^{-25}	25.0
$Sn(OH)_4$	1×10^{-56}	56.0
$Ti(OH)_3$	1×10^{-40}	40.0
$TiO(OH)_2$④	1×10^{-29}	29.0
$ZnCO_3$	1.4×10^{-11}	10.84
$Zn_2[Fe(CN)_6]$	4.1×10^{-16}	15.39
$Zn(OH)_2$	1.2×10^{-17}	16.92
$Zn_3(PO_4)_2$	9.1×10^{-33}	32.04
ZnS	2×10^{-22}	21.7

①为反应 $As_2S_3 + 4H_2O = 2HAsO_2 + 3H_2S$ 的平衡常数

②$K_{sp} = [BiO^+][OH^-]$

③$K_{sp} = [Hg_2^{2+}]^m[X^{2m/n-}]^n$

④$K_{sp} = [TiO^{2+}][OH^-]^2$

18. 常用预氧化剂和还原剂

氧化剂	反应条件	主要用途	过量试剂除去方法
$(NH_4)_2S_2O_8$	酸性 银催化	$Mn^{2+} \rightarrow MnO_4^-$ $Cr^{3+} \rightarrow Cr_2O_7^{2-}$ $Ce^{2+} \rightarrow Ce^{4+}$ $VO^{2+} \rightarrow VO_3^-$	煮沸分解
$NaBiO_3$	酸性	同上	过滤出去
$KMnO_4$	酸性	$VO^{2+} \rightarrow VO_3^-$	加 $NaNO_2$ 和尿素
H_2O_2	酸性	$Cr^{3+} \rightarrow CrO_4^{2-}$	煮沸分解(Ni^{2+}催化)
Cl_2, Br_2	酸性或中性	$I^- \rightarrow IO_3^-$	煮沸除去,或加苯酚除溴
还原剂	**反应条件**	**主要用途**	**过量试剂除去方法**
锌汞齐还原柱 (Jones还原器)	酸性	$Fe^{3+} \rightarrow Fe^{2+}$ $Ti(IV) \rightarrow Ti(II)$ $VO_3^- \rightarrow V^{2+}$ $Sn(IV) \rightarrow Sn(II)$ $Cr^{3+} \rightarrow Cr^{2+}$	由于在汞电极上析出 H_2 有很大的超电压,因此在酸性溶液中使用锌汞齐不致产生 H_2
银还原器	HCl介质	$Fe^{3+} \rightarrow Fe^{2+}$ $U(VI) \rightarrow Sn(IV)$	Cr^{3+}和$Ti(IV)$不被还原,不干扰用 $K_2Cr_2O_7$ 滴定 Fe^{2+}
Zn, Al	酸性	$Sn(IV) \rightarrow Sn(II)$ $Ti(IV) \rightarrow Ti(II)$	过滤或加酸溶解
$SnCl_2$	酸性加热	$Fe^{3+} \rightarrow Fe^{2+}$ $As(V) \rightarrow As(III)$ $Mo(VI) \rightarrow Mo(V)$	加 $HgCl_2$ 氧化
$TiCl_3$	酸性	$Fe^{3+} \rightarrow Fe^{2+}$	水稀释,Cu^{2+}催化空气氧化
SO_2	中性或弱酸性	$Fe^{3+} \rightarrow Fe^{2+}$ $As(V) \rightarrow As(III)$ $Sb(V) \rightarrow Sb(III)$	煮沸或通 CO_2 气流

19. 常用溶剂的截止波长

溶剂	极限波长/nm	溶剂	极限波长/nm	溶剂	极限波长/nm
水	200	2,2,4-三甲戊烷	220	蚁酸甲酯	260
环己烷	200	对-二氧六环	220	乙酸乙酯	260
乙醚	210	正己烷	220	苯	260
正丁醇	210	甘油	230	甲苯	285
异丙醇	210	1,2-二氧己烷	233	吡啶	305
甲基环己烷	210	二氯甲烷	235	丙酮	330
96%硫酸	210	氯仿	245	硝基甲烷	380
乙醇	15	四氯化碳	260	二硫化碳	385

20. 部分显色剂及应用

试剂	离子	配合物组成和颜色	λ_{max}/nm	ε	反应条件
铬天青S(CAS)	Al³⁺	1:3 蓝色	585	5×10^4	pH5.6
CAS+CTMAB （氯化十六烷基三甲胺）	Al³⁺	Al:CAS:CTMAB =1:3:2 绿色	615	1.3×10^5	pH5.2~6.0
CAS+Zeph （氯化十四烷基二甲基苄基铵）	Be³⁺	1:2 绿色	610	9.9×10^4	pH5.1
丁二铜肟	Ni²⁺	1:2 或 1:4 红色	470	1.3×10^4	pH11~12 在 I_2 或 H_2O_2 存在 下用 $CHCl_3$ 萃取 显色
偶氮胂Ⅲ	La³⁺ Gd³⁺ Dy³⁺	2:2 绿色	650	$(4~7) \times 10^4$	pH2.9
（PAR）+Zeph	Ga³⁺	Ga:PAR:Zeph=1:2:1 红紫	513	1.1×10^5	pH2.4~7.4 用 $CHCl_3$ 萃取

续表

试剂	离子	配合物组成和颜色	λ_{max}/nm	ε	反应条件
（PAR）+Zeph	Zn^{2+}	Zn:PAR:Zeph=1:2:2 红紫	505	9.2×10^4	pH9.7 用 $CHCl_3$ 萃取

21. 常用紫外衍生化试剂

化合物类型	衍生化试剂	最大吸收波长/nm	$\varepsilon_{254}/L\cdot mol^{-1}\cdot cm^{-1}$
RNH_2 及 $RR'NH$	2,4-二硝基氟苯	350	$>10^4$
	对硝基苯甲酰氯	254	$>10^4$
	对甲基苯磺酰氯	224	10^4
$RCH\diagdown^{COOH}_{NH_2}$	异硫氰酸苯酯	244	10^4
RCOOH	对硝基苄基溴	265	6200
	对溴代苯甲酰甲基溴	260	1.8×10^4
	萘酰甲基溴	248	1.2×10^4
ROH	对甲氧基苯甲酰氯	262	1.6×10^4
$RCOR'$	2,4-二硝基苯肼	254	6200
	对硝基苯甲氧胺盐酸盐	254	

22. 常用荧光衍生化试剂

化合物类型	衍生化试剂	激发波长/nm	发射波长/nm
RNH_2 及 $RCH(NH_2)(COOH)$	邻苯二甲醛	340	455
	荧光胺	390	475
α-氨基羧酸、伯胺、仲胺、苯酚、醇	丹酰氯	350~370	490~530
α-氨基羧酸	吡哆醛	332	400
RCOOH	4-溴甲基-7-甲氧基香豆素	365	420
$RR'—C=O$	丹酰肼	340	525

23. 常用元素原子吸收分析谱线

元素	灵敏线	次灵敏线
Ag	328.068	338.289
Al	309.271	308.216,309.284,394.403,396153
As	188.99	193.696,197.197
Au	242.795	267.595,274.826,312.278
B	249.678	249.773
Ba	553.548	270.263,307.158,350.111,388.933
Be	234.861	313.042,313.107
Bi	223.061	206.17,222.825,227.658,306.772
Ca	422.673	239.356,272.164,393.367,396.847
Co	240.725	242.493,304.400,352.685,252.136
Cr	357.869	359.349,360.533,425.437,427.48
Cs	852.11	894.35,455.536,459.316
Cu	324.754	216.509,217.894,218.172,327.396
Dy	421.172	419.485,404.599,394.541,394.47
Er	400.797	415.11,381.033,393.702,397.36
Eu	459.403	311.143,321.057,462.722,466.188
Fe	248.327	208.412,248.637,252.285,302.064
Ga	287.424	294.418,403.298,417.206
Gd	368.413	371.357,371.748,378.305,407.87
Ge	265.158	259.254,270.963,275.459,
Hf	307.288	286.637,290.441,302.053,377.764
Hg	184.957*	253.652
Ho	410.384	405.393,410.109,412.716,417.323
In	303.936	256.015,325.609,410.476,451.132
Ir	263.971	263.942,266.479,284.972,237.277
K	766.491	404.414,404.72,769.898
La	550.134	357.443,392.756,407.918,494.977
Li	670.784	274.12,323.261
Lu	335.956	308.147,328.174,331.211,356.784
Mg	385.213	279.553,202.58,230.27
Mn	279.482	222.183,280.106,403.307,403.449
Mo	313.259	317.035,319.4,386.411,390.296

续表

元素	灵敏线	次灵敏线
Na	588.995	330.232,330.299,589.592
Nb	334.371	334.906,358.027,407.973,412.381
Nd	463.424	468.35,489.693,492.453,562.054
Ni	232.003	231.096,231.1,233.749,323.226
Os	290.906	305.866,790.1
Pb	216.999	202.202,205.327,283.306
Pd	247.642	244.791,276.309,340.458
Pr	495.136	491.403,504.553,513.342
Pt	265.945	214.423,248.717,283.03,306.471
Rb	789.023	420.185,421.556,794.76
Re	346.046	345.188,242.836,346.473
Rh	343.489	339.685,350.252,369.236,370.091
Ru	349.894	372.803,379.94
Sb	217.581	206.833,212.739,231.147
Sc	391.181	326.991,290.749,402.04,402.369
Se	196.09	203.985,206.219,207.479
Si	251.612	250.69,251.433,252.412,252.852
Sm	429.674	476.027,520.059,528.291
Sn	224.605	235.443,286.333
Sr	460.733	242.81,256.947,293.183,407.771
Ta	271.467	255.943,264.747,277.588
Tb	432.647	390.135,431.885,433.845
Te	214.275	225.904,238.576
Ti	364.268	319.99,363.546,365.35,399.864
Tl	276.787	231.598,237.969,258.014,377.572
U	351.463	355.082,358.488,394.382,415.4
V	318.398	382.856,318.54,437.924
W	255.135	265.654,268.141,294.74
Y	407.738	410.238,412.831,414.285
Yb	398.799	266.449,267.198,346.437
Zn	213.856	202.551,206.191,307.59
Zr	360.119	301.175,302.952,354.768

带有*号者为真空紫外线,通常条件下不能应用

24. 常用电生标准物质

电生标准物质		发生电极及辅助电解质	典型的可测物质
强碱	OH^-	$Pt(-)|Na_2SO_4$	酸, CO_2
强酸	H^+	$Pt(+)|Na_2SO_4$	碱, CO_3^{2-}, NH_3
氧化剂	Br_2	$Pt|NaBr$	As(III), U(IV), 烯烃, 酚类, SO_2, H_2S, Fe(II)
	I_2	$Pt|KI$	H_2S, SO_2, As(III), 水(Karl Fischer), Sb(III)
	Cl_2	$Pt|NaCl$	As(III), Fe(II), 各种有机物
	Ce(IV)	$Pt|Ce_2(SO_4)_3$	U(IV), Fe(II), Ti(III), I^-
	Mn(III)	$Pt|MnSO_4$	Fe(II), 双氧水, Sb(III)
	Ag(II)	$Pt|AgNO_3$	Ce(III), V(IV), $H_2C_2O_4$
还原剂	F(II)	$Pt|Fe_2(SO_4)_3$	Mn(III), Cr(VI), V(V), Ce(IV), U(VI), Mo(VI)
	Ti(III)	$Pt|TiCl_4$	Fe(III), V(V, VI), U(VI), Re(VII), Ru(IV), Mo(VI)
	Sn(II)	$Au|SnBr_4(NaBr)$	I_2, Br_2, Pt(IV), Se(IV)
	Cu(I)	$Pt|Cu(II)(HCl)$	Fe(III), Ir(IV), Au(III), Cr(VI), IO_3^-
	U(V), U(VI)	$Pt|UO_2SO_4$	Cr(VI), Fe(III)
	Cr(II)	$Hg|CrCl_3(CaCl_2)$	O_2, Cu(II)
沉淀剂	Ag(I)	$Ag|HClO_4$	卤素离子, S^{2-}, 硫醇
	Hg(I)	$Hg|NaClO_4$	卤素离子, 黄原酸盐
配位剂	EDTA	$Hg|HgNH_3Y^{4-}$	金属离子
	CN^-	$Pt|Ag(CN)_2^-$	Ni(II), Au(III, I), Ag(I)

25. 部分商品膜电极

种类	敏感膜	线性范围(mol/L)	pH范围	干扰离子
NH_4^+	L	$10^{-1} \sim 10^{-6}$	5~8	K^+, Na^+, Mg^{2+}
Ba^{2+}	L	$10^{-1} \sim 10^{-5}$	5~9	K^+, Na^+, Ca^{2+}
Br^-	S	$1 \sim 10^{-5}$	2~12	I^-, S^{2-}, SCN^-
Cd^{2+}	S	$10^{-1} \sim 10^{-7}$	3~7	Ag^+, Hg^{2+}, Cu^{2+}, Pb^{2+}, Fe^{3+}
Ca^{2+}	L	$1 \sim 10^{-7}$	4~9	Ba^{2+}, Mg^{2+}, Na^+, Pb^{2+}
Cl^-	S	$10^{-1} \sim 5 \times 10^{-5}$	2~11	I^-, S^{2-}, CN^-, Br^-
Cu^{2+}	S	$10^{-1} \sim 10^{-7}$	0~7	Ag^+, Hg^{2+}, S^{2-}, Cl^-, Br^-
CN^-	S	$10^{-2} \sim 10^{-6}$	10~14	S^{2-}
F^-	S	$1 \sim 10^{-7}$	5~8	OH^-
I^-	S	$1 \sim 10^{-7}$	3~12	S^{2-}

续表

种类	敏感膜	线性范围(mol/L)	pH 范围	干扰离子
Pb^{2+}	S	$10^{-1} \sim 10^{-6}$	0~9	Ag^+、Hg^{2+}、S^{2-}、Cd^{2+}、Cu^{2+}、Fe^{3+}
NO_3^-	L	$1 \sim 5 \times 10^{-6}$	3~10	Cl^-、Br^-、NO_2^-、F^-、SO_4^{2-}
NO_2^-	L	$1 \sim 10^{-6}$	3~10	Cl^-、Br^-、NO_2^-、F^-、SO_4^{2-}
K^+	L	$1 \sim 10^{-6}$	4~9	Na^+、Ca^{2+}、Mg^{2+}
Ag^+	S	$1 \sim 10^{-7}$	2~9	S^{2-}、Hg^{2+}
Na^+	G	饱和溶液~10^{-6}	9~12	Li^+、K^+、NH_4^+
S^{2-}	S	$1 \sim 10^{-7}$	12~14	Ag^+、Hg^{2+}

G 为玻璃，L 为液膜，S 为固态；典型温度范围：液膜电极 0~50 ℃，固态膜电极 0~80 ℃。

26. 气相色谱最佳固定液的选择

固定液名称	型号	相对极性	最高使用温度/℃	溶剂	分析对象
角鲨烷	SQ	0	150	乙醚、甲苯	气态烃、轻馏分液态烃
甲基硅油或甲基硅橡胶	SE-30 OV-101	+1	350 200	氯仿、甲苯	各种高沸点化合物
苯基(10%)甲基聚硅氧烷	OV-3	+1	350	丙酮、苯	
苯基(25%)甲基聚硅氧烷	OV-7	+2	300	丙酮、苯	各种高沸点化合物、对芳香族和极性化合物保留值增大
苯基(50%)甲基聚硅氧烷	OV-17	+2	300	丙酮、苯	OV-17 + QF-1 可分析含氯农药
苯基(60%)甲基聚硅氧烷	OV-22	+2	300	丙酮、苯	
三氟丙基(50%)甲基聚硅氧烷	QF-1 OV-210	+3	250	氯仿 二氯甲烷	含卤化合物、金属螯合物、甾类
β-氰乙基(25%)甲基聚硅氧烷	XE-60	+3	275	氯仿 二氯甲烷	苯酚、酚醚、芳胺、生物碱、甾类
聚乙二醇	PEG-20M	+4	225	丙酮、氯仿	选择性保留分离含 O、N 官能团及 O、N 杂环化合物
聚己二酸二乙二醇酯	DEGA	+4	250	丙酮、氯仿	分离 $C_1 - C_{24}$ 脂肪酸甲酯，甲酚异构体
聚丁二酸二乙二醇酯	DEGS	+4	220	丙酮、氯仿	分离饱和及不饱和脂肪酸酯，苯二甲酸酯异构体
1,2,3-三(-氰乙氧基)丙烷	TCEP	+5	175	氯仿、甲醇	选择性保留低级含 O 化合物，伯胺、仲胺，不饱和烃、环烷烃等

27. 液相色谱化学键合固定相的选择

样品种类	键合基团	流动相	分离方式	应用举例
低极性	$-C_{18}$	甲醇–水, 乙腈–水	反相	多环芳烃、类脂、脂溶性维生素、甾族化合物
中等极性	$-CN$、$-NH_2$	乙腈、正己烷、氯仿	正相	脂溶性维生素、甾族、芳香醇、类脂止痛药
	$-C_{18}$、$-C_8$、$-CN$	甲醇、水、乙睛	反相	甾族、维生素、芳香酸、溶于醇的天然产物
高极性	$-C_8$、$-CN$	甲醇、乙腈、水、缓冲溶液	反相	水溶性维生素、胺、芳醇、抗生素、止痛药
	$-C_{18}$	水、甲醇、乙腈	反相离子对	酸、磺酸类染料、儿茶酚胺
	$-SO_3^-$	水、缓冲溶液	阳离子交换	无机阳离子、氨基酸
	$-NR_3^+$	磷酸缓冲液	阴离子交换	核苷酸、糖、有机酸、无机阴离子

28. 评价各种液相色谱柱的样品及操作条件

色谱柱	样品	流动相（体积比）	进样量/μg	检测器
烷基键合相柱（C_8,C_{18}）	苯、萘、联苯、菲	甲醇–水（83/17）	10	UV 254 nm
苯基键合相柱	苯、萘、联苯、菲	甲醇–水（57/43）	10	UV 254 nm
氰基键合相柱	三苯甲醇、苯乙醇、苯甲醇	正庚烷,异丙醇（93/7）	10	UV 254 nm
氨基键合相柱（极性固定相）	苯、萘、联苯、菲	正庚烷–异丙醇（93/7）	10	UV 254 nm
氨基键合相柱（弱阴离子交换剂）	核糖、鼠李糖、果糖、葡萄糖	水–乙腈(98.5/1.5)	10	示差折光检测
—SO_3H键合相柱（强阳离子交换剂）	阿司匹林、咖啡因、非那西汀	0.05 mol/L 甲酸胺–乙醇（90/10）	10	UV 254 nm
R_4NCl键合相柱（强阴离子交换剂）	尿苷、胞苷、脱氧胸腺苷、腺苷、脱氧腺苷	0.1 mol/L,硼酸盐溶液（加 KCl）(pH9.2)	10	UV 254 nm
硅胶柱	苯、萘、联苯、菲	正己烷	10	UY 254 nm

29. HPLC流动相的极性参数与分子间作用力

溶剂	P'[①]	X_e[②]	X_d[②]	X_n[②]	组别	溶剂	P'	X_e	X_d	X_n	组别
正戊烷	0.0					乙醇	4.3	0.51	0.19	0.29	II
正己烷	0.1					乙酸乙酯	4.4	0.34	0.23	0.43	VI
环己烷	0.2					甲乙酮	4.7	0.35	0.22	0.43	VI
二硫化碳	0.3					环己酮	4.7	0.36	0.22	0.42	VI
四氯化碳	1.6					苯腈	4.8	0.31	0.27	0.42	VI
三乙胺	1.9	0.56	0.12	0.32	I	丙酮	5.1	0.35	0.23	0.42	VI
丁醚	2.1	0.44	0.18	0.38	I	甲醇	5.1	0.48	0.22	0.31	II
异丙醚	2.4	0.48	0.14	0.38	I	硝基乙烷	5.2	0.28	0.29	0.43	VII
甲苯	2.4	0.25	0.28	0.47	VII	二缩乙二醇	5.2	0.44	0.23	0.33	III
苯	2.7	0.23	0.32	0.45	VII	吡啶	5.3	0.41	0.22	0.36	III
乙醚	2.8	0.53	0.13	0.34	I	甲氧基乙醇	5.5	0.38	0.24	0.38	III
二氯甲烷	3.1	0.24	0.18	0.53	V	三缩乙二醇	5.6	0.42	0.24	0.34	III
苯乙醚	3.3	0.28	0.28	0.44	VII	苯甲醇	5.7	0.40	0.30	0.30	IV
1,2-二氯乙烷	3.5	0.30	0.21	0.49	V	乙腈	5.8	0.31	0.27	0.42	VI
异戊醇	3.7	0.56	0.19	0.25	II	乙酸	6.0	0.39	0.31	0.30	IV
苯甲醚	3.8	0.27	0.29	0.43	VII	丁内酯	6.5	0.34	0.26	0.40	VI
异丙醇	3.9	0.55	0.19	0.26	II	氧二丙腈	6.8	0.31	0.29	0.40	VI
正丙醇	4.0	0.53	0.21	0.26	I	乙二醇	6.9	0.43	0.29	0.28	IV
四氢呋喃	4.0	0.38	0.20	0.42	III	二甲基亚砜	7.2	0.39	0.23	0.39	III
特丁醇	4.1	0.56	0.20	0.24	II	四氟丙醇	8.6	0.34	0.36	0.30	VIII
二苄醚	4.1	0.30	0.28	0.42	VII	甲酰胺	9.6	0.36	0.33	0.30	IV
氯仿	4.1	0.25	0.41	0.33	VIII	水	10.2	0.37	0.37	0.25	VIII

①P'为流动相的极性参数。二元混合溶剂的$P'_{min}=\varphi_a \times P'_a + \varphi_b \times P'_b$（式中，$P'_a$、$P'_b$分别为溶剂A和溶剂B的极性参数，$\varphi_a$、$\varphi_b$分别为溶剂A和溶剂B在混合溶剂中所占的体积分数）。例如，40%甲醇-水溶液的$P'_{mix}=0.4 \times 5.1+0.6 \times 10.2=8.16$。

②X_e为质子受体作用力（参照物为质子给予体乙醇），X_d为质子给予作用力（参照物为质子受体二氧六环），X_n为强偶极作用力（参照物为强偶极物硝基甲烷），$X_e+X_d+X_n=1$。

30.科学计算器的统计运算

统计运算方法

1. 开启计算器进入统计运算状态（显示"STAT"）

   组合键一般为OFF+ON+2ndF+ON

2. 用数字键分别输入各测定数据

   每输入一个数据后均按DATA键（M＋键）

3. 按n、或s键即可分别显示计算所得n、$\bar{x}$或s值

4. 依次按s、÷、$\bar{x}$、=即显示s_r值

统计运算方法

1. 进入统计模式

 按下 MODE 键, 显示选项

  COMP SD REG

   1 2 3

 按下数字键 2, 显示统计模式标志: SD

2. 输入测定数据

 用数字键+DATA 键输入数据, 显示输入数据数: n

 可判定输入是否成功

3. 进行统计运算

 按下 SHIFT 键和数字键 2, 显示选项

  $\bar{x}$ σ_n σ_{n-1}

  1 2 3

 按下数字键 1 或 3, 再按下等号键, 显示 $\bar{x}$ 或 σ_{n-1} 值

31. 矩阵基础

6.31.1 矩阵的定义

矩阵:是矩形排列的数据表,用方括弧包围,常用大写粗体字母表示,其数据称为元素(通常为标量,也可为矩阵),用小写斜体字母表示并用下标注明其所在行数和列数。

行矩阵(或列矩阵):是只有一行(或一列)元素的矩阵,又称为向量或矢量,向量是由很多数据组成的行数组或列数组,行向量用小写粗斜体字母表示,列向量常用行向量的转置表示(行向量加上标T或′),向量中元素的数目称为向量的维数。

例如,一个样品的n个变量的测量结果构成一张谱图或一个n维向量,如果把m个样品的谱图排列在一起,即把m个n维向量排列为m行n列数据表,便得到一个$m×n$维数据矩阵:

$$\mathbf{X}_{m×n}=\begin{bmatrix} x_{11} & x_{12} & \cdots & x_{1n} \\ x_{21} & x_{22} & \cdots & x_{2n} \\ \vdots & \vdots & \ddots & \vdots \\ x_{m1} & x_{m2} & \cdots & x_{mn} \end{bmatrix}$$

简写为$\mathbf{X}=[x_{ij}](i=1, 2, \cdots, m; j=1, 2, \cdots, n)$。

方阵:是行数与列数相等的矩阵($m=n$)。

同型矩阵:是行数相等并且列数也相等的两个矩阵($A_{m×n}$与$B_{m×n}$)。

相等矩阵:是对应元素都相等的两个同型矩阵($A=[a_{ij}]=[b_{ij}]=B$)。

零矩阵:元素都是零的矩阵(不同型的零矩阵不同),用O表示。

单位阵:主对角线上元素($i=j$的元素)都是1,其他元素都是0,用E(或I)表示。

对角阵:不在主对角线上的元素($i≠j$的元素)都是零。

行列式:是方形排列的算式,表示方阵中不同行列元素乘积的总和,降阶展开式为

$$|A_{ij}|=\Sigma(-1)^{i+j}a_{ij}|M_{ij}|$$

式中$|M_{ij}|$是从n阶行列式$|A_{ij}|$中划去第i行和第j列后得到的$n-1$阶行列式(余子式)。例如

$$|A|=\begin{vmatrix} a_{11} & a_{12} & a_{13} \\ a_{21} & a_{22} & a_{23} \\ a_{31} & a_{32} & a_{33} \end{vmatrix}=a_{11}(-1)^2\begin{vmatrix} a_{22} & a_{23} \\ a_{32} & a_{33} \end{vmatrix}+a_{21}(-1)^3\begin{vmatrix} a_{12} & a_{13} \\ a_{32} & a_{33} \end{vmatrix}+a_{31}(-1)^4\begin{vmatrix} a_{12} & a_{13} \\ a_{22} & a_{23} \end{vmatrix}$$

$$=a_{11}(a_{22}c_{33}-a_{23}a_{32})-a_{21}(a_{12}a_{33}-a_{13}a_{32})+a_{31}(a_{12}a_{23}-a_{13}a_{22})$$

6.31.2 向量及其运算

向量:是由很多数据组成的行数组或列数组,向量中元素的数目称为向量的维数,一般的向量都是指列向量,列向量常用行向量的转置表示(行向量加上标T或′)。

向量可表示一组数据或一张图谱,如图所示,向量具有一定的方向和长度。

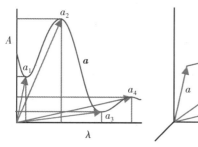
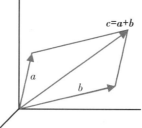
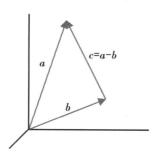

图6-1　向量的几何意义

向量的方向由构成向量的所有元素所决定,因为任意两元素间的不同比率(向量分量之间的不同比例)会确定向量在线性子空间中的方向。

向量的长度由构成向量的所有元素的平方和所决定:

$$\|a\| = (a_1^2 + a_2^2 + \cdots + a_n^2)^{1/2}$$

向量加减法:两个向量的维数相等时对应元素可以相加减,$c = a \pm b = [a_i \pm b_i]$

向量的数乘:$ka = [ka_1, ka_2, ka_3, \cdots, ka_n]$,其几何意义如图6-2所示。

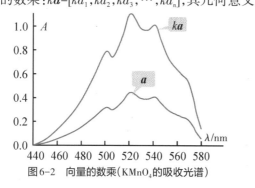
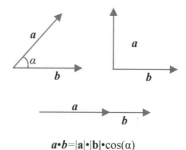

图6-2　向量的数乘($KMnO_4$的吸收光谱)　　　图6-3　向量的内积或点积

向量的内积(点积):是行向量与列向量对应元素乘积之和生成的一个算式

$$a^{\mathrm{T}}b = \begin{bmatrix} a_1, a_2, \cdots, a_n \end{bmatrix} \begin{bmatrix} b_1 \\ b_2 \\ \vdots \\ b_n \end{bmatrix} = b^{\mathrm{T}}a = \begin{bmatrix} b_1, b_2, \cdots, b_n \end{bmatrix} \begin{bmatrix} a_1 \\ a_2 \\ \vdots \\ a_n \end{bmatrix} = \sum a_i b_i$$

当两个向量内积等于零时,称为这两个向量相互正交,其几何意义相当于这两个向量相互垂直,如图6-3所示。

向量的外积:是列向量与行向量对应元素乘积生成的一个双线性矩阵

$$ab^{\mathrm{T}} = \begin{bmatrix} a_1 \\ a_2 \\ \vdots \\ a_n \end{bmatrix} \begin{bmatrix} b_1, b_2, \cdots, b_n \end{bmatrix} = ba^{\mathrm{T}} = \begin{bmatrix} b_1 \\ b_2 \\ \vdots \\ b_n \end{bmatrix} \begin{bmatrix} a_1, a_2, \cdots, a_n \end{bmatrix} = \begin{bmatrix} a_1 b_1 & a_1 b_2 & \cdots & a_1 b_n \\ a_2 b_1 & a_2 b_2 & \cdots & a_2 b_n \\ \vdots & \vdots & \ddots & \vdots \\ a_n b_1 & a_n b_2 & \cdots & a_n b_n \end{bmatrix}$$

6.31.3 矩阵的运算

矩阵加减法:当2个矩阵维数(行和列)相等时对应元素可以相加减生成一个新的同维矩阵,满足交换律、结合律。

设　　　　　　　　　　　　$A = [a_{ij}]$ 和 $B = [b_{ij}]$ 　($i = 1, 2, 3, \cdots \cdots n; j = 1, 2, 3, \cdots \cdots m$)

则　　　　　　　　　　　　$C = A \pm B = [a_{ij} \pm b_{ij}]$

矩阵的数乘：为常数乘以每个元素，也满足交换律、结合律和分配律。

$$C=kA=[ka_{ij}]$$

矩阵的乘法：要求第一个矩阵的列数等于第二个矩阵的行数，结果为两个矩阵的点积，即

$$C=A_{n\times m}B_{m\times p}=[c_{ij}] \quad (i=1,2,3,\cdots\cdots n;j=1,2,3,\cdots\cdots p)$$

满足结合律及分配律

$$A(BC)=(AB)C$$

$$A(B+C)=AB+AC$$

但一般不满足交换律，即左乘与右乘的结果一般是不相等的

$$AB\neq BA$$

对角阵左乘一个矩阵就是用对角矩阵的相应元素去乘该矩阵的每一行；对角阵右乘一个矩阵就是用对角矩阵的相应元素去乘该矩阵的每一列。

零矩阵乘任何矩阵的结果为零矩阵，单位矩阵与任何矩阵相乘的结果保持该矩阵不变：

$$O*A=O$$

$$I*A=A*I=A$$

矩阵的除法：可通过逆矩阵来实现，当 $AX=B$ 时，左乘 A^{-1} 得 $A^{-1}AX=A^{-1}B$，右乘 X^{-1} 得 $AXX^{-1}=BX^{-1}$，因此 $X=A^{-1}B$，$A=BX^{-1}$，一般用伪逆计算：

$$X=A^+B$$

$$A=BX^+$$

矩阵的微分：是对矩阵各元素的微分，生成一个同型矩阵

$$dA/dt=[da_{ij}/dt]$$

$$d(AB)/dt=(da/dt)B+(dB/dt)A$$

$$d[tr(A)]/dt=tr(dA/dt)$$

式中 $tr(A)$ 表示矩阵 A 的迹（trace，矩阵对角元素之和）。

6.31.4 逆矩阵和伪逆矩阵

逆矩阵：如果 A 和 B 为非奇异矩阵或满秩矩阵（其行列式值不为零的方阵）并且满足 $AB=I$，则称 B 和 A 互为逆矩阵，用 $A=B^{-1}$ 或 $B=A^{-1}$ 表示，因此

$$A^{-1}A=AA^{-1}=I$$

伪逆矩阵：任意矩阵（包括非奇异矩阵和奇异矩阵）的广义逆矩阵称为伪逆矩阵，矩阵 A 唯一的伪逆矩阵用 A^+ 表示，同时满足下列 4 个条件

$$AA^+A=A$$

$$A^+AA^+=A^+$$

$$(AA^+)^T=AA^+$$

$$(A^+A)^T=A^+A$$

非奇异矩阵的伪逆矩阵与逆矩阵相同。

6.31.5 矩阵的转置和对称性

一个矩阵的转置矩阵由对换原矩阵的行和列而得。即第 i 行变成 i 列，第 i 列变成 i 行。矩阵 A 的转置矩阵用 A^T 或 A' 表示。

若方阵中，$a_{ij}=-a_{ji}$，则称该方阵为对称矩阵，说该方阵关于主对角线对称。对称矩阵的转置是其转置矩本身，即 $A^T=A$。

若方阵 A 中，$a_{ij}=-a_{ji}$，且主对角线元素 $a_{ii}=0$，则称该方阵为反对称矩阵，并且 $A^T=-A$。

任何方阵都可以分解为一个对称矩阵和一个反对称矩阵之和，即

$$A=(A+A^T)+(A-A^T)$$

其中第一项是对称的，第二项是反对称的。

6.31.6 矩阵转置和求逆性质

(1)$(A^T)^T=A$；$(A^{-1})^{-1}=A$；$(A^{-1})^T=(A^T)^{-1}$；

(2)若 $D=ABC$，则 $D^T=C^TB^TA^T$（矩阵转置反向规则）；

(3)若 $D=ABC$，则 $D^{-1}=C^{-1}B^{-1}A^{-1}$（矩阵求逆反向规则）；

(4)推论：$C=A^TA$ 总是对称的。证明：$C^T=(A^TA)^T=A^TA=C$；

(5)若 B 是对称的，则 $C=A^TBA$ 也是对称的；

(6)对称矩阵的逆也是对称的。

6.31.7 线性相关与线性无关

线性相关是指一个向量可以通过其他向量的数乘与求和运算产生，这个向量是其他向量的线性组合，该向量与其他向量间存在一定的线性关系，可用其他向量表示出来。没有任何关系、不能相互表示、只有当用零乘以每一个向量后它们和才为零的向量是线性无关的。

6.31.8 矩阵的秩

构成一个矩阵的线性无关的向量数目称为它的秩。两个矩阵的乘积矩阵的秩必定小于或等于其中任意一个矩阵的秩。

矩阵的秩在化学计量学中是一个很有用的概念。往往根据对秩的研究，以及对化学测量误差与计算误差的考虑来考察分析测量数据，从而确定分析体系的组分数等信息。

6.31.9 正交矩阵

与其转置矩阵乘积为单位矩阵的矩阵或转置矩阵等于其逆矩阵的矩阵称为正交矩阵，所有正交矩阵都为方阵，若 A 为正交阵，则满足以下条件：

(1)$AA^T=A^TA=I$

(2)$A^T = A^{-1}$

(3)A^T 是正交矩阵

(4)A 的各行是单位向量且两两正交

(5)A 的各列是单位向量且两两正交

(6)$|A| = 1$ 或 -1

6.31.10 特征值和特征向量

若矩阵右乘 1 个列向量后得到的新向量恰好与原向量成比例,则称该比例常数为这个矩阵的 1 个特征值,称该向量为对应于这个特征值的特征向量,即满足下列条件的列向量 $u_i(i=1,2,\cdots,n)$ 为矩阵 A 的特征向量,满足下列条件的数值 $d_i(i=1,2,\cdots,n)$ 为矩阵 A 的特征值。

$$Au_i=d_1u_1,\ d_2u_2,\cdots,\ d_nu_n=d_iu_i$$

由于该方程是可相乘的,因此 A 必定是方阵,即只有方阵才有特征值。如果矩阵 A 为对称矩阵,则其所有特征值都是实数。

当 A 是 n 维方阵时,上述方程的一般形式为:

$$(A-dI)u=0$$

任何非平凡解($u=0$ 为平凡解)都必须满足:

$$A-dI=0$$

求解该特征方程可得特征值 $d_i(i=1,2,\cdots,n)$ 并由大到小顺序排列。

一般用奇异值分解方法求矩阵的特征值和特征向量:

$$A=USV^T$$

其中,U 为列正交矩阵,即每列相互正交(列线性无关,$U^TU=I$),S 为对角矩阵,其对角元素就是特征值(特征值开方为奇异值),V^T 是行正交矩阵(行线性无关,$V^TV=I$)。

参考文献
REFERENCES

1. 张明晓,张春荣. 新分析化学[M]. 北京:高等教育出版社,2008。

2. 张新荣. 分析化学教学体系的改革——从技术到科学的分类模式思考[C]//第十三届全国普通高等院校分析化学教学研讨会论文集,扬州,2007。

3. 郭祥群. 分析化学教学内容建设之思考[C]//第十三届全国普通高等院校分析化学教学研讨会论文集,扬州,2007。

4. 张新荣. 分析化学教材:重基础? 重应用? [C]//全国分析化学教材与分析化学教学研讨会会议报告,武汉,2010。

5. 张明晓. 分析化学学科统一理论体系的构建与思考[C]//大学化学化工课程报告论坛论文集,成都,2010。

6. 张明晓. 分析化学课程的科学建构与教材建设[C]//第十二届全国大学化学教学研讨会论文集,重庆,2013。

7. 李克安. 分析化学教程[M]. 北京:北京大学出版社,2005。

8. 武汉大学. 分析化学(上、下)[M]. 北京:高等教育出版社,2005。

9. 潘秀荣. 分析化学准确度的保证和评价[M]. 北京:计量出版社,1985。

10. 倪永年. 化学计量学在分析化学中的应用[M]. 北京:科学出版社,2004。

11. 倪力军,张立国. 基础化学计量学及其应用[M]. 上海:华东理工大学出版社,2011。

12. 史永刚. 化学计量学方法及MATLAB实现[M]. 北京:中国石化出版社,2010。

13. 庄乾坤,刘虎威,陈洪渊. 分析化学学科前沿与展望[M]. 北京:科学出版社,2012。

14. Yongling Li, Guangyu Li, Rui Zeng, Wen Chen, Cong Li and Mingxiao Zhang*, Discrimination of instant coffee by pattern recognition of chemical oscillation fingerprints[J].Analyticl Methods, 2014, 6(16):6555-6559。

15. Guangyu Li, Yongling Li and Mingxiao Zhang*, Study on identification of rice seeds by chemical oscillation fingerprints[J].RSC Advances, 2015, 5(117):96472-96477。

16. 李光宇,李永玲,张明晓*. 非线性化学指纹图谱在大豆品种鉴定中的应用[J]. 中国粮油学报. 2016, 31(8):143-147。